高等学校智能建造专业系列教材

丛书主编 丁烈云

结构健康监测与智能传感

Structural Health Monitoring and Smart Sensing

翁 顺 朱宏平 高 飞 主编
冯 谦 王丹生 吴巧云 主审

中国建筑工业出版社

图书在版编目(CIP)数据

结构健康监测与智能传感 = Structural Health Monitoring and Smart Sensing / 翁顺，朱宏平，高飞主编. -- 北京：中国建筑工业出版社，2024. 12.

(高等学校智能建造专业系列教材 / 丁烈云主编).

ISBN 978-7-112-30603-9

Ⅰ. TU317

中国国家版本馆 CIP 数据核字第 2024L6L101 号

本书全面地介绍了结构健康监测与智能传感领域的最新研究成果；系统、详细地讲述了结构健康监测与智能传感相关问题的求解方法和基本理论。全书共分为 16 章，主要内容包括结构健康监测概述、结构健康监测系统、基于机器视觉的结构健康监测技术、智能压电传感原理与方法、电阻式传感原理与方法、柔性薄膜传感原理与方法、光纤传感原理与方法、声发射无损检测技术、电磁无损探测技术、监测大数据预处理、监测数据统计分析、结构健康监测中的机器学习算法、结构模态参数识别、结构有限元模型修正、结构损伤识别、桥梁结构状态评估和预警等。本书在讲述过程中还辅以相关的算例，便于学习和理解。

本教材可作为普通高等院校智能建造及相关本科或研究生专业方向的课程教材，也可供土木工程、水利工程、交通工程和工程管理等相关专业的科研与工程技术人员参考。

为了更好地支持相应课程的教学，我们向采用本书作为教材的教师提供教学课件，有需要者可与出版社联系，邮箱：jckj@cabp.com.cn，电话：(010)58337285，建工书院 http://edu.cab-plink.com(PC 端)。

总策划：沈元勤

责任编辑：张　晶　冯之倩　牟琳琳

责任校对：赵　力

高等学校智能建造专业系列教材

丛书主编　丁烈云

结构健康监测与智能传感

Structural Health Monitoring and Smart Sensing

翁　顺　朱宏平　高　飞　主编

冯　谦　王丹生　吴巧云　主审

*

中国建筑工业出版社出版、发行（北京海淀三里河路 9 号）

各地新华书店、建筑书店经销

北京红光制版公司制版

天津安泰印刷有限公司印刷

*

开本：787 毫米×1092 毫米　1/16　印张：19¼　字数：476 千字

2024 年 12 月第一版　　2024 年 12 月第一次印刷

定价：**56.00** 元（赠教师课件）

ISBN 978-7-112-30603-9

(44062)

出 版 说 明

　　智能建造是我国"制造强国战略"的核心单元，是"中国制造2025的主攻方向"。建筑行业市场化加速，智能建造市场潜力巨大、行业优势明显，对智能建造人才提出了迫切需求。此外，随着国际产业格局的调整，建筑行业面临着在国际市场中竞争的机遇和挑战，智能建造作为建筑工业化的发展趋势，相关技术必将成为未来建筑业转型升级的核心竞争力，因此急需大批适应国际市场的智能建造专业型人才、复合型人才、领军型人才。

　　根据《教育部关于公布2017年度普通高等学校本科专业备案和审批结果的通知》（教高函〔2018〕4号）公告，我国高校首次开设智能建造专业。2020年12月，住房和城乡建设部办公厅印发《关于申报高等教育职业教育住房和城乡建设领域学科专业"十四五"规划教材的通知》（建办人函〔2020〕656号），开展了住房和城乡建设部"十四五"规划教材选题的申报工作。由丁烈云院士带领的智能建造团队共申报了11种选题形成"高等学校智能建造专业系列教材"，经过专家评审和部人事司审核所有选题均已通过。2023年11月6日，《教育部办公厅关于公布战略性新兴领域"十四五"高等教育教材体系建设团队的通知》（教高厅函〔2023〕20号）公布了69支入选团队，丁烈云院士作为团队负责人的智能建造团队位列其中，本次教材申报在原有的基础上增加了2种。2023年11月28日，在战略性新兴领域"十四五"高等教育教材体系建设推进会上，教育部高教司领导指出，要把握关键任务，以"1带3模式"建强核心要素：要聚焦核心教材建设；要加强核心课程建设；要加强重点实践项目建设；要加强高水平核心师资团队建设。

　　本套教材共13册，主要包括：《智能建造概论》《工程项目管理信息分析》《工程数字化设计与软件》《工程管理智能优化决策算法》《智能建造与计算机视觉技术》《工程物联网与智能工地》《智慧城市基础设施运维》《智能工程机械与建造机器人概论（机械篇）》《智能工程机械与建造机器人概论（机器人篇）》《建筑结构体系与数字化设计》《建筑环境智能》《建筑产业互联网》《结构健康监测与智能传感》。

　　本套教材的特点：（1）本套教材的编写工作由国内一流高校、企业和科研院所的专家学者完成，他们在智能建造领域研究、教学和实践方面都取得了领先成果，是本套教材得以顺利编写完成的重要保证。（2）根据教育部相关要求，本套教材均配备有知识图谱、核心课程示范课、实践项目、教学课件、教学大纲等配套教学资源，资源种类丰富、形式多样。（3）本套教材内容经编写组反复讨论确定，知识结构和内容安排合理，知识领域覆盖全面。

　　本套教材可作为普通高等院校智能建造及相关本科或研究生专业方向的课程教材，也可供土木工程、水利工程、交通工程和工程管理等相关专业的科研与工程技术人员参考。

　　本套教材的出版汇聚高校、企业、科研院所、出版机构等各方力量。其中，参与编写的高校包括：华中科技大学、清华大学、同济大学、香港理工大学、香港科技大学、东南大学、哈尔滨工业大学、浙江大学、东北大学、大连理工大学、浙江工业大学、北京工业大学等共十余所；科研机构包括：交通运输部公路科学研究院和深圳市城市公共安全技术研究院；企业包括：中国建筑第八工程局有限公司、中国建筑第八工程局有限公司南方公司、北京城建设计发展集团股份有限公司、上海建工集团股份有限公司、上海隧道工程有限公司、上海一造科技有限公司、山推工程机械股份有限公司、广东博智林机器人有限公司等。

　　本套教材的出版凝聚了作者、主审及编辑的心血，得到了有关院校、出版单位的大力支持，教材建设管理过程严格有序。希望广大院校及各专业师生在选用、使用过程中，对规划教材的编写、出版质量进行反馈，以促进规划教材建设质量不断提高。

中国建筑出版传媒有限公司

2024 年 7 月

前　　言

　　土木工程结构服役周期长，服役环境复杂多样。例如，我国建筑结构设计寿命一般为50年，桥梁和地铁隧道一般可达100年。受多灾害、外部荷载和环境因素影响，结构不可避免地会出现材料老化和各种损伤，如混凝土开裂、保护层剥落、钢筋锈蚀等，导致结构性能退化，耐久性减弱，甚至可能威胁人民生命财产安全。因此，通过健康监测手段实时获取结构性态，发现潜在问题，及时采取必要措施，对确保结构安全至关重要。这一过程不仅有助于延长结构寿命，也为社会安全提供了有力保障。目前，关于结构健康监测与智能传感的著作较少，由此笔者及团队在多年研究和积累的基础上撰写了本教材。本书总结了结构健康监测领域最新研究成果和进展，重点讲述了结构健康监测相关问题的求解方法及应用。在编写过程中注重"厚基础、宽专业、重创新"的原则，希望能够丰富土木工程学生的相关知识。

　　全书共包含16章内容。第1～2章着重介绍了结构健康监测概况和结构健康监测系统。第3～7章深入介绍了各种结构健康监测传感技术，包括机器视觉监测、智能压电传感、电阻式传感、柔性薄膜传感、光纤传感等。第8～9章介绍了声发射和电磁无损检测技术，为读者展示了多样化的检测手段。第10～12章详细探讨了监测数据的预处理、统计分析，以及人工智能和机器学习方法在健康监测中的应用。结合实际案例，提供实用的指导和经验。第13～15章关注结构的动态特性，包括结构模态参数识别、有限元模型修正，以及结构损伤识别。第16章介绍了桥梁结构状态评估和预警。本书的主要内容旨在指导教学并能应用到实际项目中，已建成配套核心课程、配套建设项目、配套课件并上传至虚拟教研室，很好地完成了纸数融合的课程体系建设。

　　本书不仅适用于土木工程专业的学生，也适用于相关领域的研究人员，为其提供系统而全面的结构健康监测理论与实践知识。

　　本书在国家重点研发计划课题（2021YFF0501001，2023YFC 3805705）、国家自然科学基金（52478314，52308315，51922046）、华中科技大学交叉研究支持计划（2023JCYJ014）、中国博士后科学基金（2023M731206）、中铁四院研究基金（2021K085，2020K006，2020K172）、中建钢构研究基金（CSCEC-PT-004-2022-KT-3.3）等项目资助下完成。特此表示深深的谢意！由于结构健康监测与智能传感问题复杂，并涉及多个学科，因此，书中难免存在不妥之处，恳请读者对本书以及我们的工作予以批评和指正。

目　　录

结构健康监测概述

知识图谱

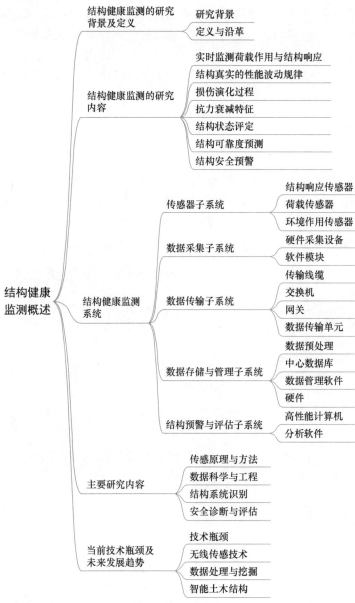

本章要点

知识点 1：结构健康监测的概念和四大类研究内容。

知识点 2：当前结构健康监测技术瓶颈和发展趋势。

学习目标

（1）了解结构健康监测的背景，掌握结构健康监测的实际工程意义。

（2）理解结构健康监测系统的基本概念，了解结构健康监测的主要内容。

（3）了解结构健康监测的当前技术瓶颈和发展趋势。

土木工程结构服役周期长，服役环境复杂。结构在全生命周期内会持续受到复杂外部荷载及持续环境作用，不可避免会造成各种损伤和病害的积累，导致结构服役性能劣化、耐久性降低、承载力下降等问题。若处理不及时甚至会导致结构突发性失效或垮塌，危害人民的生命财产安全。因此，通过结构健康监测实时掌握结构健康状态，避免结构严重破坏，保障结构安全，具有非常重要的现实意义。本章首先介绍结构健康监测的背景，然后讲述结构健康监测的定义、框架和主要研究内容，最后总结归纳结构健康监测当前的技术瓶颈和未来发展趋势。

1.1　结构健康监测的背景

结构工程历史上，由于关键区域损伤并未及时检测维修而导致的结构破坏事故时有发生。桥梁结构方面（图 1-1），1967 年美国俄亥俄河上的银桥眼杆疲劳断裂引发桥梁整体垮塌，导致 50 余辆汽车坠河，46 人丧生。1994 年，韩国圣水河大桥混凝土主梁局部开裂导致整体塌落事故，造成 33 人死亡。2007 年，美国明尼苏达州明尼阿波利斯市密西西比

(a)　　　　　　　　　　(b)　　　　　　　　　　(c)

(d)　　　　　　　　　　(e)　　　　　　　　　　(f)

(g)　　　　　　　　　　(h)　　　　　　　　　　(i)

图 1-1　关键区域损伤未及时检修致桥梁整体垮塌事故

（a）美国银桥眼杆整体垮塌；（b）韩国圣水河大桥主梁塌落；（c）美国密西西比河大桥断裂；
（d）宜宾南门大桥垮塌；（e）广东九江大桥船撞落梁；（f）河南伊河汤营大桥垮塌；
（g）川藏公路通麦大桥垮塌；（h）意大利莫兰迪公路桥坍塌；（i）广东东江大桥坍塌

河大桥，由于局部破损维修不及时，在交通高峰期间发生坍塌，60 辆汽车落水，数百人受伤。2001 年，四川宜宾南门大桥在凌晨断为三截，造成 3 车坠江、1 船损毁、7 人伤亡。2007 年，广东九江大桥遭受运砂船撞击桥墩而引发主梁落梁事故，导致 9 人死亡。2010 年，河南伊河汤营大桥桥面板产生裂缝且检测维修不及时，整体桥梁遇特大暴雨袭击后发生垮塌，造成 50 余人遇难。2013 年，川藏公路 318 国道通麦大桥锚索脱落致使桥面垮塌，造成 4 人失踪。2018 年，意大利热那亚莫兰迪公路桥维养不善导致桥梁在暴风雨中突然坍塌，造成 43 人死亡。2019 年，广东省河源市东江大桥因年久老化，在洪水冲击中突然坍塌，造成 3 辆车落水。

建筑结构方面（图 1-2），1986 年新加坡新世界酒店发生严重坍塌事故，造成 33 人丧生。调查表明该结构设计强度不足，实际荷载远超设计荷载，且使用过程中多次出现破坏迹象而未采取补救措施。1995 年，韩国首尔三丰百货大楼因设计缺陷和不合理改造等原因引发倒塌事故，造成 502 人死亡，937 人受伤。2009 年，上海闵行区莲花河畔景苑小区一栋 13 层在建住宅因相邻基坑土体位移过大导致楼房整体倾覆。2021 年，美国佛罗里达州迈阿密建成 40 年的 12 层公寓楼 Champlain Tower South 突然倒塌，造成 98 人死亡，这起事故的主要原因是存在设计缺陷且出现损伤后没有及时修复加固。

（a）

（b）

（c）

（d）

图 1-2　缺少实时监检测导致建筑结构倒塌事故

（a）新加坡新世界酒店倒塌；（b）韩国三丰百货大楼倒塌；

（c）上海闵行区莲花河畔住宅整体倾倒；（d）迈阿密 Champlain 公寓楼倒塌

上述工程事故案例的惨痛教训说明，适时而又准确地对这些结构进行损伤检测和健康状况评估，能提前预知结构可能发生的不利损伤，帮助有关部门及时进行结构诊治，有效保证土木工程的安全性，具有十分重要的社会效益和经济效益。

近年来，结构健康监测的需求不断增加，监测技术和理论也在快速发展。国内外特别是发达国家，土木工程已从大规模的建设期向以运营维护为主的管养期过渡。相当一部分结构已经进入老龄化。以桥梁结构为例，美国和日本先后在 20 世纪 80 年代和 2010 年前后进入了桥梁老龄化阶段。美国土木工程师学会（American Society of Civil Engineers，ASCE）报告指出，诊治不及时将导致结构维护成本随结构损伤程度呈 5 倍数增长。1995年，美国白宫科技政策办公室和国家关键技术评审组将智能材料与结构监测技术列入《国家关键技术报告》。进入 21 世纪，美国自然科学基金会机械与土木工程学科成立专门的"传感器技术计划"，每年投入 300 余万美元开展此项研究。日本则设立了"智能结构系统"研究计划，欧洲科学基金会设立了"智能复合材料结构损伤诊断"研究计划。

中国已建成的交通基础设施规模和数量跃居世界首位，预计未来 10～20 年将面临比发达国家更严重的"结构老龄化"问题，包括耐久性问题和灾变风险，服役安全问题突出。结构损伤及性能退化具有短时间内大规模、集中爆发的趋势。结构健康监测（Structural Health Monitoring，SHM）是实现基础设施运维和安全诊断的必要途径，我国国家自然科学基金委自 20 世纪 90 年代后期就已将"结构健康监测"列入重要支持方向。与此同时，该领域的国际合作研究也日益增多，如美国科学基金会资助了美中、美日等以强调地震与自然灾害应用为目的的集成健康监测的合作研究项目。另外，一些国际学术组织，如国际结构控制与监测学会（International Association for Structural Control and Monitoring，IASCM）、国际智能基础设施结构健康监测学会（International Society for Structural Health Monitoring of Intelligent Infrastructure，ISHMII）、亚太智能结构技术研究中心网络（Asian Pacific Network of Centers for Research in Smart Structures Technology，ANCRiSST）也相继成立；以结构健康监测为主题的系列国际会议创办并定期召开，如结构控制与监测世界大会（World Conference of the International Association for Structural Control and Monitoring，WCSCM）、结构健康监测国际研讨会（International Workshop on Structural Health Monitoring，IWSHM）、结构健康监测欧洲研讨会（European Workshop on Structural Health Monitoring，EWSHM）以及国内的"全国结构抗振控制与健康监测学术会议"等。相继创办了多种结构健康监测国际学术期刊，如 *Structural Control and Health Monitoring*、*Structural Health Monitoring*、*Structural Monitoring and Maintenance*、*Smart Structures and Systems* 等。我国也相继成立了中国振动工程学会结构抗振控制与健康监测专业委员会、中国仪器仪表学会设备结构健康监测与预警分会等学术组织，并出版了多种标准以规范化这一领域的发展，如《结构健康监测系统设计标准》CECS 333：2012、《大跨度桥梁结构健康监测系统预警阈值标准》T/CECS 529—2018、《结构健康监测海量数据处理标准》T/CCES 16—2020、《桥梁健康监测传感器选型与布设技术规程》T/CCES 15—2020、《结构健康监测系统运行维护与管理标准》T/CECS 652—2019、《建筑与桥梁结构监测技术规范》GB 50982—2014 等。推进土木工程基础设施的监测智慧化建设，提高既有土木工程结构智能诊断与运维保障水平，已经成为"十四五"全国建设发展规划的重要内容。

1.2 结构健康监测的定义与沿革

结构健康监测是指利用各类传感技术以及合适的监测手段，从土木工程施工到运营管理的各个阶段，采用现场无损的方式采集土木工程结构的静、动力响应和环境变化信息，进而提取能反映结构状态的不同特征参数和指标，然后进行结构损伤识别、安全诊断、状态评估、预警决策等一系列措施的过程。

土木工程结构健康监测技术起源于 20 世纪 60 年代机械工程领域的故障诊断，主要是通过各种测量手段监测机械系统的转动、振动和变形等，以掌握其使用状态。20 世纪 70 年代，结构健康监测技术逐渐推广到海洋工程领域，特别是海洋平台在风浪、海流、低温结冰等作用下的服役状况。20 世纪 80 年代，结构健康监测技术在航空航天领域得到重视，特别是针对飞行器机翼、管路、薄壁的实时监测成为热点。结构健康监测技术在土木工程领域的快速发展是从 20 世纪 80 年代末期开始的，最初在桥梁领域得到应用。随着结构健康监测技术的不断发展，健康监测可应用的结构类型也日趋多样，被广泛应用于隧道、大坝、道路、建筑、大跨度结构等各类工程结构。近二十年来，中国、美国、日韩、欧洲等国都在一些已建和在建的大跨度桥梁、隧道和大型建筑结构、海洋平台上建立了结构健康监测系统，发展了一系列具有针对性的结构健康监测技术。

过去，工程人员定期通过人工目测或借助仪器测量获取结构的健康状况，称作结构检测。结构检测总体分为静态检测和动态检测两类。静态检测包括检测混凝土强度的回弹法，检测结构内部缺陷的超声检测法、射线检测法、声发射检测法。动态检测方法是振动反演理论在工程上的应用，在环境或人为激励条件下，通过测量结构的振动响应获得频率、振型等模态参数以及刚度等物理参数，进一步识别结构损伤、评估结构性能。结构动态检测法可以分为正弦稳态激振、环境激励以及局部激振检测法。结构检测根据检测周期不同又可以分为经常检查、定期检查和特殊检查。随着检测技术的发展，声发射、微波、红外、全息照相和光弹法等新的无损检测技术也不断涌现。尽管结构检测是评估结构性能的主要手段之一，但存在不准确、效率低等问题。美国联邦公路局调查报告表明，人工检查结果与实际结构的不一致率超过 50%。传统结构检测方法的不足之处主要体现在以下几个方面：

第一，需要大量的人力、物力，检测时间较长。对于特殊部位，检测设备和人员难以到达，存在诸多盲点。

第二，评估结果主观性强。结构检测方法的评估结果主要取决于检测人员的专业知识水平和现场检查经验，测试结果的科学性难以保证。

第三，无法反映结构整体性能。人工检测大多针对单一构件，且常规检测方法只提供局部检测和诊断信息，不能提供整体全面的结构健康检测和诊断信息。

第四，影响结构的正常运营。例如，检测桥梁结构通常需要搭设观察平台或采用专用的检测车辆，会阻碍交通运行。

第五，缺乏时效性，难以应对突发事件。结构的检测周期为数月至数年不等，当结构在检测空窗期发生损伤或破坏时，无法及时提供决策和报警信息。

人工检测方法由于存在上述缺点，越来越难以满足大型土木工程结构对于异常诊断和性能评估的需求。针对上述不足，强调实时、在线的结构健康监测技术应运而生。现代大型土木工程结构健康监测系统运用了先进的通信技术、电子技术和现代传感技术，克服了传统人工检测技术效率低下和滞后的问题，可以实时测量和分析结构运营过程中的状态信息和环境条件信息，记录结构的各种受力响应行为。根据一定的损伤识别算法判断损伤的位置和程度，可以及时有效地评估结构的安全性，预测结构的性能变化，并对突发事件进行预警。

相比于传统结构检测，结构健康监测的先进性主要体现在两个方面：第一，结构健康监测强调对结构及荷载信息进行实时、在线、动态监测，而结构检测无法动态记录结构性能演化的整个过程，属于事后检测；第二，结构健康监测可同时覆盖较大结构范围，且监测系统一旦建立投入使用后不需要过多的人工参与，有利于实现结构预警与评估的自动化。

结构健康监测系统通过实时、在线、同步监测荷载等作用输入、结构静动力响应输出，定量分析影响土木工程健康的因素，判别结构的健康状态，对结构异常进行预警。同时，结合理论分析研究劣化机理和趋势，制定与之相适应的维护管理方案，将传统的"补救性维护"转变为"预防性维护"，从而达到延长结构使用寿命、降低失效风险、节约运营成本的目的。随着科学技术的发展，结构健康监测已逐步贯穿结构施工、服役和维护的全寿命过程，具有如下重要意义：

第一，促进结构的创新设计和技术优化：结构健康监测实时测量真实荷载作用与结构响应，获取真实的结构参数，为验证新理论、新方法、新材料、新工艺提供了可靠的实测数据。

第二，提高施工质量和确保施工安全：在结构施工期采用各种监测仪器进行施工监控，可以及时掌握结构受力及变形状态，并及时提供反馈信息，以便及时掌握和控制施工质量，对于大型复杂结构尤为重要。

第三，保障结构运营安全：结构运营期，通过在结构关键部位布设各种监测传感器对结构整体与局部性能状态进行监测，全面掌握结构的运营环境、服役性能及其发展趋势，有助于发现结构的早期损伤并及时预警。当发生地震、洪水、火灾、撞击等灾害事故后，可以根据监测数据进行定量评估，优化防灾减灾策略，降低风险。

第四，优化维护方案和降低维护成本：结构健康监测系统为判断结构当前性能状态及变化趋势提供数据依据，协助制定适宜的维护策略，并通过持续的监测实时掌握维护效果，依据实测数据进一步优化加固维护方案。

1.3 结构健康监测的研究内容

土木工程结构健康监测技术是通过在结构上布设大规模的传感器，实时监测荷载作用与结构响应等信息，揭示结构真实的性能波动规律、损伤演化过程和抗力衰减特征，从而进行状态评定、可靠度预测和安全预警，由此构成了结构全寿命设计的重要基础。从仿生学角度来看，土木工程结构健康监测系统可以看作一种智能系统，它将传统力学意义上"死"的结构，赋予其"生"的智能功能，使其能够以生物界的方式感知外部环境（温度、湿度、风载等）和结构状态（变形、裂缝和振动等）。结构动力学是结构健康监测的理论基础，而结构健康监测则可以看作是结构动力学的延伸。前者的研究范畴是在已知结构属性的基础上，计算结构在荷载作用下的反应特征；而后者则是通过监测到的结构反应，逆向分析结构的状态特征。结构健康监测技术因其能够实时采集外部环境荷载、在线监测结构服役状态、探测结构可能的损伤形式、揭示结构的倒塌破坏机理、验证结构的设计理论方法，而成为土木工程领域的研究热点。结构健康监测贯穿于土木工程的全寿命周期，在土木工程施工、运营等不同阶段，也有不同的监测种类与之对应。根据监测目的的不同，土木工程监测还包括：以适用、安全和耐久为基本要求的安全监测和耐久性监测，长期持续监测中的灾害监测和病害监测，针对不同范围的单体监测和集群监测。随着分布式传感技术的发展，近年来还出现了兼顾"宏观"和"微观"的土木工程区域分布监测。未来结构健康监测的范围和内涵还将随着电子技术、计算机技术、传感技术等领域的发展而不断丰富。

1.3.1　结构健康监测系统

土木工程结构健康监测需要在结构上安装各类传感器，并基于传感器所采集的监测数据进行结构分析和诊断评估，建立一种最少人工干预的自动化结构健康监测系统。它将离线、静态、异步的传统检测方法，转变为在线、动态、同步的现代监测技术。一套完整的土木工程结构健康监测系统通常包括五个部分：传感器子系统、数据采集子系统、数据传输子系统、数据存储与管理子系统、结构预警与评估子系统，每个子系统的作用如下：

1. 传感器子系统

传感器子系统主要由监测结构响应、荷载及环境作用三类指标的传感器组成，系统通过传感器将待测的物理量转变为可以直接识别的电、光、磁信号，实现对荷载及环境作用输入、结构响应输出数据的获取。

2. 数据采集子系统

数据采集子系统包括硬件采集设备和软件模块，以实时、定时、触发或混合的模式采集各个待测物理量，要求能实现多种类型传感器的同步采集，确保数据质量。

3. 数据传输子系统

数据传输子系统包括传输线缆、交换机、网关、数据传输单元等，主要功能是以无线或有线的连接方式将传感器子系统采集到的数据同步或异步传输到数据存储子系统。

4. 数据存储与管理子系统

数据存储与管理子系统由数据预处理、中心数据库、数据管理软件及硬件组成，提供各种监测数据和结构自身信息的存储、查询、调用和简单分析功能。

5. 结构预警与评估子系统

结构预警与评估子系统主要由高性能计算机及分析软件组成，其功能是对初步处理过的数据进行深入分析，包括模型修正、模态识别、损伤诊断、状态评估、安全预警、寿命预测、维护决策等。该子系统提供监测数据的在线实时显示与预警、荷载与环境作用的预警与评估、结构性能的预警与评估功能。

下面简要介绍桥梁结构和高层建筑结构中具有代表性的结构健康监测系统。

从 20 世纪 80 年代开始，结构健康监测系统开始在各种规模和形式的桥梁结构上得到逐步应用。英国在北爱尔兰 Folye 大桥上安装了长期监测仪器和自动采集系统，该桥是一座总长 522m 的 3 跨变高度连续箱梁桥，桥上布设的一套结构健康监测系统用于监测桥梁运营阶段在车辆与风荷载作用下主梁的振动、扰动和应变等响应，同时监测结构温度场和环境风，这是土木工程结构健康监测较早的知名应用案例。随着计算机和微电子技术的发展，全面的结构健康监测变得可行，世界范围内更多的大型桥梁相继安装了完整的结构健康监测系统，如挪威的 Skarnsundet 大桥、美国的 SunshineSkyway 大桥、丹麦的 Faroe 大桥、墨西哥的 Tampico 大桥、英国的 Flintshire 大桥、加拿大的 Confederation 大桥、日本的 AkashiKaikyo 大桥和韩国的 Seo-Hae 大桥。

伴随大规模基础设施建设的持续推进，我国在这一领域的工程实践已逐渐走在了世界前列。我国于 20 世纪 90 年代中后期开始研究并安装大跨度桥梁结构健康监测系统。在结构健康监测发展初期，将施工监控和成桥试验的临时传感器用于桥梁建成后一段时间的短期监测系统是我国许多大型桥梁工程通常采用的做法，如上海徐浦大桥以及广东虎门大桥等。上海徐浦大桥安装的结构健康监测系统用于监测车辆荷载、温度、挠度、应变、主梁和斜拉索振动。虎门大桥和江阴长江大桥都在施工阶段就开始安装各种传感设备，以用于运营期间的结构健康状态监测。随着结构健康监测工程实践的不断深入，一批成熟的桥梁结构健康监测系统不断涌现，如润扬长江大桥、苏通长江大桥、大胜关长江大桥等。以某大型桥梁的结构健康监测系统为例进行介绍（图 1-3），大桥全梁长 572.1m（含梁缝），主桥结构采用（35＋40＋60＋300＋60＋40＋35）m 混合梁斜拉桥，大桥的结构健康监测系统通过设在大桥不同位置的各类传感器收集桥梁结构响应以及桥梁运营环境的信息。该套监测系统共包含 10 种类型的传感器，共计 370 余个，传感器类型包括：温度计、风速风向仪、GPS、应变计、挠度计、位移计、加速度计、湿度计、应力计和索力计。

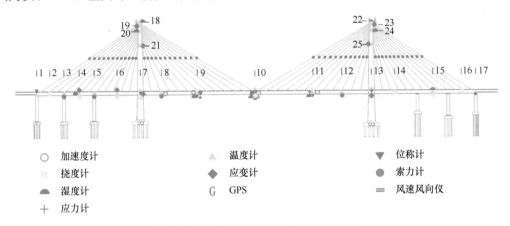

图 1-3 某大型桥梁监测系统传感器布置

近二十年来，研究人员在一些实际高层结构上安装了可用于监测结构变形及相关数据的健康监测系统，并依托监测系统进行了一系列相关研究。新加坡一座 280m 高的办公楼建立了一个长期监测系统，该系统主要监测结构在施工期和服役期的变形和荷载分布随时间的变化，同时也用于强风和地震后的结构性能评估。香港理工大学研究团队在广州某高层建筑（600m）上建立了施工期和服役期结合的监测系统，该监测系统包含 16 种类型共计 800 多个传感器（图 1-4a）。他们根据各施工阶段有限元分析结果确定需要安装传感器的结构关键位置和施工节点，这些传感器被用来监测结构的静态和动态响应。朝国某公司在位于迪拜的哈利法塔（828 m）上安装了一套全面的监测系统。该系统主要用于监测基础沉降，墙柱构件的弹性变形、收缩和徐变，主塔的水平位移以及加速度、风速等响应。立柱和墙体的竖向应变和位移数据监测有助于待施工楼层的标高预调，主塔水平位移监测保证了施工过程中结构的垂直度。上海中心（632 m）上安装了一个包含 432 个传感器的监测系统，用以测量结构在施工过程中的竖向变形，以及遭受强风、地震、温度陡然变化等作用后的结构性能。浙江大学研究团队深圳证券交易所（245 m）上建立了包含 224 个振弦应变计的无线传输变形监测系统，用于监控主体结构中的悬挂部分在施工过程中的变形和应力。京基金融中心和深圳平安金融中心上安装了测量风荷载、振动响应和结构变形的监测系统。华中科技大学研究团队在武汉某高层建筑（335 m）上安装了一套包括应变计、温度计、加速度计等多种传感器的施工期结构健康监测系统（图 1-4b）。

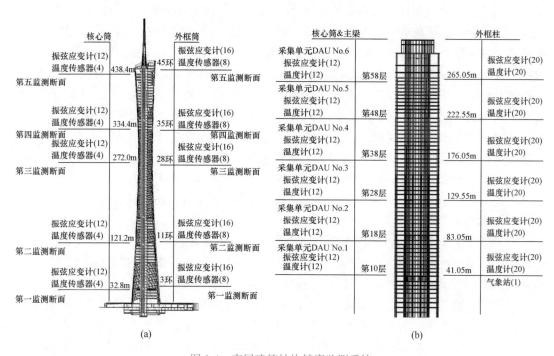

图 1-4　高层建筑结构健康监测系统

（a）600m 广州某超高层健康监测系统；（b）335m 武汉某超高层建筑监测系统

关于结构健康监测系统的设计、安装、运行维护等详细内容，参考本书第 2 章。

1.3.2　主要研究内容

由于结构健康监测属于多学科交叉领域，涉及范围和内容繁多。根据前文的介绍，按照结构健康监测的逻辑过程，可将结构健康监测的研究内容大体分为传感原理与方法、数据科学与工程、结构系统识别、安全诊断与评估四大方向，每个方向都有诸多细分研究内容。

1. 传感原理与方法

"工欲善其事，必先利其器"，先进的传感技术是结构健康监测的必备前提。健康监测系统通过各种基于不同传感原理的传感器测量结构的静动态响应和环境变化，为结构分析、系统识别、安全诊断、性能评估、预警决策提供原始数据。现有的传感技术分类众多，包括压电式、压阻式、电容式、磁电式、光纤式、超声波、雷达、热成像、机器视觉等。这些传感技术的基本原理是将结构的机械能变化转换为传感器所能感知的电、磁、光、声、热等不同物理信号，通过测量这些物理信号的变化来感知结构的状态。研发先进智能的传感技术，提高各类传感器在土木工程中的传感性能和工作性能，是近年来的研究热点和未来趋势。

2. 数据科学与工程

数据科学与工程包括与数据采集、异常数据诊断与重构、数据传输与丢失数据修复、数据管理以及数据挖掘等相关的算法与应用。传统数据采集通常需要遵循 Shannon-Nyquist 采样定理（香农定理），然而这种采集方法一般会产生大量的数据。在 2005 年和 2006 年，有研究人员提出了一种压缩感知的采样方法，该方法突破了传统采样定理的局限性。如果数据信号在某个域内是稀疏的，则可以根据压缩采样理论对极少量数据进行随机采样，该采样方法可以极大地降低数据采集量。另外，监测系统在恶劣的环境中服役，数据异常是不可避免的。真实监测数据中经常会出现诸如样本离群、漂移、超量程以及样本缺失等数据异常现象，而且一般难以判断某种数据异常现象究竟是由监测系统本身故障所引起的还是由结构内部损伤所引起的，从而给监测系统的自动预警带来诸多困难。异常数据检测方法现已在结构健康监测领域受到广泛关注，但是相关研究仍然很不充分。在实际应用中，监测数据经常出现传输丢包、数据缺失或损坏等问题，极大地影响了数据质量，因此需要研究高稳定的数据传输方法和高精度的数据修复方法。此外，如何管理海量的监测数据并从中挖掘和提取出有效关键信息，也是目前亟需研究的重要问题。

3. 结构系统识别

19 世纪初，开始通过锤子敲击铁路轨道发出的声响来评估轨道是否存在损伤。对于运转中的机械设备，监测机械的振动响应已经成为几十年来一项重要的性能评估技术。结构系统识别一般指通过监测数据识别结构的动态特征参数以及所承受的外部荷载，用于有限元模型修正和损伤识别等。围绕结构系统识别，二十多年来学者们研究发展了诸多相关理论与方法，大致包括力学模型方法、生物启发式算法、基于信号的系统识别方法、混沌理论等。力学模型方法基于可解释的物理与力学模型，通过实测结构响应数据识别结构参数。生物启发式算法能有效识别大型复杂结构的非线性行为，例如神经网络、遗传算法和粒子群算法等，需要大量的数据进行训练。基于信号的系统识别方法直接对实测结构响应进行分析处理，基于获取的参数变化对结构进行识别，例如小波变换、Hilbert-Huang 变换等。一些学者利用混沌理论和分形概念对复杂的结构动力系统进行建模以进行系统识别。

4. 安全诊断与评估

我国已经建立了以人工检测鉴定为核心的工程结构诊断技术体系，通过人工检测并结合计算分析和基于相关规范、标准的评分、评价，对工程结构的安全性能进行评估。但是，这种方式存在特殊环境或复杂结构安全状态难以诊断、人工作业效率低等问题。近年来，智能感知技术和以深度学习为主的人工智能技术取得长足发展，工程服役安全诊断与智能化的交叉融合展现出了显著的优势。当前结构服役性能评价和损伤评估的方法主要为物理力学模型和数据驱动两种。其中，物理力学模型方法主要采用有限元等力学分析手段，结合参数反演确定或修正模型参数建立结构损伤与结构性能的影响机制，力学原理清晰，但是无法反映实际工程多参数耦合作用。数据驱动方法则是基于机器学习等人工智能算法，通过结构静/动力响应等性态数据进行结构服役性能评价或安全风险预警。结构的服役安全评估方法可分为基于模糊理论、灰色理论和可靠度理论等方法。近年来，人工神经网络被应用于结构安全评价，弥补了传统方法的不足，可以高效地得到更具客观性、准确性的评价结果，能够实现静态或动态的安全评价。但是，基于数据智能的结构安全评价方法需要采集大量数据，而且结果也具有显著的数据依赖性，有可能存在较大偏差。因此，将传统理论与人工智能相结合，从监测数据中挖掘指标间的耦合机制，提取结构性态指标特征与关键性态指标，建立具备物理力学可解释性的结构服役性能与多维表征性态指标映射关系，发展新的结构智能安全评估模型与方法，是未来的研究趋势。

1.4　当前技术瓶颈及未来发展趋势

结构健康监测以计算机技术、网络技术、检测技术、通信技术、人工智能等多个学科技术为基础，涉及结构仿真分析和数据自动采集与传输等多个交叉的学科领域。随着这些技术的迅速发展，结构健康监测技术在监测系统总体设计、传感器及其优化布置、结构健康状况诊断和可靠性研究等方面有了很大的进步，集成了远程通信与评判控制的综合性健康监测系统，自动化、网络化、系统化、实时化成为结构健康监测系统的技术发展方向和发展前沿。

1.4.1　技术瓶颈

结构健康监测理论及技术经过几十年的发展，取得显著工程实践成果的同时也面临诸多技术挑战和瓶颈：

第一，对结构健康状态的评价缺乏通用有效的损伤量化指标。通过振动监测数据分析进行结构损伤诊断，要求测得的损伤信号应与原始的健康状态信号有明显的差异，能够准确地区分出结构处于损伤状态还是健康状态。然而，自振频率对局部损伤却不敏感；振型（尤其是高阶振型）变化对局部损伤敏感，但难以精确测量。因此，需要一种通用有效的损伤量化指标，把结构的健康状态进行简单的分级量化。此外，国内外工程实践经验表明，现有损伤指标对实际结构损伤并不是十分敏感。其原因是损伤从本质上而言是局部变量，而目前提出的各种指标多属于全局变量，对属于局部范畴的损伤不敏感。因此，应该更多地探索采用局部特性构建性能评估指标。

第二，由于大型土木工程结构都是复杂非线性系统，传统结构健康监测系统为了获得足够的结构响应及荷载作用信息，往往需要布置大量的测点，这就导致监测数据海量又不完备，存在信息冗余的情况。研发海量监测数据的高效处理方法以及相应的优化算法，是结构健康监测真正意义上实现实时损伤监测的关键。

第三，传感器的优化布设是土木工程结构健康监测和诊断中的又一个重要问题。考虑结构健康监测系统建设及投入使用后的运行管理与维护的经济成本，如何做到使用尽可能少的传感器获取尽可能多的结构信息，一直以来都是结构健康监测领域研究的热点。

第四，相比于土木工程结构动辄几十年甚至上百年的设计使用寿命，传感器的寿命要远低于结构的使用寿命。传感器由于使用环境及自身材料老化会出现性能退化乃至故障的情况，这严重影响了结构健康监测系统的结构损伤诊断率。如何排除性能退化和失效的传感器、重构关键传感器失效的数据，同样是当前结构健康监测领域应当解决的问题。

1.4.2　未来趋势

在过去的几十年里，结构健康监测技术已经取得了一系列的创新和突破，未来在传感技术层面、数据处理层面和构建智能结构层面存在诸多挑战和难题，这也为结构健康监测的研究和发展指明了方向。

1. 无线传感技术

当前的结构健康监测系统大多采用有线传输的方式，传感器与采集装置、采集装置与数据存储端需要采用有线的方式进行连接，采集设备端的监测数据传输需要借助传统的宽带或光纤网络，极大地限制了结构健康监测系统在大型土木工程结构上的应用。随着传感器技术、无线通信技术、自动化处理技术和数据挖掘技术的进步，结构健康监测也朝着信息化、自动化的方向发展。第五代移动通信技术（5G技术）是最新一代蜂窝移动通信技术，具有更高网速、低延时、高可靠、低功率、海量连接等优点。对于结构健康监测系统，基于5G技术可以将无线网络和各类传感器结合形成无线传感网络，大大减小了传统监测系统布线工作量大、成本高、传输线路容易损坏的弊端。无线传感技术存在上述巨大发展前景的同时，如何解决无线传输设备电池续航能力是一个新课题。

2. 数据处理与挖掘

随着安装监测系统的结构数量不断增加，监测数据的体量呈指数级增长，海量数据的储存、处理和分析成为亟待解决的重要问题。结构损伤识别、状态评估、失效预测及安全预警都需要依赖高质量的监测数据，从繁复冗余的数据中自动挖掘和提取结构重要特征是结构健康监测技术发展的必由之路。以下是关于监测数据的部分研究方向：监测数据融合的结构损伤识别方法和有限元模型修正方法，信息不完备及小样本条件下的结构不确定性分析和可靠性分析理论，基于监测信息的多目标特征分析、数据挖掘、作用模型建模与预测方法，结构累积损伤和抗力衰减的数据挖掘和数理统计方法与概率模型，基于长期监测数据的结构全生命时变可靠度分析、失效模式预测方法及安全预警决策方法。

3. 智能土木工程结构

智能土木工程结构指的是通过结构集成的传感系统与控制系统，构建具备自感知和自适应功能的土木工程结构。其中，自感知功能就是通过传感系统感测外界激励和结构响应，并能在一定程度上自动识别结构损伤和影响结构状态的特殊事件，进而将信息进行存储并反馈给管理人员。构建智能土木工程结构的目的是将结构健康监测和结构维护管理成本最小化：一方面，自主感知结构的健康状态并反馈信息，从而实现"结构"与"人"的对话，让管理者有效地掌握结构的实时运营状况以及潜在的安全隐患，从而提高结构的安全性；另一方面，当外界环境发生变化时，结构能自主作出响应，不但可以将结构响应控制在正常安全范围内，同时也可以在一定程度上自主修复局部的早期损伤。在自感知功能方面，随着与结构健康监测相关的传感技术和信息网络技术的发展，各类传感器及相关智能感知、互联互通、协调共享和运营技术不断成熟，为构建桥梁、隧道等各类智能工程结构提供了一种感知结构状态的有效手段。

本章小结

　　本章先通过历史事故案例强调了结构健康监测的重要性，全面介绍了结构健康监测（SHM）的背景、定义和框架。然后，介绍了 SHM 系统的五个主要组成部分，并概述了 SHM 的四个主要研究方向：传感原理与方法、数据科学与工程、结构系统识别、安全诊断与评估。接着，指出了当前技术面临的挑战，如缺乏损伤量化指标、海量数据处理困难、传感器优化布设以及传感器寿命与结构寿命不匹配等问题。最后，展望未来发展趋势，包括无线传感技术、数据处理与挖掘以及智能土木结构等。

思考与练习题

思考与练习题
参考答案

　　1. 什么是结构健康监测？为什么要进行结构健康监测？

　　2. 结构健康监测有哪些优势？其先进性体现在哪些方面？

　　3. 结构健康监测主要的研究内容有哪些？

　　4. 结构健康监测技术目前存在的主要问题有哪些？请至少列举三点。

　　5. 你最感兴趣的结构健康监测研究方向是什么？请具体说明。

结构健康监测系统

知识图谱

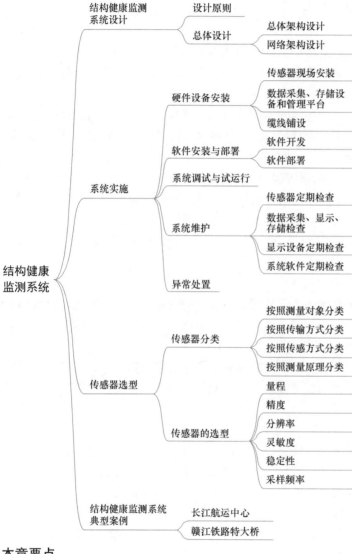

本章要点

知识点 1：结构健康监测系统设计与实施。

知识点 2：传感器分类和选型。

学习目标

（1）了解结构健康监测系统的设计原则。

（2）熟悉结构健康监测系统的具体实施内容。

（3）掌握常见监测传感器的分类和选型。

结构健康监测系统涉及多个学科领域，其构成不仅与其功能有关，还需要考虑未来的运行和养护管理情况。结构健康监测系统主要由传感器、数据采集与传输、信号分析与预处理、监测数据分析与安全评估、数据存储与管理等几个子系统构成。各子系统分别涉及不同的硬件和软件，通过系统集成技术形成一个协同工作的整体。结构健康监测系统设计与施工较为复杂，而合理有效的维护是系统持续高效工作的保障。

2.1 结构健康监测系统设计

结构健康监测系统旨在实时监测和评估结构的状态和性能，以确保它们的正常运行、安全性和可持续性。这类系统通常由多个关键组件和子系统构成，其主要功能包括数据采集、信号处理、数据分析、安全评估和信息管理。

系统的核心是传感器子系统，这些传感器能够感知并捕捉与对象相关的物理或生物参数，例如温度、湿度、振动、压力、荷载等。传感器将这些信息转化为数字信号，然后将其传输给数据采集与传输子系统。

数据采集与传输子系统负责将来自传感器的数据进行处理、整理和传输。它包括硬件组件，如模数转换卡和数据传输电缆/光缆；软件组件，用于有效地存储和传输数字信号。这一子系统确保了高质量的数据流向信号分析与预处理子系统。

信号分析与预处理子系统是数据的初步处理中心，它对传感器数据进行分析和预处理，以提取有用的信息和特征。这有助于减少数据噪声、优化数据质量，并为监测数据分析与安全评估子系统提供更准确的输入。

监测数据分析与安全评估子系统是系统的智能核心，它使用损伤识别软件、模型修正技术和安全评估算法来分析数据并评估对象的状态和安全性。一旦发现异常情况，它能够发出警报并采取适当的措施以预防潜在风险。

最后，数据存储与管理子系统负责安全地存储和管理所有监测数据、分析结果和相关信息。这一子系统通常依赖于强大的数据库系统，以确保数据的长期保存和容易访问。

2.1.1 设计原则

结构健康监测系统的设计是从结构健康监测的需求出发，确定系统的整体架构，划分功能模块，确定每个模块所需的设备、软件算法以及布设实现技术，形成系统的设计方案书。系统设计分为总体设计和详细设计两个阶段。总体设计又称概要设计，主要任务是设计并确定系统的框架、数据的存储规律、机器设备（包括软、硬件设备）的配置等。详细设计是在总体设计的基础上确定模块内部详细的执行过程，包括硬件选型、软件实现以及具体的施工方案。

结构健康监测系统的设计方案应根据监测目的、对象、项目的特点及精度要求、场地条件和当地工程经验等综合确定，并应简洁实用、性能可靠、经济合理、维护方便。系统设计须遵循两大基本准则：功能要求和成本—效益分析。功能要求是系统设计的前提，是确定监测项目和仪器系统的总体依据。对于具体的监测系统，其功能要求可以是监控与评估，或是设计验证，甚至可包括研究探索。成本—效益分析是设计并确立合理、高效系统的具体依据。结构健康监测项目的规模及所采用的传感器和通信设备等硬件需要考虑投资的限度。因此，设计结构健康监测系统时必须对监测系统方案进行成本—效益分析。根据功能要求和成本—效益分析基本可将监测项目、测点和配套设备的数量设计到所需的范围，从而确定合理的系统硬件设备。具体而言，结构健康监测系统设计应遵循以下原则：

（1）功能与成本最优

结构健康监测系统设计首先需要进行功能需求分析，它确定了监测项目和仪器系统的总体依据。具体的结构健康监测系统可以有不同的功能要求，例如监控与评估、设计验证或研究探索等。功能要求的明确有助于定义系统的基本特性和性能指标。在设计结构健康监测系统时，需要考虑监测项目的规模以及所需的传感器和通信设备等硬件，以确保投资在可承受范围内。因此，必须对结构健康监测系统的方案进行成本—效益分析，以找到最优解。

（2）可靠性和系统性

结构健康监测系统最基本的要求是可靠性，这取决于系统中各种仪器的可靠性、监测网络的布置及设计的统筹安排和施工质量的保障等因素。系统在正常状态下应能满足所需的功能，在异常情况下经适当处理应能确保数据的准确性、完整性和一致性，并具备迅速恢复的能力。在可靠性的基础之上，结构健康监测系统应能够完成测点之间、监测项目之间的结合，实现监测分析、仿真计算及工程经验的有机融合，从而提高整个系统的监测功效。同时，系统应具有一整套完整的管理策略，以保证系统的运行安全。

（3）关键部件优先与兼顾全面

关键部件是指结构上的易损区、变形敏感区以及传力途径上的重要受力构件。关键部件的作用和响应信息对确保结构的安全十分重要，具有代表性和指导意义，必须优先重点监测。同时也应考虑全面性，力求对结构的整体性能进行监测。

（4）实时与定期监测结合

监测项目确定后，应根据监测目的、功能与成本优化需求，分别进行实时监测与定期监测。不同监测项目的频率需求不同，有些项目不必长期实时监测，但其监测频率又远高于人工检测，这时可考虑采用定期监测以降低运营维护成本，并减轻数据传输和处理的压力。

（5）可扩展性和模块化

系统设计时应充分考虑系统数据库的数据格式、信息处理能力和控制容量，保留与其他计算机或自动化系统连接的接口，实现系统体系结构上的可扩展性和灵活性（包括硬件网络架构、软件架构）及系统应用功能的可扩展性和灵活性。比如，在将来能够自由地增加监测模块、监测项目及扩充测点等。结构健康监测系统应根据各部分功能分解成若干相互独立的模块，提高各模块的内聚性，减小耦合性，从而保证各模块之间的独立性，保证系统的平稳可靠运行。

（6）易维护性和可重复性

易维护性是结构健康监测系统设计时需重点考虑的方面，应保证系统具有操作简便、易学易用等方便管理人员使用的特点，且系统故障易于排除，运行维护成本经济。此外，应在充分利用已有设备和资源的基础上，方便地进行系统的升级维护。

（7）安全性

系统设计应充分考虑网络系统、操作系统、数据库系统和应用程序的安全性，保证系统的安全运行。针对不同用户宜赋予不同的访问权限。

2.1.2　总体设计

在总体设计阶段，需要设计并确定系统的框架，包括模块结构设计和机器设备等物理系统的配置方案设计，具体体现在总体架构设计和网络架构设计等方面。

（1）总体架构设计

结构健康监测系统根据所需的功能和任务需求被分解为一系列相互独立的层次，以进行模块化或对象化封装。整个监测系统可分为以下几个层次：感知采集层、网络传输层、数据汇聚层、应用分析层以及信息传输与控制层，如图 2-1 所示。每个层次都是相对独立的进程、线程或程序模块，而上下层之间需要建立规定的通信关系。当前层次利用下层提供的服务，同时向上层提供一个统一的接口。这种设计方法允许每个层次选择最适合其需求的开发工具，以实现最佳的设计效果，且对于系统任何一层的修改都不会对其他各层产生影响，这有助于系统的维护和升级换代，使得系统更具弹性和可扩展性。

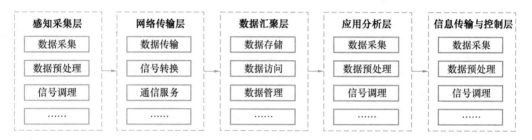

图 2-1　典型结构健康监测系统的总体架构

感知采集层负责数据采集、数据预处理和信号调理。网络传输层负责处理整个数据传输过程。数据汇聚层则负责数据的存储、访问和管理等任务。应用分析层包括实时和长期的监测数据分析、模型更新以及响应评估等功能。信息传输与控制层的任务是确保用户可以通过计算机上的浏览器来访问系统服务器，以获取相应的业务服务。此外，该层还管理不同用户的不同业务访问权限。系统管理员拥有对系统相关功能的管理权限，包括系统用户管理、安全访问控制和系统日志管理。监测人员具备数据查看、历史数据浏览和传感器配置等权限。

（2）网络架构设计

网络架构是一种定义数据网络通信系统各个方面的网络结构，包括接口类型、网络协议以及网络拓扑结构等元素。接口类型和网络协议通常根据设备类型来确定，而网络拓扑结构则涉及网络中各个站点之间的连接方式，即局域网中文件服务器、工作站和电缆等设备之间的物理连接方式。网络拓扑结构直接影响网络的性能、系统的可靠性以及通信设备的成本。目前，在结构健康监测系统中常见的网络拓扑结构主要包括以下几种：总线型结构、环型结构、星型结构、树型结构以及混合型结构，如图 2-2 所示。

1）总线型结构：采用单一的通信线路（总线）作为公共传输通道，所有站点通过相应的接口直接连接到总线并使用总线进行数据传输。其结构简单、容易布线、可靠性较高，且易于扩展，因此常被用于局域网的拓扑结构。然而，由于所有数据都必须经过总线传输，因此总线可能成为整个网络的瓶颈，并且难以诊断故障。

2）环型结构：将所有站点串联连接形成一个环形回路，数据可以在环中单向或双向

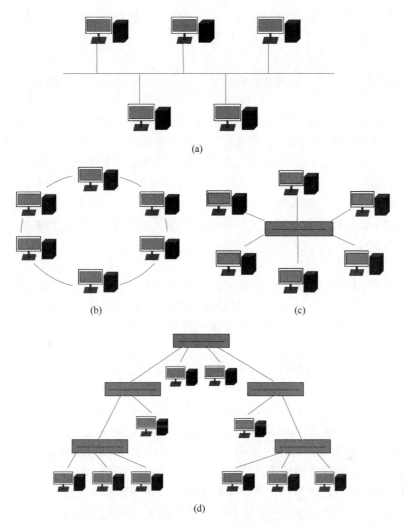

图 2-2　健康监测系统网络架构设计

（a）总线型结构；（b）环型结构；（c）星型结构；（d）树型结构

传输。其结构简单，能够实现远距离传输，传输延迟稳定。然而，在环状网络中，每个站点都成为网络可靠性的关键点，任何一个站点故障都可能导致整个网络瘫痪，而且故障的诊断也相对困难。

3）星型结构：以一台设备作为中央连接点，各工作站都与它直接相连形成星型。其结构简单、容易实现、便于管理，连接点的故障容易监测和排除。中心结点是整个网络可靠性的瓶颈，其出现故障会导致整个网络的瘫痪。

4）树型结构：也称星状总线拓扑结构，是从总线型和星型结构演变而来的。网络中的所有结点设备直接或经次级设备连接到中央设备。其连接简单，维护方便，适用于汇集信息的应用要求。但是，该结构资源共享能力较低，可靠性不高，任何一个工作站或链路故障都会影响整个网络运行。

5）混合型结构：实际的网络拓扑结构是由两种或两种以上拓扑结构组合而成的混合型结构。结构健康监测系统是由子系统组成一个完整的网络结构，其网络结构由传感器、网关、局域网、交换机和客户端设备等组成。系统的网络拓扑结构应根据系统规模、监测范围、费用、设备类型和稳定性需求等确定。

2.2　结构健康监测系统实施

结构健康监测系统实施是依次有序建设各个子系统，并将其集成为有效整体的过程，与建筑、桥梁结构的施工类似。系统实施应符合安全可靠性、经济合理性、技术先进性要求。监测系统实施单位在施工前应编制施工组织设计和安全专项施工方案，应明确各类主要传感器及传输设备的安装要求、工艺流程，以保证监测系统实施的有序开展和质量管理。从施工的角度出发，结构健康监测系统的实施可分为硬件设备安装、软件开发与部署、系统调试与试运行三个方面，接下来对各个方面的流程及要点进行阐述。

2.2.1　硬件设备安装

硬件设备指结构健康监测系统中传感器、数据采集设备、数据传输设备、线缆和附属设施等各种物理装置的总称。根据硬件性质的不同，硬件设备的安装可分为传感器现场安装、数据采集、存储设备和管理平台安装及线缆铺设三个环节。

（1）传感器现场安装

传感器现场安装是将传感器与被测结构牢固、可靠连接，从而使传感器能准确感知所测参量的变化。传感器安装过程中应确保传感器空间定位准确，特别是传感器灵敏主轴方向与预设测试方向应准确一致。同时，传感器安装过程中的温湿度、受到的应力等安装环境也应符合设计文件或传感器产品说明书的要求。当安装环境超出规定时，应采取有效的防护措施。根据传感器安装部位的不同，通常可分为预埋式和表面式两种安装方式。

预埋式安装是指将传感器预埋在结构构件内部，如图 2-3 所示。通常预先将传感器定位在构件内部，然后随混凝土一同浇筑在构件内部。采用预埋安装的传感器主要有应变传感器、结构温度传感器等。预埋传感器的安装工艺通常为：钢筋安装→确定预埋位置→传感器定位→混凝土浇筑→连接外引线。预埋安装过程中应注意：混凝土浇筑过程中，振捣器不能触碰到传感器，否则易使传感器损坏；预埋传感器的引出线缆宜采用软管保护。当引出线缆是光纤时，引出光纤的长度应考虑光纤接入熔接机的距离，通常情况下不应小于 1m。

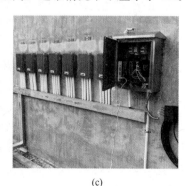

(a)　　　　　　　　　(b)　　　　　　　　　(c)

图 2-3　传感器及线缆预埋安装
(a) 传感器安装；(b) 线缆预埋；(c) 采集箱

　　表面式安装是指在结构构件表面安装传感器，如图 2-4 所示。根据结构构件材料、形状等的不同，安装方式可进一步细分为螺栓连接、焊接和抱箍连接等。采用表面式安装的传感器主要包括环境温湿度、应变、位移和加速度传感器等。

　　螺栓连接是指采用预埋螺杆或膨胀螺栓将传感器或传感器基座固定在被测构件表面。为保证螺栓的长期有效性，通常在螺杆和平整螺栓上满涂环氧树脂，然后再拧紧螺栓。当被测构件为钢结构或在金属基座上安装传感器时，可采用焊接方式将传感器与被测结构牢固连接。与土木工程中常用的电弧焊接、埋弧焊接等高温焊接不同，传感器安装应尽量采用低温冷焊，以防止焊接过程中传感器温度过高，并有效减少钢结构构件中由焊接造成的残余应力。当在拉索等细长构件上安装传感器时，可采用抱箍连接。

　　(a)　　　　　　　　　(b)　　　　　　　　　(c)

图 2-4　传感器表贴安装

(a) 位移传感器螺栓连接；(b) 应变计安装加防护；(c) 加速度计抱箍连接

（2）数据采集、存储设备和管理平台

　　根据数据采集、存储设备和管理平台所处位置不同，可分为位于现场和位于监测中心的设备安装，如图 2-5 所示。

 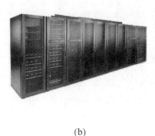 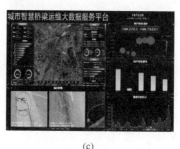

　　(a)　　　　　　　　　(b)　　　　　　　　　(c)

图 2-5　设备安装

(a) 数据采集单元；(b) 数据存储服务器；(c) 可视化监测中心

　　结构现场一般包括数据采集和传输设备，多采用机柜等装置进行保护。为便于后期维护和更换，机柜内的设备分布应做到功能集中、方便布线。由于机柜往往位于野外，所以在设备安装完成后，宜将机柜进出线缆的孔洞采用防水防潮材料进行密封保护。监测中心则涉及数据存储、处理和显示。由于结构健康监测系统往往与其他监控系统共用机房，故在既有机房安装设备时应注意与其他系统的接口需符合相关要求。随着云计算和云平台的日益普及，逐渐有监测系统采用云平台进行数据存储和处理，可以预见未来监控中心安装的设备将越来越少。

（3）线缆铺设

结构健康监测系统的线缆铺设主要涉及电源线和信号线的铺设，且为了保护线缆以及屏蔽外界信号的干扰，多将线缆放置在线管、线槽或桥架中，如图 2-6 所示。线管、线槽、桥架以及电源线铺设的施工工艺当前较为成熟，国家已出台了《建筑电气工程施工质量验收规范》GB 50303—2015、《综合布线系统工程验收规范》GB/T 50312—2016 等相关标准对线缆铺设质量进行验收。当结构健康监测系统采用有线方式进行数据传输时，多采用光纤作为传输介质，需要注意光纤的熔接质量，每个接头的熔接损耗应尽量小。同时，光纤的弯曲半径不应小于设计或产品技术文件的要求，以防止光纤出现折断。随着5G 等无线传输技术及传感器自供能技术的快速发展，未来将逐渐采用无线网络构建结构健康监测系统，大幅减少甚至无需线缆铺设工作。

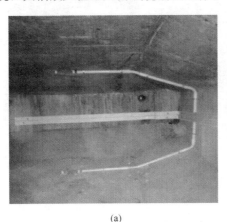 

(a)   (b)

图 2-6   线缆铺设

(a) 箱梁内部线缆铺设；(b) 桥梁外部线缆铺设

2.2.2　软件开发与部署

结构健康监测系统由硬件和软件两部分组成。其中，软件是指为实现数据采集、数据传输、数据存储、数据处理、结构安全评估和可视化应用等功能，按照特定顺序组织的计算机程序、数据、指令和相关文档的集合。在结构健康监测系统运行过程中，软件部分主要涉及开发、部署两个环节。

（1）软件开发

结构健康监测系统需针对各结构所处环境、荷载和构造特点定制设计不同的监测系统架构和硬件设备，以及有针对性地开发相关软件。监测系统软件往往需实现数据采集和控制、数据传输和存储、结构安全状态评估、结果显示及报表打印等功能，以上各功能虽需交换数据，但宜开发为不同模块然后集成，以便后期调试和维护。

（2）软件部署

软件部署是指将监测软件安装在监测硬件中并进行环境配置等工作，从而使监测软件能正常运行的过程。由于监测系统软件涉及较多的参数配置并与监测硬件的结合较紧密，软件部署宜由专业人员完成，且需提前编制相应文档。

在软件部署前，应先确认监测硬件、网络等的配置符合监测系统设计要求，监测软件已通过测试并确认合格。在软件部署过程中，先按软件详细设计或使用说明书进行软件接口、参数等的设置，然后再进行软件安装工作。在软件部署后、系统调试未完成前，为防止误操作导致硬件设备损坏，需采取临时措施防止未经培训的人员操作软件。

2.2.3 系统调试与试运行

结构健康监测是由各种电子、电器设备以及软件集成的复杂系统，在完成硬件安装、软件开发和部署后，需对硬件和软件分别进行调试和试运行。

（1）系统调试

在调试阶段，宜先查验监测硬件和软件的规格、型号、数量和标识是否符合设计文件规定；查看电气接线、接地有无松动、短路、断路等现象；检查电源种类、电压、负载能力与传感设备是否匹配，以防通电后引起硬件设备损坏。然后进行电源、信号和数据等单项调试，检查电源设备的绝缘性能、电压的波动范围是否满足硬件设备的要求；查看传感器采集参数的设置是否正确，启动传感设备进行数据采集时有无数据返回；检验监控中心或云平台数据库的数据是否与现场数据库或传感器输出的数据相匹配，检查传感器返回的数据是否明显异常。最后，进行系统联合调试，主要以考察系统总体运行情况、功能是否满足设计要求为主，例如检查数据显示、回放和统计功能是否正确；监测系统报警、结构安全评估功能能否实现等。

（2）系统试运行

在试运行阶段，主要测试系统的可靠性与稳定性，并对仪器设备的正常运行能力和数据的准确性进行检验，试运行期一般不少于 3 个月。监测系统的可靠性可通过系统各传感器或设备的每月平均无故障率 $MTBF$ 和数据完整率 DIR 来衡量，两者的定义分别为：

$$\begin{cases} MTBF = \dfrac{UT}{24 \times DN} \times 100\% \\[3mm] DIR = \dfrac{TD - AD}{TD} \times 100\% \end{cases} \tag{2-1}$$

式中，UT 表示传感器或设备每月无故障运行的总小时数；DN 表示该月的天数；TD 表示每月采集的数据总量；AD 表示异常数据的数量。

试运行期间系统稳定性可通过分析监测数据与环境的相关性、检验监测数据是否出现明显的系统性偏移等实现。对可采用计量仪器进行验证的被测参量，其运行的稳定性可通过将系统实测数据与同时、同条件人工测量数据进行对比。

2.2.4 系统维护

结构健康监测系统主要由大量电子设备、软件模块构成，需维护与管理措施到位才能使系统长期稳定运行。考虑到监测系统的特点，运营与维护人员可由系统硬件、软件技术人员和系统实施人员共同组成，并可聘请领域专家及专业技术人员作为系统维护技术顾问。必要时还可与设备厂家的技术人员一同对维护过程中出现的设备故障进行分析，解决运营与维护中出现的技术问题，从而保证系统始终处于良好状态。另外，从工作组织角度出发，需建立一套行之有效的运营管理和维护服务制度，使运营与维护工作标准化、常态化，并建立详细的维护管理档案。

本节主要介绍结构健康监测系统维护中涉及的日常管理、定期检查与维护、异常处置的一般要求和常规流程等内容。

日常维护主要由结构健康监测管理单位的技术人员完成。根据管理对象的不同，可分为监测系统、采集站和监控中心的日常管理，流程如图 2-7 所示。

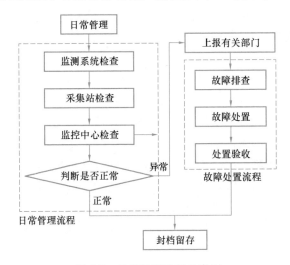

图 2-7　日常管理流程示意图

（1）监测系统

监测系统日常管理的主要手段是通过软件确定系统总体工作状态，例如查看监测系统日志记录是否正常，并通过系统显示界面，观察数据采集、传输、显示是否正常；检查数据库日志是否正常、完备，发现数据报错及丢失现象需及时上报；查看存储空间使用情况，当剩余存储空间小于总存储量的 20％时，需及时上报并采取措施保证数据的正常备份。另一方面，在硬件方面需按规定路线对监测系统进行外观检查，发现设备外观损坏时需及时上报。

（2）采集站

采集站是实现数据采集、预处理、存储和传输的集中单元，属故障多发节点，在维护工作中宜重点关注。在硬件方面，其日常管理主要检查的内容包括：采集站内各设备的显示灯是否正常，读数仪是否有读数且在正常读数范围内；采集站机柜外观有无损坏、明显变形及腐蚀，站内外有无积水或渗水；接线与接口连接是否可靠且有无松动现象；配置的稳压器和过电防护设备是否正常、有效工作等。在软件方面，采用从网络设备登陆采集站操作系统的方式，可查看采集站运行状况及运行日志，主要包括：连接电池的使用情况；日志记录是否正常，有无警告文件；存储空间是否足够；数据库日志是否正常和完备等。

（3）监控中心

监控中心的日常管理主要是保证监测系统的管理计算机、系统软件和相关外围设备能正常使用。其内容主要包括：对监控中心主机进行外部除尘；检查监测中心的温湿度是否适宜；检查监控中心设备设置的警示标志是否损坏等。

定期检查与维护是为保障结构健康监测系统运行良好，而对系统进行的预防性保养工作，通常由专业维护单位完成。维护单位应每隔一定时段确认设备的运行状态，检查系统错误，排除潜在隐患，预防和减少系统故障。按照检查和维护对象的不同，可分为传感器以及数据采集、存储和显示设备、系统软件的定期检查与维护。定期检查与维护流程如图 2-8 所示。

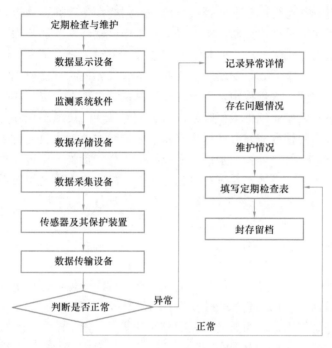

图 2-8 定期检查与维护流程示意图

（1）传感器定期检查与维护

传感器定期检查主要分为外观检查和性能检查。外观检查的主要内容包括：传感器安装位置是否发生变位，外壳是否密封完好以及传感器的线路接头保护层是否老化破损；传感器上有无污垢或异物，警示标志是否可见。性能检查的主要内容包括：传感器的线性度、稳定性是否满足要求以及传感器输入电源的电压是否正常。在定期维护方面，传感器的保养及维护应符合规定，传感器应在检修或更换前断电，并做好详细记录，同时应辅以影像资料备案可查；传感器应进行定期检查并保持干燥，对松动或发生变位的传感器应及时固紧归位，对无法归位的传感器，应在原位置附近补设能够达到设计要求的新测点。

（2）数据采集、存储和显示设备定期检查与维护

数据采集、存储和显示设备定期检查可分为外观检查和性能检查。外观检查的主要内容包括：设备的外壳有无破损和是否保持清洁、有无水渍或积水，金属部件是否发生锈蚀；信号指示灯或数据是否正常、设备运行是否有异响和异常振动、是否存在过热或烧损熔化现象；设备的输入和输出端接口是否出现接线松动或脱落导致接触不良的情况。性能检查应针对仅有内置电源或仅使用外接电源两种情况，分别检查设备能否正常开机和工作，同时还应确定设备能否正常工作。在定期维护方面，需定期清洁设备外壳并使其保持

干燥，对发现损坏的设备应尽快更换；对于设备的保护装置应定期清洁，同时及时更换无法提供保护作用的装置。在检修或更换前应断电，同时对设备安装位置和各通道做好记录，以确保维修或更换前后状态一致。

（3）系统软件定期检查与维护

系统软件定期检查分为外观检查和性能检查。外观检查的主要内容包括：查看软件图标是否正常；检查程序界面是否有乱码或不能正常显示。性能检查的主要内容包括：检查软件是否能正常打开并运行；检查能否进行监测数据查询、选择、分析、显示和存储等操作。在系统软件的保养及维护方面，应做好下列工作：软件的"加密狗"和"加密卡"应设专人管理；不得随意删除、修改或升级系统软件；未经监测系统管理部门许可，不得复制和传播监测数据；不应下载、安装或使用与系统软件无关的软件或程序。

在日常管理、定期检查过程中发现故障或监测系统自动提示出现故障时，应及时进行异常处置。异常处置以专业维护工程师或设备、软件厂商的技术工程师为主，可分为电话远程支持和现场维修两种方式。电话远程支持主要指异常处置人员通过电话咨询方式获得故障处理方法或方案。异常处置通常应由专业维护工程师负责。出现故障的硬件设备应及时进行故障判断、维修或更换，并采取措施避免同一故障再次出现。对系统软件运行出现的故障，应排查原因，并排除故障或修改、升级系统软件。

2.3　传感器选型

传感器是一种能够感知温度、位移和应变等物理量的变化，并转换成电信号、光信号或数字信号等可识别信号的器件或装置，其核心部件为敏感元件。在结构健康监测系统中，传感器测量环境作用（比如温度、湿度和风速等）、运营荷载（比如车重、人群荷载和设备重量等）和静动响应（比如加速度、静态应变、动态应变、静态位移和动态位移等），为参数识别、状态评估、安全预警和维修更换提供数据，是结构健康监测系统实现其功能的关键设备。为了满足不同的测量需求，研究者和工程师开发了不同种类、不同型号的传感器。即使是测量同一物理量的传感器，也有不同的分辨率、不同的量程、不同的测量原理、不同的工作环境要求和不同的安装方式。就结构本身而言，不同结构的不同部位，其特征也差别巨大，比如钢筋的拉应变范围比混凝土大、同一地区相同高度钢烟囱的横向变形比混凝土烟囱大、超高层建筑顶层的横向振动比底层大、大跨悬索桥主梁跨中的竖向振动比桥塔附近大。传感器型号选择不合理，可能导致被测物理量的变化超过传感器的量程、传感器由于安装位置的温度过低而失效、传感器的分辨率不足而不能感知被测物理量的变化等问题，造成测量数据失真或测量失败。因此，如何根据具体的测量目的、测量对象以及测量环境合理地选用传感器，保证传感器的测量数据能够满足监测和评估的要求，是进行结构健康监测系统设计需要解决的重要问题。

2.3.1　传感器分类

传感器通过敏感元件感知被测物理量的变化，进而利用转换元件将被测物理量的变化转换为可读数字信号或模拟信号，解调仪读取数字信号或模拟信号，最终获得被测物理量的变化数值，其基本原理如图 2-9 所示。有些传感器的敏感元件和转换元件合二为一，并不能严格区分。可以用于结构健康监测的传感器种类繁多，存在多种分类方法。但是常用的分类方法主要有四种，即按照测量对象分类、按照数据传输方式分类、按照传感方式分类和按照测量原理分类。

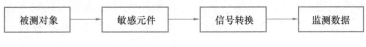

图 2-9　传感器的原理示意图

（1）按照测量对象分类

根据测量对象的不同，可以将结构健康监测的传感器分为环境作用监测传感器、运营荷载监测传感器和结构响应监测传感器。

1）环境作用是指结构在运营过程中受到的温度、湿度等外部环境影响。环境监测传感器包括温度传感器、湿度传感器、雨量传感器、太阳辐射传感器等。

2）运营荷载是结构在使用过程中承受的风荷载、车辆荷载、压力和水流荷载等静态和动态荷载。运营荷载监测传感器又分为风速风向仪、风压传感器、力传感器、地震动传感器、车速车重传感器、土压力传感器、水压力传感器等。

3）结构响应是指结构在环境作用和运营荷载作用下的应变、变形、振动和裂缝等响应。常用的结构响应监测传感器包括温度传感器、风速传感器、加速度传感器、应变传感器、位移传感器和索力传感器，如图 2-10 所示。其他还有裂缝传感器、倾角传感器、锈蚀传感器等。

图 2-10　结构健康监测常用的传感器
（a）温度传感器；（b）风速传感器；（c）加速度传感器；
（d）应变传感器；（e）位移传感器；（f）索力传感器

（2）按照数据传输方式分类

根据数据传输方式不同，用于结构健康监测的传感器可以分为有线传感器和无线传感器。

1）有线传感器，顾名思义就是依靠电线或者光纤进行供电或信号传输的传感器。有线传感器是发展最为成熟，也是目前结构健康监测系统应用非常广泛的传感器类型。比如利用电线将电信号传输至采集仪的电容式加速度传感器、压电式加速度传感器、电阻式应变传感器、电容式应变传感器、差阻式应变传感器、振弦式应变传感器、电阻式温度传感器、电容式温度传感器和电磁式位移传感器等；利用光纤将光信号传输至采集仪的光纤光栅应变传感器、光纤加速度传感器、光纤索力传感器、光纤渗压传感器、光纤温度传感器等。

2）无线传感器是利用无线电波进行信号传输且没有电缆供电的传感器。无线传感器是一类新兴的传感器，它有别于传统意义的传感器，更像是一个无线传感平台，类似于一部没有显示屏的智能手机，主要包括传感单元、计算单元、无线传输单元和能量单元，其构成如图 2-11 所示。

传感单元由低功耗传感器和信号解调电路组成，低功耗传感器感知被测物理量的变化，信号解调电路将传感器的模拟信号转换为可识别和读取的数字信号，此单元包含了传统有线传感器的物理量变化感知和信号采集功能。

计算单元包含微处理器和存储器，能够对采集的信号进行噪声剔除、误差修正、时域—频域变换、峰值拾取等计算和数据存取操作。

图 2-11　无线传感器和无线采集模块

无线传输单元通过无线电波将数据传输至服务器或者通过无线电波接收服务器的数据采集命令。

能量单元为传感单元、计算单元和无线传输单元供电，决定着无线传感器的使用寿命，一般为干电池或锂电池，也可采用小型太阳能电池板或小型风力发电机配合可充电电池。

有线传感器和无线传感器的典型优缺点对比见表 2-1。

有线传感器和无线传感器典型优缺点对比　　　　　　　　　　　　　表 2-1

优缺点	有线传感器	无线传感器
优点	信号传输稳定、实时性好 无需电池供电、长期性好	无需线缆、安装组网方便 价格低廉、可大规模布设
缺点	布线复杂、安装维护困难 价格昂贵、线缆成本较高	信号易受环境干扰、稳定性差 采用电池供电、使用寿命有限

（3）按照传感方式分类

按照传感器在土木工程结构中传感方式的不同，可以将传感器分为点式传感器、准分布式传感器和分布式传感器。

1）点式传感器是指在一根数据传输导线上仅能连接一个敏感元件，只能测量传感器布置范围内物理量变化的平均值。常用的加速度传感器、应变传感器和位移传感器等均是点式传感器。

2）准分布式传感器是指在一根数据传输导线上能够串联多个敏感元件，能够测量传感器布置范围内多个离散位置物理量的变化。光纤光栅传感器是一种典型的准分布式传感器，一根传输光纤上可以串联几十个甚至上百个光纤光栅传感器，能够对监测区域进行高密度测量。

3）分布式传感器是指传感器能够测量传感器布置范围内连续区域物理量的变化。土木工程中分布式传感器的概念来源于光纤传感器，光纤传感器可以感知其布设范围内任意点的物理量变化，形成连续的监测区域，进而获得大量的结构特征信息，有利于提高结构参数识别和性能评估结果的准确性，是结构健康监测传感器发展的重要方向之一。

（4）按照测量原理分类

按照传感器测量原理的不同，可以分为电阻式传感器、电容式传感器、压阻式传感器、压电式传感器、光纤传感器、振弦式传感器等。

1）电阻式传感器的敏感元件为导体或半导体金属丝。将电阻式传感器安装在被测结构上，当被测结构发生变形时，金属丝的长度和横截面积也随着结构一起变化，进而产生电阻变化，通过测量电阻的变化即可得到被测结构的变形。通过对金属丝变形的适当转换，可以制成测量应变、位移、温度、压力等物理量的传感器。

2）电容式传感器的敏感元件为电容器。电容器的电容是两块极片的形状、大小、相互位置以及介电常数的函数。如将一侧极片固定，另一侧极片与被测物体相连，当被测物体发生位移时，将改变两极片间电容的大小。通过测量线路将电容的变化转换为电信号输出，即可测定物体位移的大小，也可以制成测量应变、荷载等物理量的传感器。

3）压阻式传感器的敏感元件为单晶硅。单晶硅材料受到压力的作用后，电阻率发生变化，利用电路测量单晶硅电阻率的变化就可得到与压力变化成正比的电信号输出。通过适当转换，可以用于压力、拉力和加速度等物理量的测量。

4）压电式传感器的敏感元件为压电材料。压电材料受到某固定方向外力的作用时，内部产生电极化现象，同时在材料两个表面上产生符号相反的电荷。当外力撤去后，压电材料又恢复到不带电的状态。当外力作用方向改变时，电荷极性也随之改变。压电材料受力所产生的电荷量与外力的大小成正比。通过电路测量电荷量的大小即可得到外力的大小。

5）光纤传感器是一种将被测物理量的变化转变为可测光信号变化的传感器。根据光信号测量参数的不同，光纤传感器又可以分为强度调制型、偏振态调制型、相位调制型和波长调制型。光纤光栅传感器是一种使用频率最高、范围最广的波长调制型光纤传感器，这种传感器的反射光波长随着环境温度和应变的变化而变化，通过测量光波长的改变即可得到温度和应变的变化，具有测量精度高、传输距离长、不受电磁干扰、耐久性好、体积小等优点。将光纤应变或温度进行转化，可以制成测量位移、压力、荷载、加速度、倾角和渗流等物理量的光纤光栅传感器。

6）振弦式传感器的敏感元件为一根张紧的钢弦，利用钢弦的自振频率与钢弦所受到的外加张力呈一一对应关系测量各种物理量。钢弦两端固定于被测结构，当被测结构发生变形时，带动钢弦张紧或放松，引起钢弦自振频率的改变，通过测量钢弦自振频率的变化即可得到被测结构的变形。由于测量钢弦自振频率需要一定的时间，振弦式传感器不能用于物理量的动态测试。

2.3.2 传感器的选型

传感器的选型在很大程度上决定着整个结构健康监测系统的有效性和可靠性。例如，某简支钢梁在使用过程中的应变变化范围为 $0 \sim 1200\,\mu\varepsilon$，如果选择的应变传感器的测量范围为 $0 \sim 800\,\mu\varepsilon$，则所有超过 $800\,\mu\varepsilon$ 的采样点的读数均显示为 $800\,\mu\varepsilon$，显然，测试结果不能表征结构的真实响应。不仅如此，很多监测传感器在施工阶段就埋入混凝土内部，在使用过程中不能进行更换，一旦选择不合理，将会给结构健康监测系统留下永久的缺陷。因此，在传感器选型时，应多方论证、广泛调研和小心求证。

进行传感器选型之前，应做好以下两个方面的工作：第一，掌握工程结构设计和施工的说明书、图纸和计算书，熟悉结构和响应的特点以及监测要求，包括地理位置、气象条件、结构尺寸、荷载情况、主要振动频率范围、可能位移幅值、可能应变幅值、可能振动幅值、监测目的、监测对象、监测范围和监测时长等；第二，广泛调研传感器的技术资料，了解市场上已有传感器的测量原理、产品种类、产品功能、性能参数、应用现状、环境适应性、长期稳定性、安装使用及维护方法等。在此基础上，根据结构监测要求、实际工程条件和传感器产品现状来选择合适的传感器。

传感器包括量程、精度、分辨率、灵敏度、稳定性和采样频率等多种性能参数。下面将结合传感器主要性能参数的介绍给出传感器的选型原则。

量程是指传感器的测量范围，由传感器所能测量的上下两极限值来确定。传感器量程是传感器的重要性能参数，也是关系物理量能否被成功测量的关键。如果被测物理量的变化值超过传感器的量程，则传感器的测量值无法准确表征被测物理量的真实变化。相反，如果被测物理量的变化远小于传感器的量程，则可能造成传感器测量值的分辨率不足，也不能有效表征被测物理量的变化。选择传感器时，传感器的量程以被测物理量处在整个量程的 $80\% \sim 90\%$ 之间为最好，且被测物理量可能的最大值不能超过满量程。

精度是指反映传感器测量结果与真实值接近程度的指标。精度与误差的大小相对应，因此可以用误差的大小来表示精度的高低，误差小则精度高，误差大则精度低。精度可分为精密度、正确度和准确度（精确度）。对于具体的传感器，精密度高时正确度不一定高，而正确度高时精密度也不一定高，但准确度高，则精密度和正确度都高。在消除系统误差的情况下，精密度与准确度是一致的。在实际应用中，应尽量选择精度好的传感器对结构进行监测。

分辨率是指传感器可检测到输入量的最小变化的能力。当输入量缓慢变化，且超过某一增量时，传感器才能够检测到输入量的变化，这个输入量的增量称为传感器的分辨率。当输入量小于这个增量时，传感器无任何反应。对于数字式传感器，分辨率是指能够引起数字的末位数发生变化所对应的输入增量。通常传感器在满量程范围内各点的分辨率并不相同，因此常用满量程中能使输出量产生阶跃变化的输入量中的最大变化值作为衡量分辨率的指标。用于结构健康监测的传感器应具有良好而稳定的分辨率，且不能低于被测物理量所要求的最小增量。

灵敏度是指传感器对被测物理量变化的反应能力。当传感器输入量 x 有一个变化量 Δx，引起输出量 y 也发生相应的变化量 Δy，则 Δy 与 Δx 之比称为灵敏度，通常用 S 表示（$S = \Delta y / \Delta x$）。灵敏度实际上是传感器静态标定曲线的斜率。对于线性传感器，静态标定曲线与拟合直线接近重合，故灵敏度为拟合直线的斜率。对于非线性传感器，灵敏度为变量，量纲是输出量与输入量的量纲之比。例如，某位移传感器在位移变化 1mm 时，输出电压变化为 200mV，则其灵敏度为 200mV/mm。当传感器的输出量和输入量的量纲相同时，灵敏度可理解为放大倍数。提高灵敏度可得到较高的测量精度，但灵敏度越高，量程越小，稳定性往往也越差。选择传感器时，应综合考虑灵敏度、量程和稳定性三个参数。

稳定性是指传感器在相当长时间内仍保持其原有性能的能力。稳定性一般以传感器在室温条件下，经过相当长的时间间隔，其输出值与起始标定的输出值之间的差异来表示，有时也用标定的有效期来表示。差异越小，稳定性越好。稳定性误差可用相对误差表示，也可用绝对误差表示。

采样频率是指每秒从连续信号中提取并组成离散信号样本的采样个数，单位为赫兹（Hz）。采样频率的倒数是采样周期（相邻采样之间的时间间隔），应根据监测参数的特点选择恰当的采样频率。根据香农采样定理，对结构加速度等动态响应进行监测时，传感器采样频率应为需监测到的结构最大频率的 2 倍以上。为了避免混频现象，采样频率宜为所需测量的结构最高自振频率的 3～4 倍。

2.4 结构健康监测系统典型案例

2.4.1 武汉长江航运中心大楼

武汉长江航运中心大楼（简称长航大楼）为框架—核心筒结构体系，地上 66 层，建筑高度为 335m，建筑面积为 173699.37㎡，建筑效果如图 2-12 所示。外框架平面尺寸为 50m×50m，由 20 根钢管混凝土柱和型钢混凝土柱组成；核心筒为钢筋混凝土剪力墙，尺寸为 30m×30m。外框和核心筒之间由钢筋混凝土主梁连接，主梁与外框和核心筒同步浇筑。沿高度方向，第 1～5 层的层高为 6m，从第 6 层开始标准层层高为 4.5m；第 9、19、29、39、49、59 层为设备层，层高为 6m。

长航大楼采用核心筒和外框架同步施工方式，每一层分为南北两个半区，先进行北半区施工，然后进行南半区施工。每层施工时先进行外

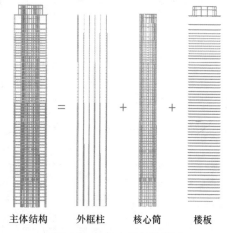

图 2-12　长航大楼结构体系

框架中钢管柱和型钢柱的钢管和型钢骨架焊接，然后进行柱子和剪力墙的钢筋绑扎，之后搭设柱与墙的木质模板和临时支撑。搭好模板和临时支撑后搭建该层顶部的模板，并安装主梁的钢筋骨架和箍筋以及顶板的钢筋网，主梁两端连接外框柱与核心筒剪力墙。所有钢筋施工完成后进行混凝土浇筑，两个半区的混凝土浇筑时间差一般控制在 2 天以内，标准层每一层的施工进度平均在 7～10 天。大楼主体结构于 2016 年 10 月开始施工，于 2019 年 9 月封顶，历时 3 年。长航大楼截面形式较为规则，可视为中国中部地区框架—核心筒体系的超高层建筑结构健康监测的典型案例。图 2-13 展示了主体结构在不同施工阶段的结构外形。随着主体结构施工进度在不同施工阶段安装了传感器，构建了结构健康监测系统，为主体结构施工监测及安全评估提供详细的监测数据。

图 2-13　主体结构不同施工阶段

长航大楼结构健康监测系统的建设目的包括三个方面：一是跟踪监测主体结构施工全过程的结构变化；二是研究施工期的结构应力应变分布情况和发展规律；三是监测施工期结构异常的发生。

该结构健康监测系统由 4 个子系统组成：传感器子系统、数据采集与传输子系统、数据管理子系统和结构状态评估子系统。其中，传感器子系统安装在主体结构的各类构件上，负责收集结构响应数据。表 2-2 列出了传感器子系统中所包含的传感器种类信息，一共有 7 种传感器及设备，总数量超过 210 个。系统通过这些传感器进行三个方面的监测：第一是结构的动静态响应，比如加速度、应变等；第二是环境数据，比如环境温度、湿度等；第三是结构的状态，比如内力和变形等。所选的传感器的精度、灵敏度等参数需要满足测量要求，以期得到施工期结构特性的重要信息。

长航大楼结构健康监测系统所安装的传感器　　　　　　　　　　　表 2-2

序号	传感器种类	监测内容	数量
1	温湿计	环境温度、湿度	1
2	振弦应变计（含热敏电阻）	混凝土应变、温度	192
3	加速度计	加速度	2

续表

序号	传感器种类	监测内容	数量
4	动态应变计	动态应变	12
5	GPS	结构位移	1
6	全站仪	高程	1
7	水平仪	竖向变形	1

数据采集与传输子系统中包含 6 套分布在结构不同楼层的数据采集单元（DAU）和数据传输单元（DTU），其中数据采集单元为一台 64 通道的采集仪。采集单元与周围传感器之间用线缆连接，负责采集监测楼层布设的传感器数据。数据传输单元则负责将采集仪所采集的信号通过无线通信模块以无线网络的形式传到云服务器。每一套数据采集和传输单元之间是相互独立的。这种方式有效解决了超高层结构体积大、传感器布置分散导致的集中采集难以实现的问题。

数据管理子系统是安装在云服务器中的软件，具备接收远程传输信号、将数字信号转换为数据、自动存储等功能。同时，还能基于预设程序算法进行数据清洗与异常处理，并可远程向数据采集及传输子系统发送控制指令。

结构状态评估子系统是将监测数据与设计值、结构分析（有限元模拟、理论计算）结果和预定阈值等进行比较，以便及时评估结构状况，并进行结构安全状态的评估和预警。图 2-14 展示了长航大楼结构健康监测系统的组织架构。

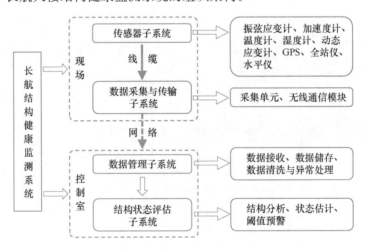

图 2-14 长航大楼结构健康监测系统组织架构

选择 6 个楼层作为结构应变的监测层，分别为第 10、18、28、38、48 和 58 层。传感器及采集系统总体布局如图 2-15所示，每个监测层进行标准化的传感器和采集设备安装，包括传感器、采集单元和数据传输模块。每个监测层应变（含温度）传感器平面布局如图 2-16所示，每个监测层安装 32 个振弦应变计（内含温度传感元件），其中 20 个安装在外框柱，4 个安装在核心筒，8 个安装在主梁。图中 E/S/W/N 分别表示东/南/西/北方向安装的传感器，编号 1～5 为外框柱测点，6 为核心筒测点，Ⅰ 和 Ⅱ 表示主梁测点。这 32 个应变传感器通过预埋线缆汇集至一处进行集中同步采集，数据通过数据传输单元模块传

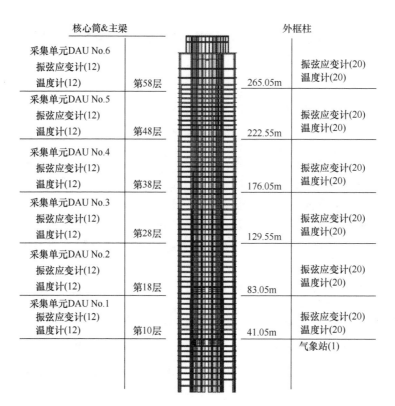

图 2-15　传感器及采集系统总体布局

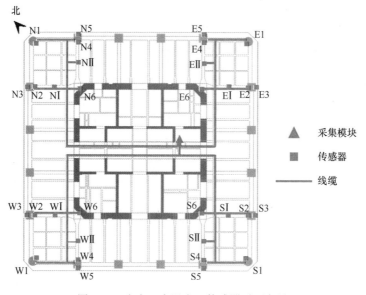

图 2-16　应变（含温度）传感器平面布局

至云端服务器。

　　每个监测层的传感器在该楼层施工结束后开始采集数据，从 2017 年 7 月第一个监测层（第 10 层）完工至 2019 年 6 月主体结构封顶，通过监测系统对 6 个监测层进行了短则半年，长则近两年的施工期监测。

应变传感器采用 BGK-4200 型振弦式应变计，应变量程为 ±750 με，精度为 1 με；其自带热敏电阻为温度计，温度量程为 −40～120℃，精度为 0.1℃。在实际应用过程中，在需要安装应变计的构件（柱/墙/梁）上选取合适的位置安装应变计，一般用铁丝或扎带将传感器绑在柱/墙/梁中间高度处的钢筋上，固定传感器时保持两个端部处于自由状态，使得浇筑后的混凝土与传感器能紧密结合协同变形，实际安装如图 2-17 所示。

图 2-17　振弦式应变计安装

为了测量结构在施工阶段发生的动态变形，进行了动态应变和加速度监测。动态应变计布置在结构的第 1、5、11、16、25、35 层，共 6 个楼层。在每个监测层，应变计对称布置在核心筒的外侧表面，测量核心筒的竖向动应变，拉应变为正，压应变为负。加速度计布置在主体结构第 25 层和第 35 层，测量该楼层的水平向加速度。应变计与加速度计采用 BDI 传感器，采样频率 10Hz，测点布置如图 2-18 所示。应变计最小分辨率为 0.2 με，加速度计最小分辨率为 0.001g。

高层结构的温度分布受环境温度和太阳辐射影响，在年和日两个时间尺度上表现出周期性变化。主体结构第 10 层和第 18 层的监测分别开始于 2017 年 7 月和 2017 年 9 月。图 2-19 显示了这两层的南区测点 S1 从 2017 年 7 月—2018 年 8 月的

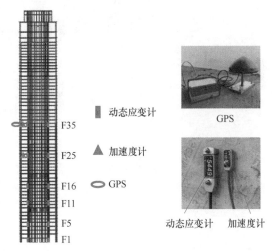

图 2-18　动态响应测点布置

温度监测数据，采样间隔 10 分钟。在此期间，这两个监测楼层先经历了夏—冬的季节性降温，然后经历了冬—夏的季节性升温。环境温度变化范围是 −8～39℃，南区 S1 测点温度变化范围是 −3～38℃。

图 2-20 显示了第 18 层四根外框角柱施工后一年内的应变—时程曲线，分为两个阶段：2017 年 9 月—2018 年 2 月的下降段和 2018 年 2 月—2018 年 7 月的上升段。下降段表示压应变逐渐增大，上升段表示压应变逐渐减小。上部自重的弹性压缩和混凝土收缩徐变

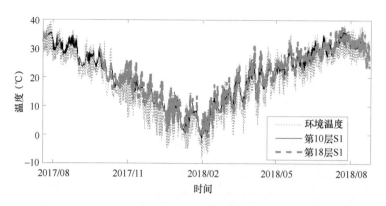

图 2-19　第 10 层和第 18 层施工期间温度变化（南区）

均使压应变增大，温度升高和降低则分别使压应变减小和增大。因此，曲线下降段经历季节性降温、上部自重的弹性压缩和混凝土收缩徐变，这三种因素均使压应变增大；曲线上升段，在经历季节性升温的同时压应变减小，说明升温引起的应变大于该时期弹性压缩和收缩徐变之和。此外，不同测点间存在应变差异，如 S1 测点从气温最低至气温最高期间应变变化约为 300 με，而相同时间段内 W1 测点应变变化为 200 με。

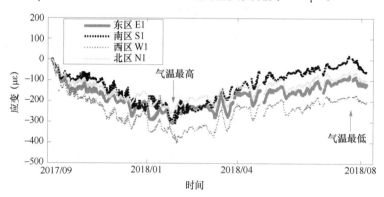

图 2-20　第 18 层施工期应变发展

结构在施工期受到的动荷载分为环境激励和施工活荷载两类，其中环境激励包括地震动和风荷载，施工活荷载包括塔式起重机作业、施工电梯运行以及高压泵输送混凝土等。动荷载引起结构水平向振动，使结构产生水平变形和水平加速度。图 2-21 为施工荷载（该时间段内塔式起重机作业）以及环境激励作用下 6 个监测楼层外框柱的动态应变。由图可知，塔式起重机作业时，结构动态应变幅值明显增大，最大振幅为 ±6 με；环境激励下结构应变振幅在 ±3 με 内，幅度为施工荷载作用时的一半。

2.4.2　赣江铁路桥

赣州赣江铁路桥为昌赣客运铁路专线跨度最大的桥梁，设计行车速度为 250km/h，预留行车速度 350km/h，正线线间距为 5.0m，桥上铺设无砟轨道。主桥结构采用（35＋40＋60＋300＋60＋40＋35）m 混合梁斜拉桥，半漂浮体系，全梁长 572.1m（含梁缝）。主梁采用混合梁结构，梁端至中跨 155.75m 范围内采用混凝土箱梁结构，其余采用箱形

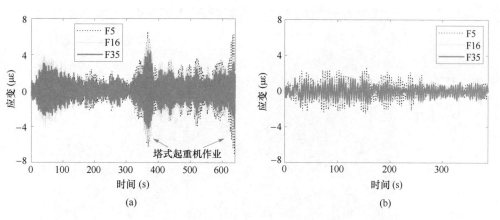

图 2-21　两种荷载下各楼层的动态应变响应

（a）动态施工荷载作用；（b）环境激励作用

钢筋—混凝土结合梁，中间采用钢筋—混凝土结合段过渡。索塔采用人字形混凝土塔，两座索塔全高分别为 124.5m、127.6m，桥面以上塔高 88m，为主跨的 1/3.4。斜拉索采用抗拉标准强度为 1670MPa 的镀锌平行钢丝拉索，为空间双索面体系，扇形布置，全桥共 48 对斜拉索。赣江铁路桥施工期间安装有监测系统传感器采集硬件，传感器类型包括：温度计、风速风向仪、GPS、应变计、挠度计、位移计、加速度计、湿度计、应力计和索力计。各类传感器布置如图 2-22 所示。

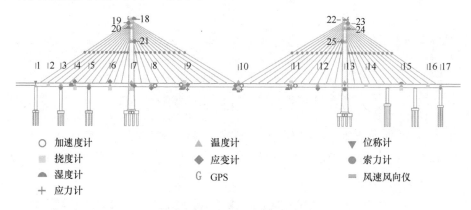

图 2-22　赣江铁路桥传感器布置

　　赣江铁路桥监测系统主界面如图 2-23 所示，"主页"部分为赣江铁路桥的三维可视化模型，通过"设置"处的操作方法可对赣江铁路桥的视角进行调节，更好地观测赣江铁路桥上传感器的布置。同时，有部分不可见的传感器埋置于桥梁内部，可通过调节"渲染效果"部分来观测内部传感器的布置。

　　如图 2-24 所示，点击"数据分析"，可弹出折叠框，再点击"统计分析"，可对各类型传感器监测到的数据进行分析。例如，点击"风速风向分析"，进入风速风向分析界面。"风速风向分析"模块共有 7 项分析内容，分别为：风玫瑰图、平均风、脉动风、湍流度、阵风系数、湍流积分尺度、功率谱分析。依次点击各分析部分所对应的标签页，可执行分析功能。"风玫瑰图"展示了日平均风速玫瑰图和月平均风速玫瑰图，将鼠标放在玫瑰图

图 2-23　赣江铁路桥监测系统主界面

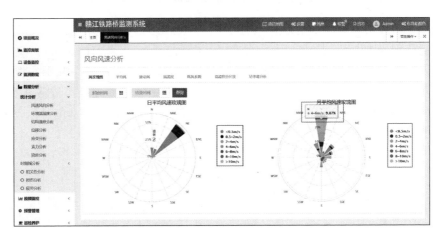

图 2-24　风速风向分析模块

上可以看到各个方向各个风速区间内发生的概率。该系统还包含多个数据分析模块，包括环境温湿度统计分析、结构温度统计分析、斜拉索索力统计分析、桥梁主跨挠度分析等，如图 2-25～图 2-28 所示。

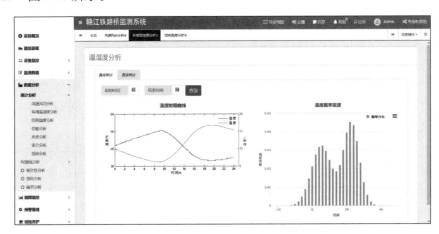

图 2-25　环境温湿度统计分析

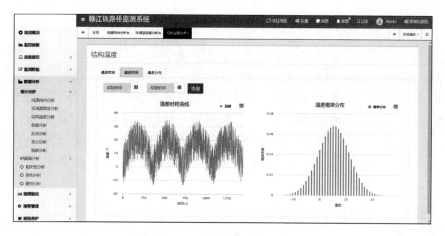

图 2-26　结构温度统计分析

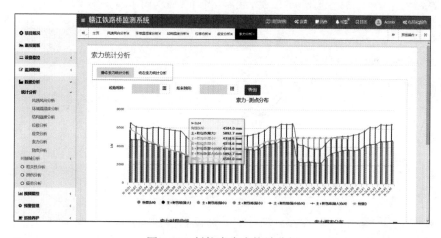

图 2-27　斜拉索索力统计分析

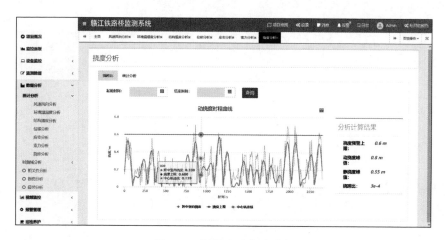

图 2-28　桥梁主跨挠度分析

本章小结

　　本章首先阐述了结构健康监测系统的设计原则与总体设计，强调了功能与成本的优化、可靠性、关键部件监测的重要性以及实时与定期监测的结合。接着，详细介绍了监测系统的实施过程，包括硬件设备的安装、软件开发与部署以及系统调试与试运行。系统维护部分讨论了日常管理、定期检查与维护以及异常处置。此外，还介绍了传感器的选型原则和分类方法，并通过长江航运中心和赣江铁路特大桥的案例，展示了结构健康监测系统在实际工程中的应用。

思考与练习题
参考答案

思考与练习题

　　1. 结构健康监测系统通常由哪几个子系统构成？

　　2. 结构健康监测系统常见的网络拓扑结构有哪几种，各自的优缺点有哪些？

　　3. 集中式和分布式数据采集模块的特征是什么？

　　4. 系统维护按照维护工作性质分别包括哪几类？

　　5. 常见的传感器分类方法有哪些，每类有哪些代表性传感器？

基于机器视觉的结构健康监测技术

知识图谱

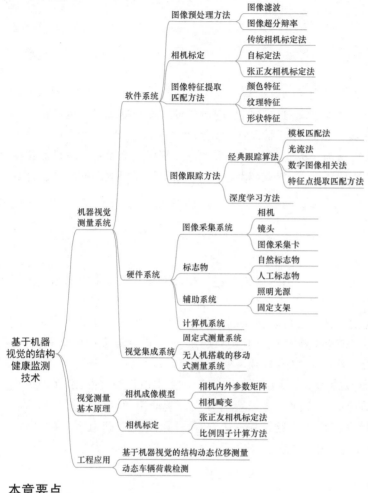

本章要点

知识点1：相机成像模型。

知识点2：张正友相机标定方法基本原理。

知识点3：模板匹配方法基本原理。

知识点4：背景减除法基本原理。

学习目标

（1）了解机器视觉系统常见软件、硬件。

（2）掌握相机小孔成像原理及相机内、外参数矩阵。

（3）理解张正友相机标定方法基本原理及作用。

（4）掌握使用模板匹配方法测量结构动态位移基本原理。

（5）掌握使用背景减除法进行动态车辆荷载检测基本原理。

近年来随着相机测量精度的提升、硬件成本的降低、图像处理技术的发展，基于机器视觉的非接触式测量方法快速发展，在结构健康监测中具有不可替代的位置。机器视觉方法是通过拍摄二维图像，经过相关算法实现三维环境信息认知的新型无损检测技术。该技术成本低、操作简单、可实现远距离多点测量等优点，目前被广泛应用于制造业、交通运输业和建筑业等领域。

3.1 机器视觉测量系统

机器视觉测量系统采用相机将被检测的目标转换成图像信号，传送给专用的图像处理系统，转变成数字化信号，图像处理系统对这些信号进行各种运算来抽取目标的特征，再根据预设的允许度和其他条件输出结果。机器视觉测量系统主要分为硬件系统和软件系统。硬件系统主要包括图像采集系统、标志物、机器系统以及其他辅助设备。软件系统主要包括各类图像信息处理算法，如图像预处理、相机标定、图像特征提取匹配算法、图像跟踪算法等。

3.1.1 硬件部分

1. 图像采集系统

图像采集系统主要指相机或摄像机，由图像传感器、光学镜头、图像采集卡组成。目前常用的图像传感器包括金属氧化物半导体元件（CMOS）和电荷耦合元件（CCD）两种。光学镜头是图像采集系统中的重要部件，镜头的焦距、光圈以及景深等参数直接影响成像质量的优劣，从而影响测量结果的准确性。其中，CCD 图像传感器多使用全局快门。这里的全局快门指的是在拍摄过程中，快门打开，所有光线一次性入射到芯片的整个表面，然后快门再次关闭，整个传感器表面同时曝光，即一次性拍摄整个图像区域。而CMOS 图像传感器多使用滚动快门。区别于全局快门方法，滚动快门对传感器表面进行逐行曝光。当照片的最后一行完成曝光，则从第一行重新开始曝光来获取下一幅图像。图 3-1为相机全局快门与滚动快门曝光示意图。

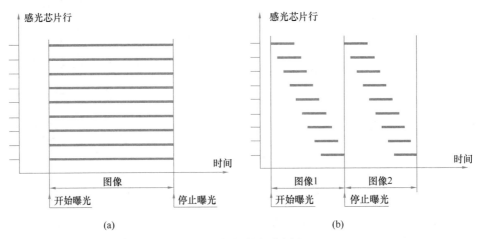

图 3-1 相机曝光示意图
(a) 全局快门；(b) 滚动快门

相比于全局快门，滚动快门方法单次传输数据量小。因此，滚动快门产生的热量相对较少，且产生的背景噪声也低得多，而全局快门往往会产生相对较高的背景噪声和大量热量。但对于快速运动的目标，滚动快门由于单幅图像内存在曝光时间差，运动物体的成像畸变往往不可避免。

2. 标志物

标志物是机器视觉测量系统中目标跟踪的关键组成部分。在实际测量过程中，可以根据现场情况和测量需求选择标志物。标志物主要分为两种：① 自然标志物，指被测物表面本身存在的颜色、纹理或者形状等特征；② 人工标志物，指被测物表面没有明显自身特征时，为了获得较好的测量结果，需要在被测物表面粘贴人工标志物。目前常见的人工标志物主要有：规则图案、不规则图案、带编码平板、人工光源和人工散斑等。图 3-2 为结构常见自然标志物与人工标志物。

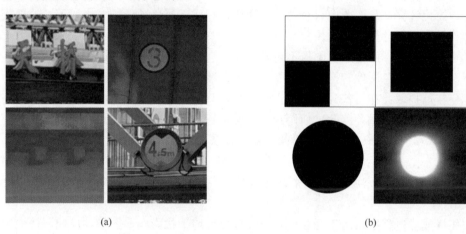

(a)   (b)

图 3-2　结构上的标志物

（a）自然标志物；（b）人工标志物

3. 辅助系统

辅助系统主要包括照明光源和固定支架等。合理的光照系统能提高系统测量的精度和计算效率。支架系统则保证高速摄像机能在合适的位置对目标进行图像采样，还能在对目标实时跟踪测量时，调整摄像头的角度以及位置。

4. 计算机系统

计算机系统是测量系统的核心部件，主要功能是存储采集的图像数据，并完成图像数据处理等工作。随着计算机硬件以及图像处理器（GPU）的飞速发展，实时的高速视觉测量系统得以实现。

3.1.2　软件部分

机器视觉测量系统的软件部分是指对所拍摄图像进行处理和分析的算法及其封装软件。

1. 基本概念

在计算机中，图像表现为矩阵形式，即为矩阵中点的组合，其中任意一点称为该图像的一个像素点，每个像素点采用 0～255 共 256 个值来表示颜色的深浅，所有像素点的集合组成该图像。图像的大小即为表示图像的矩阵大小，当矩阵为 1080 行、1920 列时，即表示图像大小为 1080×1920。

RGB 图像为彩色图像，是指采用红色（Red）、绿色（Green）、蓝色（Blue）三个通道，即三个矩阵表示的图像。众所周知，自然界中的任何颜色都可以由红、绿、蓝三原色组成，因此在计算机中，RGB 图像中的像素点使用不同 (R, G, B) 的组合即可表示出任意颜色，即可得到彩色图像。

灰度图像为黑白图像，区别于 RGB 图像的三通道，灰度图像仅有一个通道，每个像素点采用 0～255 共 256 个值来表示亮暗的差别，并将其称为像素点的灰度值（Gray），当灰度值为 255 时，计算机中呈现出白色，而当灰度值为 0 时，计算机中呈现出黑色。

在机器视觉任务中，多使用灰度图像进行处理，原因如下：

（1）简化计算：灰度图像只包含一个通道，相比于彩色图像的多个通道，处理灰度图像的计算量更小，计算速度更快。

（2）降低噪声：由于灰度图像不包含彩色信息，它们具有更好的噪声鲁棒性。在某些情况下，通过将彩色图像转换为灰度图像，可以减少图像中的噪声。

（3）特征提取：在一些计算机视觉任务中，只需要关注图像中的纹理、形状和亮度信息，而不需要颜色信息。因此，使用灰度图像进行特征提取更加方便和高效。

将 RGB 彩色图像转换为灰度图像，常使用以下公式进行计算：

$$\text{Gray} = (0.2989 \times R) + (0.5870 \times G) + (0.1140 \times B) \tag{3-1}$$

式中，R、G、B 分别为 RGB 彩色图像的红色、绿色、蓝色三个通道矩阵值的大小。

2. 图像预处理

在相机成像过程中，由于受相机自身及外界环境干扰影响，图像在成像、传输过程中不可避免地会引入图像噪声，进而模糊图像有效信息，降低后续图像分析结果的准确性。因此在对图像进行处理分析之前，通常先对图像进行滤波降噪。常见的图像滤波方法有中值滤波、均值滤波、双边滤波等。图 3-3 为框架结构节点滤波结果。

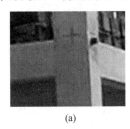   

(a)　　　　　　　　(b)　　　　　　　　(c)　　　　　　　　(d)

图 3-3　框架结构节点滤波结果

(a) 原图像；(b) 中值滤波；(c) 均值滤波；(d) 双边滤波

如图 3-4 所示，图像中值滤波操作是对像素点周围 8 个像素点灰度值大小进行排序，再取中值作为该点中值滤波结果。均值滤波是对像素点及其周围 8 个像素点的灰度值进行平均得到该点的均值滤波结果。

高分辨率图像通常比低分辨率图像包含更大的像素密度、更丰富的纹理细节。但在实际应用中，受采集设备与环境、网络传输介质与带宽、图像退化模型本身等诸多因素的约

图 3-4　图像中值滤波、均值滤波

（a）初始图像；（b）中值滤波结果；（c）均值滤波结果

束，通常并不能直接得到具有边缘锐化、无成块模糊的理想高分辨率图像。提升图像分辨率最直接的做法是改进系统中的光学硬件，但由于制造工艺难以大幅改进并且制造成本高昂，物理上解决图像低分辨率问题往往代价太大。因此，从软件和算法的角度着手，对图像进行超分辨率重建，将给定的低分辨率图像通过特定的算法恢复成相应的高分辨率图像。常见的图像超分辨率方法包括插值法和各种深度学习方法。图 3-5 为圆形标靶图像超分辨率结果。

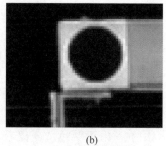

图 3-5　圆形标靶图像超分辨率结果

（a）初始图像；（b）图像超分辨率结果

3. 相机标定

　　如图 3-6 所示，相机标定的目的是通过求解相机内部参数与外部参数，连通以像素为单位的图像二维坐标系与以毫米为单位的三维现实世界坐标系。常见的相机标定方法有：传统标定法、自标定法、张正友标定法等。其中，传统标定法是使用实际尺寸已知、加工精度高的标定模块作为立体参照物，结合空间点与图像点之间的对应关系来确定对应的相机模型参数。代表性的标定

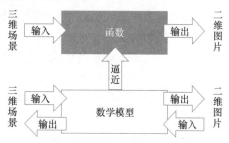

图 3-6　相机标定的数学意义

方法有：线性变换法、平面模板法、双平面法等。自标定法利用射影几何和极线约束原理，通过建立图像之间的多元方程对相机进行标定，灵活性强，但标定精度低于传统方法。而张正友标定法是由张正友教授于 1998 年提出的使用单平面棋盘格的摄像机标定方法，该方法介于传统标定法和自标定法之间，克服了传统标定法需要高精度标定物的缺点，操作简便，仅需使用一个打印出来的棋盘格即可实现相机的标定。同时相比于自标定法，也有更高的精度。

4. 图像特征及特征提取方法

图像特征是图像中具有显著特点、能区别于他物的典型特征。图像特征是区分不同目标类别的依据，能够作为图像特征的因素应该具有直观性、不变性、鲁棒性、可区分性等特点。图像特征主要包括颜色特征、纹理特征、形状特征等，常见的图像特征提取方法如图 3-7 所示。

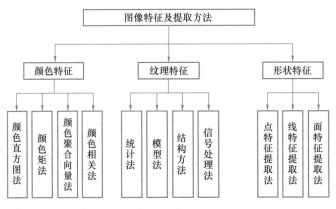

图 3-7   图像特征提取方法

颜色特征是图像检索中应用最为广泛的视觉特征。颜色特征无需进行大量计算，只需将图像中选定区域的灰度值表示为数值序列即可，因此颜色特征以其低复杂度成为一个较好的特征。在图像处理中，可使用不同区域灰度值序列的相似性来代表图像区域的相似性。常见的颜色特征计算方法包括：颜色直方图法、颜色矩法、颜色聚合向量法与颜色相关法。但在实际应用中，由于颜色特征仅考虑区域灰度值统计结果，而忽略了灰度值分布的位置特征。因此，若几幅图像具有相同或相近的灰度，即使其图像灰度分布完全不同，颜色特征计算得到的相似度也较高，易导致误判。

纹理特征是一种反映图像中同质现象的视觉特征，它体现了物体表面具有缓慢变化或者周期性变化的结构组织排列属性。最简单的纹理特征计算方式为比较图像某一像素点灰度值与其周边区域像素点灰度值，并赋值为 0 或 1，则图像中某一选定区域即可被表示为 0、1 序列来进行后续图像处理。常见的纹理特征计算方法包括：统计法、模型法、结构方法与信号处理法。作为一种统计特征，纹理特征具有旋转不变性和良好的抗噪性能。但在实际应用过程中，当图像的清晰度变化时，计算出来的纹理可能会有较大偏差，同时光照变化与反射的影响也不容忽视。此外，从二维图像中反映出来的纹理不一定是三维物体表面真实的纹理，在这种情况下，将纹理特征应用于检索时，会对检索造成"误导"。

常见的图像形状特征包含图像点特征线特征与面特征。其中，图像点特征包含图像角点、拐点等各类特征点，常见的图像特征点提取方法有 Harris 角点检测方法、Fast 角点检测方法、SIFT 特征点提取方法与 SURF 特征点提取方法等。上述方法通过各种图像特征计算得到特征点位置后，使用特征点周围区域像素点灰度值计算得到特征点的数值序列表示，也称为特征点描述子，通过计算描述子之间的相似性来进行特征点匹配等操作。线特征通常指图中结构边缘或轮廓部分，在图像边缘位置两侧，代表图像不同区域，因此图像灰度值会发生突变。常见的图像边缘检测方法有 Canny 边缘检测方法、Sobel 边缘检测方法等。上述方法基于图像中边缘两侧像素点灰度值的巨大差异实现，并选定差异最大位置作为检测得到的图像边缘。图 3-8 为图像角点及边缘示意图。面特征指的是图像中相对平坦的区域，它们可以是物体表面的一部分，也可以是背景的一部分。面特征通常用来区分图像中的不同部分，常见提取方法包含区域生长算法、分水岭算法、特征点匹配等。

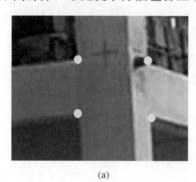 

(a) (b)

图 3-8 图像角点及边缘示意图

(a) 角点；(b) 边缘

5. 图像目标跟踪

图像目标跟踪是指在图像序列中寻找与目标模板最相似候选目标区位置的过程。按照时间顺序，目标跟踪算法可以分为两类：经典跟踪算法与基于深度学习的跟踪算法。跟踪算法的精度很大程度上取决于对运动目标的表达和相似性度量的算法，跟踪算法的实时性取决于匹配搜索算法的效率。

经典跟踪算法通过对目标外观模型进行建模，然后在之后的图像序列中找到目标对应位置来实现目标跟踪。例如，模板匹配方法、特征点提取匹配方法、光流法等。模板匹配通过计算预先给定的模板图像与待匹配图像子区域之间的相似度来实现目标追踪，其中相似度是与区域像素点灰度值大小及分布有关的变量。特征点提取匹配方法是通过计算多幅图像上的特征点及其描述子，并通过描述子来找到不同图像之间的匹配特征点，实现目标追踪。常用的特征包括：Harris 角点、Fast 角点、SIFT 特征、SURF 特征等。光流法则是基于不同图像之间相同目标灰度值不变的假设来推导得到目标位置。常见的光流法包括：LK 光流法与 HS 光流法等。图 3-9 为模板匹配方法与特征点提取匹配方法识别结果。

  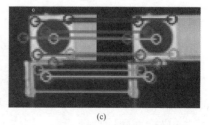

(a) (b) (c)

图 3-9 模板匹配方法与特征点提取匹配方法识别结果

(a) 模板图像；(b) 模板匹配方法匹配结果；(c) 特征点提取匹配方法

3.1.3 视觉集成系统

1. 固定式测量系统

将相机安装在固定支架上，以相机为不动点拍摄被测结构的照片，通过相机标定得到精确的修正参数。固定式系统多用于监测目标结构的相对变形、位移和应变场，能够同时测量视野范围内多个测点的位移。

2. 无人机搭载的移动式测量系统

对于大跨结构、高耸结构等大型结构，固定式相机由于距离、角度、遮挡等原因往往难以拍摄到目标区域。这种情况下，通过小型无人机搭载相机和光源等模块，可以实现结构全方位无死角的拍摄。由于无人机飞行时存在小幅抖动和漂移，相机位置不断变化，导致测量误差较大。无人机视觉测量系统常用于大面积的结构表观病害（裂缝、锈蚀、剥落等）巡检、结构或场景的三维建模、建筑工程测绘等。

3.2 视觉测量基本原理

3.2.1 相机成像模型

1. 相机内、外参数矩阵

相机模型用于描述三维世界中的点是如何映射到二维图像上的。其中，最常见的模型是针孔相机模型（Pinhole Camera Model）。同时，为了方便后续分析，对小孔成像的模型进行进一步调整，将成像平面画到镜头的对称位置，使得图像不再倒立，如图 3-10 所示。

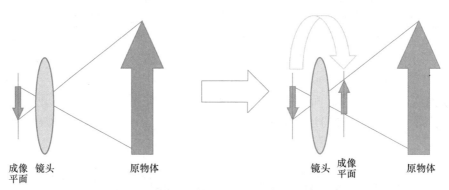

图 3-10　小孔成像模型图

在针孔相机模型中，一个三维空间中的点 (x_w, y_w, z_w) 通过投影过程被映射成二维图像平面上的点 (u, v)。投影过程的转换基于四个基本坐标系：相机坐标系、图像平面坐标系、像素坐标系和世界坐标系。图 3-11 展示了四个坐标系的相对位置。相机坐标系 $O_c\text{-}X_cY_cZ_c$ 以相机的焦点为原点，距离图像中心点的长度为焦距 f。Z_c 轴为相机光轴，垂直于图像平面 $O\text{-}xy$，X_c、Y_c 轴构成的平面平行于图像平面 $O\text{-}xy$。图像坐标系 $O\text{-}xy$ 的原点为相机光轴 Z_c 与成像平面的交点 c，即图像中心点。x 和 y 轴分别与 X_c 和 Y_c 轴平行。

像素坐标系 uv 为二维坐标系，与图像坐标系在同一平面内，其原点为相机成像平面的边缘角点，以像素为单位。世界坐标系 $O_w\text{-}X_wY_wZ_w$ 为被拍摄物体的真实坐标系，用来描述被测物体在实际空间中的位置。相机、图像、世界坐标系均以毫米为单位。

通过上述四个坐标系，可以建立针孔相机模型，连通以像素为单位的二维图像坐标系与以毫米为单位的三维现实世界坐标系。设 P 为空间中任意一点，它在世界坐标系中的坐标为 (x_w, y_w, z_w)，在相机坐标系中的坐标为 (x_c, y_c, z_c)，p 为点 P 在图像中的像点，坐标为 (u, v)。

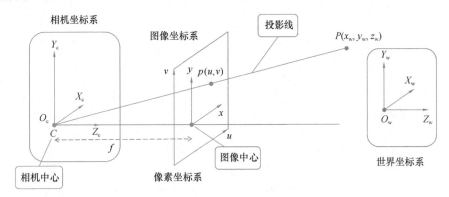

图 3-11　相机成像的四个坐标系

首先，由于世界坐标系与相机坐标系均为三维坐标系，因此可通过刚体变换实现世界坐标系到相机坐标系的转换。刚体变换包括坐标系的平移与旋转两部分，转换关系如下：

$$\begin{bmatrix} x_c \\ y_c \\ z_c \end{bmatrix} = \begin{bmatrix} r_{11} & r_{12} & r_{13} \\ r_{21} & r_{22} & r_{23} \\ r_{31} & r_{32} & r_{33} \end{bmatrix} \begin{bmatrix} x_w \\ y_w \\ z_w \end{bmatrix} + \begin{bmatrix} T_x \\ T_y \\ T_z \end{bmatrix} = \boldsymbol{R} \begin{bmatrix} x_w \\ y_w \\ z_w \end{bmatrix} + \boldsymbol{T} \tag{3-2}$$

式中，$\boldsymbol{R}$、$\boldsymbol{T}$ 分别为图像旋转矩阵与平移矩阵。为了使旋转矩阵和平移矩阵两个矩阵形式统一，需要引入齐次坐标表示形式：

$$\begin{bmatrix} x_c \\ y_c \\ z_c \\ 1 \end{bmatrix} = \begin{bmatrix} R_{3\times3} & T_{3\times1} \\ 0 & 1 \end{bmatrix} \begin{bmatrix} x_w \\ y_w \\ z_w \\ 1 \end{bmatrix} \tag{3-3}$$

齐次坐标系的引入解决了后续三维相机坐标系转换到二维图像、像素坐标系无法表示无穷远点的问题，如图 3-12 所示。

按照人的视觉，将三维坐标系转换为二维图像坐标系时，两条平行线在无穷远处会相交，而采用笛卡尔坐标系无法对这一现象进行描述。但在齐次坐标系中，对于任意一点 (x, y, w) 转换到笛卡尔坐标系下坐标为 $(x/w, y/w)$，因此，当 w 趋近于 0 时，(x, y) 趋向无穷大，无穷远点的齐次坐标就可表示为 $(x, y, 0)$。

图 3-12　无穷远点

如图 3-13 所示，在由世界坐标系转换到相机坐标系后，可通过相似三角形变换将三维相机坐标系转换到二维图像坐标系。

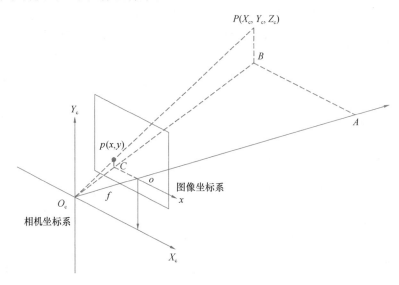

图 3-13　三维相机坐标系与二维图像坐标系的转换关系

对于相机坐标系下任意一点（x_c，y_c，z_c），由图中得到的相似关系如下：

$$\triangle ABO_c \sim \triangle oCO_c \tag{3-4}$$

$$\triangle PBO_c \sim \triangle pCO_c \tag{3-5}$$

所以：

$$\frac{AB}{oC} = \frac{AO_c}{oO_c} = \frac{PB}{pC} = \frac{x_c}{x} = \frac{z_c}{f} = \frac{y_c}{y} \tag{3-6}$$

$$x = \frac{x_c}{z_c}f, y = \frac{y_c}{z_c}f \tag{3-7}$$

因此，三维相机坐标系与二维图像坐标系的转换关系如下：

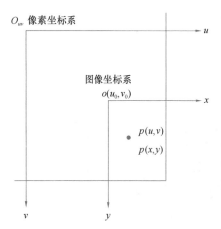

图 3-14　图像坐标系与像素
坐标系的转换关系

$$z_c \begin{bmatrix} x \\ y \\ 1 \end{bmatrix} = \begin{bmatrix} f & 0 & 0 & 0 \\ 0 & f & 0 & 0 \\ 0 & 0 & 1 & 0 \end{bmatrix} \begin{bmatrix} x_c \\ y_c \\ z_c \\ 1 \end{bmatrix} \tag{3-8}$$

最后，由图像坐标系转换到像素坐标系，上述两个二维坐标系虽然位于同一平面，但坐标原点与单位不同。图像坐标系坐标原点位于图像中心，单位为毫米（mm），属于物理单位。而像素坐标系坐标原点位于左上角，单位为像素（pixel）。如图 3-14 所示，两坐标之间的转换可通过平移与缩放两个变换实现：

图中：
$$\begin{cases} (u - u_0)\mathrm{d}x = x \\ (v - v_0)\mathrm{d}y = y \end{cases} \tag{3-9}$$

式中，(u_0, v_0) 代表图像中心点，即图像坐标系坐标原点在像素坐标系下的坐标，$\mathrm{d}x$ 与 $\mathrm{d}y$ 分别代表像素坐标系像素在 x 与 y 方向上与图像坐标系单位之间的转换关系，单位为 mm/pixel。由此，可得到图像坐标系转换到像素坐标系的转换关系如下：

$$
\begin{bmatrix} u \\ v \\ 1 \end{bmatrix} = \begin{bmatrix} 1/\mathrm{d}x & 0 & u_0 \\ 0 & 1/\mathrm{d}y & v_0 \\ 0 & 0 & 1 \end{bmatrix} \begin{bmatrix} x \\ y \\ 1 \end{bmatrix} \tag{3-10}
$$

最终，将上述公式合并可得到世界坐标系转换到像素坐标系的转换关系如下：

$$
z_c \begin{bmatrix} u \\ v \\ 1 \end{bmatrix} = \begin{bmatrix} 1/\mathrm{d}x & 0 & u_0 \\ 0 & 1/\mathrm{d}y & v_0 \\ 0 & 0 & 1 \end{bmatrix} \begin{bmatrix} f & 0 & 0 & 0 \\ 0 & f & 0 & 0 \\ 0 & 0 & 1 & 0 \end{bmatrix} \begin{bmatrix} R_{3\times3} & T_{3\times1} \\ 0 & 1 \end{bmatrix} \begin{bmatrix} x_w \\ y_w \\ z_w \\ 1 \end{bmatrix} \tag{3-11}
$$

化简后相乘：

$$
z_c \begin{bmatrix} u \\ v \\ 1 \end{bmatrix} = \begin{bmatrix} f/\mathrm{d}x & 0 & u_0 \\ 0 & f/\mathrm{d}y & v_0 \\ 0 & 0 & 1 \end{bmatrix} \begin{bmatrix} R_{3\times3} & T_{3\times1} \\ 0 & 1 \end{bmatrix} \begin{bmatrix} x_w \\ y_w \\ z_w \\ 1 \end{bmatrix} = M_1 M_2 \begin{bmatrix} x_w \\ y_w \\ z_w \\ 1 \end{bmatrix} \tag{3-12}
$$

式中，M_1 与 M_2 分别为相机的内参矩阵与外参矩阵。

2. 相机畸变

相机的针孔模型只是真实相机的一个近似，由于透镜质量、位置的偏差等因素，光线在远离透镜中心的地方比靠近中心的地方更加弯曲，这就会引起相机畸变，进一步影响到成像质量。镜头的畸变主要分为径向畸变和切向畸变两种。

径向畸变是沿着透镜半径方向分布的畸变，是由透镜质量导致光线在远离透镜中心的地方比靠近透镜中心的地方更加弯曲引起的。径向畸变主要包括桶形畸变和枕形畸变两种，如图 3-15 所示。

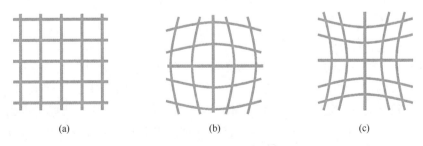

　　　　(a)　　　　　　　　　(b)　　　　　　　　　(c)

图 3-15　相机径向畸变

(a) 未畸变图像；(b) 桶形畸变；(c) 枕形畸变

定义相机径向畸变模型：

$$\begin{cases} x' = x + \bar{x}(k_1 r^2 + k_2 r^4 + k_3 r^6) \\ y' = y + \bar{y}(k_1 r^2 + k_2 r^4 + k_3 r^6) \end{cases} \tag{3-13}$$

式中，(x', y') 为畸变后实际像素坐标；(x, y) 为理想像素坐标；r 为 (x', y') 到图像中心点像素的距离；k_1、k_2、k_3 为相机径向畸变参数。

切向畸变是由于透镜本身与相机传感器平面（像平面）或图像平面不平行而产生的。夹角导致光透过镜头传到图像传感器上时，成像位置发生变化，如图 3-16 所示。

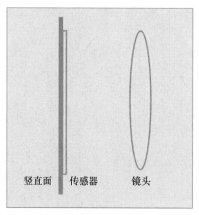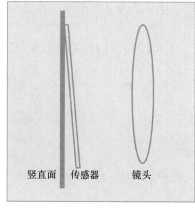

图 3-16　相机切向畸变

定义相机切向畸变模型：

$$\begin{cases} x' = x + p_1(r^2 + 2\,\bar{x}^2) + 2p_2\bar{x}\bar{y} \\ y' = y + p_2(r^2 + 2\,\bar{y}^2) + 2p_1\bar{x}\bar{y} \end{cases} \tag{3-14}$$

式中，p_1，p_2 为相机切向畸变参数。

在实际应用中，相机畸变可通过相机标定来消除。相机标定后，可得到多个图像点的理想像素坐标 (x, y) 与实际像素坐标 (x', y')，代入上述相机畸变模型即可计算得到相机畸变参数，消除相机畸变。

3.2.2　相机标定

1. 张正友相机标定方法

相机标定的主要目的是实现三维世界坐标与二维图像坐标之间的相互转换。由相机成像过程的四个坐标系之间的关系可知，相机标定过程就是求解相机内、外参数矩阵 M_1 与 M_2 的过程。最常见的标定方法为张正友相机标定法。相较于传统相机标定方法需要高精度的三维标定板，张正友相机标定法仅需使用一个打印出来的棋盘格即可实现相机的准确标定，如图 3-17 所示。

张正友相机标定法的过程主要包括：

（1）求解内、外参数矩阵的积：在使用二维棋盘格标定板时，棋盘格角点作为世界坐标系原点，棋盘格两条边作为 x 轴与 y 轴，垂直于棋盘格平面方向为 z 轴。此时，由于棋

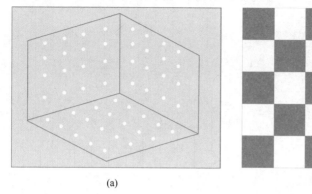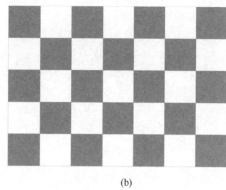

(a)　　　　　　　　　　　　　　　(b)

图 3-17　相机标定板

（a）高精度三维标定板；（b）二维棋盘格标定板

盘格实际尺寸已知，因此棋盘格上所有角点在世界坐标系下的坐标已知，且 $z_c=0$，因此可根据公式（3-11）计算得到相机内、外参数矩阵的积。

（2）求解内参矩阵：在得到相机内、外参数矩阵的积后，由于旋转矩阵列向量是分别绕 x 轴和 y 轴得到的，而 x 轴和 y 轴均垂直于 z 轴，且旋转不改变尺度，因此，旋转矩阵列向量具有正交性与旋转不变性。根据以上约束条件可求得相机的内参矩阵。

（3）求解外参矩阵：在得到相机内参矩阵后，通过求解相机内、外参数矩阵的积与相机内参矩阵的逆的乘积即可得到相机的外参矩阵。

（4）求解畸变系数：张正友相机标定法仅考虑相机径向畸变。因此，在得到相机内、外参数矩阵，即可根据棋盘格平面上所有角点的世界坐标计算得到理论上的像素坐标位置 (u',v')，此时根据理论坐标位置与实际像素坐标位置 (u,v) 之间的差异，代入图像畸变公式（3-12）即可求解得到相机畸变系数。

通过上述过程的求解，可以精确重现现实世界任意一点到其数字图像上对应像素点的投影过程，以此获得图像中的像素信息与真实世界的尺寸信息之间的映射关系，从而实现对结构变形、位移、裂缝长度等的准确测量。

2. 比例因子计算方法

在实际应用中，如在相机传感器平面与物面平行时，基于机器视觉对桥梁等仅存在平面内位移的结构进行位移测量或基于机器视觉对结构裂纹宽度、损伤面积等进行测量时，可采用比例因子计算方法来简化相机标定过程。这里的比例因子（Scale Factor，SF）是指像素坐标系下单位像素所代表的结构实际长度，单位为 mm/pixel。

若已知物面实际尺寸 d_{str}，那么根据其在相机传感器平面对应的像素长度 d_{pix} 即可计算得到相机的比例因子：

$$SF = \frac{d_{str}}{d_{pix}} \tag{3-15}$$

式中，d_{str} 与 d_{pix} 的单位分别为 mm 与 pixel。

当结构实际尺寸未知时，可通过物距及相机成像过程的相似关系计算得到相机的比例因子。图 3-18 为相机平行拍摄时的比例因子计算模型，图中：像面为相机传感器平面；虚线为相机光轴，垂直于像面与物面；s 点为光轴与像面交点，即图像中心点；O 为相机光心；线段 Os 为相机焦距 f；D 为光心到物面之间的距离，即物距；L、L_1 与 l、l_1 为物面上任意两点及其在像面上对应的点。

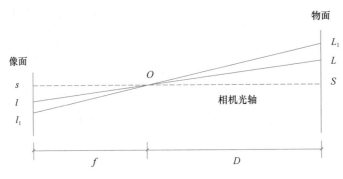

图 3-18　相机平行拍摄时的比例因子计算模型

根据△OLL_1 与△Oll_1 之间的相似关系可得：

$$\frac{OS}{Os} = \frac{LL_1}{ll_1} \tag{3-16}$$

因此，在已知物距时，相机的比例因子计算公式为：

$$SF = \frac{LL_1}{ll_1/l_{ps}} = \frac{OS}{Os} \times l_{ps} = \frac{D}{f} \times l_{ps} \tag{3-17}$$

式中，D 与 f 分别为物距与相机焦距；l_{ps} 为相机像元大小，代表一个像素点对应一个成像单元的实际尺寸，单位为 mm/pixel。

3.3　基于机器视觉的结构动态位移测量

动态位移作为结构受力时最直观的响应，广泛应用于结构性能评估、振动控制等领域。基于机器视觉的测量方法由于具有可实现多点同步测量与远距离测量的优点，在大跨度桥梁等大型结构位移监测中应用广泛。机器视觉在结构动位移测量方面可以分为五步：振动视频拍摄、感兴趣区域（Region of Interest，ROI）选取、结构像素位移提取、比例因子计算、结构实际位移计算。

ROI 区域的选取是指从振动视频图像中选择一个子图像区域，这个区域包含了具有显著特征的结构位移测点。选取 ROI 区域进行进一步处理，一方面，由于振动视频图像较大，仅有一小部分区域包含了结构测点的位移信息，仅对 ROI 区域进行计算可以有效减少处理时间；另一方面，在振动视频图像中的其他位置可能有与结构测点相似特征的区域，会导致误匹配发生，影响位移测量精度。图 3-19 为人行天桥振动视频图像 ROI 区域选取示例。

在基于机器视觉的测量方法中，常见的结构像素位移提取方法包括模板匹配法、数字图像相关法、特征点提取匹配法、光流法等。本节以模板匹配法为例对一悬臂梁结构的多点动态位移进行测量，具体过程如下。

图 3-19　人行天桥振动视频图像 ROI 区域选取示例

3.3.1　模板匹配法

模板匹配法是指模板图像 T 与待匹配图像 I 之间通过给定的模板匹配法计算映射矩阵进行匹配，映射矩阵取最值的位置即为匹配结果。其中，模板图像 T 为预先给定或从振动视频第一帧进行选取，大小小于待匹配图像 I。在计算映射矩阵时，模板图像 T 在待匹配图像 I 上，从左到右、从上向下逐个像素进行滑动并计算该位置的映射值。常见的映射矩阵计算方法包括标准平方差匹配（Normalized Sum of Squared Differences，NSQDIFF）、标准相关匹配（Normalized Cross-Correlation，NCCORR）与标准相关系数匹配（Normalized Correlation Coefficient，NCCOEFF）等。其中 NCCOEFF 方法因其匹配精度高、鲁棒性好的优点广泛应用于结构像素位移提取。其映射矩阵 $R(x,y)$ 计算公式如下：

$$R(x,y) = \frac{\sum_{x',y'}\left[T'(x',y')I'(x+x',y+y')\right]}{\sqrt{\sum_{x',y'}T'(x',y')^2 \sum_{x',y'}I'(x+x',y+y')^2}} \tag{3-18}$$

式中：

$$T'(x,y) = \frac{T(x,y) - \frac{1}{w \times h}\sum_{x'',y''}T(x'',y'')}{\sqrt{\sum_{x'',y''}T(x'',y'')^2}} \tag{3-19}$$

$$I'(x,y) = \frac{I(x,y) - \frac{1}{w \times h}\sum_{x'',y''}I(x'',y'')}{\sqrt{\sum_{x'',y''}I(x'',y'')^2}} \tag{3-20}$$

式中，(x,y) 为待匹配图像上某一点坐标；(x',y') 为模板图像坐标；$T(x,y)$ 为模板图像，图像大小为 $w \times h$；I 为待匹配图像；映射矩阵 $R(x,y)$ 上一点 (x,y) 代表待匹配图像 I 中以 (x,y) 为左上角点，大小与模板图像 $T(x,y)$ 相同的图像子块，与 $T(x,y)$

的映射矩阵值，即图像子块与 $T(x, y)$ 的相似度。

值得注意的是，无论是哪一种模板匹配法，都只能达到像素匹配精度。在实际测量过程中，一个像素的位移可能代表了厘米级的实际位移，而多数结构只有毫米级的实际位移，显然像素级模板匹配法无法满足实际工程需求。因此，需要通过插值、相关系数曲线拟合等方法来使模板匹配法达到亚像素精度。其中，相关系数曲线拟合法计算过程如下：设模板匹配法计算得到的映射矩阵极值位置为 (x_0, y_0)，根据以待匹配图像 I 的映射矩阵 $\mathbf{R}$ 为中心的 8 邻域坐标可以拟合形成局部二次相关曲面 $C(x_a, y_b)$。求解该曲面极值点即可得到点 (x_0, y_0) 的亚像素位置 (x_s, y_s)，空间曲面方程为：

$$C(x_a, y_b) = a_0 + a_1 x_a + a_2 y_b + a_3 x_a^2 + a_4 x_a y_b + a_5 y_b^2 \tag{3-21}$$

式中，$a_0 \sim a_5$ 为待拟合系数；(x_a, y_b) 为点 (x_0, y_0) 的 8 邻域坐标，包含 $(x_0 + 1, y_0 + 1)$、$(x_0, y_0 + 1)$、$(x_0 - 1, y_0 + 1)$、$(x_0 + 1, y_0)$、$(x_0 - 1, y_0)$、$(x_0 + 1, y_0 - 1)$、$(x_0, y_0 - 1)$ 与 $(x_0 - 1, y_0 - 1)$。通过 3×3 像素单元及其对应位置处映射矩阵值可拟合得到 $a_0 \sim a_5$。设拟合得到的空间曲面 $C(x_a, y_b)$ 的极值点位置为 (x_s, y_s)，求解时首先计算 $C(x_a, y_b)$ 的一阶导数：

$$\begin{cases} \dfrac{\partial C(x, y)}{\partial x} = a_1 + 2a_3 x + a_4 y \\[2mm] \dfrac{\partial C(x, y)}{\partial y} = a_2 + a_4 x + 2a_5 y \end{cases} \tag{3-22}$$

令上式为零可得：

$$\begin{cases} x_s = \dfrac{2a_1 a_5 - a_2 a_4}{a_4^2 - 4a_3 a_5} \\[3mm] y_s = \dfrac{2a_2 a_3 - a_1 a_4}{a_4^2 - 4a_3 a_5} \end{cases} \tag{3-23}$$

由此，即可计算得到空间曲面 $C(x_a, y_b)$ 的极值点位置 (x_s, y_s)，即为模板匹配结果的亚像素坐标值。

3.3.2 悬臂梁结构动态位移测量

图 3-20(a) 是作为监测对象的悬臂梁结构，结构长约 1m，横截面尺寸为 2cm×5cm。悬臂梁左端为固定端，右端为自由端，并通过下压自由端使悬臂梁产生竖向的随机振动。机器视觉方法和激光位移传感器均测量图中框架竖直方向的位移响应，以激光位移传感器测得的位移作为基准值。在悬臂梁结构上从左至右共布置了 5 个测点：点 1～点 5，由于悬臂梁结构缺乏自然特征，在每个测点处粘贴特征标靶辅助测量，5 个激光位移计布置于悬臂梁正下方的固定钢梁平台上，同时在点 2 与点 3 之间布置 6cm×6cm 大小的方形标靶用于计算比例因子。相机位于悬臂梁正前方，物距约为 2m，平行拍摄。试验相关参数：振动视频分辨率为 1920×1080；帧率为 30FPS；相机焦距为 35mm；激光位移计采样频率为 30Hz。

试验过程中，采用模板匹配法对点 1～点 5 进行结构位移测量。测量结果如图 3-21 所示，将机器视觉方法与激光位移传感器测量结果进行对比，两者吻合良好。

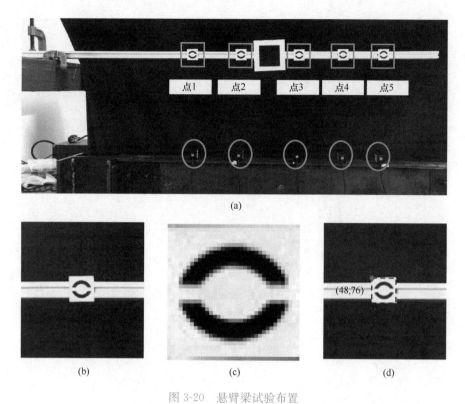

(a)

(b)　　　　　　　　　(c)　　　　　　　　　(d)

图 3-20　悬臂梁试验布置

（a）悬臂梁结构，方框中为特征标靶，圆框中为激光位移传感器；

（b）ROI 区域；（c）模板图像；（d）模板匹配结果

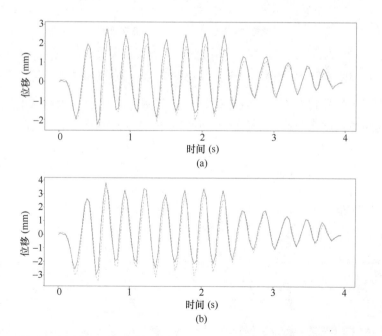

(a)

(b)

图 3-21　测点 1～5 机器视觉方法与激光位移计测量结果对比（一）

（a）点 1 位移测量结果；（b）点 2 位移测量结果

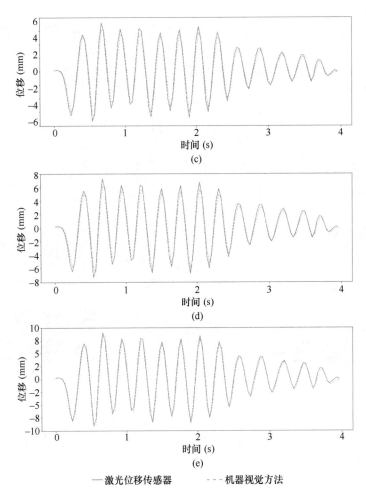

图 3-21　测点 1~5 机器视觉方法与激光位移计测量结果对比（二）
(c) 点 3 位移测量结果；(d) 点 4 位移测量结果；(e) 点 5 位移测量结果

　　表 3-1 列出了机器视觉方法与激光位移传感器测量结果归一化均方根误差（Normalized Root Mean Squared Error，NRMSE）。归一化均方根误差可由式（3-24）计算得到：

$$NRMSE = \frac{\sqrt{\dfrac{1}{n}\sum_{k=1}^{n}\left[\bar{x}(k) - x(k)\right]^2}}{x_{\max} - x_{\min}} \tag{3-24}$$

　　式中，$\bar{x}$ 为机器视觉方法测量值；x 为激光位移传感器的测量结果；n 为测点曲线的点数；$x_{\max}$、$x_{\min}$ 分别为激光位移传感器测量结果的最大值与最小值。

机器视觉方法与激光位移传感器测量结果对比　　　　　　　　　　　表 3-1

	点 1	点 2	点 3	点 4	点 5
NRMSE（%）	4.936	3.606	4.031	3.848	3.131

3.4　动态车辆荷载检测

　　桥梁结构上的重车荷载是引起结构发生损伤的主要原因之一，通过机器视觉技术从桥梁车流中检测重车荷载，能够帮助有关部门进行超重车辆监管，有效保障桥梁运行安全。常见的运动目标检测算法，如背景减除法、帧间差分法等具有检测速度快、实现容易等优点。

本节以背景减除法为例，简述基于计算机视觉的武汉市某高架桥动态车辆荷载检测过程。

3.4.1 背景减除法

背景减除法能够完整检测出运动目标轮廓，实现简单、速度快，因此被广泛使用。该方法首先需要建立背景模型，然后根据模型与待检测图片的差异提取运动目标。采用时域中值法建立背景模型，可用式（3-25）表示：

$$V_b(k) = \mathrm{median}\{V(i), i = k - j\Delta k, j \in [0, q-1]\} \tag{3-25}$$

式中，$V(i)$ 为待检测视频第 i 帧图像；$V_b(k)$ 为计算得到的待检测视频第 k 帧图片的背景模型；q 为用作背景建模的帧数；Δk 代表采样帧数间隔；median 表示对序列取中位数。对于桥梁监控视频，背景模型一般变化缓慢，可隔一定时间对背景模型进行更新。

然后，通过视频当前帧与背景模型的差异提取前景，用式（3-26）表示：

$$V_f(k) = V(k) - V_b(k) \tag{3-26}$$

式中，$V_f(k)$ 为视频第 k 帧图片的前景图像。

图 3-22 为背景减除法效果，在得到监控视频前景图像，即为通过桥梁车辆图像后，可通过图像分类等方法区分重车与普通车辆，实现动态车辆荷载检测。

图 3-22 背景减除法
（a）高架桥监控图像；（b）ROI 区域；（c）背景图像；（d）前景图像

3.4.2 武汉某高架桥重车荷载监测试验

采用武汉某高架桥监控摄像头采集的实际视频数据进行方法验证。该高架桥为双向 6

车道，设计车速为 60km/h。地面辅道为双向 6 车道，设计车速 40km/h。图 3-23 为高架桥部分路段的场景图。

图 3-23　高架桥部分路段的场景图

取高架桥监控视频中一段小轿车行驶视频，视频帧数为 30FPS，监测时长为 8s，总帧数 240 帧。采用时域中值滤波法建立背景图像，建模帧数取为 20 帧，帧数间距取为 10 帧。表 3-2 显示了 6 张监测图像的车辆检测结果，通过背景减除可以准确获取图片中的车辆信息，黑白图中的车辆轮廓与实际车辆吻合，精度较高。该工程实例说明采用背景减除法能从桥梁监测图像中自动准确识别车辆信息，在相机抖动情况下仍具有较高的识别稳定性，有助于有关部门管理重车超载和即时处理交通事故等。

背景减除法重车识别结果　　　　　　　　　　　　　　　　表 3-2

编号	图像 1	图像 2	图像 3	图像 4	图像 5	图像 6
监控视频图像						
背景减除法						

本章小结

本章重点介绍了基于机器视觉的结构健康检测技术，内容主要包括机器视觉测量系统、视觉测量基本原理及实际应用。机器视觉测量系统部分介绍了常见的软硬件设备及其组成的测量系统。视觉测量基本原理部分介绍了相机成像的基本原理、相机畸变及张正友相机标定法。实际应用部分介绍了基于机器视觉的结构动态位移测量及车辆荷载检测常见方法，并给出了相关试验验证。

思考与练习题

思考与练习题
参考答案

1. 什么是基于机器视觉的结构健康监测？机器视觉检测方法包含哪些常见的技术？
2. 机器视觉测量的基本原理主要包括哪几个方面？其中最重要的方面是什么？
3. 使用机器视觉进行结构位移测量，主要过程是什么？难点在哪里？
4. 车辆动态检测主要是基于什么原理，核心步骤有哪些？

智能压电传感原理与方法

知识图谱

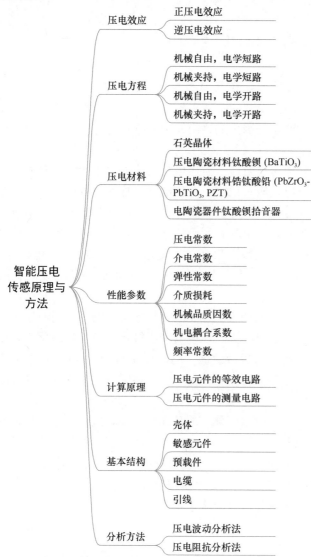

智能压电
传感原理与
方法

- 压电效应
  - 正压电效应
  - 逆压电效应
- 压电方程
  - 机械自由，电学短路
  - 机械夹持，电学短路
  - 机械自由，电学开路
  - 机械夹持，电学开路
- 压电材料
  - 石英晶体
  - 压电陶瓷材料钛酸钡 (BaTiO₃)
  - 压电陶瓷材料锆钛酸铅 (PbZrO₃-PbTiO₃, PZT)
  - 电陶瓷器件钛酸钡拾音器
- 性能参数
  - 压电常数
  - 介电常数
  - 弹性常数
  - 介质损耗
  - 机械品质因数
  - 机电耦合系数
  - 频率常数
- 计算原理
  - 压电元件的等效电路
  - 压电元件的测量电路
- 基本结构
  - 壳体
  - 敏感元件
  - 预载件
  - 电缆
  - 引线
- 分析方法
  - 压电波动分析法
  - 压电阻抗分析法

本章要点

　　知识点 1：压电方程的边界条件、对应参数、方程表达式和对应的压电效应分类。

　　知识点 2：压电智能材料在结构健康监测中的应用方法。

学习目标

　　(1) 理解压电效应的原理，以及不同压电材料的优缺点。

　　(2) 了解压电元件的电路原理，熟悉压电传感器的工作方法。

　　(3) 掌握压电智能材料在结构健康监测中的应用方法。

石英晶体的压电效应早在 1880 年就已经被发现了，但是直到 1948 年才制作出第一台石英晶体压电传感器。压电传感器是一种典型的自发电式力敏感传感器。它是以某些电介质的压电效应为基础，将力、压力、加速度、力矩等非电量转换为电量的器件。压电传感器具有使用频带宽、灵敏度高、信噪比高、结构简单、工作可靠、重量轻等优点。近年来由于电子技术的飞速发展，压电式传感器在声学、医学、力学、宇航等方面得到了广泛的应用。

4.1 压电效应与压电方程

当某些电介质沿一定方向受外力作用时，在其表面上产生异号电荷；当外力去掉后，又恢复到不带电的状态，这种现象称为压电效应。压电效应是材料中一种机械能与电能互换的现象。微观角度上，压电效应的产生是因为晶格内原子间特殊的排列方式，使材料有应力场与电场耦合的效应。

压电效应有两种，正压电效应和逆压电效应。对压电材料施加外力导致材料表面出现极性相反的电荷，这种现象称为正压电效应；反之，对压电材料施加外场，导致材料发生机械形变，这种现象称为逆压电效应。一般习惯将正压电效应简称为压电效应。将与极化方向平行的压力施加在压电材料上时，压电材料受到压缩形变，其内正负束缚电荷之间的距离变小，极化强度变小，材料两端的电极上出现放电现象；当撤去压力，电极充电，压电材料恢复原状。这种由机械效应（力）转变为电效应，或由机械能转变为电能的现象，称为正压电效应（Direct Piezoelectric Effect）。利用正压电效应，可将压电材料制成智能力敏传感器。若将与极化方向相同的电场施加在压电材料上时，电场作用使压电材料极化强度增大，造成正负束缚电荷间的距离增大，压电材料沿极化方向伸长；反之，压电材料沿极化方向缩短。这种由电效应转变为机械效应（力、形变），或由电能转变为机械能的现象，称为逆压电效应（Converse Piezoelectric Effect）。利用逆压电效应，可将压电材料应用于智能驱动器或能量采集器。

压电材料产生的应变是机械应变和电应变两部分的总和，同理，电位移也是机械部分和电气部分的总和。这种力电耦合现象可用表 4-1 中的压电方程表示：采用电场强度 E 和电位移 D 表示材料的电学性质，电场强度 E 和电位移 D 之间的关系可用介电系数矩阵表示；应力 T 和应变 S 表示材料的力学性质，应力 T 和应变 S 之间的关系可用弹性力学中的弹性矩阵表示；力学场与电学场之间的关系可用压电系数矩阵表示。

四类压电方程 表 4-1

方程分类	边界条件	对应参数	方程表达式	描述的压电效应
第一类	机械自由，电学短路	$E=0$，$D\neq0$	$S=s^{E}T+d_{t}E$	逆压电效应
		$T=0$，$S\neq0$	$D=dT+\varepsilon^{T}E$	正压电效应
第二类	机械夹持，电学短路	$E=0$，$D\neq0$	$T=c^{E}S-e_{t}E$	逆压电效应
		$T\neq0$，$S=0$	$D=eS+\varepsilon^{S}E$	正压电效应
第三类	机械自由，电学开路	$E\neq0$，$D=0$	$S=s^{D}T+g_{t}D$	逆压电效应
		$T=0$，$S\neq0$	$E=-gT+\beta^{T}D$	正压电效应
第四类	机械夹持，电学开路	$E\neq0$，$D=0$	$T=c^{D}S-h_{t}D$	逆压电效应
		$T\neq0$，$S=0$	$E=-hS+\beta^{S}D$	正压电效应

4.2 压电材料

铁电体是一类特殊的电介质材料，其基本晶胞在自然状态下存在固有的不对称性，即自发极化特性。并且自发极化的方向可随外加电压而转向，即使切断电源，其极化方向也不会改变；只有加上反向电压后，极化方向才能被改变。铁电体具有以下特性：极化强度与电场强度呈现出复杂的非线性关系；有电滞现象，在周期性变化的电场作用下，出现电滞回线，有剩余极化强度；当温度超过某一温度时，铁电性消失，该温度称为居里 (Pierre Curie) 温度；铁电体内存在自发极化小区，称为电畴或畴，电畴的存在造就了铁电体独特的性质；铁电体的介电常数 ε 为各向异性；所有的铁电体都具有压电特性，即由铁电相变引起的晶体内部自发极化。

压电陶瓷是一种经极化处理后的人工多晶铁电体。PZT 压电陶瓷是锆钛酸铅陶瓷的简称，P 是铅元素 Pb 的缩写，Z 是锆元素 Zr 的缩写，T 是钛元素 Ti 的缩写。它是由锆酸铅、钛酸铅和二氧化铅在 $1200℃$ 高温下烧结而成的多晶体 ($PbZrO_3$-$PbTiO_3$)。锆酸铅和钛酸铅分别是铁电体和反铁电体的典型代表，宏观特性差异巨大，但它们的固溶体 PZT 却显现出比其他铁电体更为优良的压电和介电性能，因而被广泛应用。

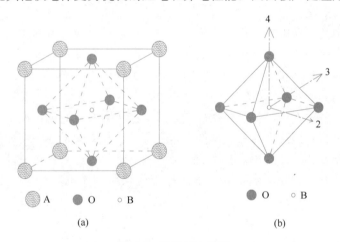

图 4-1 PZT 压电陶瓷

(a) 钙钛矿型铁电体的一个基体结构；(b) 正氧八面体

PZT 压电陶瓷具有钙钛矿型结构。钙钛矿型结构的铁电体是铁电家族中数量最多的成员，通式为 ABO_3，通常以 $A^{2+}B^{4+}O_3^{2-}$ 或 $A^{1+}B^{5+}O_3^{2-}$ 的形式存在。图 4-1(a) 是钙钛矿型铁电体的一个基体结构：正方体的八个顶点上是 A 离子，八个面的中心排布着 O 离子，而 B 离子位于正方体的中心。其中，八个 O 原子形成了一个正氧八面体，如图 4-1(b) 所示，它有 3 个四重轴、4 个三重轴和 6 个二重轴。正氧八面体中心的 B 离子通常会沿着这 3 个具有高对称性的方向做偏离正氧八面体中心的运动，此时铁电体的自发极化就发生了，因此铁电体有这样 3 个可能的自发极化方向。

很早以前人们就知道用焦热电材料进行热能和电能的转换，但直到 1880 年居里兄弟发现了压电晶体，才实现了机械能和电能的高效转换。正、逆压电效应均与材料中的电偶极矩相关。在正压电效应中，由于材料内的离子或官能团移动，单位电压的电偶极矩随着应变而变化。单位电压电偶极矩的变化影响到电容，随后影响到电抗，即复阻抗的虚部 X（复阻抗可表示为 $Z=R+jX$，其中 R 是电阻，X 是电抗）。在逆压电效应中，单位电压的电偶极矩随电场变化，这种变化可能来自于材料中的电偶极方向变化，也可能来自于每个偶极的偶极矩变化。压电效应如图 4-2 所示。

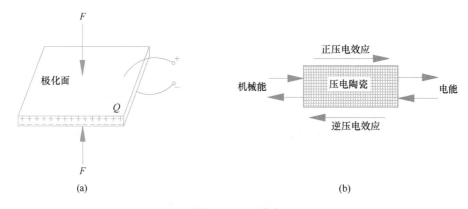

图 4-2　压电效应
(a) 正压电效应；(b) 压电效应的可逆性

运用压电材料的正压电效应可制成传感器，运用逆压电效应可制成激发器。压电陶瓷本身兼具正、逆压电效应，因此既可做成传感器又可做成激发器，大大减少了传感器的使用数量。并且，压电材料的正、逆压电效应均可逆，作为传感器或激发器可多次重复使用。

压电材料既具备一般弹性体的弹性性质，又具有压电效应。就是说，压电体的机械效应和电效应互相耦合，因此在压电材料的本构方程中，在力学量的关系式里需要增加电学量的贡献，在电学量的关系式里需要增加力学量的贡献。压电方程正是描述压电材料这一特殊规律的物理方程。压电材料的正、逆压电效应均可用压电方程来描述，基本耦合公式为：

$$T_p = C_{pq}^E S_q - e_{pk} E_k$$
$$D_i = e_{iq} S_q + \varepsilon_{ik}^s E_k \tag{4-1}$$

也可用矩阵表示为：

$$[\boldsymbol{T}] = [\boldsymbol{C}]\{\boldsymbol{S}\} - [\boldsymbol{e}]^T \{\boldsymbol{E}\},$$
$$[\boldsymbol{D}] = [\boldsymbol{e}]\{\boldsymbol{S}\} - [\boldsymbol{\varepsilon}]\{\boldsymbol{E}\} \tag{4-2}$$

式中，$[\boldsymbol{T}]$ 为应力矩阵；$[\boldsymbol{C}]$ 为刚度矩阵；$\{\boldsymbol{S}\}$ 为应变矩阵；$[\boldsymbol{e}]$ 为压电应力常数矩阵；$\{\boldsymbol{E}\}$ 为电场强度矩阵；$[\boldsymbol{D}]$ 为电荷密度矩阵；$[\boldsymbol{\varepsilon}]$ 为介电常数矩阵。

上述压电方程是完全建立在试验基础上导出的，因此并不严格。事实上可以通过热力学理论推导出严格的压电方程。将压电体本身视作一个热力学系统。压电方程将描述与压电效应相关的四个变量（应力张量 T，应变张量 S，电场强度 E 和电位移 D）之间的线性关系。除了压电体本身的这四个参数外，该热力学系统的参量还包括熵 σ 和温度 Θ。一般认为压电体的电能与机械能的转换过程非常迅速，可近似认为与外界没有热交换，即绝热过程，因此系统的熵保持恒定不变。对于可逆过程，单位体积的系统内能变化量为：

$$\mathrm{d}U = \Theta\mathrm{d}\sigma + \mathrm{d}W \tag{4-3}$$

其中，对于压电体，$\mathrm{d}W$ 表示外界对系统做的功，包括弹性力做的功（$\mathrm{d}W_\text{弹}$）和电场力做的功（$\mathrm{d}W_\text{电}$）：

$$\mathrm{d}W_\text{弹} = T_i\mathrm{d}S_i, i = 1, 2, \cdots, 6 \tag{4-4}$$

$$\mathrm{d}W_\text{电} = E_m\mathrm{d}P_m, m = 1, 2, 3 \tag{4-5}$$

式中，T 为应力；S 为应变；E 为电场强度；P 为极化强度。将式（4-4）和式（4-5）代入式（4-3），即得到压电体内能的微分形式：

$$\mathrm{d}U = \Theta\mathrm{d}\sigma + T_i\mathrm{d}S_i + E_m\mathrm{d}P_m \tag{4-6}$$

根据假定，压电体能量转换过程为绝热过程，即 $\mathrm{d}\sigma = 0$，通常选择 σ、T、E 作为独立自变量，选择系统的热力学函数为焓，则：

$$H = U - T_iS_i - E_mP_m \tag{4-7}$$

将内能表达式（4-6）代入上式得：

$$\mathrm{d}H = -S_i\mathrm{d}T_i - P_m\mathrm{d}E_m \tag{4-8}$$

由此得到状态方程：

$$S_i = -\left(\frac{\partial H}{\partial T_i}\right)_{\sigma, \mathrm{E}} \tag{4-9}$$

$$P_m = -\left(\frac{\partial H}{\partial E_m}\right)_{\sigma, \mathrm{T}} \tag{4-10}$$

由式（4-9）、（4-10）得：

$$S_i = S_i(T_jE_n) \tag{4-11}$$

$$P_m = P_m(T_jE_n) \tag{4-12}$$

线性展开得：

$$S_i = \frac{\partial S_i}{\partial T_j}T_j + \frac{\partial S_i}{\partial E_n}E_n \tag{4-13}$$

$$P_m = \frac{\partial P_m}{\partial T_j}T_j + \frac{\partial P_m}{\partial E_n}E_n \tag{4-14}$$

式中，$i, j = 1, 2, 3, 4, 5, 6$；$m, n = 1, 2, 3$。将 $P_m = D_m - \varepsilon_0E_m$ 代入式（4-14）得：

$$D_m = \frac{\partial D_m}{\partial T_j}T_j + \frac{\partial D_m}{\partial E_n}E_n \tag{4-15}$$

式中，$\frac{\partial S_i}{\partial T_j} = S_{ij}^\mathrm{E}$ 为恒电场下的弹性柔顺常数单元阵；$\frac{\partial D_m}{\partial E_n} = \varepsilon_{mn}^\mathrm{T}$ 为恒应力下的介电常数矩阵元；$\frac{\partial S_i}{\partial E_n} = d_{ni}$ 为压电应变常数转置矩阵元；$\frac{\partial D_m}{\partial T_j} = d_{mj}$ 为压电应变常数矩阵元。

则式（4-13）、（4-15）可写为：

$$S_i = S_{ij}^\mathrm{E}T_j + d_{ni}E_n \tag{4-16}$$

$$D_i = d_{mj}T_j + \varepsilon_{mn}^\mathrm{T}E_n \tag{4-17}$$

式（4-16）、（4-17）即是以 T、E 为自变量，S、D 为因变量的第一类压电方程。其矩阵形式为：

$$
\begin{pmatrix} S_1 \\ S_2 \\ S_3 \\ S_4 \\ S_5 \\ S_6 \end{pmatrix} = \begin{pmatrix} S_{11} & S_{12} & S_{13} & S_{14} & S_{15} & S_{16} \\ S_{21} & S_{22} & S_{23} & S_{24} & S_{25} & S_{26} \\ S_{31} & S_{32} & S_{33} & S_{34} & S_{35} & S_{36} \\ S_{41} & S_{42} & S_{43} & S_{44} & S_{45} & S_{46} \\ S_{51} & S_{52} & S_{53} & S_{54} & S_{55} & S_{56} \\ S_{61} & S_{62} & S_{63} & S_{64} & S_{65} & S_{66} \end{pmatrix} \begin{pmatrix} T_1 \\ T_2 \\ T_3 \\ T_4 \\ T_5 \\ T_6 \end{pmatrix} + \begin{pmatrix} d_{11} & d_{21} & d_{31} \\ d_{12} & d_{22} & d_{32} \\ d_{13} & d_{23} & d_{33} \\ d_{14} & d_{24} & d_{34} \\ d_{15} & d_{25} & d_{35} \\ d_{16} & d_{26} & d_{36} \end{pmatrix} \begin{pmatrix} E_1 \\ E_2 \\ E_3 \end{pmatrix} \tag{4-18}
$$

$$
\begin{pmatrix} D_1 \\ D_2 \\ D_3 \end{pmatrix} = \begin{pmatrix} d_{11} & d_{12} & d_{13} & d_{14} & d_{15} & d_{16} \\ d_{21} & d_{22} & d_{23} & d_{24} & d_{25} & d_{26} \\ d_{31} & d_{32} & d_{33} & d_{34} & d_{35} & d_{36} \end{pmatrix} \begin{pmatrix} T_1 \\ T_2 \\ T_3 \\ T_4 \\ T_5 \\ T_6 \end{pmatrix} + \begin{pmatrix} \varepsilon_{11} & \varepsilon_{12} & \varepsilon_{13} \\ \varepsilon_{21} & \varepsilon_{22} & \varepsilon_{23} \\ \varepsilon_{31} & \varepsilon_{32} & \varepsilon_{33} \end{pmatrix} \begin{pmatrix} E_1 \\ E_2 \\ E_3 \end{pmatrix} \tag{4-19}
$$

石英晶体是最典型的压电单晶体。石英晶体（SiO_2）俗称水晶，有天然和人工之分。在晶体学中，用三根互相垂直的轴 z、x、y 来表示它们的坐标。晶体各个方向的特性是不同的。在三维直角坐标系中，z 轴被称为晶体的光轴。垂直于光轴 z 的 x 轴称为电轴，把沿电轴 x 方向施加作用力后产生的压电效应称为纵向压电效应。垂直于光轴 z 和电轴 x 的 y 轴称为机械轴，把沿机械轴 y 方向施加作用力后产生的压电效应称为横向压电效应。沿光轴 z 方向施加作用力则不产生压电效应。

需要指出的是，上述讨论均假设晶体沿 x 轴和 y 轴方向受到了压力，当晶体沿 x 轴和 y 轴方向受到拉力作用时，同样有压电效应，只是电荷的极性将随之改变。

1942 年，第一个压电陶瓷材料钛酸钡（$BaTiO_3$）先后在美国、苏联和日本制成。1947 年，世界上第一个压电陶瓷器件钛酸钡拾音器诞生。20 世纪 50 年代初，压电陶瓷材料锆钛酸铅（$PbZrO_3$-$PbTiO_3$，简称 PZT）研制成功。与钛酸钡相比，PZT 的工作温度较高且压电性更好，综合性能显著优于钛酸钡。从此，压电陶瓷的发展进入了新的阶段。20 世纪 60 年代到 20 世纪 70 年代，压电陶瓷不断改进，如用多种元素改进的锆钛酸铅二元系压电陶瓷，以锆钛酸铅（$PbZr_xTi_{1-x}O_3$）为基础的三元系、四元系压电陶瓷也都应运而生。这些材料性能优异，制造简单，成本低廉，应用广泛。

压电陶瓷是人工制造的多晶体压电材料，其内部的晶粒有一定的极化方向，在无外电场作用下，晶粒杂乱分布，它们的极化效应被相互抵消，因此压电陶瓷此时呈中性，即原始的压电陶瓷不具有压电性质。当在陶瓷上施加外电场时，晶粒的极化方向发生转动，趋向于按外电场方向排列，从而使材料整体得到极化。外电场越强，极化程度越高，让外电场强度大到使材料的极化达到饱和程度，即所有晶粒的极化方向都与外电场的方向一致，此时去掉外电场，材料整体的极化方向基本不变，即出现剩余极化，这时的材料就具有了压电特性。由此可见，压电陶瓷要具有压电效应，需要有外电场和压力的共同作用。此时，当陶瓷材料受到外力作用时，晶粒发生移动，将引起在垂直于极化方向（即外电场方向）的平面上出现极化电荷，电荷量的大小与外力成正比关系。

压电陶瓷的压电效应比石英晶体强数十倍。石英晶体的长宽切变压电效应最差，故很少取用；压电陶瓷的厚度切变压电效应最好，应尽量取用；对三维空间力场的测量，压电陶瓷的体积压缩压电效应显示了独特的优越性。但是，石英晶体温度与时间的稳定性以及材料之间的一致性远优于压电陶瓷。此外，压电陶瓷还具有热释电性，这会给压电传感器造成热干扰，降低稳定性。综合来看，压电陶瓷制成的传感器灵敏度高、稳定性和机械强度略低。对于有高稳定性需求的传感器，压电陶瓷的应用受到限制。

近年来，随着材料科学发展，出现了一批新型压电材料。根据材料性质，可分为压电半导体和有机高分子压电材料。1968年以来，出现了多种压电半导体，如硫化锌（ZnS）、硫化镉（CdTe）、氧化锌（ZnO）、硫化镉（CdS）、碲化锌（ZnTe）、砷化镓（GaAs）等。这些材料的显著特点是：既具有压电特性，又具有半导体特性。因此，既可用其压电性研制传感器，又可用其半导体特性制作电子器件，也可以将两者结合，研制成集元件与电路于一体的集成压电传感器测试系统。根据制作工艺，可将有机高分子压电材料分为两类。第一类，将某些合成高分子聚合物，经延展拉伸和电极化后形成具有压电性的高分子压电薄膜，如聚氟乙烯（Poly-Vinyl Fluoride，PVF）、聚偏氟乙烯（Polyvinylidene Fluoride，PVDF）、聚氯乙烯（Polyvinyl Chloride，PVC）等。这些材料的独特优点是质轻柔软、抗拉强度较高、蠕变小、耐冲击，体电阻达 $10^{12}\Omega\cdot m$，击穿强度为 $150\sim200kV/mm$，声阻抗近于水和生物体含水组织，热释电性和热稳定性好，且便于批量生产和大面积使用，可制成大面积阵列传感器乃至人工皮肤。第二类，在高分子化合物中掺杂压电陶瓷 PZT 或 $BaTiO_3$ 粉末制成的高分子压电薄膜。这种复合压电材料同样既保持了高分子压电薄膜的柔软性，又具有较高的压电性和机电耦合系数。有机高分子材料属于有机分子半结晶或结晶聚合物，其压电效应较复杂，不仅要考虑晶格中均匀的内应变对压电效应的贡献，还要考虑高分子材料中非均匀内应变所产生的各种高次效应以及同整个体系平均变形无关的电荷位移而表现出来的压电特性。

目前已发现的压电系数最高且已进行应用开发的压电高分子材料是聚偏氟乙烯（PVDF）。这种聚合物中碳原子的数量为奇数，经过机械滚压和拉伸制作成薄膜之后，带负电的氟离子和带正电的氢离子分别排列在薄膜上下两边，形成微晶偶极矩结构，经过一定时间的外电场和温度联合作用后，晶体内部的偶极矩进一步旋转定向，形成垂直于薄膜平面的碳—氟偶极矩固定结构。正是由于这种固定取向后的极化和外力作用时剩余极化的变化产生了压电效应。有机高分子压电材料可以降低材料的密度和介电常数，增加材料的柔性，使其压电性能较单相陶瓷有所改善。

选用合适的压电材料是设计制作高性能传感器的关键。压电材料的性能参数反映了材料各项性能的强弱。常用的性能参数主要有压电常数、介电常数、弹性常数、介质损耗、机械品质因数、机电耦合系数及频率常数等。

压电常数是压电材料所特有的表征压电效应强弱的参数，反映了压电材料介电性与弹性间的力电耦合关系，也直接影响压电传感器的输出灵敏度。压电常数与机械边界条件（如应力、应变）和电学边界条件（电场强度、电位移）有关。通常表征压电常数的物理参数有压电应力常数 e、应变常数 d、电压常数 g 和刚度常数 h。

介电常数是表征压电材料介电或极化性质的性能参数，用 ε 表示。当压电材料的形状、尺寸一定时，介电常数 ε 可以通过测量压电材料的电容 C_s 来确定，计算公式为：

$$\varepsilon = \frac{C_s h}{A_P} \tag{4-20}$$

通常以相对介电常数 ε_r 表示压电材料常数较为方便，ε_r 可以表示为：

$$\varepsilon_r = \frac{\varepsilon}{\varepsilon_0} \tag{4-21}$$

式中，介电常数 ε 的单位为 F/m；相对介电常数 ε_r 是无量纲数；C_s、A_P 分别表示压电材料的电容和面积；$\varepsilon_0 = 8.85 \times 10^{-12}$ F/m。根据机械条件不同，介电常数 ε 通常用自由介电常数 ε^T 和夹持介电常数 ε^s 来表述。当考虑沿振动（3 轴）方向时，则有两个独立的介电常数，即 $\varepsilon_{11} = \varepsilon_{22} \neq \varepsilon_{33}$。

压电材料除了具有介电特性以外，还具有一般弹性体的弹性特征，即服从弹性胡克定律。压电材料的弹性特征一般以弹性常数来描述。通常用短路弹性柔顺常数 ε^E 和刚度常数 c^E 以及开路弹性柔顺常数 s^D 和刚度常数 c^D 表示。

机电耦合系数是表征压电体机械能与电能相互转换的耦合效应参数，用 K 表示。常见的有纵向 K_{33}、横向 K_{31}、厚度伸缩 K_T、厚度切变 K_{15} 与平面 K_P 五种。机电耦合系数定义为压电晶体吸收的能量与输入能量之比的平方根，即：

$$K^2 = \frac{机械能转变为电能获得的能量}{输入总机械能}（正压电效应）$$
$$K^2 = \frac{电能转变为机械能获得的能量}{输入总电能}（逆压电效应） \tag{4-22}$$

频率常数是压电体的谐振频率与谐振线性尺寸的乘积，通常用 N 表示，即：

$$N = f_r L \quad 或 \quad N = f_r d \tag{4-23}$$

式中，f_r 为谐振频率；L、d 分别为压电振子主振方向的长度和直径。

机械品质因数是表征压电材料内部能量消耗程度的参数，用 Q_m 表示。根据等效电路原理，Q_m 定义为：

$$Q_m = 2\pi \frac{E_1}{E_2} \tag{4-24}$$

式中，E_1 为压电振子谐振时储存的机械能；E_2 为一个周期内损耗的机械能。由于 Q_m 越大，能量损耗越小。因此，应用中可选择 Q_m 较高的压电材料。

4.3 压电元件的等效电路与测量电路

4.3.1 压电元件的等效电路

将压电晶片产生电荷的两个晶面封装上金属电极后就构成了压电元件，如图 4-3(a) 所示。当压电元件受力时，就会在两个电极上产生等量的正、负电荷。因此，压电元件相当于一个电荷源。两个电极之间是绝缘的压电介质，使其又相当于一个电容器，如图 4-3(b) 所示。其电容量为：

$$C_a = \varepsilon_r \varepsilon_0 S / h \tag{4-25}$$

式中，C_a 为压电元件内部电容；ε_r 为压电材料的相对介电常数；ε_0 为真空的介电常数；

S 为压电元件电极面积；h 为压电晶片厚度。

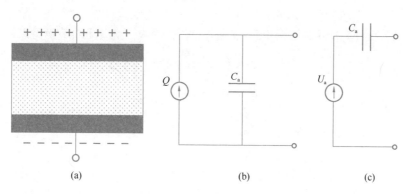

图 4-3   压电元件的等效电路

（a）压电元件；（b）并联电路；（c）串联电路

因此，可以将压电元件等效为电荷源 Q 并联电容 C_a 的电荷等效电路，如图 4-3（b）所示。根据电路等效变换原理，也可将压电元件等效为电压源 U_a 串联电容 C_a 的电压等效电路，如图 4-3（c）所示。由此可得，电容器上电压、电荷、电容三者间的关系为：

$$U_a = \frac{Q}{C_a} \tag{4-26}$$

由于压电传感器必须经配套的二次仪表进行信号放大与阻抗变换，所以还应考虑转换电路的输入电阻与输入电容，以及连接电缆的传输电容等因素的影响。图 4-4 所示是考虑了前述因素的实际等效电路，其中的等效电子元件包括前置放大器的输入电阻 R_i，输入电容 C_i，连接电缆的传输电容 C_e，压电传感器的绝缘电阻 R_a。

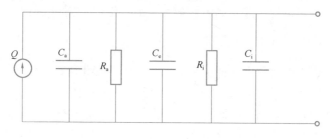

图 4-4   等效放大电路

由图 4-4 可知，若要压电元件上的电荷长时间保存，必须使压电元件绝缘电阻和测量电路输入电阻为无穷大，以保证没有电荷泄漏回路。而实际上这是不可能的，所以压电传感器不能用于静态测量。当压电元件在交变力的作用下，电荷量可以不断更新与补充，给测量电路提供一定的电流，故适用于动态测量。不过，随着电子技术的发展，转换电路的低频特性越来越好，已经可以在频率值低于 1Hz 的条件下进行测量。

4.3.2   压电元件的测量电路

由于压电式传感器产生的电量非常小，所以测量电路需要极大的输入电阻，以减小测量误差。因此，在压电式传感器的输出端，总是先接入高输入阻抗的前置放大器，然后再接入一般的放大电路。前置放大器有两个作用：将压电传感器的输出信号放大和将高阻抗输出变换为低阻抗输出。压电式传感器的测量电路有电荷型和电压型两种，相应的前置放大器也有电荷型和电压型两种形式。图 4-5(a) 所示为压电式传感器与电压放大器连接后的等效电路，图 4-5 (b) 所示为进一步简化后的电路图。图中的电阻和电容满足以下数量关系：

$$R = \frac{R_{\mathrm{a}} R_{\mathrm{i}}}{R_{\mathrm{a}} + R_{\mathrm{i}}} \tag{4-27}$$

$$C = C_{\mathrm{a}} + C_{\mathrm{e}} + C_{\mathrm{i}} \tag{4-28}$$

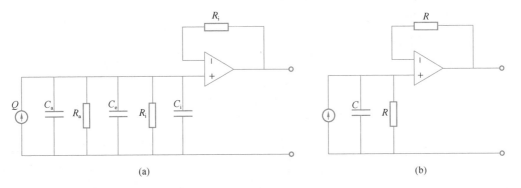

图 4-5　压电传感器与电压式放大器
(a) 等效电路；(b) 简化电路

假设作用在压电元件上的交变力为 F，其倍值为 F_{m}，角频率为 ω 时间为 t，即：

$$F = F_{\mathrm{m}} \sin \omega t \tag{4-29}$$

若压电元件的压电常数为 d，则附加力 F 作用下产生的电荷 Q 为：

$$Q = d \times F = d F_{\mathrm{m}} \sin \omega t \tag{4-30}$$

经过分析之后，可以得出输送到电压放大器输入端的电压 U_{i} 为：

$$U_{\mathrm{i}} = dF \frac{j \omega R}{1 + j \omega RC} \tag{4-31}$$

式中，字母 j 代表虚数单位，即 $j^2 = -1$。在电气工程和物理学中，虚数单位 j 常用于表示交流电路中的相位移动，特别是在使用复数表示正弦波形时。在这个公式中，jR 和 jRC 表示电阻 R 和电容 C 在交流电路中的阻抗，而 ω 是角频率，与交流电的频率有关。虚数单位 j 的使用表明了电压和电流之间的相位差，这是交流电路分析中的一个重要概念。所以，压电传感器的电压灵敏度 S_{v} 为：

$$S_{\mathrm{v}} = \left| \frac{U_{\mathrm{i}}}{F} \right| = \frac{d \omega R}{\sqrt{1 + (\omega RC)^2}} = \frac{d}{\sqrt{\frac{1}{(\omega R)^2} + (C_{\mathrm{s}} + C_{\mathrm{c}} + C_{\mathrm{i}})^2}} \tag{4-32}$$

由此可知：当 $\omega = 0$ 时，电压灵敏度 S_{v} 为零，所以不能测量静态信号；当 $(\omega R) \gg 1$ 时，有 $S_{\mathrm{v}} = d/(C_{\mathrm{a}} + C_{\mathrm{e}} + C_{\mathrm{i}})$，与输入频率无关，说明电压放大器的高频特性良好；$S_{\mathrm{v}}$ 与 C_{e} 有关，C_{e} 改变时 S_{v} 也改变，所以，不能随意更换传感器出厂时的连接电缆长度，连接电缆也不能过长，过长将降低灵敏度。电压放大器电路简单，元件便宜；但电缆长度对测量精度影响较大，限制了其应用。随着集成运算放大器价格的降低，在 20 世纪 90 年代以后生产的仪器中，电压放大器电路得到越来越多的使用。

电荷放大器实际上是一个高增益放大器，其与压电式传感器连接后的等效电路如

图 4-6 所示。将压电式传感器等效电容 C_a、连接电缆的等效电容 C_e、放大器的输入电容 C_i 合并为电容 C。C_f 表示反馈电容，U_{Cf} 表示反馈电压，U_i 和 U_o 分别表示输入和输出电压，A 为运算放大器的电压放大系数。电荷放大器的输出电压和等效电容分别满足以下数量关系：

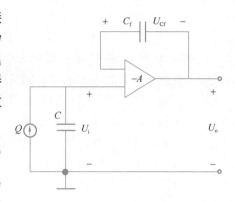

图 4-6　电荷放大器的原理图

$$U_o = -\frac{qA}{C_s + C_e + C_i + (A+1)C_f} \quad (4\text{-}33)$$

$$C = C_s + C_e + C_i \quad (4\text{-}34)$$

当 $A \gg 1$ 时，$(1+A)C_f \gg C_a + C_e + C_i$，式 (4-33) 近似简化为：

$$U_o \approx \left| \frac{q}{C_f} \right| \quad (4\text{-}35)$$

由式 (4-35) 可知，电荷放大器的输出电压只与反馈电容有关，而与连接电缆的传输电容无关，即更换连接电缆时不会影响传感器的灵敏度，这是电荷放大器最突出的优点。在实际电路中，考虑到被测物理量的不同量程，反馈电容的容量选为可调的，范围一般为 $100 \sim 1000 \text{pF}$。电荷放大器的测量下限主要由反馈电容和反馈电阻决定，即 $f_L = 1/2(2\pi R_f C_f)$。一般 R_f 取值在 $10^{10} \Omega$ 以上，则 f_L 可小于 1Hz。所以，电荷放大器的低频效应相应地也比电压放大器好得多，故可用于变化缓慢的力的测量。

【例 4-1】压电陶瓷片的 $d_{33} = 5 \times 10^{-10}$ C/N，用反馈电容 $C_f = 0.01 \mu\text{F}$ 的电荷放大器测出输出电压幅值 $U_0 = 0.4\text{V}$，请计算所受力的大小。

【解】根据电荷放大器的输出电压和等效电容的关系式 (4-35)：

$$U_0 = \left| \frac{q}{C_f} \right|$$

所以

$$q = U_0 C_f = 0.4 \times 0.01 \times 10^{-6} = 4 \times 10^{-9} \text{C}$$

又因为

$$q = d_{33} F$$

即

$$F = \frac{q}{d_{33}} = \frac{4 \times 10^{-9}}{5 \times 10^{-10}} = 8\text{N}$$

4.4　压电式传感器

4.4.1　压电式传感器的基本结构

广义地讲，凡是利用压电材料各种物理效应构成的传感器都可称为压电式传感器。凡是能转换成力的机械量，如位移、压力、冲击、振动加速度等，都可用相应的压电传感器测量，它们用以实现力—电转换功能的基本结构是相同的。压电式传感器的基本结构如下：①基座和外壳：隔离试件应变和环境声、磁、热干扰，并增强刚性，基座通常都很厚，并采用刚度大的不锈钢或钛合金材料；壳体采用与基座相同的材料，起密封、屏蔽作用。②压电元件：根据设计需要，可取压电晶体或陶瓷。结构形式较多采用双晶片并联形式。压电加速度传感器中常采用平板式或圆筒式结构，取厚度压缩或剪切变形方式。③敏感元件：指加速度传感器中的质量阻尼弹簧系统，或位移传感器中的弹簧，或压力传感器中的弹性膜片（盒）等。质量阻尼弹簧系统中的质量块通常采用高比重合金，以缩小结构尺寸。④预载件：即压块、弹簧或螺栓、螺母等，用以对压电元件施加预紧力。施加预紧力的作用是消除压电元件内外接触面的间隙，提高传感器弹性系统的刚度，从而获得良好的静态特性（灵敏度和线性度）和动态特性；提供足够的预紧力，确保拉力、剪力和扭矩传感器获得足够的正压力后靠摩擦传递切向力；利用预载对外力的分载原理，实现对外力的分载调节，改变传感器的灵敏度、线性度或量程。⑤引线及接插件：用以与外接电缆连接。

压电式传感器的敏感元件（压电片）在受力时会发生形变，按其受力及变形方式的不同，一般可分为厚度变形、长度变形、体积变形和厚度剪切变形等几种形式。目前最常用的是厚度变形和剪切变形两种。单片压电片产生的电荷量很小，在实际应用中，通常采用两片（或两片以上）同规格的压电片连接在一起，以提高压电式传感器的输出灵敏度。由于压电片所产生的电荷有极性，相应的连接方法分为串联和并联，如图 4-7 所示。

在图 4-7(a) 中，两压电片的负极都集中在中间电极上，正极在两边的电极上，这种接法称为并联。其输出电容 $C_并$ 为单片电容 C 的两倍，但输出电压 $U_并$ 等于单片电压 U，极板上电荷量 $q_并$ 为单片电荷量 q 的两倍，即：

$$q_并 = 2q, \quad U_并 = U, \quad C_并 = 2C \tag{4-36}$$

在图 4-7(b) 中，正电荷集中在上极板，负电荷集中在下极板，而对于中间的极板，上片产生的负电荷与下片产生的正电荷相互抵消，这种接法称为串联。由图 4-7(b) 可知，输出的总电荷 $q_串$ 等于单电荷 q，而输出电压 $U_串$ 为单片电压 U 的两倍，总电容 $C_串$ 为单片电容 C 的一半，即：

$$q_串 = q, \quad U_串 = 2U, \quad C_串 = \frac{C}{2} \tag{4-37}$$

在这两种接法中，并联接法输出电荷大，本身电容也大，时间常数大，适用于测量慢变信号，并且适用于以电荷作为输出量的场合。而串联接法，输出电压大，本身电容小，适用于以电压作为输出信号且测量电路输入阻抗很高的场合。

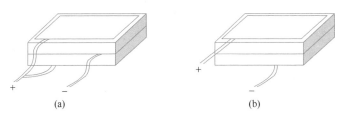

图 4-7　压电片的并联和串联
(a) 并联；(b) 串联

4.4.2　压电式传感器的应用

压电片在压电传感器中必须有一定的预应力。一方面，预应力可以保证在作用力变化时，压电片始终受到压力。另一方面，预应力可以保证压电材料的电压与作用力呈线性关系。这是因为压电片在加工时即使研磨得很好，也很难保证接触面的绝对平坦。如果没有足够的压力，就不能保证均匀接触。因此接触电阻在最初阶段不是常数，而是随着压力变化的。但是，这个预应力也不能太大，否则将会影响其灵敏度。

压电力传感器安装时应保证传感器的敏感轴与受力方向一致。安装传感器的上、下接触面要经过精细加工，以保证平行度和平面度。当接触表面粗糙时，对环形压电力传感器可加装应力分布环，对并联传感器可加装应力分布块；当接触面不平行时，可加装球形环。应力环、块的弹性模量均不得低于传感器外壳金属材料的弹性模量。为了牢固地安装传感器，可在环形传感器中心孔加紧固螺栓。总之，安装牢固是非常重要的，否则不仅会降低传感器的频响，还将影响测试的结果。应根据所测力的极限来选择压电力传感器的量程和频响，不要使传感器所测负荷超过额定量程。传感器的工作频带要能够覆盖待测力的频带。测量低频力信号时，因测试系统的频率下限主要取决于传感器电荷放大器的时间常数，因此，测准静态力信号一般要求电荷放大器输入阻抗高于 $10^{12}\,\Omega$，低频响应为 $0.001\,\text{Hz}$，显示仪表采用直流数字电压表。测量中、高频力信号时，同样对于后接器件（如仪表）有所要求。一般情况下，压电力传感器和电荷放大器对中、高频的响应较好，后接显示仪表可用峰值电压表、瞬态记录仪、记忆示波器等。

压电力传感器与电荷放大器、电荷放大器与显示记录仪表的连接大多数情况下均采用低噪声电缆。在组成测试系统时，要注意将电缆固定，避免因晃动而产生电缆噪声给测试系统带来误差。同时，要认真注意电缆插头及插座的清洁，以保证测试系统的绝缘电阻。

目前压电式传感器应用最多的仍是测量力学参数，尤其是对冲击力和振动加速度的测量。迄今在众多形式的测振传感器中，压电加速度传感器占 80% 以上。基于逆压电效应的超声波发生器（换能器）是超声检测技术及仪器的关键器件。此外，逆压电效应还可作力和运动（位移速度、加速度）发生器——压电驱动器。利用压电陶瓷的逆压电效应可实现微位移，不必像传统的传动系统那样须通过机械传动机构把转动转变为直线运动，从而避免了机构造成的误差；而且其具有位移分辨力极高（可达 $10^{-2}\,\mu m$ 级）、结构简单、尺寸小、发热少、无杂散磁场和便于遥控等特点。

压电式测力传感器是利用压电元件直接实现力—电转换的传感器，在拉、压场合，通常较多采用双片或多片石英晶片作压电元件。它刚度大、测量范围宽、线性及稳定性高、动态特性好。当采用大时间常数的电荷放大器时，可测量准静态力。按测力状态分有单向、双向和三向传感器，它们在结构上基本一致。

压电式压力传感器的结构类型很多，但它们的基本原理与结构仍与前述压电式加速度和力传感器大同小异。突出的不同点是，它必须通过弹性膜、盒等把压力收集、转换成力，再传递给压电元件。为保证静态特性及其稳定性，通常多采用石英晶体作压电元件。使用时将传感器固定在被测物体上，感受该物体的振动，惯性质量块产生惯性力，使压电元件产生变形。压电元件产生的变形和由此产生的电荷与加速度成正比。压电加速度传感器可以做得很小，重量很轻，故对被测机构的影响很小。压电加速度传感器的频率范围广、动态范围宽、灵敏度高，应用较为广泛。

4.5　基于压电智能材料的结构健康监测方法

压电智能材料与结构系统为实施结构健康监测与损伤状态评定及保证结构的安全性开拓了一条新的途径，对土木工程结构健康监测领域的发展产生了重大影响。目前，国内外利用压电智能材料对混凝土结构进行健康监测的技术主要有两大类，即主动结构健康监测技术和被动结构健康监测技术，传感器嵌入方式分为粘贴式和埋入式。不同的监测方法都有其各自的优缺点，只有根据不同的需求和相应的工况，结合现有的压电智能材料在不同的混凝土结构健康监测方法中的特点选择合适的方法，才能获得最佳效果。

4.5.1　压电波动分析法

基于压电智能材料的主动结构健康监测技术（Active Structural Health Monitoring-based Technique PZT，ASHMT-PZT）是利用压电智能材料兼有的驱动和传感功能，激励并传感信号，按照一定的优化排列方式嵌入结构中，从而与结构融为一体。主动结构健康监测技术与没有内置传感器的被动结构健康监测技术相比，其实时在线的信号采集方式可以不受结构所处状态的约束，反应快速、灵敏，维护费用少，人为干涉小，结构损伤识别准确，能实时在线持续监测，从而保证了监测过程的准确性和可靠性，安全性也得到提高。目前围绕压电智能材料开展的主动结构健康监测技术主要有压电波动分析法和压电阻抗分析法两类。

压电波动分析法（Wave-based PZT Method）是利用压电智能材料的正（逆）压电效应，将压电智能材料封装成压电智能驱动器，按照最优原则将其布置于结构（如钢筋混凝土梁、板、柱等）的一端，用于激励信号，信号以应力波形式在结构中传播，图4-8为波在结构中的传播形态；同时，将压电智能材料封装成压电智能传感器布置于结构另一端，用于传感信号，从而建立了基于压电智能传感—驱动器的压电智能主动结构健康监测系统。通过对比分析结构或构件监测区间内传感器接收信号之间的差异来实现对结构损伤的识别。在结构中传播的机械波的波速、振幅、频率和波形等波动参数与所监测和识别的结构力学参数，如弹性模量、泊松比、剪切模量及内部应力分布状态有直接关系，也与结构内部缺陷，如断裂面、空洞的大小及形状的分布有关。因此，当机械波在结构中传播后，携带了有关结构材料性能参数变化的信息，结构损伤和缺陷的存在将导致所传播的应力波信号幅值产生衰减、信号传播时间延迟及振动模态发生变化等，从而达到损伤识别的目的。

图4-8的波信号波包中包含许多高频子波。a和b分别为高频子波和波包信号上的一点。为了更好地理解和预测压电材料中波的传播行为，需要介绍相速度、群速度和频散曲线的概念。相速度（Phase Velocity）代表高频子波上同一相位某一点的传播速度（如图4-8中的a点）。相速度c_{ph}的表达式为：

$$c_{ph} = \frac{\omega}{k} \tag{4-38}$$

式中，ω为波的圆频率；k为波数。

群速度（Group Velocity）代表信号波包的传播速度。我们一般利用信号波包峰值点

（如图 4-8 中的 b 点）的时间变化计算波的群速度。群速度 c_{gr} 的表达式为：

$$c_{gr} = \frac{d\omega}{dk} \tag{4-39}$$

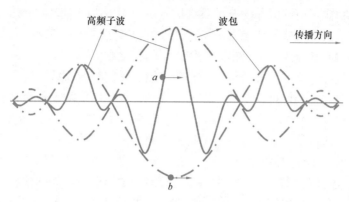

图 4-8　波在结构中的传播形态

频散曲线（Dispersion Curve）种类较多，例如相速度频散曲线、群速度频散曲线、衰减频散曲线等。图 4-9 为直径 $\phi22mm$ 的圆钢锚杆中纵向导波的相速度频散曲线，它反映了导波的相速度随频率的变化趋势。当导波中高频子波的相速度大于导波波包的群速度时，导波的频散特性就能够体现出来，此时导波的波包形状将发生改变。相速度和群速度的差异越大，波包形状的变化越大，代表导波的频散特性越强。当导波的频率达到一定值，结构中将出现多个模态的导波，这就是导波的多模态特性。结构中存在较多的导波模态不利于我们分辨并提取反射回波信号。对结构进行无损检测时，应尽量选用模态单一且频散性较弱的导波。

基于压电波动分析法的结构健康监测与损伤识别技术中，PZT 作为智能结构的核心敏感元件，其灵敏度、精度和稳定性对损伤识别结果产生影响，其影响因素一般包括以下几个方面：①信号的发射与采集装置、传感元件、中间传输介质等。为了提高损伤识别精度，应选择高质量的硬件设备，尽量采取屏蔽措施来提高信号数据在传输过程中的抗干扰能力，保证信号的信噪比，降低误差。②PZT 传感器在结构中的布置较灵活，如果传感器在结构中的布置不合理，传感范围有限，就不能获得足够的结构状态信息，从而使损伤识别的判断缺乏支撑，导致识别结果准确率下

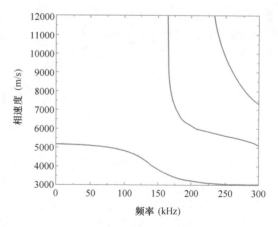

图 4-9　直径 22mm 的圆钢锚杆中
纵向导波的相速度频散曲线

降。根据优化理论可以对智能混凝土结构中的传感器位置和数量进行优化，即应用最少数量的传感器对尽可能多的结构区域实现有效传感，改善结构的受力性能，提高经济效益。③信号的分析处理。对结构进行健康监测的同时，将产生海量的监测数据，通过特定的损

伤识别算法对这些数据进行统计分析，从而对结构损伤进行有效识别。然而，监测数据中既包含反映结构状态信息的有用成分，又包含一些由于噪声干扰而形成的无用成分，这些无用成分会对结构的损伤识别精度造成不利影响。因此，对信号进行分析前，应先从源头上提高信号的信噪比，通过信号滤波手段将信号中的无用成分剔除；另外，可以对损伤识别算法进行改进，提高其抗干扰能力及分析处理能力，通过掌握各种因素对损伤识别精度的影响及其相应的改进方法，可以提高损伤识别的精度和效率。

压电波动分析法在土木工程结构健康监测与损伤识别技术领域得到了广泛的应用，体现了其明显的优越性，具体有以下几个方面的优点：①将压电陶瓷传感—驱动器埋置于结构内部，在一定程度上减少了外界环境对传感器的干扰，同时保证了它的使用寿命，因此，压电波动分析法特别适合于混凝土结构的健康监测。②若施加于压电智能传感—驱动器的激励频率较低，则应力波在结构体内传播的距离更远，因此，压电波动分析法的检测范围增大。③可以选取较多种类的激励信号进行结构健康监测，如脉冲波、扫频波等。用于分析损伤的特征参数也比较多，如信号的幅值、相位等。激励信号所传播的波形众多，根据所激励的应力波不同，有纵波、表面波、板波、声发射等监测技术，可以开展多波形的结构健康监测研究。当然，压电波动分析法也存在一定的不足，由于实际工程的外界环境对监测信号的干扰较大，噪声很容易掩盖监测信号，使结构在同一状态下不同时刻采集的数据具有一定的波动性，影响了结构健康监测与损伤识别结果的正确性和有效性。因此，需要进一步完善基于压电波动分析法的结构健康监测与损伤评估方法。

利用压电智能骨料检测混凝土早期强度的基本原理如下：

混凝土结构中的应力波传播可以认为是一维纵向波，波的传播公式可以写成：

$$\frac{\partial^2 u}{\partial x^2} = \frac{1}{c_b^2} \frac{\partial^2 u}{\partial t^2} \tag{4-40}$$

式中，u 是波传播位移；c_b 为波速，满足 $c_b^2 = E/\rho$；ρ 和 E 分别为材料密度和弹性模量。在监测周期内，信号谐波响应频率的平均能量为：

$$p = \frac{EA^2\omega^2}{2c_b} = \frac{A^2\omega^2\sqrt{E\rho}}{2} \tag{4-41}$$

式中，p 是频率响应的平均能量；A 是谐振幅；ω 是角频率。谐振幅可以表示为：

$$A = \frac{1}{\omega}\left(\frac{4p^2}{E_\rho}\right)^{\frac{1}{4}} \tag{4-42}$$

在混凝土早期强度发展过程中，混凝土的弹性模量随着混凝土的逐渐硬化而增大，而激励信号的谐振幅受介质的弹性模量影响，随着弹性模量的增大而降低，因此，可以通过测定应力波的幅值大小，并利用材料的弹性模量与谐振幅间的关系，对混凝土材料的早期强度进行观测和评估。利用压电智能骨料进行结构健康监测与损伤识别研究的理论基础是压电的波动理论。通过分析压电智能骨料所接收到的应力波来评价混凝土结构的健康状况。将压电智能骨料作为驱动器（利用压电陶瓷片的逆压电效应）产生激励波，再将另外一个压电智能骨料作为传感器以接收信号，混凝土结构中的裂缝和损伤将会阻碍波的传播，同时会削弱波的传播幅值和能量，传播能量的损失大小与结构内部的损伤程度有关。因此，可以通过分析损伤产生前后传感器接收信号的差异，利用相应的信号处理技术（如小波或小波包分析等），并结合均方根偏差来识别混凝土的损伤。基于小波分解的压电智能骨料的混凝土结构健康监测与损伤识别中损伤指数建立的原理是，当信号在尺度 n 下被分解为 2^n 组信号体，即 $\{X_1, X_2, \cdots, X_{2^n}\}$，其中第 j $(j=1, 2, \cdots, 2^n)$ 频带信号表示为 $X_j = [x_{j,1}, x_{j,2}, \cdots, x_{j,m}]$（$m$ 为采样点），则在 t 时刻第 j 频带信号能量 $E_{i,j}$ 可以表示为：

$$E_{i,j} = \| X_j \| = X_{j,1}^2 + X_{j,2}^2 + \cdots + X_{j,m}^2 \tag{4-43}$$

如果结构在 $t=0$ 时刻处于健康状态，根据均方根偏差公式，可以定义结构损伤程度的损伤指数公式为：

$$D(t) = \sqrt{\dfrac{\displaystyle\sum_{j=1}^{2^n} (E_{i,j} - E_{n,j})^2}{\displaystyle\sum_{j=1}^{2^n} E_{h,j}^2}} \tag{4-44}$$

由式（4-44）可知，将布置在结构中每个位置的压电智能骨料所接收到的损伤信号同其健康信号进行对比，则可以利用所定义的损伤指数对任意时刻结构的损伤程度进行判定及大致识别。

4.5.2　压电阻抗分析法

压电阻抗分析法（Electro-mechanical Impedance-based PZT Method，EMI）是指通过对比结构损伤前后的机械阻抗值来判断结构是否发生损伤，从而实现对结构健康状况的监测，是综合考虑压电传感与驱动的动态特性和被测结构的阻抗信息而提出的一种实时监测方法。一般用于监测结构的局部微小损伤，是压电材料机电耦合效应在结构损伤识别方面的重要应用。

压电阻抗分析法的基本原理是：结构损伤会引起自身机械阻抗变化，导致直接对结构机械阻抗值进行测量较困难。通常根据压电传感—驱动特性，将压电传感器粘贴在结构表面，并施加交流电场（逆压电效应），压电驱动器产生机械振动，使结构也随之产生振动，而结构振动又使压电传感器产生电响应（正压电效应），表现为压电传感器电阻抗的变化。也就是说，结构机械阻抗变化使压电的电阻抗发生变化。结构损伤状况信息包含在压电材料的电阻抗信号中，因此通过监测压电阻抗的变化，并与结构在无缺陷时的压电电阻抗信号进行比较，可以实现对结构损伤状况的监测。

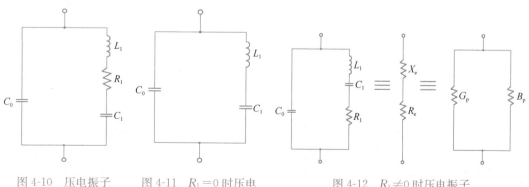

图 4-10　压电振子 　　　图 4-11　$R_1=0$ 时压电 　　　图 4-12　$R_1 \neq 0$ 时压电振子
　等效回路 　　　　　　振子等效电路 　　　　　　　等效电路

压电阻抗分析法由于对初始损伤敏感，近年来获得了长足发展，为结构的非破坏性评估提供了一种新途径。PZT 压电陶瓷是压电材料中应用最多的品种之一，它具有自然频率高、频响范围宽、功耗低、稳定性好、重复使用性能好、较好的线性关系、输入输出均为电信号、可操作温度范围广、易于测量和控制等特点。作为传感器，它的工作频率相当高，远远超过结构的自然频率，加上质量轻，对本体结构影响很小，可以粘贴在已有结构的表面或埋入新建结构的内部对结构进行监测。利用压电智能材料作为传感器和驱动器对结构进行损伤识别与健康监测近年来一直受到国内外研究者们的关注。压电材料的阻抗特性可以用一个简单的等效回路来描述，如图 4-10 所示。运用压电陶瓷的压电效应制作成各种压电传感器，主要利用了其谐振特性。压电材料的振动模态中有六个重要的临界频率，见表 4-2。

压电材料振动临界频率　　　　　　　表 4-2

谐振频率	反谐振频率	串联谐振频率	并联谐振频率	最大导纳频率（最小阻抗频率）	最小导纳频率（最大阻抗频率）
f_r	f_a	f_s	f_p	f_m	f_n

这些临界频率中，f_m、f_n、f_r 和 f_a 均可测。特别地，当动态电阻 $R_1=0$ 时，压电材料没有机械损耗，这时的等效电路如图 4-11 所示。这时六个临界频率有以下关系：

$$\begin{cases} f_m = f_s = f_r \\ f_n = f_p = f_a \end{cases} \tag{4-45}$$

当动态电阻 $R_1 \neq 0$ 时，压电材料存在机械损耗，这时的等效电路如图 4-12 所示。可以通过等效电路推导出压电材料的频率和阻抗间的关系：

$$Z = \frac{\left[R_1 + j\left(\omega L_1 - \frac{1}{\omega C_1}\right)\right] \cdot \frac{1}{j\omega C_0}}{\left[R_1 + j\left(\omega L_1 - \frac{1}{\omega C_1}\right)\right] + \frac{1}{j\omega C_0}} = \frac{1}{\omega C_0} \cdot \frac{\left(\omega L_1 - \frac{1}{\omega C_1}\right) - jR_1}{\frac{1}{\omega C_0} + \frac{1}{\omega C_1} - \omega L_1 + jR_1} \tag{4-46}$$

串联谐振频率的边界条件为：

$$\frac{\partial Z_1}{\partial \omega} = \frac{\partial\left[R_1 + j\left(\omega L_1 - \frac{1}{\omega C_1}\right)\right]}{\partial \omega} = 0 \tag{4-47}$$

则

$$L_1 \cdot C_1 = \omega^2 \tag{4-48}$$

并联谐振频率的边界条件为：

$$\frac{\partial Z}{\partial \omega} = 0 \tag{4-49}$$

则

$$L_1 \cdot C_0 = \frac{1}{4\pi^2} \frac{1}{(f_p^2 - f_s^2)} = \frac{1}{\omega_p^2 - \omega_s^2} \tag{4-50}$$

将式（4-48）和式（4-50）代入式（4-46）得：

$$Z = \frac{1}{\omega C_0} \cdot \frac{(\omega^2 - \omega_s^2)L_1 C_0 - j\omega C_0 R_1}{1 - (\omega^2 - \omega_s^2)L_1 C_0 + j\omega C_0 R_1} = \frac{1}{\omega C_0} \cdot \frac{\dfrac{\omega^2 - \omega_s^2}{\omega_p^2 - \omega_s^2} - j\omega C_0 R_1}{1 - \dfrac{\omega^2 - \omega_s^2}{\omega_p^2 - \omega_s^2} + j\omega C_0 R_1}$$

$$= \frac{1}{\omega C_0} \cdot \frac{-j\delta}{1 - \Omega + j\delta} \tag{4-51}$$

其中，$\Omega = (\omega^2 - \omega_s^2)/(\omega_p^2 - \omega_s^2)$，$\delta = \omega C_0 R_1 = 2\pi f C_0 R_1$，根据压电材料的全部振动模态，运用公式（4-51）就可以求得六个临界频率。实际中通常取第一阶模态求取临界频率的近似值。最大、最小阻抗频率也可用阻抗仪直接测得，步骤如下：①用信号发生器给压电传感器以激励，使用毫伏表显示输出电流。②调节信号发生器，使输出电压频率由小到大逐步发生改变。③当输出电流最大时，表示该外加电压的频率使压电传感器产生谐振，此时压电传感器的阻抗最小，常以 f_m 表示，称为最小阻抗频率。④当输出电流最小时，压电传感器的阻抗达到

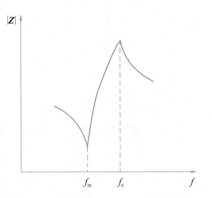

图 4-13　压电振子的阻抗特性曲线

最大，常以 f_n 表示，称为最大阻抗频率。压电振子的阻抗特性曲线如图 4-13 所示。

机电耦合阻抗模型描述了 PZT 与结构的机电耦合关系，在应用中可分为一维机电耦合阻抗模型、考虑黏结层的一维机电耦合阻抗模型、二维机电耦合阻抗模型等。

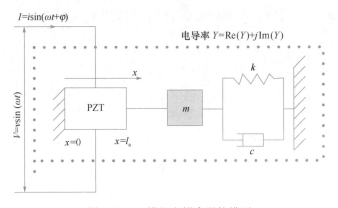

图 4-14　一维机电耦合阻抗模型

一维机电耦合阻抗模型简洁明了地描述了 PZT 与结构的机电耦合关系，如图 4-14 所示。由该模型推导出的电导纳表达式为：

$$Y = j\omega \frac{b_a l_a}{h_a}\left(\bar{\varepsilon}_{33}^{\sigma} - \frac{Z_s}{Z_s + Z_a}d_{31}^2 \bar{Y}_{11}^E\right) \tag{4-52}$$

式中，Z_s 和 Z_a 分别代表结构和 PZT 的阻抗；l_a、b_a、h_a 分别为 PZT 传感器的长、宽和厚度；ε_{33}、d_{31}、$\bar{Y}_{11}$ 分别为 PZT 的材料参数。

考虑黏结层的一维机电耦合阻抗模型是指将 PZT 与结构的黏结层考虑到阻抗模型中，用一个两自由度弹簧—质量—阻尼系统来描述，如图 4-15 所示。

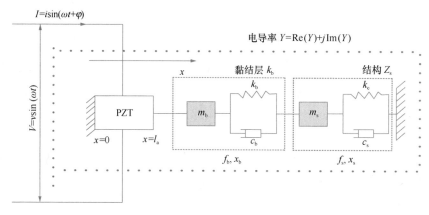

图 4-15 考虑黏结层的一维机电耦合阻抗模型

由该模型推导出的电导纳表达式为：

$$Y = j\omega \frac{b_a l_a}{h_a} \left(\frac{d_{31}^2 \overline{Y}_{11}^E Z_a}{\xi Z_s + Z_a} \frac{\tan(kl_a)}{kl_a} + \overline{\varepsilon}_{33}^\sigma - d_{31}^2 \overline{Y}_{11}^E \right) \tag{4-53}$$

比较式（4-52）和（4-53）可发现，式（4-53）中 Z_s 前多了一个系数 ξ，它受黏结层动刚度的影响，反映出黏结层对耦合阻抗的贡献。

二维机电耦合阻抗模型如图 4-16 所示，二维耦合电导纳的表达式为：

$$Y = j\omega \frac{b_a l_a}{h_a} \left\{ \overline{\varepsilon}_{33}^\sigma - \frac{2d_{31}^2 \overline{Y}_{11}^E}{1-\nu_a} + \frac{d_{31}^2 \overline{Y}_{11}^E}{1-\nu_a} \times \left[\frac{\sin(kl_a)}{l_a} \frac{\sin(kb_a)}{b_a} \right] [\boldsymbol{M}]^{-1} \begin{bmatrix} 1 \\ 1 \end{bmatrix} \right\} \tag{4-54}$$

$$[\boldsymbol{M}] = \begin{bmatrix} k\cos(kl_a)\left(1 - \nu_a \dfrac{b_a Z_{xy}}{l_a Z_{axx}} + \dfrac{Z_{xx}}{Z_{axx}}\right) & k\cos(kb_a)\left(\dfrac{l_a Z_{yx}}{b_a Z_{axx}} - \nu_a \dfrac{Z_{yy}}{Z_{ayy}}\right) \\ k\cos(kl_a)\left(\dfrac{b_a Z_{xy}}{l_a Z_{axx}} - \nu_a \dfrac{Z_{xx}}{Z_{axx}}\right) & k\cos(kb_a)\left(1 - \nu_a \dfrac{l_a Z_{yx}}{b_a Z_{ayy}} + \dfrac{Z_{yy}}{Z_{ayy}}\right) \end{bmatrix} \tag{4-55}$$

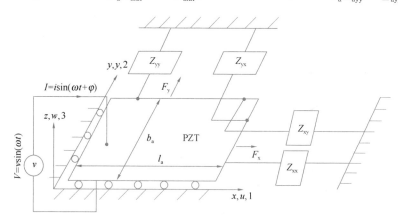

图 4-16 二维机电耦合阻抗模型

4.5.3 压电智能传感器的嵌入与封装

将 PZT 片制成压电智能传感器，可应用于混凝土结构健康监测与损伤识别技术中。PZT 片与主体结构采用哪一种方式结合、结合得是否完美，不仅取决于主体结构的材料特点，还将直接影响测试数据的准确性及监测与识别方法的有效性。目前，PZT 片与混凝土结构结合的方式有粘贴式和埋入式两种。

粘贴式是将压电智能传感器通过胶结材料（502 胶或环氧树脂系 AB 胶黏剂）粘贴于结构表面。粘贴式的特点是操作简单，不破坏结构且 PZT 片的受力情况相对简单，适合对已有结构进行监测。但是由于粘贴式 PZT 片长期暴露于结构外部，受到外界环境因素（如温度、湿度、人为破坏等）的影响较大，甚至会发生破损，因此测试数据会产生较大的误差。目前，粘贴式多应用于基于 Lamb 波技术、声发射的混凝土复合材料板、金属结构的损伤识别及基于压电阻抗技术的结构健康监测。

埋入式是将压电智能传感器通过一定的形式埋入结构（或关键部件）内部，目前多应用于混凝土结构中。埋入式将 PZT 片埋入混凝土结构内部，具有粘贴式无法比拟的优越性，埋入式在一定程度上减少了外界环境对 PZT 片的影响，有效地延长了传感器和驱动器的工作时间，增强了可靠性，特别适合混凝土结构的长期健康监测与损伤识别。但是埋入式在具体操作上没有粘贴式方便，需在结构或构件浇筑前进行布置，而且传感器往往不能回收。目前，埋入式主要将 PZT 片以智能骨料形式嵌入混凝土结构中，用来监测与识别混凝土结构或构件的损伤、钢筋脱黏等。

传感器的封装是传感技术的重要内容之一。封装质量的好坏，将直接影响传感器的性能，甚至使传感器失效。许多传感器在室外环境中应用，例如，用于测量结构位移或变形的位移传感器，由于室外环境温度的变化（日夜温度的变化以及一年四季温度的变化）使传感器各部件发生移位和松动（由于各元件的温度系数不同而引起的热膨胀或收缩的差异），材料性能因温度的不断起伏而老化。由于传感器的对准精度要求很高，通常所需的精确度达微米以上量级，所以对传感器中各元件之间的定位要求很高，元件一旦移位，就会严重影响测量结果。再如，有些传感器要长期暴露于高温、高湿、高腐蚀性等恶劣环境，这时就要求对传感器采取专门的密封措施。

传感器的封装是将经过组装的敏感器件、电学器件、数据存储传输器件等封入一个特别设计的外壳或容器内，使传感器成为一个整体，并可与外部进行电连接和信号连接。传感器封装要满足固定、保护、使用的目的。固定目的是指通过封装（机械固定、高温焊接、胶粘等方式）使传感器各部件的相对位置保持不变，以达到消除由于振动、温度变化、机械碰撞等因素引起的部件松动。保护目的是指通过封装（采取油封、水封、气封以及高压绝缘等措施）使传感器可用于许多恶劣环境，防止外界有害气体、液体（油、水、酸等）以及高压电场对光传感器的损伤。使用目的是指通过封装提高传感器的敏感性和电学性能，使其精度提高，长期稳定性改善（不致因温度起伏、振动、渗漏等因素使传感器性能下降）。通过封装还可以给传感器提供一个适合安装以及与其他部件连接的过渡配合。

传感器封装的基本要求包括足够的机械强度、良好的密封性、封装步骤的标准化等。足够的机械强度是指传感器封装后应该结构牢固可靠，能承受机械振动、机械冲击（例如从高处落下）、高频振动等各项试验（按国标或军标进行）。外引线与外壳之间的连接和固定要坚固。按标准，经过试验后不应出现断裂或机械损伤，器件的耦合处不应出现错位。良好的密封性是指传感器封装后应该满足使用中的密封要求。对于不同使用环境有不同的密封要求，有的要求气密（用于有害气体环境），有的要求油密（用于有油的环境），有的则要求水密。传感器封装后应能符合使用环境的密封性要求和通过相应的检测。封装步骤的标准化是指进行传感器的封装结构设计时，应考虑其外形尺寸尽可能符合通用标准，这有利于产品的标准化、通用化和系列化。加工工艺也应尽可能简便、低成本，便于批量生产。

光传感器的封装方式有多种，下面简要介绍几种主要的封装方式。

（1）机械固定式

机械固定式封装是传感器最常用的一种封装方式。它主要是按传感器的性能和使用要求，设计一定的容器（外壳）和相应的紧固件，将各部件组装固定成一个整体。只要设计合理，这种封装方式完全可以满足长期稳定的使用要求。这种固定方式也便于工艺的标准化、规范化，此外，采用相应的密封措施也能满足密封要求。例如，利用各种型号的真空垫圈、垫片等可构成满足气密要求的封装结构，而利用耐油的垫圈、垫片等则可满足防油（油密）的要求。若设计针对所用部件的导热性能和结构特点，以及所用材料的导热性，则可构成热稳定的封装结构。例如，各机械部件的热膨胀系数若不相同，则因环境温度的变化会引起各机械部件的错位，从而使光传感器的性能下降。

（2）胶粘固定式

胶粘固定式封装是传感器另一种常用的封装方式。它和机械固定式的差别主要是：传感器各部件之间的固定是用各种粘结剂（胶）。用胶粘固定各部件对传感器进行封装的优点是：简便易行、灵活快捷、适用面广。这种方式尤其适用于传感器的试验阶段。但胶粘固定式存在一些不足，例如，温度稳定性较差，原因是粘接剂和被粘结构的热膨胀系数不同；有附加应力，粘接剂在固化过程会产生附加应力，这种应力会降低元件的对准精度，在固化过程中产生微小位移；难以拆卸，用粘接剂封装的各部件一般难以拆卸和重新组装。

（3）焊接固定式

对于传感器，焊接固定式是一种优于胶粘的封装方式。这种封装方式的优点在于长期稳定性好，尤其是热稳定性较好；其不足之处在于需要使用专用焊接装置，针对不同部件采用不同的工艺（焊接功率的大小、焊接时间的长短、焊接部位的确定等）以及难以拆卸。

压电传感器的
工作特性实验
指导书

本章小结

本章深入探讨了智能压电传感的原理与方法，内容主要包括压电效应的基础理论、压电元件的应用电路及压电元件的应用。压电效应的基础理论部分介绍了四类压电方程及压电材料的特性。压电元件的应用电路部分深入讨论了等效电路模型和测量电路设计。压电元件的应用部分介绍了传感器的基本结构，并探讨了其在多个领域的广泛应用。特别地，本章重点介绍了基于压电智能材料的结构健康监测方法，包括压电波动分析法和压电阻抗分析法。最后，探讨了压电智能传感器的嵌入与封装技术。

思考与练习题

1. 什么是正压电效应和逆压电效应？石英晶体和压电陶瓷的正压电效应有何不同之处？

2. 压电传感器能否用于静态测量？试结合压电陶瓷加以说明。

3. 电荷放大器和电压放大器各有何特点？它们分别适用于什么场合？

4. 在装配力—电转换型压电传感器时，为什么要使压电元件承受一定的预应力？根据正压电效应，施加预应力时必定会有电荷产生，试问电荷是否会给以后的测量带来系统误差，为什么？

5. 压电元件在使用时常采用多片串联或并联的结构形式。试述在不同接法下输出电压、电荷、电容的关系，它们分别适用于何种场合？

思考与练习题
参考答案

电阻式传感原理与方法

知识图谱

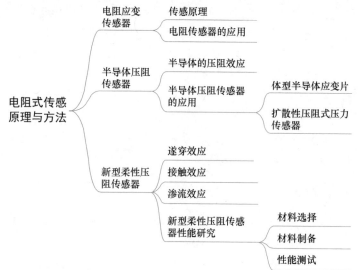

```
                电阻应变        传感原理
                传感器
                              电阻传感器的应用

                半导体压阻      半导体的压阻效应
                传感器
                              半导体压阻传感器      体型半导体应变片
电阻式传感                      的应用
原理与方法                                         扩散性压阻式压力
                                                  传感器

                              遂穿效应
                新型柔性压
                阻传感器        接触效应

                              渗流效应

                              新型柔性压阻传感      材料选择
                              器性能研究
                                                  材料制备

                                                  性能测试
```

本章要点

知识点 1：电阻应变传感器的工作原理。

知识点 2：半导体压阻效应的物理机制。

知识点 3：新型柔性压阻传感器的特性。

学习目标

（1）了解三类传感器的传感原理。

（2）了解每种传感器的形式和应用。

（3）学习案例中传感器的基本测试方法。

电阻式传感器是将被测的结构响应（如位移、力、加速度等）转换成电阻值变化的传感元件，并通过电阻测量电路变换为电压或电流，达到检测结构响应的目的。电阻式传感器又分为传统电阻应变传感器、半导体压阻传感器和新型柔性压阻传感器。

传统电阻应变传感器通常采用金属材料，由于它具备结构简单、易于制造、价格便宜、性能稳定、输出功率大等优点，故至今在检测技术中仍广泛应用。半导体压阻传感器采用半导体材料作为敏感材料，基于局域压阻效应的传统压阻传感器的灵敏度通常比较高。新型柔性压阻传感器采用聚合物材料作为基底材料，纳米导电材料作为填料制备，结合了纳米导电材料的电学性能和聚合物材料的物理性能。新型柔性压阻式传感器有望解决传统土木结构健康监测量程小、精度和耐久性不足等难题，具有重要的研究和应用价值。

5.1 电阻应变传感器

电阻应变传感器能够将应变变化转化为电阻变化。它不仅可以测量应力和应变，也可以测量很多动静态的力学物理量，如力、扭矩、加速度等。

5.1.1 电阻应变传感器的传感原理

通过应变片将被测物理量（如应变、力、位移、加速度、扭矩等）转换成电阻变化的器件称为电阻应变传感器。由于电阻应变传感器具有结构简单、体积小、使用方便、动态响应快、测量精确度高等优点，因而被广泛应用于航天、机械、电力、化工、建筑、纺织、医学等领域，成为目前应用最广泛的传感器之一。

金属电阻应变片有丝式和箔式两种，其测量原理是电阻应变效应。电阻应变效应指金属导体材料在受到外界拉力或压力作用时产生机械变形，从而导致金属导体材料的电阻值变化。由物理学可知，其电阻为：

$$R = \rho \frac{l}{A} \tag{5-1}$$

式中，ρ 为电阻率，$\Omega \cdot mm^2/m$；l 为电阻丝长度，m；A 为电阻丝截面积，mm^2。由式 5-1 可知，如果电阻丝直径与材质一定，则电阻值 R 的大小随电阻丝的长度而变化。

金属丝式电阻应变片（又称电阻丝式应变片）出现较早，现仍被广泛使用，其典型结构如图 5-1 所示。它主要由具有高电阻率的金属丝（康铜或镍铬合金等，直径 0.025mm 左右）绕成的电阻丝、基片、覆盖层和引出线组成。

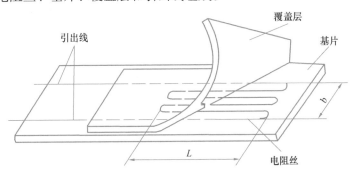

图 5-1 电阻丝式应变片结构示意图

金属箔式电阻应变片则是用栅状金属箔片代替栅状金属丝。金属箔栅采用光刻技术制造，适合大批量生产。其线条均匀，尺寸准确，阻值一致性好。箔片厚约 $1 \sim 10 \ \mu m$，散热快，黏结牢固，应变传递性能好。因此，目前使用的多是金属箔式应变片，其结构形式如图 5-2 所示。

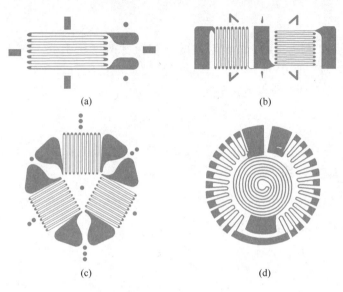

图 5-2　金属箔式应变片
（a）单丝栅式；（b）双丝栅式；（c）三丝栅式；（d）多丝栅式

把应变片用特制胶水黏固在弹性元件或变形的物体表面，在外力作用下，应变片敏感栅随构件一起变形，其电阻值发生相应的变化，由此可将被测量转换成电阻的变化。由式 (5-1) 可知，当敏感栅发生变形时，其 l、ρ、A 均将变化，从而引起 R 的变化。当每一可变参数分别有一增量 dl、$d\rho$、dA 时，所引起的电阻增量为：

$$dR = \frac{\partial R}{\partial l}dl + \frac{\partial R}{\partial A}dA + \frac{\partial R}{\partial \rho}d\rho \tag{5-2}$$

式中，$A = \pi r^2$，r 是电阻丝半径，则上式整理为：

$$dR = R\left(\frac{dl}{l} - 2\frac{dr}{r} + \frac{d\rho}{\rho}\right) \tag{5-3}$$

电阻的相对变化为：

$$\frac{dR}{R} = \frac{dl}{l} - 2\frac{dr}{r} + \frac{d\rho}{\rho} \tag{5-4}$$

式中，dl/l 为电阻丝轴向相对变形，或称纵向应变；dr/r 为电阻丝径向相对变形，或称横向应变。

当电阻丝轴向伸长时，必然沿径向缩小，两者之间的关系为：

$$\frac{dr}{r} = -\mu\frac{dl}{l} = -\mu\varepsilon \tag{5-5}$$

式中，μ 为电阻丝材料的泊松比；$d\rho/\rho$ 为电阻丝电阻率的相对变化。

$d\rho/\rho$ 与电阻丝轴向所受正应力 δ 有关，为：

$$\frac{\mathrm{d}\rho}{\rho} = \lambda\delta = \lambda E\varepsilon \tag{5-6}$$

式中，E 为电阻丝材料的弹性模量；λ 为压阻系数，与材质有关。

将式（5-5）和式（5-6）代入式（5-4），得：

$$\frac{\mathrm{d}R}{R} = (1 + 2\mu + \lambda E)\varepsilon \tag{5-7}$$

在式（5-7）中，$(1 + 2\mu)\varepsilon$ 由电阻丝的几何尺寸改变所引起。对于同一电阻材料，$(1 + 2\mu)$ 是常数，$\lambda E\varepsilon$ 项由电阻丝的电阻率随应变的改变所引起。对于金属电阻丝来说，λE 很小，可以忽略不计，所以上式可简化为：

$$\frac{\mathrm{d}R}{R} \approx (1 + 2\mu)\varepsilon \tag{5-8}$$

式（5-8）表明了电阻相对变化率与应变成正比。这里再定义一个量，即电阻应变片的应变系数灵敏度 S（常数）：

$$S = \frac{\mathrm{d}R/R}{\mathrm{d}l/l} = 1 + 2\mu \tag{5-9}$$

将式（5-9）代入式（5-8），则得：

$$\frac{\mathrm{d}R}{R} = S\varepsilon \tag{5-10}$$

由于测试中 R 的变化量微小，可以认为 $\mathrm{d}R \approx \Delta R$，则式（5-10）可表示为：

$$\frac{\Delta R}{R} = S\varepsilon \tag{5-11}$$

常用的灵敏度 S 介于 $1.7\sim3.6$ 之间。

在实际测试中，选用金属电阻应变片应注意两点：

（1）应变片电阻的选择。应变片的原电阻值一般有 60Ω、90Ω、120Ω、200Ω、300Ω、500Ω、1000Ω 等。当选配动态应变仪组成测试系统进行测试时，由于动态应变仪电桥的固定电阻为 120Ω，因此为了避免对测量结果进行修正计算，以及在没有特殊要求的情况下，选择 120Ω 的应变片为宜。除此以外，可根据测量要求选择其他阻值的应变片。

（2）应变片灵敏度的选择。当选配动态应变仪进行测量时，应选用 $S=2$ 的应变片。由于静态应变仪配有灵敏度的调节装置，故允许选用 $S\neq2$ 的应变片。对于那些不配有应变仪的测试，应变片的 S 值越大，输出也越大。因此，往往选用 S 值较大的应变片。

5.1.2 电阻应变传感器的应用

将应变片粘贴于被测构件上，直接用来测定构件的应变和应力。例如，为了研究或验证机械、桥梁、建筑等某些构件在工作状态下的受力、变形情况，可利用形状不同的应变片，粘贴在构件的预测部位，以测得构件的拉、压应力，扭矩或弯矩等，从而为结构设计、应力校核或构件破坏的预测等提供可靠的实验数据。图 5-3 为齿轮轮齿弯矩监测和立柱应力监测两种实用例子示意图。

将应变片粘贴于弹性元件上，与弹性元件一起构成应变式传感器。这种传感器常用来测量力、位移、压力、加速度等物理参数。在这种情况下，弹性元件将获得与被测量成正比的应变，再通过应变片转换为电阻的变化后输出。其典型应用如图 5-4 所示。图示为纱线张力检测装置，检测辊 4 通过连杆 5 与悬臂梁 2 的自由端相连，连杆 5 同阻尼器 6 的活塞相连，纱线 7 通过导线辊 3 与检测辊 4 接触。当纱线张力变化时，悬臂梁随之变形，使应变片 1 的阻值变化，并通过电桥将其转换为电压的变化后输出。

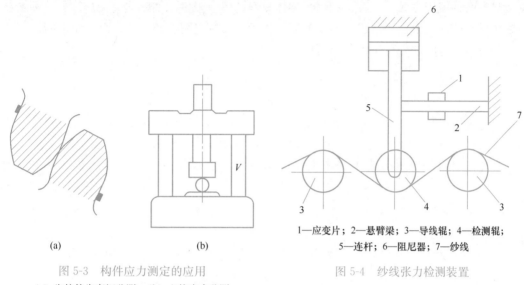

1—应变片；2—悬臂梁；3—导线辊；4—检测辊；
5—连杆；6—阻尼器；7—纱线

图 5-3　构件应力测定的应用　　　　　图 5-4　纱线张力检测装置

（a）齿轮轮齿弯矩监测；（b）立柱应力监测

必须指出，电阻应变片测出的是构件或弹性元件上某处的应变，而不是该处的应力、力或位移，只有通过换算或标定才能得到相应的应力、力或位移量。有关应变应力换算关系，可参考相关资料。

电阻应变片必须被粘贴在试件或弹性元件上才能工作。黏合剂和黏合技术对测量结果有直接影响。因此，黏合剂的选择、粘贴技术、应变片的保护等必须认真做好。电阻应变片用于动态测量时，应当考虑应变片本身的动态响应特性。其中，应限制应变片的上限测量值。一般上限测量频率应在电桥激励电源频率的 $1/10 \sim 1/5$ 以下。基长越短，上限测量频率可以越高。一般基长为 10mm 时，上限测量频率可高达 25kHz。

应当注意到，温度的变化会引起电阻值的变化，从而造成应变测量结果的误差。由温度变化所引起的电阻变化与由应变引起的电阻变化往往具有同等数量级，绝对不能掉以轻心。因此，通常要采取相应的温度补偿措施，以消除温度变化所造成的误差。

5.2　半导体压阻传感器

金属电阻应变片性能稳定、精度较高，但这类应变片的缺点是灵敏度系数较小。20世纪 50 年代中期出现的半导体应变片可以改善这个缺点，其灵敏度比金属电阻应变片高约 50 倍。用半导体材料制作的传感器称为压阻式传感器，其传感原理是半导体的压阻效应。

5.2.1　半导体的压阻效应

固体受到作用力产生应力使电阻率（或电阻）发生变化的现象称为固体的压阻效应。

利用压阻效应制成的传感器随被测物体变形而产生电阻变化。通过电桥将电阻变化转换为电压或电流的变化从而实现压阻式传感器（Piezoresistive Transducer/Sensor）的测量。

固体的压阻效应以半导体材料最为显著，因而最具有实用价值。半导体材料的压阻效应通常有两种应用方式：一种是利用半导体材料的体电阻做成粘贴式应变片；另一种是在半导体材料的基片上，用集成电路工艺制成扩散型压敏电阻或离子注入型压敏电阻。

任何材料电阻的变化率均可以写成：

$$\frac{\mathrm{d}R}{R} = \frac{\mathrm{d}l}{l} - 2\frac{\mathrm{d}r}{r} + \frac{\mathrm{d}\rho}{\rho}$$

对于金属电阻，主要由几何变形量 $\mathrm{d}l/l$ 和 $\mathrm{d}r/r$ 形成电阻的应变效应；而半导体材料的 $\mathrm{d}\rho/\rho$ 很大，几何变形量 $\mathrm{d}l/l$ 和 $\mathrm{d}r/r$ 很小，这是半导体材料的导电特性决定的。

半导体材料的电阻取决于有限数目的载流子、空穴和电子的迁移。其电阻率可表示为：

$$\rho = \frac{1}{eN_{\mathrm{i}}\mu_{\mathrm{av}}} \tag{5-12}$$

式中，N_{i} 为载流子浓度；μ_{av} 为载流子的平均迁移率；e 为电子电荷量，$e = 1.602 \times 10^{-19}\mathrm{C}$。

当应力作用于半导体材料时，单位体积内的载流子数目即载流子浓度 N_{i} 和载流子平均迁移率 μ_{av} 都要发生变化，从而使电阻率 ρ 发生变化，这就是半导体压阻效应的本质。

试验研究表明，半导体材料电阻率的相对变化可写为：

$$\frac{\mathrm{d}\rho}{\rho} = \pi_{\mathrm{L}}\sigma_{\mathrm{L}} \tag{5-13}$$

式中，π_{L} 为压阻系数（Pa^{-1}），表示单位应力引起的电阻率的相对变化量；σ_{L} 为应力（Pa）。

对于一维单向受力的晶体，$\sigma_{\mathrm{L}} = E\varepsilon_{\mathrm{L}}$。式（5-13）可以进一步写为：

$$\frac{\mathrm{d}\rho}{\rho} = \pi_{\mathrm{L}}E\varepsilon_{\mathrm{L}} \tag{5-14}$$

电阻的变化率可写为：

$$\frac{\mathrm{d}R}{R} = 2\mu\frac{\mathrm{d}L}{L} + \frac{\mathrm{d}L}{L} + \frac{\mathrm{d}\rho}{\rho} = (\pi_{\mathrm{L}}E + 2\mu + 1)\varepsilon_{\mathrm{L}} = K\varepsilon_{\mathrm{L}} \tag{5-15}$$

$$K = \pi_{\mathrm{L}}E + 2\mu + 1 \approx \pi_{\mathrm{L}}E \tag{5-16}$$

半导体材料的弹性模量 E 的量值范围为 $1.3 \times 10^{11} \sim 1.9 \times 10^{11}\mathrm{Pa}$，压阻系数的量值范围为 $50 \times 10^{-11} \sim 100 \times 10^{-11}\mathrm{Pa}^{-1}$，故 $\pi_{\mathrm{L}}E$ 的范围为 $65 \sim 190$。因此在半导体材料的压阻效应中，其等效的应变灵敏系数远大于金属的应变灵敏系数，且主要是由电阻率的相对变化引起的，而不是由几何形变引起的。基于上面的分析，有：

$$\frac{\mathrm{d}R}{R} \approx \pi_{\mathrm{L}}\sigma_{\mathrm{L}} \tag{5-17}$$

5.2.2 半导体压阻传感器的应用

1. 体型半导体电阻应变片

体型半导体电阻应变片是从单晶硅或锗上切下薄片制成的半导体，其结构形式如图 5-5 所示。

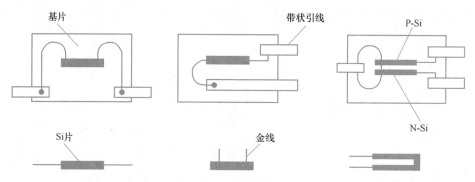

图 5-5　体型半导体电阻应变片的结构形式

半导体电阻应变片的主要优点是灵敏度系数比金属电阻应变片的灵敏度系数大数十倍。通常不需要放大器就可以直接输入显示器或者记录仪，可简化测试系统；另外它的横向效应和机械滞后极小。但是半导体电阻应变片的温度稳定性和线性度比金属电阻应变片差很多，很难用它制作高精度的传感器，只能作为其他类型传感器的辅助元件。近几年，由于半导体材料和制作技术的提高，半导体电阻应变片的温度稳定性和线性度都得到了改善。

在半导体电阻应变片组成的传感器中，均由 4 个应变片组成全桥电路，将 4 个应变片粘贴在弹性元件上，其中 2 个应变片在工作时受拉，而另外 2 个则受压，从而使输出的灵敏度达到最大。电桥的供电电源可以采用恒流源，也可以采用恒压源。因此，桥路输出的电压与应变阻值变化的关系有所不同。

对于恒压源来说，考虑环境温度的影响，其关系为：

$$U_O = U \cdot \frac{\Delta R}{R + \Delta R_t} \tag{5-18}$$

式中，U 为电桥供电电压；R 为应变片电阻值；ΔR 为应变片电阻值变化；ΔR_t 为应变片由于环境温度变化而引起的阻值的变化。

式（5-18）采用恒压源供电时，桥路输出电压受环境温度的影响。若电桥采用电流为 I 的恒流源供电，则桥路输出电压为：

$$U_O = I \cdot \Delta R \tag{5-19}$$

式（5-19）说明，电桥输出电压与 ΔR 成正比，且环境温度的变化对其没有影响。半导体电阻应变片是采用粘贴的方法安装在弹性元件上的，存在零点漂移和蠕变，用它制成的传感器长期稳定性差。

2. 扩散性压阻式压力传感器

为了克服半导体应变片粘贴造成的缺点，采用 N 型单晶硅为传感器的弹性元件，在其上面直接蒸镀半导体电阻应变薄膜，制成扩散型压阻式压力传感器。扩散型压阻式压力传感器的原理与半导体电阻应变片传感器相同，不同之处是前者直接在单晶硅弹性元件上扩散敏感栅，后者是用黏结剂黏贴在弹性元件上。

如图 5-6(a) 所示，扩散型压阻式压力传感器的核心部分是一块圆形硅薄片，在膜片上利用扩散工艺设置有 4 个阻值相等的电阻，用导线将其构成平衡电桥。薄片的四周用圆环（硅环）固定，如图 5-6(b) 所示。薄片的两边有两个压力腔，一个是与被测系统相连接的高压腔，另一个是低压腔，一般与大气相通。

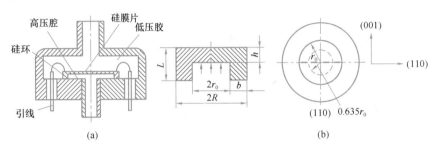

图 5-6 扩散型压阻式压力传感器的结构

当膜片两边存在压力差时，膜片上各点产生应力。4 个电阻在应力作用下，阻值发生变化，电桥失去平衡，输出相应的电压。该电压与膜片两边的压力差成正比。这样测得不平衡电桥的输出电压，就测得了膜片受到的压力差的大小。

扩散型压阻式压力传感器的主要优点是体积小，结构比较简单，动态响应好，灵敏度高（能测出十几帕的微压），长期稳定性好，滞后和蠕变小，频率响应高，便于生产，成本低。因此，它是目前比较理想的、发展较为迅速的压力传感器。

这种传感器的测量准确度受到非线性和温度的影响。现在出现的智能型压阻式压力传感器利用微处理器对非线性和温度进行补偿，利用大规模集成电路技术将传感器和计算机集成在同一个硅片上，兼有信号检测、处理、记忆等功能，从而大大提高了传感器的稳定性和测量准确度。

5.3 新型柔性压阻传感器

新型柔性压阻传感器通常指采用新型导电材料与聚合物基底材料组合的复合材料传感器。新型导电材料主要有金属系和碳系材料。传统电阻应变片和半导体压阻传感器是在工作时都是整体材料发生形变导致总电阻变化，而新型柔性压阻传感器是在工作时由外界应变导致其中微观导电材料之间形成的导电通路变化，从而改变电阻率与总电阻。金属电阻应变片和半导体压阻传感器都有一个主要缺点，即量程较小，这是由于金属材料和半导体材料的变形程度有限导致的，新型柔性压阻传感器通过聚合物基底提供的柔性可以弥补这个缺点。

金属系材料中常用的有银纳米线和铜纳米线。银纳米线可用于制备导电油墨，但其简单的球形结构中粒子间的连通性较弱，导致其具有传感范围小、灵敏度降低、存在非线性机械变形等缺陷。银纳米线还可嵌入弹性基底来制造应变传感器，但银相对昂贵。铜纳米线具有价格低廉和高导电性等优点，可作为银纳米线的替代材料。但铜纳米线极易氧化，需要研究铜纳米线的抗氧化方法。

碳系纳米材料如炭黑（CB）、碳纳米管（CNTs）、石墨烯等材料具备优秀的电学性能和化学稳定性，是制备柔性压阻式应变传感器的常用材料。炭黑（CB）是一种无定型零维碳导电填料，炭黑的粒径、结构、粗糙度等参数对其导电性都有影响。与碳纳米管和石墨烯相比，炭黑便宜且健康安全。但粒径过小的炭黑容易发生团聚，难以分散，通常需要在较高浓度下才能获得较好的导电性。炭黑之间的导电通路容易在柔性传感器变形时被破坏并发生重构，导致性能不够稳定。一维碳纳米管具备优异的机械、电学、热学性能和极小的渗流阈值。碳纳米管的曲线结构容易在基体材料中相互缠绕形成许多接触点，每个接触点都能形成导电通道，有助于改善复合材料的拉伸性和压阻性。石墨烯是一种以杂化轨道碳原子组成的六角形呈蜂巢晶格的二维碳纳米材料，具有高透射率（90%以上）、大比表面积（2630m^2/g）、良好的力学与热学性能、高达20%的延展性、较高的恢复性、高弹性刚度（340N/m）、室温下良好的载流子迁移率（250000cm$^2 \cdot V^{-1} \cdot s^{-1}$）等优点。

以石墨烯为导电材料的传感器为例，目前其存在多种压阻机制，包括半导体压阻效应、接触效应和隧穿效应（图5-7）。半导体压阻效应指的是外界应变导致本征石墨烯片结构变形，石墨烯晶格电阻率变化，从而导致总电阻的改变；接触效应指外界应变改变了石墨烯片层之间的接触电阻，接触电阻通常远大于石墨烯片电阻，在传感中起到主要作用；隧穿效应指电流可以通过不接触的石墨烯片层传递，不接触石墨烯片层之间的电阻称为隧穿电阻，隧穿电阻在传感中的变化远大于石墨烯片电阻，在传感器工作时主要监测隧穿电阻变化。微观下，单片石墨烯的六方结构会在拉伸应变下发生部分变形，产生半导体的压阻效应，从而改变石墨烯片的电阻；石墨烯填料组装在织物和泡沫结构的表面，接触电阻的变化对整体电阻变化起主要作用。除了接触电阻的变化外，电荷隧穿效应也被应用于开发高性能石墨烯基应变传感器。在具有包含孤立石墨烯片的薄膜的应变传感器中，电荷通过隧穿效应从一个孤立的石墨烯片转移到其相邻的石墨烯片。该薄膜的电阻变化会随着电荷隧穿距离的增加呈指数增长。在石墨烯基应变传感器中，本征石墨烯片结构变形、接触电阻变化、隧穿效应都会影响整体电阻，导电率与填料的关系可用渗流效应来表示。

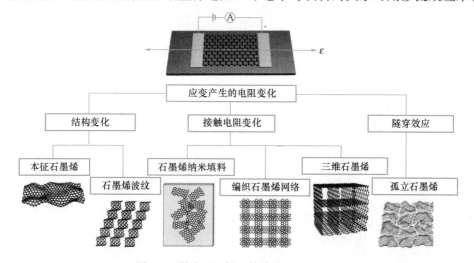

图5-7 影响石墨烯基传感器电阻的因素

下面将详细解释基于隧穿效应、接触效应、渗流效应的石墨烯传感器原理和应用。

5.3.1 遂穿效应

在复合导电材料中，总电阻是关于每个导电粒子和聚合物基体电阻的函数。假设基体的电阻在任何地方都是恒定的，那么垂直于电流流动路径的电阻可以忽略不计。因此，电极之间导电粒子的数量以及导电路径的数量都是影响这一关系的因素（图 5-8）。总电阻可以用以下公式描述：

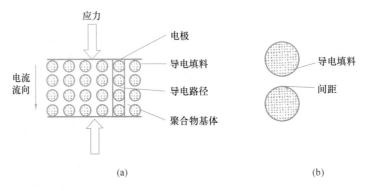

图 5-8　隧穿效应示意图

$$R = \frac{(L-1)R_{m} + LR_{c}}{S} \approx \frac{L(R_{m} + R_{c})}{S} \tag{5-20}$$

式中，R 是复合电阻；R_{m} 是相邻两个粒子之间的电阻；R_{c} 是跨越一个粒子的电阻；L 是构成一条导电路径的粒子数；S 是导电路径数。

当颗粒之间间隙非常大时，电流无法通过这些间隙。当间隙足够小时，隧穿电流则可能会流过这些间隙。根据 Simmons 的理论，低外加电压下的遂穿电流 J 由下式给出：

$$J = \frac{3\sqrt{2m\varphi}}{2s}\left(\frac{e}{h}\right)^{2} V\exp\left(-\frac{4\pi s}{h}\sqrt{2m\varphi}\right) \tag{5-21}$$

式中，m 和 e 分别为电子质量和电荷；h 为普朗克常数；V 为外加电压；s 为绝缘膜厚度；φ 为相邻粒子之间的势垒高度。

因此，如图 5-8(b) 所示，式（5-21）中的 s 等于两个相邻粒子表面之间的距离，即粒子之间的最小距离。

假设 a^{2} 是发生隧道效应的有效横截面积（图 5-8b），电阻 R_{m} 的计算公式如下：

$$R_{m} = \frac{V}{a^{2}J} = \frac{8\pi hs}{3a^{2}\gamma e^{2}}\exp(\gamma s) \tag{5-22}$$

式中，

$$\gamma = \frac{4\pi}{h}\sqrt{2m\varphi} \tag{5-23}$$

由于导电粒子的电导率与聚合物基体的电导率相比非常大，因此粒子上的电阻可以忽略不计（$R_{c} \approx 0$）。将公式（5-22）代入公式（5-20）即可得出：

$$R = \frac{L}{S}\left[\frac{8\pi hs}{3a^{2}\gamma e^{2}}\exp(\gamma s)\right] \tag{5-24}$$

根据这个公式可以从理论上计算出复合电阻。

如果在样品上施加应力，由于填料颗粒与基体之间的可压缩性差异，颗粒间的分离度会发生变化，从而改变电阻值。假设在外加应力作用下颗粒间的分离度从 s_0 变为 s，那么相对电阻（R/R_0）的计算公式为：

$$\frac{R}{R_0} = \frac{s}{s_0} \exp[-\gamma(s_0 - s)] \tag{5-25}$$

式中，R_0 为原始电阻；s_0 为原始粒子间距。

由于聚合物基体的压缩模量远低于导电粒子的压缩模量，因此可以忽略导电粒子在应力作用下的变形。沿导电路径的粒子间分离变化仅由聚合物基体的变形引起。因此，如果施加的应力是单轴压力，则施加应力下的粒子间距 s 可计算为：

$$s = s_0(1-\varepsilon) = s_0\left(1-\frac{\sigma}{M}\right) \tag{5-26}$$

式中，ε 是聚合物基体的应变；σ 是外加应力；M 是聚合物基体的压缩模量。

为了简化 s_0 估算过程中的运算，假定导电粒子为球形、大小相同、排列在立方晶格中，那么粒子间距 s_0 的计算公式为：

$$s_0 = D\left[\left(\frac{\pi}{6}\right)^{1/3}\theta^{-1/3} - 1\right] \tag{5-27}$$

式中，D 是颗粒直径；θ 是填料体积分数。

将公式（5-27）、公式（5-26）代入公式（5-25）得：

$$\begin{aligned}\frac{R}{R_0} &= \left(1-\frac{\sigma}{M}\right)\exp\left\{-\gamma D\left[\left(\frac{\pi}{6}\right)^{1/3}\theta^{-1/3} - 1\right]\frac{\sigma}{M}\right\} \\ &= f(\sigma, M, D, \theta, \varphi)\end{aligned} \tag{5-28}$$

相对电阻是压阻最重要的参数，可通过公式（5-28）预测。通过分析该公式，还可定量解释外加应力（σ）、基体压缩模量（M）、填料颗粒直径（D）、填料体积分数（θ）和势垒高度（φ）对压阻的影响。

除了应力之外，聚合物基体的颗粒间分离变化也是时间的函数，可以用聚合物的蠕变来解释。基体的变形可以用著名的 Nutting 方程描述：

$$\varepsilon(t) = \varepsilon_0 + \psi\sigma^\beta t^n = \varepsilon_0 + \psi\sigma t^n \tag{5-29}$$

式中，ε_0 是外加应力下的原始应变；ψ、β 和 n 是常数。由于大多数聚合物的 β 非常接近单位值，因此在较长时间间隔内的蠕变行为完全由两个常数 ψ 和 n 来表征。

在固定应力下，粒子间分离的时间依赖性可计算为：

$$s(t) = s_0[1-\varepsilon(t)] \tag{5-30}$$

将公式（5-27）、公式（5-29）、公式（5-30）代入公式（5-25）得：

$$\begin{aligned}\frac{R}{R_0} &= \frac{R(t)}{R_0} = \frac{1-\varepsilon(t)}{1-\varepsilon_0}\exp\left\{-\gamma s_0[\varepsilon(t)-\varepsilon_0]\right\} \\ &= \left(1-\frac{\psi\sigma t^n}{1-\varepsilon_0}\right)\exp\left\{-\gamma\psi\sigma D\left[\left(\frac{\pi}{6}\right)^{1/3}\theta^{-1/3}-1\right]t^n\right\} \\ &= f(\sigma, D, \theta, \varphi, \varepsilon_0, \psi, n)\end{aligned} \tag{5-31}$$

必须说明的是，公式（5-31）中 R_0 的物理含义与公式（5-25）和公式（5-27）中的不同。公式（5-25）和公式（5-27）中的 R_0 是没有施加应力时的原始电阻，而公式（5-31）中的 R_0 是施加应力后的瞬间原始电阻。

从公式（5-31）可以看出，在固定应力下，相对电阻会随着时间的推移而减小。这种行为还受到施加应力（σ）、填料颗粒直径（D）、填料体积分数（θ）、势垒高度（φ）以及聚合物基体的蠕变行为（ε_0、ψ 和 n）的影响。如果这些因素固定不变，则可确定压阻的时间依赖性。

5.3.2 接触效应

固体表面在微观尺度上都是粗糙的，不同材料之间的界面接触发生在粗糙表面的微凸体机械接触点上，电流通过这些独立的接触点进行传输。变形过程中接触点数量和尺寸的变化改变了接触总面积，从而影响电流线束的数量，造成电阻值的变化。以石墨烯基传感器为例，压缩和拉伸过程都会导致石墨烯片之间的接触面积发生变化，从而影响总体电阻（图 5-9）。

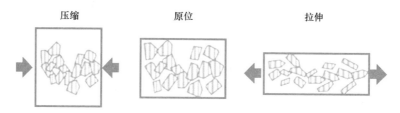

图 5-9 石墨烯的接触效应示意图

从图 5-10(a) 可以看出，石墨烯分为底层石墨烯片和上层石墨烯片，上层石墨烯片只有不重叠的部分与基底结合。由于石墨烯片之间可看作完全光滑，随着拉伸的进行，上下石墨烯会发生滑移，接触区域逐渐变小直到断开。对于接触的石墨烯之间的电阻计算可视为串联（图 5-10b）。

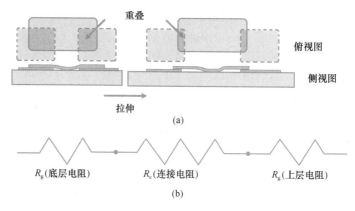

图 5-10 接触面积变化示意图

连接电阻 R_c 通常使用西蒙斯（Simmons）推导的公式进行计算：

$$R_c = \frac{V}{A_c J_0 (\phi_1 e^{-K\sqrt{\phi_1}} - (\phi_1 + eV) e^{-K\sqrt{\phi_1 + eV}})} \tag{5-32}$$

式中，V 是跨结点的电压；A_c 是结点的接触面积；J_0 是一个任意常数；e 是电子的电荷；常数 $K = \dfrac{4\pi \Delta s \sqrt{2m}}{h}$ 是普朗克常数 h、电子质量 m 和费米级势垒极限 Δ 的组合；ψ_1 是平均隧道势垒高度，取决于填料的功函数和绝缘基体的介电常数。

5.3.3 渗流效应

导电复合材料的电阻率大小取决于单位体积的导电填料含量。当聚合物基体中单位体积导电填料含量极低时，导电粒子间平均距离较大，不能形成导电通路。此时，复合材料导电性受非导电聚合物基体的影响，电阻率较高。随着聚合物基体中单位体积导电填料含量的增加，导电粒子间的平均距离缩小，通过隧穿效应形成部分导电通路，复合材料电阻率呈下降趋势。当聚合物基体中单位体积导电填料含量足够大时，导电填料颗粒相互靠近连接，隧穿效应和接触效应共同作用形成贯穿整个材料的完整导电网络，导电高分子复合材料将从初始的绝缘聚合物基体转变为导体。根据渗流理论，此时导电填料的临界体积比称为渗流阈值（图 5-11）。

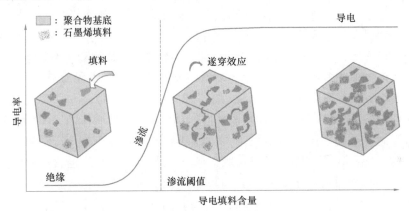

图 5-11　复合材料导电率随填料含量增加的传导机理示意图

Fournier 等人使用基于费米-狄拉克分布的解析模型来研究从绝缘体到导体的转变。在这种情况下，电导率由下式给出：

$$\log(\sigma_c) = \log(\sigma_{gr}) + \frac{\log(\sigma_m) - \log(\sigma_{gr})}{1 + e^{b(p-p_c)}} \tag{5-33}$$

式中，σ_c、σ_{gr}、σ_m 分别是复合材料、石墨烯和基体的电导率；p 是质量分数；p_c 是渗流阈值；b 是导致 p_c 处电导率变化的经验参数。将该方程与实验数据进行拟合，就能确定渗流阈值。

大多数文献报告都使用经典的渗滤理论来模拟复合材料的导电性。该理论的方程为：

$$\sigma_c = \sigma_{gr} (\psi_{gt} - \psi_c)^t \tag{5-34}$$

式中，ψ_{gt} 是石墨烯的体积分数；ψ_c 是渗流体积分数；σ_c 和 σ_{gr} 分别是复合材料和石墨烯的电导率；此外，t 是临界幂律指数，取决于网络的维度，通常二维导电网络取值为 1.33（如导电材料为涂层形式），三维导电网络取值为 2（如导电材料混合到柔性基底中）。

5.3.4 新型柔性压阻传感器性能研究

1. 材料选择

石墨烯通常指的是单层石墨烯，即一种由单层碳原子以 sp^2 杂化轨道排列、呈六角形蜂巢状晶格的二维纳米材料。单层石墨烯于 2004 年由英国曼彻斯特大学的 Geim 和 Novoselov 两位物理学家发现，他们也因此获得了 2010 年的诺贝尔物理学奖。石墨烯能够让其发现者获得如此殊荣，可见这种材料必定有其神奇之处。室温下石墨烯的电子迁移率为 $2.5×10cm^2\ v^{-1}g^{-1}$，理论电导率高达 $10S\ m^{-1}$，比常见金属的电导率还要高 1 个数量级。此外，二维结构赋予了石墨烯材料良好的柔韧性。因此，石墨烯材料用于制备电阻式传感器具有巨大的潜力。

2. 材料制备

对于还原法制备的宏观石墨烯膜而言，石墨烯材料的含氧基团和缺陷往往导致电导率的大幅度下降。针对这个问题，研究发现通过控制热处理工艺的温度，可以调控石墨烯材料含氧量，进而实现高电导率石墨烯膜材料的制备。此外，在高温热处理的过程中，石墨烯材料中的碳原子会发生重新排列，实现缺陷的自愈合，从而增加电导率。同时，石墨烯材料的含氧基团会在高温环境中转变为一氧化碳、二氧化碳等气体，这些气体逐渐聚集并从石墨烯膜表面逸出，导致石墨烯膜表面存在许多微皱，并整体呈现多孔结构。基于上述机理，具有高电导率的多孔石墨烯膜材料就可以制备得到。石墨烯薄膜材料制备过程为：①用超纯水稀释氧化石墨烯（GO）形成浓度为 2%~4% 的 GO 溶液；②机械搅拌 GO 悬浮液使其转化为 GO 凝胶；③将 GO 凝胶平滑地刮到聚对苯二甲酸乙二醇酯（PET）薄膜表面，通过控制塞尺的厚度和数量调节 GO 薄膜的厚度，在室温下干燥得到 GO 薄膜；④将制备好的氧化石墨烯薄膜从 PET 薄膜上撕下，放入 1300℃ 的退火炉中，在氩气流保护下保温 2h；⑤将温度升高至 3000℃，保持 1h，然后缓慢冷却至室温。

3. 性能测试

（1）石墨烯薄膜机械性能

先通过膜厚测试系统测量试样不同位置的膜厚，测量 5 或 6 组有效数据后取平均值作为膜厚；再将试样用万能试验机上的夹具固定，通过调整使试样自然伸长；最后操作机器开始加载，对试样进行拉伸，试样断裂后停止加载，记录数据。使用微机控制电子万能试验机测试 GAF 材料的力学性能，试验工况见表 5-1。

力学性能测试试验工况   表 5-1

试样编号	标距 （mm）	宽度 （mm）	厚度 （mm）	面积 （mm²）	泵压 （MPa）	拉伸速度 （mm/min）
1	40	10	0.57	5.7	0.3	20
2	33	10	0.57	5.7	0.3	20
3	32	10	0.57	5.7	0.3	20
4	28	10	0.57	5.7	0.3	20
5	36	10	0.57	5.7	0.3	20

通过膜厚测试系统测得 GAF 试样的平均膜厚为 0.57mm。通过万能试验机测量五组

GAF 试样在拉伸至断裂过程的夹具位移和拉力的数据，通过下式进行换算获得拉伸过程中的应力与应变数据。

$$\sigma = \frac{F}{A} = \frac{F}{b \times h} \tag{5-35}$$

式中，σ 表示应力；A 表示垂直于力方向上的横截面积；b 表示 GAF 试样的宽；h 表示 GAF 试样的膜厚。

$$\varepsilon = \frac{\Delta l}{l} \tag{5-36}$$

式中，ε 表示应变；Δl 表示伸长量；l 表示原长。

将计算所得的 5 组数据取平均值，绘制为 GAF 的应力—应变曲线，如图 5-12 所示。作为应变传感器的敏感材料，GAF 需要有良好的机械性能来保持在承受应变时结构的稳定性。通过实验数据可知 GAF 的抗拉强度为 1.54MPa，此时的伸长率为 8.3%，表明 GAF 具有良好的拉伸性能，能够较好地满足应变传感器的需求。

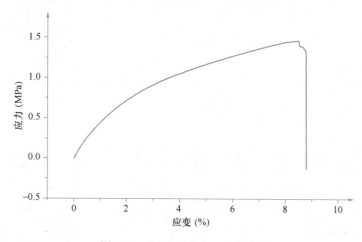

图 5-12　GAF 的应力—应变曲线

（2）石墨烯薄膜传感性能

钢板基底的单轴拉伸测试首先用切膜机分别切出 1cm×5cm 和 1cm×10cm 的石墨烯薄膜，再用导电银胶点涂将薄膜与导线连接并在 80℃固化 2 小时形成传感元件，最后将传感元件用聚二甲基硅氧烷（PDMS）涂覆固化在钢板拉伸构件上 110℃固化 2 小时（图 5-13）。导电银胶的使用不宜过多，刚好覆盖导线最佳。过多使用导电银胶会导致涂覆 PDMS 时不均匀，甚至使石墨烯被覆盖但银胶未覆盖，对测试结果造成影响。PDMS

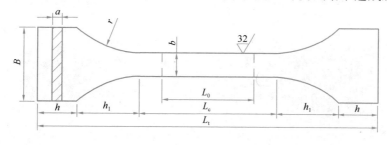

图 5-13　钢板尺寸示意图

的涂覆以刚好覆盖为最佳，且需要放到110℃烘箱快速固化，否则在重力作用下PDMS会向周围流动造成涂覆不均匀，影响应变传递。钢板基底尺寸见表5-2，钢板基底的单轴拉伸测试工况见表5-3。

钢板基底尺寸（单位：mm）   表5-2

序号	厚度 a	宽度 b	过渡半径 r	原始标距 L_0	平行长度 L_c	总长度 L_t	B	h_1	h
1	3	20	20	100	120	210	30	15	30
2	3	30	20	140	180	310	50	15	50

钢板基底的单轴拉伸测试工况   表5-3

序号	石墨烯薄膜尺寸 （cm×cm）	应变片数量	拉伸速率 （mm/min）	喷漆处理	钢板基底尺寸 （mm）
1	1×5	3	5	无	1
2	1×10	3	10	无	1
3	1×5	6	10	有	2
4	1×10	6	10	有	2
5	1×10	6	10	有	2

为配合视觉测量设备，需先在石墨烯薄膜面喷白漆，再向空中喷黑漆，使黑漆沉积在表面形成细密均匀的黑点，视觉仪器参数见表5-4。

视觉仪器参数   表5-4

应用场景	低速
采样频率	36Hz
位移分辨率	0.1μm
精度	20με

在钢构件的两面分别使用石墨烯试件与应变计进行测量，应变片按上中下对称设置并编号，石墨烯试件放置在中间（图5-14）。石墨烯试件的电阻变化使用KEITHLEY6221/

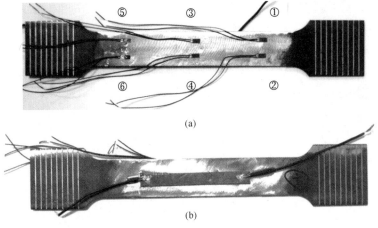

(a)

(b)

图5-14 钢板拉伸试件
（a）应变计设置；（b）石墨烯传感器

2182 设备并用四探针法进行测量，可排除仪器导线电阻干扰。为解决电阻测量结果不稳定的问题：①将铜丝导线换为内有多根铜丝的细导线；②通过接线端子将仪器与传感器相连，取代使用鳄鱼夹的连接方式，使接触更稳定；应变计数据通过测试系统获取，设有补偿片；③钢构件用夹具夹紧后将石墨烯连接线用胶布粘在机器上，避免拉伸时触碰到导线而干扰结果。拉伸试验示意图如图 5-15 所示。

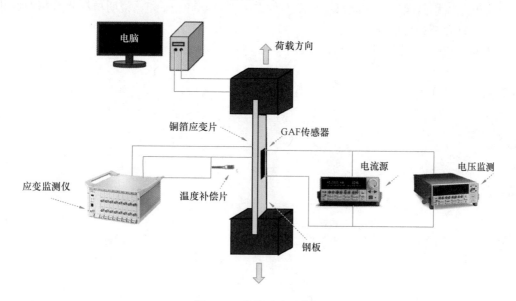

图 5-15　拉伸试验示意图

缓慢拉伸过程中，应变片首先超量程破坏，其次石墨烯中段断裂，最后钢结构沿斜方向断裂。可知石墨烯材料的延展性相较于钢较差，优于应变片。钢片断裂时都沿斜方向破坏，可能与试件中线没有对准夹具中间位置有关，导致拉伸过程中产生了较大的偏心力。后续试验应提前在钢片中线处作出标记，减小偏心力对拉伸结果的影响，还应在中间段每隔 1cm 作出一个标记，方便观察不同位置应变区别。

由图 5-16 可以看出 s2-3 应变片 0～25s 应变变化平缓，25s 后迅速提升到 $8000\,\mu\varepsilon$ 后下落，可以判断 s2-3 应变片与钢构件在初始状态没有粘牢固，导致应力传递出现损失。s2-1 应变片 0～25s 应变逐渐上升，到 $20000\,\mu\varepsilon$ 后下落，可以判断此时应变片与钢构件脱粘。s2-2 应变片的应变逐渐上升到极限后变平，此时 s2-2 应变片拉坏。s2-1、s2-2 应变片在初始阶段应变均为零，s2-2 应变在 4s 时开始变化，s2-1 应变在 5s 时开始变化，说明两应变片均有应力滞后现象。石墨烯试件电阻在 4s 时突然下降后逐渐上升。由下图可观察出 s2-2、s2-1 应变片的应变与石墨烯的应变在 0～25s

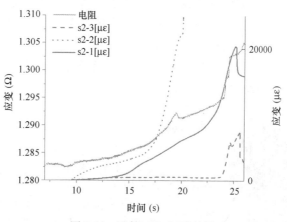

图 5-16　试件（2）试验结果

阶段能较好拟合，故接下来对其进行分析。

首先由灵敏度公式 $GF = \dfrac{\Delta R}{R\varepsilon}$ 对石墨烯试件电阻变化值与电阻原值的比值与 s2-2 应变片应变进行拟合，选取 $0 \sim 2\%\varepsilon$ 范围，采用多项式拟合（图 5-17）。拟合函数为 $y = -2.03276 \times 10^{-4} + 0.00303x$。可以看出在 $0.25\%\varepsilon$ 处电阻应变曲线有波动，这是由石墨烯试件电阻漂移引起的，而此时拟合模型的 $R^2 = 0.91583 < 0.99$，说明单条直线拟合结果不理想，故尝试分段拟合。

选取 $0 \sim 0.6\%\varepsilon$ 段，拟合结果为 $y = -0.08543 + 0.5262x$，此时 $R^2 = 0.90 < 0.99$，误差主要由 $0.25\%\varepsilon$ 处的波动导致。而 $0.6\% \sim 2\%\varepsilon$ 段拟合结果为 $y = 0.10829 + 0.1991x$（图 5-18），此时 $R^2 = 0.993 > 0.99$，拟合较好，可得此阶段灵敏度为 0.1991。

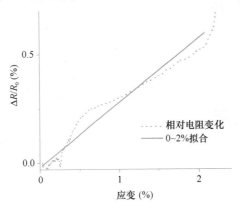
图 5-17 试件 $0 \sim 2\%\varepsilon$ 灵敏度拟合结果

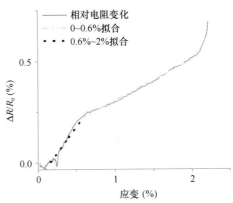
图 5-18 $0 \sim 0.6\%\varepsilon$ 段与 $0.6\% \sim 2\%\varepsilon$ 段灵敏度拟合

柔性压阻传感器
性能测试实验
指导书

本章小结

本章详细介绍了电阻式传感的原理与方法，涵盖了从基础的电阻应变传感器到先进的半导体压阻传感器和新型柔性压阻传感器。本章通过导读部分为读者提供了电阻式传感器技术的背景知识和研究意义。在电阻应变传感器部分，深入探讨了其传感原理和在多个领域的应用，展示了这种传感器在实际监测任务中的重要性和实用性。本章还讨论了半导体压阻传感器，包括半导体的压阻效应和这种传感器在各种应用中的使用情况，突出了半导体材料在传感器设计中的独特优势。此外，本章还介绍了新型柔性压阻传感器，包括遂穿效应、接触效应和渗流效应等关键概念，以及对柔性传感器性能的研究。

思考与练习题

思考与练习题
参考答案

1. 什么叫金属导体应变电阻效应？电阻应变片的基本结构由哪几部分组成？各部分的作用是什么？
2. 比较说明应变电阻效应和半导体压阻效应。
3. 在新型柔性压阻传感器的拉伸过程中，主导的传感效应是如何变化的？

柔性薄膜传感原理与方法

知识图谱

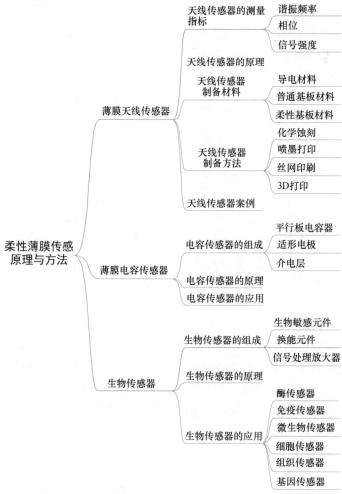

本章要点

知识点1：天线传感器的工作原理和测量指标。

知识点2：电容传感器的组成和原理。

知识点3：电容传感器的精确测量技术。

学习要求

（1）学习每种传感器的传感原理。

（2）了解每种传感器的优势以及相关的应用场景。

（3）理解传感器的不同材料、制备方法对于传感性能的影响。

（4）学习案例中薄膜传感器的基本测试方法，了解通过对应的采集仪器获取传感器测量数据的流程。

应用于机械装置、建筑设施、海上平台和航空航天等领域的机械结构在长时间承载或长期处于高温环境中容易发生形变，当变形导致的损伤积累到一定程度时，结构的抗疲劳能力和承载能力将受到严重损害，从而在应力集中处产生疲劳裂纹甚至断裂等现象。因此，结构健康监测（SHM）的理念应运而生，SHM旨在运用现场无损传感技术与信号分析技术监测结构的健康状况，最终实现结构损伤或老化的早期预警，其中针对结构的应变/应力监测、疲劳裂纹监测和温度监测是SHM的重要领域，通过将应变仪、微电子机械系统（MEMS）传感器或光纤传感器等多种传感器安装在待测结构表面，采集多种数据以达到实时监测的目的。当应用于几何大型系统（如桥梁、飞机和风力涡轮机）时，由于在中尺度部署现有传感解决方案的经济和/或技术挑战，该任务变得复杂。例如，基于静态的方法（包括光纤）通常会导致直接信号处理，但这些技术在大表面上部署费用较高。另一方面，基于动态的方法（包括加速计）通常部署成本较低，但它们往往忽略了损伤诊断和定位的复杂性。

已有的一些传感器，包括热电偶、光纤传感器和金属贴片式应变计等，对应变、裂纹和温度的监测较为有效，但仍有局限。在温度的测量上，传统扩散式温度传感器需要布设冗长的电缆连接，安装维护成本过高，而非扩散性温度测量技术，如红外热像仪和声学热像仪等需要昂贵且高精度的仪器；在应变/应力的测量上，传统贴片式应变计对激励电压和惠斯通信号读出电路的要求较高；在疲劳裂纹监测上，传统的振动分析方法通常对小尺寸的局部裂纹不敏感，将光纤传感器部署在结构表面或嵌入内部结构的方法因成本较高而无法广泛应用。

薄膜传感器是一种基于薄膜材料的传感器，具有小巧轻便、灵敏度高、可靠性好的特点。薄膜传感器的工作原理基于薄膜材料的物理和化学特性（如电容和频率），可以应用于工业自动化、生物医学、环境监测等领域。常见的薄膜材料包括聚合物薄膜、金属薄膜和半导体薄膜等。随着科技的发展，薄膜传感器正在不断创新和发展，实现小型化、无线通信、多功能集成等。薄膜传感器的应用领域将继续扩展，并在未来发挥更重要的作用。

6.1　天线传感器

微带天线传感技术是近年来发展起来的一项新型无线无源传感技术，它是一种利用天线原理来实现感知和检测的设备。它通过接收和发射电磁波来获取周围的信息，并将这些信息转化为电信号进行处理和分析。天线传感器的工作原理主要包括辐射和接收两个过程。天线传感器通过辐射电磁波来感知周围的环境。当输入电流通过天线产生变化时，就会产生电磁波。这些电磁波具有一定的频率和波长，可以根据应用需要进行调节。辐射的电磁波在空间中传播，并与周围的物体发生相互作用。当电磁波与物体相互作用时，会发生多种现象，如反射、散射、透射等。这些现象会改变电磁波的传播特性，包括其幅度、相位和频率等。天线传感器通过接收这些变化来获取物体的信息。接收到的电磁波会被天线接收器转化为电信号，然后通过放大、滤波等处理过程，最终得到与物体特性相关的数据。

天线传感器可以通过不同的工作模式来实现对不同物体的感知和检测。例如，对于雷达系统，天线传感器可以通过发射连续波或脉冲波来探测目标的位置和速度。对于无线通信系统，天线传感器可以接收远距离的电磁波信号，并将其转化为音频或视频信号。在实际应用中，天线传感器还可以通过调节天线的方向、增益和频率等参数来增强感知和检测的能力。例如，通过调节天线的方向，可以实现对特定方向的目标进行监测；通过调节天线的增益，可以改变天线的灵敏度，提高对目标的感知能力；通过调节天线的频率，可以适应不同频段的信号传输和检测需求。

天线传感器在无线通信、雷达系统、无线电视等领域具有广泛的应用前景。随着技术的不断进步，天线传感器的感知和检测能力将进一步提高，为人们的生活和工作带来更多的便利和安全。而在结构健康监测中，天线传感器具有可穿透性强、受环境影响小、抗低频干扰等特性，在高温恶劣环境下仍能进行正常信号读取，因而逐渐应用在结构的应变/应力监测、疲劳裂纹监测和温度监测等领域。

6.1.1　天线传感器的发展

在 21 世纪初，学者们根据振荡电路的谐振频率与尺寸相关的特性开发了一些用于监测结构应变的传感器。振荡电路应变传感器的工作频率一般处于几十兆赫，位于中高频射频段。其采用电感耦合的方式进行工作，必须位于阅读器耦合线圈的辐射场近场才可以正常工作，使其谐振频率可被阅读器检测到。此外，LC 电路的谐振频率与其形变虽有较好的关系，但都不是线性关系。非线性曲线的描述往往需要多个参数，即传感器的灵敏度系数会包含多个参数，这对于在工程中应用的传感器而言十分不便。

基于 LC 振荡电路的应变传感器让学者们意识到电磁场在应变测量领域的前景，并开始研究基于天线的应变传感器。天线与振荡电路的区别在于：振荡电路的工作原理是电感耦合，即变压器原理，测量设备通过交变磁场与传感器相互作用，这类传感器的工作频率较低，通常低于几十兆赫；天线的工作原理是电磁反向散射。这类传感器的工作频率通常高于 100MHz，达到了微波频段。近些年来，学者们对不同形式的天线进行了研究，常见的主要包括偶极子天线、圆形贴片天线和矩形贴片天线，根据这些天线的特殊力学特性提出了不同的应变传感系统。

偶极子天线是在无线电通信中使用最早、结构最简单、应用最广泛的一类天线。它由一对对称放置的导体构成，导体相互靠近的两端分别与馈电线相连。用作发射天线时，电信号从天线中心馈入导体；用作接收天线时，在天线中心从导体中获取接收信号。常见的偶极子天线由两根共轴的直导线构成，这种天线在远处产生的辐射场是轴对称的，并且在理论上能够严格求解。除了直导线构成的半波天线，有时也会使用其他种类的偶极子天线，如直导线构成的全波天线、短天线，以及形状更为复杂的笼形天线、蝙蝠翼天线等。历史上，海因里希·赫兹在验证电磁波存在的试验中使用的天线就是一种偶极子天线。基于偶极子天线的应变传感器通过改变弯折角来改变天线的散射功率、谐振频率等参数以进行传感，但偶极子天线进行传感时的测量信号往往是非线性的。同时，由于偶极子天线的结构特性，它无法用于裂缝监测。

因此，为了使传感器测量结果具有良好的线性，并使传感器能够用于更广泛的场景，学者们开始对微带贴片天线进行研究。根据贴片形状的不同可以将其分为矩形贴片天线和圆形贴片天线两类。理论研究表明，贴片天线的辐射贴片长度与贴片天线谐振频率在小应变下有较好的线性关系，并且贴片天线具有剖面低、加工方便及造价低等优点，因此基于贴片天线的应变传感器在应变监测领域也得到了广泛的应用。因为它们平、薄且重量轻，贴片天线可以贴在待测结构的表面进行测量。

6.1.2　天线传感器的电磁参数

当天线传感器的结构发生变化时，它的许多电磁参数都会随之变化。在以往的研究中，学者们采用不同的电磁参数作为传感器的测量参数。考虑到电磁参数的稳定性和获得电磁参数的难易程度，目前主流采用的电磁参数有谐振频率、相位和信号强度。

1. 谐振频率

谐振频率是指天线在特定频率下的电磁波能量传输效率最高的频率。在这个频率下，天线的阻抗与传输线的阻抗相等，从而使得电磁波能够最大限度地传输到目标设备中。天线谐振频率的计算方法是根据天线的物理结构和材料特性来确定的。一般来说，天线的谐振频率与其长度、直径、材料、形状等因素有关。天线谐振频率的重要性在于它决定了天线的工作频率范围。如果天线的工作频率与谐振频率不匹配，那么天线的传输效率将会大大降低，从而影响设备的性能。因此，在设计天线时需要根据设备的工作频率范围来选择合适的天线结构和材料，以确保天线在工作频率范围内具有良好的传输效率。

2. 相位

相位表示一个波在循环中特定时刻的位置：一种它是否在波峰、波谷或它们之间的某点的标度。相位是描述信号波形变化的度量，通常用角度进行量化表示。当信号波形以周期的形式变化，波形循环一周即为 $360°$。天线的相位是指天线发射的无线电波中，电场和磁场的变化速率之间的相对相位差异。在无线电通信系统中，相位是特别重要的参数，它关系到信号的传输质量和带宽的利用率。

3. 信号强度

信号强度是衡量空中电磁波强弱的一个标志。它是指收发信号的发射机或接收机在收发信号时，和空气中传播的电磁波强度之间的差异。信号强度是通信技术中非常重要的一个参数，它决定了信道传输的有效性。信号强度通常是由电场强度、磁场强度和能量传输率表示的，它们是指一定方向上特定位置的电磁波源的相应信号的能量估计，最常用的是电场强度，也就是接收机的电压变化。一般而言，空中发射的无线电信号强度随通信距离的增加逐渐减少。随着通信距离的增加，传播过程中能量的损耗量随之增加，接收端接收到的信号减小，发射端和接收端之间的信号强度差异也就越大，影响到彼此通信的质量。另外，信号强度还与频率有关。由于频率越高，空中电磁波的传播就越有效，低频则相反，此时无线电信号强度也就较为低下。信号强度对无线电发射和接收质量影响较大，可以衡量传播范围大小及信号的干扰程度。信号强度较低时，就容易受到干扰，信号的传输效率也就不高，因此通信质量也随之下降。信号强度较高时，可以在较大的范围内实现有效通信，同时也减少了信号受到的干扰，对于无线电通信质量有非常重要的意义。

由于天线的这些电磁参数与天线的尺寸及材料电磁性能有关，当待测结构带动天线传感器产生协同变形时，天线的电磁参数会随之改变。同样，通过此原理可以将天线传感器用于更多的场景，例如温度监测、裂缝监测、湿度监测等。另外，有学者通过对多个相同类别或不同类别的天线电磁参数进行测量，成功实现了对天线传感器测试精度、稳定性或抗干扰能力的优化，同时能够进行多目标测量。

6.1.3　天线传感器的原理

基于微带贴片天线的应变测量技术，主要依靠微带天线中心频率的应变依赖行为，即当微带天线发生变形时，相应的中心频率也会发生偏移，这种偏移量与应变之间存在近似线性的关系，如此便可通过测量天线中心频率来获得应变大小。如图 6-1 所示，基于微带贴片天线的应变传感器由三部分组成：导体贴片、介质基片和金属接地板。

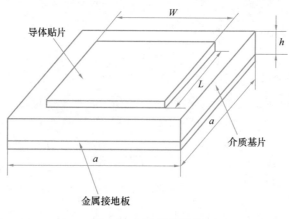

图 6-1　矩形微带天线

导体贴片和金属接地板由金属良导体制成，二者形成一个特定频率的电磁谐振腔，基于传输线模型，矩形微带天线的中心频率计算公式如下：

$$f_{\text{res}} = \frac{c}{2\sqrt{\varepsilon_{\text{re}}}} \frac{1}{L + 2\Delta L_{\text{oc}}} \tag{6-1}$$

式中，c 是真空光速，是有效介电常数；L 是导体贴片长度，定义为沿导体贴片辐射模式方向上的长度；ΔL_{oc} 是补偿长度。有效介电常数 ε_{re} 与介质基片的相对介电常数 ε_{r}、厚度 h 以及导体贴片宽度 W 有关：

$$\varepsilon_{\text{re}} = \frac{\varepsilon_{\text{r}} + 1}{2} + \frac{\varepsilon_{\text{r}} - 1}{2\sqrt{(1 + 10h/W)}} \tag{6-2}$$

补偿长度 ΔL_{oc} 可以通过有效介电常数、介质基片厚度以及导体贴片宽度计算得出：

$$\Delta L_{\text{oc}} = 0.42h \frac{(\varepsilon_{\text{re}} + 0.3)(W/h + 0.264)}{(\varepsilon_{\text{re}} - 0.258)(W/h + 0.813)} \tag{6-3}$$

假设天线沿它的长度方向发生一个正应变 ε_{L}，导体贴片的宽度 W 和介质基片的厚度 h 会由于泊松效应发生改变：

$$W = (1 - v_{\text{P}}\varepsilon_{\text{L}})W_0$$
$$h = (1 - v_{\text{P}}\varepsilon_{\text{L}})h_0 \tag{6-4}$$

假设导体贴片与介质基片的泊松比相同或相近，均为 v_{P}，则比值 W/h 将不会随着应变的变化而变化，是一个常数。这样式（6-2）的有效介电常数与应变无关，式（6-3）的补偿长度与介质基片的厚度成正比关系。因此，式（6-1）的中心频率计算公式可改写为：

$$\Delta L_{\mathrm{oc}} = 0.42h \frac{(\varepsilon_{\mathrm{re}} + 0.3)(W/h + 0.264)}{(\varepsilon_{\mathrm{re}} - 0.258)(W/h + 0.813)} \qquad (6\text{-}5)$$

其中，

$$C_1 = \frac{c}{2\sqrt{\varepsilon_{\mathrm{re}}}}, C_2 = 0.824 \frac{(\varepsilon_{\mathrm{re}} + 0.3)(W/h + 0.264)}{(\varepsilon_{\mathrm{re}} - 0.258)(W/h + 0.813)}$$

在产生正应变后，中心频率如下：

$$f_{\mathrm{res}}(\varepsilon_{\mathrm{L}}) = \frac{C_1}{L(1 + \varepsilon_1) + C_2 h(1 - \upsilon\varepsilon_{\mathrm{L}})} \qquad (6\text{-}6)$$

联合求解式（6-5）和式（6-6），得到应变 ε_{L} 和中心频率偏移 Δf_{res} 之间的关系式：

$$\varepsilon_{\mathrm{L}} = -\frac{L + C_2 h}{L - \upsilon C_2 h} \frac{f_{\mathrm{res}}(\varepsilon_{\mathrm{L}}) - f_{\mathrm{res}}}{f_{\mathrm{res}}} = C \frac{\Delta f_{\mathrm{res}}}{f_{\mathrm{res}}} \qquad (6\text{-}7)$$

其中，$\Delta f_{\mathrm{res}} = f_{\mathrm{res}}(\varepsilon_{\mathrm{L}}) - f_{\mathrm{res}}$，式（6-7）可改写为下式：

$$f_{\mathrm{res}}(\varepsilon_{\mathrm{L}}) = \frac{C_1(L - \upsilon C_2 h)}{(L + C_2 h)^2}\varepsilon_{\mathrm{L}} + \frac{C_1}{L + C_2 h} = K\varepsilon_{\mathrm{L}} + f_{\mathrm{res}} \qquad (6\text{-}8)$$

通过分析可知，传感器应变灵敏度与微带天线工作的特定频率、介质基片材料的性质有关。对于正应变来说，天线的长度会增加，这使得天线的中心频率降低。然而如果将应变施加在宽度上，由于泊松效应会使得天线的中心频率增大，但这种改变明显低于前者，故用长度方向测量应变其敏感度要远大于用宽度方向。

6.1.4 天线传感器制备材料

天线可以使用各种导电材料和基板制造。基底的选择考虑了材料的介电特性、对机械变形（弯曲、扭转和缠绕）的敏感性、小型化敏感性和在外部环境中的耐久性。导电材料的选择（基于电导率）决定了天线性能，如辐射效率、回波损耗和增益等。在无线应用中，具有优异导电性的导电图案对于确保高增益、效率和带宽至关重要。此外，抗机械变形引起的退化是导电材料的另一个特征。

1. 导电材料

按照材料特性可将导电材料大致分为金属导电材料和非金属导电材料。金属导电材料包括纳米粒子金属材料、金属纺织材料和片状金属材料等。非金属材料主要指具有高导电性的碳基材料，包括碳纳米管材料、石墨烯纳米颗粒、石墨烯油墨和石墨烯片等。此外，还有一些研究将金属材料与碳基材料混合以提高材料的导电性，这类材料同样可以作为天线的导电材料使用。

纳米粒子（NP）油墨（即银和铜）由于其高导电性而用于制造天线。由于银纳米颗粒的氧化物形成率低，银纳米颗粒墨水会在铜纳米颗粒上形成边缘。基于铜基纳米颗粒的柔性天线的研究很少。除纳米颗粒外，电纺织材料如镀镍/镀银、镀铜尼龙织物（Flectron）和无纺导电织物（NWCF）通常用于柔性天线。在柔性天线的开发中，已有研究利用黏性铜、铜带和铜包层来制备天线传感器。导电聚合物，如聚苯胺（PANI）、聚吡咯（PPy）和聚苯乙烯磺酸盐（PEDOT：PSS）是柔性和可穿戴天线有应用前途的材料。通过添加碳纳米管、石墨烯和碳纳米颗粒，导电聚合物的低电导率得到了改善。石墨烯纸、石墨烯纳米薄片油墨、氧化石墨烯油墨和石墨烯纳米颗粒油墨已用于制造柔性天线的先进研究中。柔性天线的性能在很大程度上依赖于在保持导电性的同时又具有高变形可持续性的预制导电迹线。为了适应机械应变和变形而不降低天线的性能，可通过掺杂不同的可拉伸导电材料来提高其导电性，如银纳米线嵌入硅树脂、载银氟橡胶、基于碳纳米管（CNT）的导电聚合物、可拉伸基底中的液态金属以及可拉伸织物本身的使用。

2. 普通基板材料

对于普通天线，贴片天线基板的材料有多种选择，常用的包括陶瓷基板、FR4 基板、PI 基板、RO4003 基板、Rogers 基板等。不同领域应用的贴片天线基板材料选择也不一样。例如，通信领域需要具有优良的信号传输和抗干扰性能的基板材料，因此常选择陶瓷基板或 RO4003 基板；而低端消费电子产品中，则常使用成本低廉、加工便捷的 FR4 基板。选择不同材料的基板要考虑性能要求和生产成本。

（1）陶瓷基板

陶瓷基板因其优异的耐高温、低损耗以及很低的介电常数而被广泛应用于高频和微波电路的设计中。其主要应用领域包括通信、卫星导航、雷达、无线电等。然而，陶瓷基板的成本高且加工难度大，不适用于大规模生产。

（2）FR4 基板

FR4 基板是目前最为常用的基板材料之一。其主要原料是玻璃纤维和环氧树脂，具有优良的绝缘性和机械强度。此外，FR4 基板的加工成本低，适合大规模生产。但 FR4 基板也存在一些缺点，如介电常数高、损耗大、耐高温性能较差等。

（3）PI 基板

PI 基板性能优异，具有耐高温、耐辐射、耐腐蚀、机械强度高等特点，常应用于高频电路、微波电路以及需要抗干扰的场合。由于 PI 基板成本高，适用于一些高端领域。

（4）RO4003 基板

RO4003 基板是一种具有低介电常数和低损耗的材料，常用于高性能和高频电路中。RO4003 基板的特点是介电常数低、损耗小、零散性能卓越。但 RO4003 基板的成本较高，加工难度也比较大。

（5）Rogers 基板

Rogers 基板是一种高性能耐高温的无铅基板，具有优异的介电性能和低介电常数。它适用于高频、微波电路和高速数字信号等领域。Rogers 基板的成本较高，适合一些高端应用领域。

用于柔性天线的基底材料需要具有最小的介电损耗、低的相对介电常数、低的热膨胀系数和高的热导率。在柔性天线的制造中，通常会出现三种类型的基板：薄玻璃、金属箔和塑料/聚合物基板。虽然薄玻璃是可弯曲的，但其固有的脆性限制了其用途。金属箔可以承受高温并提供无机材料沉积在其上，但材料的表面粗糙度和高成本限制了其应用。塑料或聚合物材料是柔性天线应用的最佳候选材料，包括聚对苯二甲酸乙二醇酯（PET）、聚萘二甲酸乙二醇酯等。

3. 柔性基板材料

近年来，由于柔性基板材料的坚固性、柔韧性、润湿性和可拉伸性，它们在柔性电子领域非常受欢迎。由于热导率高，聚酰亚胺是柔性天线的最优选材料之一，在先前的研究中，聚酰亚胺被用作基底。PET 和 PEN 因为其电气、机械和防潮性能优异也是许多柔性天线设计中的首选，PET 和 PEN 基材具有优异的共形性，但高温条件下的应用受限制。

用于可穿戴目的的柔性天线需要独特的属性，例如在不同条件下的鲁棒天线性能、机械稳定性和耐严酷性，如耐洗涤和熨烫。毛毡、羊毛、丝绸和现成（电子）纺织材料以及标准服装是用于可穿戴/柔性基材的几个选择。聚二甲基硅氧烷（PDMS）聚合物作为基材的用途已经出现，其杨氏模量低（<3MPa），表明其具有较高的柔韧性/顺应性。然而，由于金属—聚合物黏附力较弱，柔性天线的开发在 PDMS 基板上受到限制。目前，在文献中已经找到了解决这个问题的一些方法，例如植入碳纳米管片或不同的微球，如玻璃、苯酚、硅酸盐或纳米线（AgNWs），或注入液态金属，并在 PDMS 表面进行氧等离子体处理。

纸基板由于具有成本效益和易于制造的特点，已成为柔性天线的首选。有学者介绍了纸上物联网应用的共面波导（CPW）馈电的柔性 UWB 天线工作，也有学者展示了一种基于纸基片的柔性天线设计，用于 2.4GHz 工业、科学和医疗无线电（ISM）频段的体内远程医疗系统。液晶聚合物（LCP）是一种柔性印刷电路状薄膜基板，由于其具有低介电损耗、较低的吸湿性、耐化学物质，被认为对高频柔性天线有吸引力，并且可以承受高达 300℃ 的温度。

毫无疑问，基板材料的选择对于实现柔性天线至关重要。柔性材料由于其共形特性和操作适应性已引起了研究人员极大的兴趣。这些柔性材料需要仔细选择，以承受物理变形条件，如弯曲、拉伸，甚至扭曲，同时保持其功能。柔性天线需要低损耗电介质材料作为其基底以及高导电材料作为用于有效辐射接收/传输的导体。近期，可穿戴/柔性天线引入的柔性基板包括 Kapton、PET、纸张、液晶聚合物、不同织物和纸张。

6.1.5　天线传感器制备方法

柔性天线的性能取决于制造方法，而不同衬底的制造方法不同。常见的制造技术包括化学蚀刻、喷墨印刷、丝网印刷和 3D 打印等。

1. 化学蚀刻

化学蚀刻通常伴随着光刻，在 20 世纪 60 年代出现，作为印刷电路板（PCB）行业的一个分支，是使用光致抗蚀剂和蚀刻剂制造金属图案，以腐蚀性磨出选定区域的过程。为了准确实现高分辨率的复杂设计，它是所有制造技术中的最佳选择。有机聚合物适合于光致抗蚀剂，因为当它们暴露于紫外光时，其化学特性会发生变化。基于光刻的天线和 RF 电路行业的当前实践主要依赖于正抗蚀剂，因为它们比负抗蚀剂具有更高的分辨率。早期多层类型的柔性材料用化学蚀刻法加工，如在透明聚酰亚胺衬底上设计和制造单极天线，用于可穿戴眼镜。又如 100nm 厚的氧化铟锌锡（IZTO）/Ag/IZTO（IAI）是一种透明（81.1%）导电氧化物电极，用作天线的导体以及可佩戴眼镜的接地面，可通过物理气相沉积（PVD）工艺制造这种多层类型的柔性天线。虽然可以使用光刻技术制造复杂而精细的天线，但加工时间长，危险化学品、高端昂贵的洁净室设备限制了其在制造柔性天线方面的应用。

2. 喷墨打印

喷墨打印技术已逐渐替代蚀刻和铣削等传统制造技术。这是一种添加工艺，可以将设计直接转移到基底上而无需任何掩模，并确保减少材料浪费。由于其精确快速的原型制造方法，是聚酰亚胺、PET、纸张等聚合物基材的首选制造技术。出于印刷目的，一般使用纳米颗粒金属油墨、石墨烯纳米薄片油墨和金属有机油墨。印刷技术可分为两种：按需喷墨（DoD）和连续喷墨。液滴按需打印头通过压电元件或热电元件向墨水施加加压脉冲，在需要时驱动喷嘴中的液滴。新一代打印机使用皮升容量墨盒提供精确打印。打印质量由喷射控制波形、喷嘴的喷射电压、喷射频率、墨盒温度、台板温度（放置基板的位置）和图案分辨率决定。在印刷天线设计完成后，需要烧结以去除溶剂和封端剂并获得导电性。喷墨打印柔性天线的打印分辨率取决于基板的表面粗糙度。对于聚酰亚胺、PET、PEN、LCP、相纸等光滑基材，可获得优异的图案分辨率。对于可穿戴的柔性基材，如经纱和纬纱编织等通常具有不平整的表面的电子纺织品，提高打印分辨率仍是一项挑战。

3. 丝网印刷

丝网印刷是制造柔性电子器件的一种简单、快速、经济高效且可行的解决方案，通过将导电油墨或糊剂印刷到低成本柔性基板（如 PET、纸张和纺织品基板）上，目前已被广泛用于 RFID 天线。该技术基于具有不同厚度和螺纹密度的编织网，刮板被向下推动使丝网与基底接触以产生印刷图案，从而使喷墨通过固定基板上屏幕的暴露区域形成期望的图案。它也是一种添加工艺而不是化学蚀刻的减少工艺，这使其更具成本效益且环境友好。

4. 3D 打印

最近，用于柔性天线的附加 3D 打印技术随着大量商业可用的打印材料和工艺而日益流行。它具有许多优点，如使用各种材料快速制造复杂的 3D 结构，以及改变打印对象的密度。利用大块材料实现复杂三维形状的灵活性以及聚合物、金属、陶瓷甚至生物组织等柔性材料的三维打印，这对天线设计很具有吸引力。聚合物如热固性和热塑性塑料，通常被用作柔性天线应用的 3D 打印材料。聚合物的常见印刷技术有熔融沉积建模（FDM）、立体光刻（SLA）、直接光处理（DLP）和材料喷射（MJ）。最常见的 3D 打印技术是 FDM。在 FDM中，长丝被送入打印机的挤出头，加热喷嘴的电机驱动熔化长丝。然后，打印机将熔化的材料放置在一个精确的位置，使其冷却并固化，该过程通过逐层堆叠零件来重复。

6.1.6 天线传感器试验

柔性石墨烯天线传感器由激光雕刻出的石墨烯辐射贴片、软硅柔性基板、石墨烯接地板、SMA 连接头四部分组成，如图 6-2 所示。其中，石墨烯辐射贴片、软硅柔性基板和石墨烯接地板采用胶水胶结，其所构成的部分通过导电凝胶与 SMA 连接头连接，并采用热熔胶使上述四部分紧密连接。将制作出的天线传感器置于待检测的金属结构上可以较为精准的检测出待测金属结构的应变和裂缝的变化情况。

试验装置包括拉伸试验机、测力计、夹具、试件和矢量网络分析仪，如图 6-3 所示。本试验选用的矢量网络分析仪为罗德施瓦茨 ZNLE18，表 6-1 列出了矢量网络分析仪的主要技术参数。

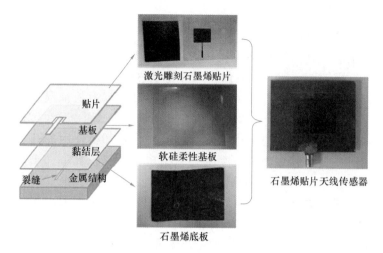

图 6-2　柔性石墨烯天线传感器的结构组成

矢量网络分析仪的主要技术指标　　表 6-1

频率范围	1MHz 至 18GHz
测量点数	201 个测量点
测量时间	9.6ms
输出功率	最高＋2dBm
频率分辨率	1Hz

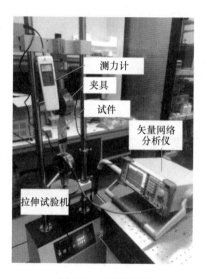

图 6-3　试验装置

对柔性石墨烯天线传感器进行拉伸测试，测试步骤如下：

（1）将天线传感器粘贴在拉伸试件上，将拉伸试件通过夹具与拉伸试验机固定。

（2）准备并调试好矢量网络分析仪。矢量网络分析仪开机后，若未经过校准，在传输线和周边环境的影响下天线传感器的 S11 参数会产生一定波动，如图 6-4 所示。因此，需要对仪器进行校准以减小传输线及环境对传感器性能的影响。

（3）将矢量网络分析仪和待测传感器通过后 SMA 端口进行连接。

（4）启动拉伸试验机对天线传感器进行拉伸，记录试验结果。

将拉伸试验得到的结果进行整理，得到应变从零增长到10％的过程中天线传感器 S11 曲线变化以及谐振频率变化规律。由图 6-5 可以看出天线传感器的谐振频率与应变之间存在良好线性关系，谐振频率从 2.28GHz 减小至 2.09GHz，且应变传感器的灵敏度为 1.934kHz/$\mu\varepsilon$。

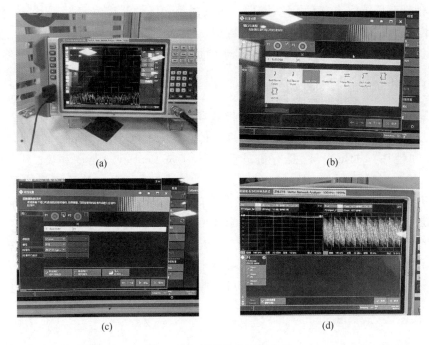

图 6-4　矢量网络分析仪校准

（a）校准前图像；（b）选择校准参数；（c）校准件选择；（d）校准后结果

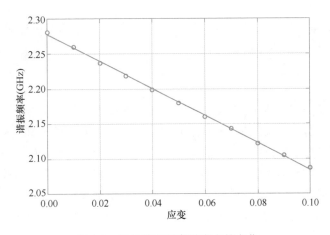

图 6-5　天线谐振频率随应变的变化

6.2　薄膜电容传感器

软弹性体电容器（SECs）传感器先前已被提出用于土木工程结构的健康监测。流行的应用包括在弹性体基底内的碳纳米管，以创建持久的应变传感器。之后还提出了基于电容的薄膜型传感器，其应用于湿度、压力、应变和三轴力测量。当 SECs 结合了大的物理尺寸和高的初始电容，就会有更大的表面覆盖率和更高的灵敏度。SECs 在大表面应变传感领域具有很好的应用前景。

与其他现有传感解决方案相比，SECs 传感器是光纤的替代方案。利用光纤传感器和SECs 技术，可以在大型系统上测量应变数据。SECs 网络具有成本效益高、可在低频下操作、机械坚固、低功耗、易于安装在结构表面与形状和尺寸可定制等优点。

6.2.1　电容传感器的组成

传统的柔性电容式传感器是一个平行板电容器，该电容器包括两个适形电极，中间有一个介电层。可拉伸介电材料通常用作软应变传感器的柔性支撑，例如橡胶（如天然橡胶和热塑性弹性体（TPE））以及有机硅弹性体（如 Ecoflex、龙皮和聚二甲基硅氧烷（PDMS））。薄金属膜（金、铝和铂）与柔性弹性体或橡胶之间的杨氏模量差异巨大，会导致拉伸时出现裂纹和屈曲。这两个叠加层之间的不均匀性降低了金属膜的导电性。因此，可通过设计材料的几何形状来提高电容式传感器的柔韧性，例如渗透网络、波浪几何形状、蛇纹石、螺旋结构和网格形状。此外，电极的柔韧性可以通过掺入导电材料来实现，例如石墨烯、炭黑、金属纳米线、金属纳米粒子和碳纳米管，使其变成聚合物基质。最近也有一些研究引入了二次填料来改善可拉伸复合电极的机械、化学和电气性能。

6.2.2　电容传感器的原理

电容传感器是根据静电场有关定律作为理论基础制成的。物体间的电容与其结构参数密切相关，通过改变结构参数从而改变物体间的电容量来实现对被测量的监测，这就是电容传感器的工作原理。

如果我们考虑宽度（ω_0）、初始长度（l_0）和厚度 d_0（即两个电极之间的距离），物体间的初始电容量可以使用以下公式获得：

$$C = \frac{e_\mathrm{r} e_0 \omega_0 l_0}{d_0} \tag{6-9}$$

其中，e_0 和 e_r 表示介电层的真空介电常数和介电常数。

由以上公式可知，通过改变两极板之间的正对面积、两极板之间的极距以及两极板之间介质的介电常数这三种方法，物体的电容量会发生变化。据此，电容传感器可以按其工作原理分为三类，即变面积式电容传感器、变极距式电容传感器和变介电常数式电容传感器。然而，当电容传感器用于结构健康监测时，通常根据几何变化来进行测量，即正对面积和极距的变化。实际往往会存在多个参数同时发生变化的情况，下面对其工作原理进行进一步分析。

当电容传感器两极板之间的有效正对面积在单轴应变下增加，其厚度也会由于泊松分数而减小，从而共同导致电容变化。通常假设电极和介电材料具有相同的泊松比。因此，拉伸下的电容计算公式如下：

$$\begin{aligned}
C &= e_0 e_\mathrm{r} \frac{(1-v\varepsilon)\omega_0(1+\varepsilon)l_0}{(1-v\varepsilon)d_0} \\
&= C_0(1+\varepsilon)
\end{aligned} \tag{6-10}$$

其中，v 表示电介质层和可拉伸电极的泊松比。

将电容变化和应变之间的关系用 GF（传感器进行应变监测的灵敏度）表示。由于工程结构的变形往往很小，我们需要高 GF 的传感器来区分小变形，使产生小应变时的电容变化更加明显。通过将相对电容变化除以应变 ε 来计算电容 GF：

$$GF = \frac{\Delta C / C_0}{\varepsilon} \qquad (6\text{-}11)$$

理论上，平行板电容器应变传感器中与几何效应相关的 GF 为 1，与电阻应变传感器的 GF 相比非常有限。如今学者们已经基于几何变化的电容式应变传感器进行了大量研究。这些工作主要集中于增强结构的性能或特定应用程序的实现。一些研究旨在验证一种新的制造技术或不同类型的电极，使其具有高拉伸性和导电性。当前已经证明了一些特定的应用，例如开发一种可以容易地集成到身体特定位置（手指、肘部或脚踝）的特定结构，以进行运动跟踪。还有一些研究已开发出高性能电容传感器，其具有高拉伸性、线性、循环负载下的低滞后性和高重复性，如可检测应变、压力、手指触摸和压力映射的多功能传感器。

然而，一些应用，如电生理信号（脉冲、记录肌电图和心电图），产生的应变很微小，因此需要超灵敏的传感器。近年来，关于电容式应变传感器灵敏度提高的研究急剧增加。除了传统的平行板电容器外，研究人员还通过创造新的形状或调控材料性能来提升电容式应变传感器的灵敏度。此外，也可以通过在纳米层级使用大量微电容组成的阵列形成相当数量的小电容，从而实现电容的大幅度变化。

6.2.3　电容传感器的应用

一些应用需要大面积分布的感测能力，需要识别多个压力或接触点。用于监测大面积应变的方法已经提出很多，包括电阻感压片、串联晶体管电路、可印刷导电聚合物、微中空结构、电场层析成像、贴片天线传感器和软弹性电容器。独立传感器网络和柔性传感基板阵列是以高空间分辨率局部检测或监测大区域的典型方法。

在早期阶段，已经研究了触摸屏技术来感测显示表面上的接触位置。基于传统技术的现有可扩展传感器大多是刚性的，需要接触表面的大物体。例如，2007 年，苹果公司发布了第一款使用多点触摸技术的移动设备，该技术使用了电容耦合技术。现在电容传感技术已被广泛研究，以在可达到平方厘米极限的大面积上获得空间分布的高特殊分辨率。

大多数能够在覆盖大面积的情况下检测局部变形的人造皮肤都由分布式压力和触觉传感器组成。在例如结构健康监测、机器人和运动检测各种应用中采用大面积传感器需要具备几个条件：①足够的共型能力；②足够的空间分辨率和单元之间的低重叠；③保护传感器本身和吸收外部冲击的能力；④可靠的传感器响应。

常见的电容传感器设计方法使用两个柔性层，其中导电条的行和列由电介质层分隔。柔性层上的导电条以正交方向放置，以在交叉点处创建像素。导电条的每个交叉点形成阵列中的平行板电容器单元。通过外部机械效应对该单元的压缩或拉伸在局部单元中产生电容变化，并且可以使用可编程电子系统单独检测。

6.3　生物传感器

生物传感器是一种对生物物质敏感，并能够将其浓度转换为电信号进行检测的仪器。它由固定化的生物敏感材料作识别元件（包括酶、抗体、抗原、微生物、细胞等生物活性物质)、相应的理化换能器(如氧电极、光敏管、场效应管、压电晶体等)及信号处理放大装置构成,同时具有接收器与转换器的功能。

生物传感器具有特异的生物分子识别功能,这是任何其他敏感材料如金属、半导体等难以达到的,生物的特异分子识别功能是生物在上亿年的进化中发展出来的,简单且高效。与现代的物理化学方法相结合,生物传感器的出现意味着产生了一种灵敏、专一、微量、快速和准确的"无试剂"检测分析方法,这大大扩展了传感器的应用范围。

6.3.1 生物传感器的组成

生物传感器由生物敏感元件、换能元件和信号处理放大器三部分组成。生物敏感元件又称分子识别元件,它是酶、抗体(原)和微生物细胞等具有分子识别能力的生物分子经固定化后形成的一种膜结构,对被测定的物质有选择性的分子识别能力。换能元件又称为转换器。它能将识别元件上生化反应中消耗或生成的化学物质、光、热等转换为电信号,并且在一定条件下,产生的电信号强度和反应中物质的变化量或光、热等的强度呈现一定的比例关系。从本质上讲,它就是一种化学传感器。信号处理放大装置能将换能器产生的电信号进行处理、放大和输出。

6.3.2 生物传感器的原理

生物传感器利用生物化学和电化学反应原理,由生物识别元件和信息转换器件组成。利用生物活性物质的分子识别功能,将其引起的化学或物理变化借助转换器变换成电信号,通过对电信号进行放大和模数转换测量出被测物质及其浓度。近年来,实用化的生物传感器主要有酶电极、微生物传感器、免疫传感器、半导体生物传感器等。

由于生物传感器可以取代常规的化学分析方法,因此它的出现可以说是一场技术革命。为此,世界上一些科技发达的国家都把生物传感器的研究作为生物技术产业化的关键技术,投入了相当大的人力、物力进行研制开发。近年来,生物传感器已经在医学诊断、食品营养、环境监测、国防工业及人类卫生保健等诸多领域得到了广泛的应用。例如,生物传感器可以用来测定作为医疗重要依据的体内代谢物、蛋白质、抗原等的有关参数。美国 YSI 公司推出一种外固定化酶生物传感器,利用它可以测定出运动员锻炼后血液中存在的乳酸水平或糖尿病人的葡萄糖水平。光纤传感器和微型生物传感器结合可以直接用于体内分析。

6.3.3 生物传感器的应用

生物传感器按照传感器中生物分子识别元件上的敏感材料不同可以分为酶传感器、免疫传感器、微生物传感器、细胞传感器、组织传感器和基因传感器等。根据生物传感器生物反应基本原理和输出信号的产生方式不同,生物传感器可以分为亲和型生物传感器和催化型生物传感器。按照传感器的信号转换器不同,可以将生物传感器分为电化学生物传感器、测光型生物传感器、测声型生物传感器、半导体生物传感器和测热型生物传感器等。

电化学生物传感器是利用电化学反应进行信号转换而制成的,所测量的参数是两个电极之间的电位、电导或电流,通常分为电位型、电导型和电流型。电位型传感器是对溶液中电极电位的测量,根据能斯特公式,电位同电活性物质浓度的对数成比例。离子选择性电极和离子敏场效应晶体管是典型的电位型传感器，它们结合生物材料后即可形成生物传感器。个人自由使用的葡萄糖电极型生物传感器进入市场，可用于糖尿病人自我诊断，其是一种氧化还原酶传感器。

压电声波传感器的工作原理简单、灵敏、轻便、便宜且小型，是发展家用生物传感器的重要途径。在压电晶体表面用抗体或抗原膜覆盖，在溶液中响应相应的抗原和抗体时，形成高度稳定和特异性的结合，导致表面密度或介质常数的变化，因此压电晶体的固有频率发生漂移，通过检测频率的变化达到检测的目的。常见的压电声波有体波石英晶振（QCM）生物传感器和表面声波（SAM）生物传感器。

光生物传感器具有抗电磁干扰、灵敏度高、安全、快速、远距离遥测等优点。光生物传感器是生物化学反应产生光现象的应用。光电二极管、光电三极管和光干涉仪同光纤、光波导相结合构成典型的检测机构，而与生物敏感膜的结合将形成光生物传感器。常见的光生物传感器有光纤生物传感器、光寻址电位型生物传感器、表面等离子体谐振（SPR）生物传感器等。

本章小结

本章分别从原理、材料、制备方法以及应用等方面介绍了三类柔性薄膜传感器，包括薄膜天线传感器、薄膜电容传感器和生物传感器。本章通过导读部分为读者提供了柔性薄膜传感器技术的背景知识和研究意义。在天线传感器部分，本章详细介绍了天线传感器的发展、测量指标、工作原理、制备材料和方法以及具体的案例分析，展示了天线传感器在无线通信和传感器网络中的应用潜力。薄膜电容传感器部分则聚焦于电容传感器的组成、工作原理和应用，强调了电容传感器在检测微小变化方面的优势。生物传感器部分探讨了生物传感器的组成、原理和应用，突出了它们在生物医学和环境科学中的重要性。

思考与练习题

1. 薄膜天线传感器的测量原理是什么？
2. 薄膜电容传感器的工作原理是什么？
3. 生物传感器的原理是什么？
4. 选择土木结构健康监测的一个应用场景，并选择合适的传感器，说明原因。

思考与练习题
参考答案

光纤传感原理与方法

知识图谱

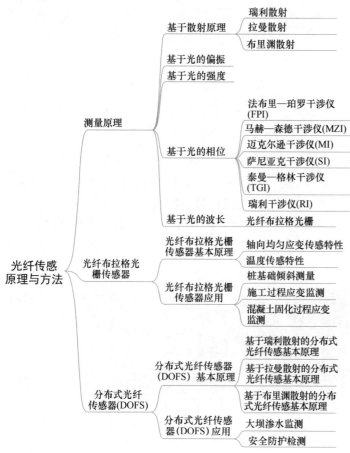

本章要点

知识点1：通过光纤传感器的波长漂移获得被测结构的变形。

知识点2：分布式光纤传感器的各种原理。

知识点3：传感器在不同需求下的结构设计和应用。

学习目标

（1）理解光纤光栅传感器和分布式光纤传感器的基本原理。

（2）了解不同光纤元件的优缺点，熟悉光纤传感器的工作方法。

（3）掌握光纤传感器在结构健康监测中的应用方法。

光纤传感技术是 20 世纪 70 年代以来伴随着光纤通信技术发展起来的，经过近 40 年的发展，已经得到长足进步，不断涌现出各种新型光纤传感器。光纤光栅是一种通过一定方法使光纤纤芯的折射率发生轴向周期性调制而形成的衍射光栅，是一种无源滤波器件。光纤传感器具有其他传统传感器无可比拟的优点，即感应的信息采用波长编码，而波长这个参量不受光源功率的波动及连接或耦合损耗的影响。作为光纤传感器的一种新产品，光纤光栅传感器以其抗电磁干扰、耐腐蚀、高绝缘性、测量范围宽、便于复用成网、可微型化等优点得到世界范围内的广泛关注，成为传感领域内发展最快的技术之一，在土木工程、航空航天、石油化工、电力、医疗、船舶工业等领域取得了广泛应用。

7.1 光纤传感技术

7.1.1 光纤

光是自然界最常见的自然现象之一，光既是粒子又是波，光可以传递能量和信息。光纤（Optical Fiber）是光导纤维的简写，是一种利用光在玻璃或塑料制成的纤维中的全反射原理的光传导工具，由高度透明的石英（或其他光学材料）经复杂的工艺拉制而成。光纤的结构如图 7-1 所示，为典型的同轴圆柱体，通常由纤芯（单模光纤纤芯直径为 6～9μm）、包层、涂敷层（采用丙烯酸酯、硅橡胶、尼龙等，增加机械强度和可弯曲性）和保护套组成。

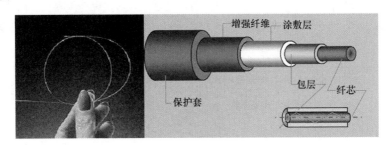

图 7-1 光纤及其结构

光纤是 20 世纪后半叶人类的重要发明之一，它与激光器、半导体探测器一起构成了新的光测技术，即光子学新领域。1966 年，英国标准电信研究所的英籍华人高锟（K. C. Kao）博士和霍克哈姆（G. A. Hockham）博士就光纤的前景发表了具有重大历史意义的论文，论文提出将玻璃中过渡族金属离子的含量（重量比）降低到 10^{-6} 以下，光纤的吸收损耗可以降到 10dB/km，这篇论文激励了大量科研工作者为研制出低损耗的光纤而努力。1970 年，美国康宁公司用高纯石英拉成损耗为 20dB/km 的多模光纤，证实了高锟等人的设想，这标志着低损耗光纤的出现，也为光纤通信提供了可能。随着工艺方法的不断改进，减小了光纤中杂质对光波的吸收，光纤损耗不断降低，石英光纤的损耗在波长 1.31μm 达到了 0.5dB/km，在波长 1.55μm 达到 0.2dB/km。目前正在研制的氟化物玻璃光纤，通过降低光纤中的瑞利散射能将光纤损耗在波长 2～5μm 降低到 0.01～0.001dB/km。

光纤通信改变了信息传输的手段，是通信史上的一次重大变革，它已经成为现代信息社会的坚实基础。光纤传感作为一种新的传感技术是光电学的新领域，以其体积小、精度高、耐腐蚀、抗电磁干扰能力强、可传输距离远以及使用寿命长的特点广泛应用于远距离传输大量信息，便于与光纤传输系统相连，易于实现系统的遥测和控制，且可用于高温、高压、强电磁干扰、腐蚀等各种恶劣环境。

7.1.2　光纤传感技术分类

光纤在通信领域和传感领域都有着非常广泛的应用，其种类很多，这里按光纤传感测量原理和光纤传感测量位置进行分类。

按测量原理分类，基于散射原理，包括瑞利散射、布里渊散射和拉曼散射。常用于测量温度和应变。基于光的偏振的典型实例为水听器，常用于声学测量，如监测潜艇、鱼雷，石油天然气勘探，地震检测等。基于光强度的散射常用于检测传播波或声事件。基于光相位的散射有法布里—珀罗干涉仪（FPI）、马赫—森德干涉仪（MZI）、迈克尔逊干涉仪（MI）、萨尼亚克干涉仪（SI）、泰曼—格林干涉仪（TGI）和瑞利干涉仪（RI）。光纤布拉格光栅主要基于光波长的散射，可用于测量温度、应变、加速度等。

按测量位置可分为点式光纤传感器和分布式光纤传感器两种，分别用于定点测量和区域状态测量。

7.2　光纤光栅传感器

7.2.1　光纤光栅传感技术的发展

光纤光栅是一种通过一定方法使光纤纤芯的折射率发生轴向周期性调制而形成的衍射光栅，是一种无源滤波器件。由于光栅光纤具有体积小、熔接损耗小、全兼容于光纤、能埋入智能材料等优点，并且其谐振波长对温度、应变、折射率、浓度等外界环境的变化比较敏感，因此在制作光纤激光器、光纤通信和传感领域得到了广泛的应用。

当前多种光纤光栅传感器的设计主要依据光纤光栅的轴向应变和温度特性。1989 年，W. W. Morey 等人首次对光纤光栅的温度和应变传感特性进行了研究，得到了光栅反射波长温度和应变的灵敏度分别为 1.1×10^{-2} nm/℃ 和 1.2×10^{-3} nm/με。由此可见，裸光栅对温度和应变的灵敏度都很低。为了使光栅得到广泛应用，人们提出了许多封装措施，增加其灵敏度。2000 年，刘云启等人将光纤光栅封装于一种有机聚合物基底中，并对其压力传感特性和温度交叉敏感特性进行了研究，封装后的光纤光栅对压力的灵敏度提高了31.7 倍。2001 年，张颖等人用聚合物封装光纤光栅，得到的压力灵敏系数为 -3.4×10^{-3} nm/MPa。在温度增敏方面，贾振安、关柏鸥等人采用较大热膨胀系数的聚合物材料对光栅进行封装，分别把光纤光栅对温度的灵敏度提高了 16 倍、23 倍之多。另一方面，研究热点集中在多参量的传感设计。2001 年，X. Y. Dong 等人把光纤光栅粘贴在固定端 A 与悬臂梁 B 的交界处（A、B 材料性质不同）。当悬臂梁自由端受到外界作用时，光纤光栅 FBG_1 与 FBG_2 的应变和温度响应系数均不同，可解出温度和应变（应力、位移）的值。张伟刚等人将一根光纤上写入的两个不同波长的布拉格光栅，沿矩形悬臂梁的中性面与表面的交线粘贴于靠近固定端两个相邻侧面，利用光纤布拉格光栅波长绝对编码的特性，设计并实现了应力（或应变）与位移的光纤光栅二维传感器。A. Quintela 等人把两个中心波长不同的光纤布拉格光栅封装在水泥块中，其中一个光纤光栅利用氰基丙烯酸盐胶黏剂固定在水泥块中，其对应变和温度都敏感；另一个光纤光栅螺旋地封装在水泥中，因其松散只对温度敏感。他们把六个这样的传感器分别埋植于桥梁的各处，利用信号解调系统可以分布地、多点地监控路面交通情况。Y. J. Rao 等人设计并实现了一种光纤布拉格光栅和 Fabry-Perot 干涉腔（EFPI）复合结构传感器。该传感器可同时实现静态应变、温度和振动等多参量测量。

随着光纤光栅发展，由于研究的深入和应用的需要，人们制作出不同结构的光纤光栅，主要可以分为均匀周期光纤光栅和非均匀周期光纤光栅两类，其中一些典型光纤光栅的折射率分布如图 7-2 所示。

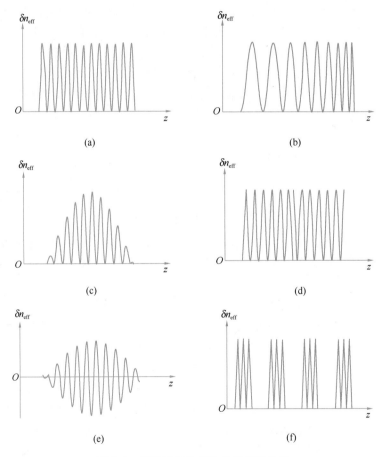

图 7-2　按折射率分布的光纤光栅分类

（a）均匀光纤光栅；（b）调频光纤光栅；（c）高斯变迹光栅；
（d）相移光纤光栅；（e）升余弦变迹光栅；（f）取样光纤光栅

光纤布拉格光栅是最早发展起来的，也是目前应用最广泛的一种光栅，其折射率分布如图 7-2（a）所示。此类光栅的栅格周期一般为 500nm 左右，光学周期沿轴向保持不变，光栅波矢方向与光纤的轴向一致。这种光栅具有较窄的反射谱和较高的反射率，其反射带宽和反射率可以根据需要，通过改变写入条件加以控制调节。该光栅结构简单，具有良好的温度和应变灵敏度，在光纤通信领域和传感领域均有广泛的应用。

1989 年，美国布朗大学的 Mendez 等人首先提出了把光纤光栅传感器用于混凝土结构的健康监测。在此之后，加拿大、日本、英国、德国等国家的研究人员也对光纤光栅系统在土木工程中的应用做了大量的研究工作。传感器可外加于结构表面或嵌入混凝土结构中，从而实现对结构的实时测量、健康诊断、系统和服务设施的管理与控制。1999 年，在美国新墨西哥 Las Cruces10 号州际高速公路的钢结构桥梁上，安装了多达 120 个光纤光栅传感器，创造了当时在桥梁上使用光纤光栅传感器最多的纪录。

7.2.2 光纤布拉格光栅传感器基本原理

由模式耦合理论可知，光纤光栅中心波长取决于光纤光栅周期 Λ 和有效折射率 n_{eff}，任何使这两个参量发生改变的物理过程都将引起光纤光栅中心波长的漂移。

应力引起光栅波长漂移，可以由下式描述：

$$\Delta\lambda_B = 2n_{eff} \cdot \Delta\Lambda + 2\Delta n_{eff} \cdot \Lambda \tag{7-1}$$

式中，$\Delta\Lambda$ 为光纤本身在应力作用下的弹性形变；Δn_{eff} 为光纤的弹光效应引起的折射率变化。

1. 轴向均匀应变传感特性

当光纤光栅轴向受到均匀作用力时，光栅产生轴向均匀应变，如图 7-3 所示。此时各向应力可表示为 $\sigma_z = p$（p 为外加压强），$\sigma_x = \sigma_y = 0$，且不存在切向应力。

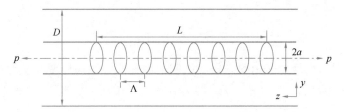

图 7-3　光纤光栅轴向均匀受力结构图

根据材料力学原理可求得各方向应变为：

$$\begin{bmatrix} \varepsilon_x \\ \varepsilon_y \\ \varepsilon_z \end{bmatrix} = \begin{bmatrix} -v\dfrac{P}{E} \\ -v\dfrac{P}{E} \\ \dfrac{P}{E} \end{bmatrix} \tag{7-2}$$

式中，E 为石英光纤的弹性模量；v 为石英光纤的泊松比。

将式（7-1）展开得：

$$\Delta\lambda_B = 2\Lambda\left(\frac{\partial n_{eff}}{\partial L} \cdot \Delta L + \frac{\partial n_{eff}}{\partial a} \cdot \Delta a\right) + 2\frac{\partial \Lambda}{\partial L} \cdot \Delta L \cdot n_{eff} \tag{7-3}$$

式中，ΔL 为光纤的纵向伸缩量；Δa 为由于纵向拉伸引起的光纤直径变化；$\partial n_{eff}/\partial L$ 为弹光效应引起的有效折射率变化；$\partial n_{eff}/\partial a$ 为波导效应引起的有效折射率变化（波导效应对光纤光栅纵向应变灵敏度影响较小,这里予以忽略)。

材料的相对介电抗渗张量 β_{ij} 与介电常数 ε_{ij} 有如下关系:

$$\beta_{ij} = 1/\varepsilon_{ij} = 1/n_{ij}^2 \tag{7-4}$$

式中,n_{ij} 为某一方向上的光纤折射率。

对于熔融石英光纤,由于其各向同性,可认为各方向折射率相同,在此仅研究光纤光栅反射模的有效折射率 n_{eff},故可将上式变形为:

$$\Delta(\beta_{ij}) = \Delta\left(\frac{1}{n_{\text{eff}}^2}\right) = -\frac{2\Delta n_{\text{eff}}}{n_{\text{eff}}^3} \tag{7-5}$$

根据材料的弹光效应得到:

$$\Delta\left(\frac{1}{n_{\text{eff}}^2}\right) = (p_{11} + p_{12})\varepsilon_x + p_{12}\varepsilon_z \tag{7-6}$$

其中利用了光纤的轴对称性,将式 $\varepsilon_x = \varepsilon_z$ 代入式(7-3)得到弹光效应导致的相对波长漂移为:

$$\Delta\lambda_B = 2n_{\text{eff}}\varepsilon_z L\,\frac{\partial\Lambda}{\partial L} - \left(\frac{n_{\text{eff}}^2}{2}\right)[p_{12} - v(p_{11} + p_{12})]\cdot\varepsilon_z\lambda_B \tag{7-7}$$

将式(7-7)两边除以 λ_B 得到:

$$\frac{\Delta\lambda_B}{\lambda_B} = \varepsilon_z - \left(\frac{n_{\text{eff}}^2}{2}\right)[p_{12} - v(p_{11} + p_{12})]\cdot\varepsilon_z \tag{7-8}$$

在式(7-8)中引入光纤光栅相对波长应变灵敏度系数 K_ε,令 K_ε 为如下公式:

$$K_\varepsilon = 1 - \left(\frac{n_{\text{eff}}^2}{2}\right)[p_{12} - v(p_{11} + p_{12})] \tag{7-9}$$

可得到:

$$\frac{\Delta\lambda_B}{\lambda_B} = K_\varepsilon\cdot\varepsilon_z \tag{7-10}$$

式(7-10)即为光纤光栅由弹光效应引起的波长漂移纵向应变灵敏度系数。

利用纯熔融石英的参数,$p_{11} = 0.121$,$p_{12} = 0.270$,$v = 0.17$,$n_{\text{eff}} = 1.456$,可得常数 $K_\varepsilon = 0.784$。

【例 7-1】 已知纯熔融石英光纤纤芯的参数为:$p_{11} = 0.121$,$p_{12} = 0.270$,$v = 0.17$,$n_{\text{eff}} = 1.456$。试计算光纤光栅相对应变的灵敏度系数。

【解】 已知熔融石英光纤纤芯的参数,代入式(7-9)可得到光纤相对应变的灵敏度系数:

$$\begin{aligned}
K_\varepsilon &= 1 - \left(\frac{n_{\text{eff}}^2}{2}\right)[p_{12} - v(p_{11} + p_{12})] \\
&= 1 - \left(\frac{1.456^2}{2}\right) \times [0.270 - 0.17 \times (0.121 + 0.270)] \\
&= 0.784
\end{aligned}$$

因此,光纤光栅相对应变的灵敏度系数为 0.784。

2. 温度传感特性

温度与外加应力相似,外界温度的改变同样也会引起光纤光栅中心波长的漂移。引起波长漂移的原因主要来自以下三个方面:光纤热膨胀效应、光纤热光效应以及光纤内部热应力引起的弹光效应。

仍从光纤光栅中心波长表达式 $\lambda_B = 2\Delta n_{eff}\Lambda$ 出发，当外界温度改变时，可得到 $\lambda_B = 2\Delta n_{eff}\Lambda$ 的变分形式为：

$$\Delta\lambda_B = 2\left(\frac{\partial n_{eff}}{\partial T}\Delta T + (\Delta n_{eff})_{ep} + \frac{\partial n_{eff}}{\partial a}\Delta a\right)\Lambda + 2n_{eff}\frac{\partial\Lambda}{\partial T}\Delta T \tag{7-11}$$

式中，$\partial n_{eff}/\partial T/n_{eff}$ 为光纤光栅热光系数，用 ξ 表示；$(\Delta n_{eff})_{ep}$ 为热膨胀引起的弹光效应；$\partial n_{eff}/\partial a$ 为由于热膨胀导致光纤芯径变化而产生的波导效应；$\partial\Lambda/\partial T/\Lambda$ 为光纤的热膨胀系数，用 α 表示。

这样可得光纤光栅温度灵敏度系数的完整表达式为：

$$\frac{\Delta\lambda_B}{\lambda_B\cdot\Delta T} = \xi + \frac{1}{n_{eff}}K_{wg}\cdot\alpha + \alpha \tag{7-12}$$

式中，K_{wg} 为波导效应引起的光纤光栅波长漂移系数。

对于波导效应，由于它对温度灵敏度系数的影响极其微弱，故在分析光纤光栅温度灵敏度系数时可以完全忽略波导效应产生的影响。由式（7-11）可得光纤光栅的相对温度灵敏度系数为：

$$K_T = \xi + \alpha \tag{7-13}$$

由上式可见，当材料确定后，光纤光栅对温度的灵敏度系数基本上是与材料系数相关的常数，这就从理论上保证了采用光纤光栅作为温度传感器可以得到很好的输出线性。

【例 7-2】对于熔融石英光纤，其热光系数 $\xi = 0.7\times10^{-5}/℃$，线性热膨胀系数 $\alpha = 5.5\times10^{-7}/℃$，则得到光纤光栅相对温度灵敏度系数为：

$$K_T = \xi + \alpha = 0.7\times10^{-5}/℃ + 5.5\times10^{-7}/℃ = 0.755\times10^{-5}/℃$$

综上所述，对于纯熔融石英光纤，当不考虑外界因素的影响时，其温度灵敏度系数基本上取决于材料的折射率及温度系数，而弹光效应以及波导效应将不对光纤光栅的波长漂移造成显著影响。

因此，当光纤光栅受到机械或热载荷的拉伸或压缩时，光纤光栅也发生相应的变形，导致其布拉格波长会发生偏移，根据偏移的布拉格波长就可以计算出该处的应变或温度。

光纤布拉格光栅系统为准分布式系统，如图 7-4 和图 7-5 所示，系统为一根光缆上串联 n 只光纤光栅传感器，每只传感器的中心波长（$\lambda_1,\lambda_2,\lambda_3,\cdots,\lambda_n$）互不相同，与待测结构沿程各测量点（1，2，3，$\cdots$，$n$）相对应。主机宽带光源发射宽带光，入射于 FBG 阵列，随即接收各个 FBG 的反射光，待测结构沿线分布各点的应力应变使光栅反射波长发生改变，通过 FBG 解调器探测其波长改变量的大小 $\Delta\lambda_{Bn}$，并将之转换成电信号，由二

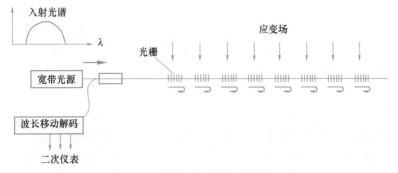

图 7-4 光纤布拉格光栅准分布式系统

次仪表计算出待测结构各个测点应力应变的大小及整个待测结构的分布状态。光栅解调仪检测反射波长的分辨率为 1pm（1×10^{-9} mm），对应变测试的分辨率达 $1 \mu \varepsilon$。

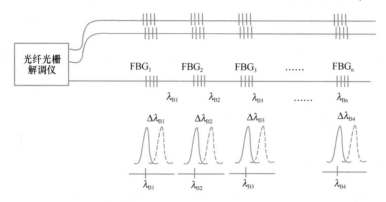

图 7-5　光纤布拉格光栅准分布式系统原理图

7.3　光纤布拉格光栅传感器的应用

7.3.1　桩基础监测

斜坡内地面运动的测量可以通过不同的方法实现，但使用测斜仪是一种简单且相对省时的方法。反映地面运动的典型方法是使用灌浆倾角仪套管（可能是管道或棒材），沿套管的相关应变变化可用于计算周围土壤的累积横向位移，例如 Ho 等人用 FBG 传感器封装的聚氯乙烯（PVC）外壳。PVC 倾角仪外壳为测量应变分布提供了一种介质。为了实现这样一个基于 FBG 的监测系统，将一系列 FBG 传感器黏附在沿倾角仪外壳外表面的正交凹槽上，并用环氧树脂覆盖这些传感器。传感器以指定的间隔测量测斜仪套管的应变分布，理论上可以获得各个方向的地面运动。安装方案则是通过将 FBG 传感器安装在沿锚杆内表面的两个凹槽中。水泥砂浆用于填充钢筋和周围土壤之间的空心区域。这个"智能杆"可以作为倾角仪，长期监测和预警滑坡。

值得注意的是，FBG 传感器的测量误差可能会累积并导致显著横向位移误差。图 7-6 显示了用于现场滑坡监测的光纤布拉格光栅分段偏转仪（FBG-SD）的侧视图和俯视图。FBG-SD 的单个单元由一根塑料杆和一个连接到两个铝的柔性段组成端部。FBG 传感器安装在柔性段的相对两侧，用于感应应变；该 FBG-SD 可以安装在倾角仪外壳内，用于监测倾角。在 PVC 管道内设计并安装了新的基于 FBG 的压力计，用于监测水位变化。这种新型传感器的设计思想是测量传感器内部金属膜片的挠度，以反映相关的孔隙水压力变化。这些基于 FBG 的传感器可以提供高灵敏度和实时监控数据。

7.3.2　桥梁监测

桥梁状态监测系统的主要监测内容包括施工过程应变监测和混凝土固化过程应变监测两部分。施工过程应变监测主要测试结构状态发生变化时的应变，当斜拉桥采用悬臂式挂篮结构，主跨的梁段分两次浇筑，对每个主梁施工阶段分别监测，主要有混凝土浇筑前、浇筑后应变监测，预应力张拉前、张拉后应变监测，斜拉索张拉前、张拉后应变监测；混凝土固化过程应变监测主要是因为混凝土在入模初凝后至硬化过程中，受混凝土前期收缩的影响，混凝土的应变发生较大的变化。利用光纤光栅传感器灵敏度较高和稳定性较好的特点，可以确定混凝土固化过程中应变变化与时间、强度的关系。结构温度应变监测，主要是对桥梁结构处在不断变化的温度环境中，结构在不均匀的温度环境下产生的温度应变、截面自应力、结构次应力等的监测。

以斜拉桥索力在线检测为例，斜拉索是斜拉桥的一个重要组成部分，斜拉桥桥跨结构的重力

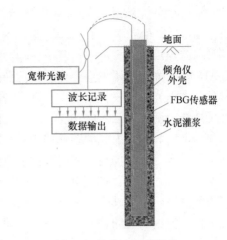

图 7-6 桩基础倾斜测量

和桥上的荷载全部或绝大部分通过斜拉索传递到塔柱上，索力是衡量斜拉桥状态的重要参数之一。在斜拉桥施工中，由于受各种施工误差及偶然因素影响，结构内力和线形会偏离设计状态，为保证精确合拢及成桥后的内力、线形满足设计要求，需多次测定索力，采用光纤光栅传感器可以实现对斜拉桥索力的监测。系统在实验室进行试验时，可以直接将裸光栅粘贴在传感头上进行胶封；但如果现场安装条件不允许进行胶封，可以首先将测量光纤光栅采用上述胶封的方法固定在与传感探头材质相同的过渡载体上，然后将过渡载体焊接在传感探头上，从而达到测量的目的。

索力测试所用传感探头的结构为圆环形，将光纤光栅刚性粘贴于传感探头圆环外表面上，构成穿心式传感探头。将传感探头安装在斜拉桥锚具和索孔垫板之间，传感探头承受拉索的索力。当传感探头受压时，引起 FBG 中心波长发生相应移动，通过对波长移动量的监测，就可以计算出斜拉索的索力。但在车桥耦合作用及风振的作用下，拉索始终处于振动状态，传感头端面的受力并不均匀。为了提高测量精度，试验中选取了两个具有不同反射中心波长的 FBG 串联起来，相隔 $180°$，刚性粘贴于传感探头侧面，这样将两个从光纤光栅得到的数据求平均值后，可以得到比单个光栅更高的测试精度。

7.4 分布式光纤传感器（DOFS）

7.4.1 分布式光纤传感技术的发展

基于光散射效应的分布式光纤传感器以光纤本身作为传感元件，利用光纤中的光散射过程，通过解调散射光波因外部因素（温度、应变、振动等）作用于光纤而产生的变化，可实现上百公里的分布式传感。DOFS 可以通过光时域反射（Optical Time-Domain Reflectometry，OTDR）技术和光频域反射（Optical Frequency-Domain Reflectometry，OFDR）技术实现。其中，基于 OFDR 的技术受光源相干长度的限制，难以进行长距离传感。相比之下，基于 OTDR 的技术降低了系统复杂度和系统带宽，更适用于长距离测量场景。

光纤中的光散射主要包括由光纤中折射率分布不均匀引起的瑞利散射（Rayleigh Scattering）、由光学声子引起的拉曼散射（Raman Scattering）和由声学声子引起的布里渊散射（Brillouin Scattering）三种类型。其中，瑞利散射是由光与物质发生弹性碰撞引起的，散射光频率不发生变化；而拉曼散射和布里渊散射是由光与物质发生非弹性碰撞引起的，散射光频率发生变化，产生频率上移的反斯托克斯（Anti-Stokes）分量和频率下移的斯托克斯（Stokes）分量。在石英光纤中，拉曼散射光与入射光的频移约为13THz，布里渊散射光与入射光的频移约为11GHz。这三种散射光的频谱分布如图7-7所示。布里渊散射是入射光波场与介质内弹性声波场相互作用而产生的光散射现象。依据弹性声波场产生的原因，又分为自发布里渊散射（Spontaneous Brillouin Scattering，SpBS）和受激布里渊散射（Stimulated Brillouin Scattering，SBS）。前者是介质内的自发热运动所产生的弹性声波场引起的，是宏观弹性振动；后者的弹性声波场是通过电致伸缩效应产生的。

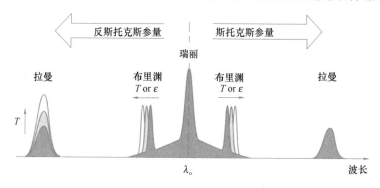

图 7-7　瑞利、布里渊和拉曼散射

按不同光散射效应区分，光时域反射技术主要包括四种：基于瑞利散射的光时域反射计（OTDR）；基于拉曼散射的拉曼光时域反射计（Raman Optical Time Domain Reflectometry，ROTDR）；基于自发布里渊散射的布里渊光时域反射计（Brillouin Optical Time Domain Reflectometry，BOTDR）；基于受激布里渊散射的布里渊光分析仪（Brillouin Optical Time Domain Analysis，BOTDA）。

7.4.2　基于瑞利散射的分布式光纤传感基本原理

毫米尺度的短空间分辨率和具有成本效益的分布式光纤传感器的目标增加了人们对光频域反射计（OFDR）系统的兴趣。为了使基于OTDR的传感器获得高空间分辨率，需要非常窄的光脉冲，从而导致反向散射信号的水平相应降低，同时为了检测此类信号，需要增加接收器带宽。因此，预计噪声水平也会增加，导致几乎不可能检测到由于应变和温度引起的反向散射信号的微小变化。这些综合因素使得具有高空间分辨率的基于OTDR的DOFS系统非常昂贵。通过这种方式，基于瑞利散射OFDR开发了具有毫米级空间分辨率的DOFS。这就是所谓的光学背散射反射仪（OBR）。

瑞利散射源于在纤芯中传播的电磁波与二氧化硅杂质之间的相互作用。以一种简单的方式确定的光纤的瑞利反向散射分布是由其异质反射率产生的，该反射率沿光纤的整个长度随机分布。当光纤受到外部刺激（如应变）时，反向散射图案会出现光谱偏移，然后通过将其与未改变（未应变）的参考状态进行比较来计算沿光纤长度的应变变化。

OFDR 不是读取瑞利后向散射信号的强度，而是在频域中测量来自可调谐激光源和静态参考光纤的瑞利散射光的干涉条纹。通过傅里叶逆变换，将频域中的幅度和相位转换为时/空域。Froggatt 和 Moore 将导致瑞利散射的折射率随机波动描述为等效的 FBG。从这个角度来看，光纤的整个长度被分成几个短部分（以厘米为数量级），这些短部分等效于具有扫描波长干涉仪（SWI）的弱随机 FBG。虽然光纤没有被扰动，但是是随机的，这个等效的弱 FBG 在时间上是稳定的。

通过使用 OFDR 技术扫描频率，可以获得每个等效 FBG 的光谱响应，并以此方式获得具有高空间分辨率的应变和温度变化。该分辨率（ΔZ）与公式（7-14）给出的可调谐激光源（ΔF）的光学频率扫描范围有关，其中 c 是光速，n 是光纤折射率。

$$\Delta Z = \frac{c}{2n\Delta F} \tag{7-14}$$

基于 OBR 的 DOFS 非常适合短传感长度（<100m）。若以空间分辨率和温度/应变分辨率为代价，更长距离的传感系统是可能的。尽管如此，OBR 技术具有很高的空间分辨率，即使限制在几百米，也解决了基于布里渊或拉曼的 DOFS 不易涵盖的一些应用。OBR 技术（Rayleigh OFDR）提供了一种更具成本效益的方式来实现高空间分辨率，代价是将传感范围限制在大约 70m。

7.4.3 基于拉曼散射的分布式光纤传感基本原理

从量子力学的角度出发，可以将拉曼散射看成入射光和介质分子相互作用时光子吸收或发射一个声子的过程。入射光子吸收一个光学声子成为频率上移的反斯托克斯拉曼散射光子，放出一个光学声子成为频率下移的斯托克斯拉曼散射光子，分子完成了相应的两个振动态之间的跃迁。拉曼散射光强度与光纤振动能级的粒子数分布有关，而光纤振动能级的粒子数分布服从玻尔兹曼统计 $\exp(-h\Delta v/kT)$，与温度、高度相关，因此自发拉曼散射光的强度与光纤所处环境温度有关，特别是反斯托克斯拉曼散射有明显的温度效应。基于以上原理并结合 OTDR 技术，Dakin 等在 1985 年提出了拉曼光时域反射计（ROTDR）。

ROTDR 系统的基本结构如图 7-8 所示，其构成与 OTDR 基本相同。不同点在于，光纤中产生的后向散射光在接收端先经过波分复用器被分离成斯托克斯或反斯托克斯拉曼光，再经过雪崩光电二极管的光电转换之后进行信号处理。

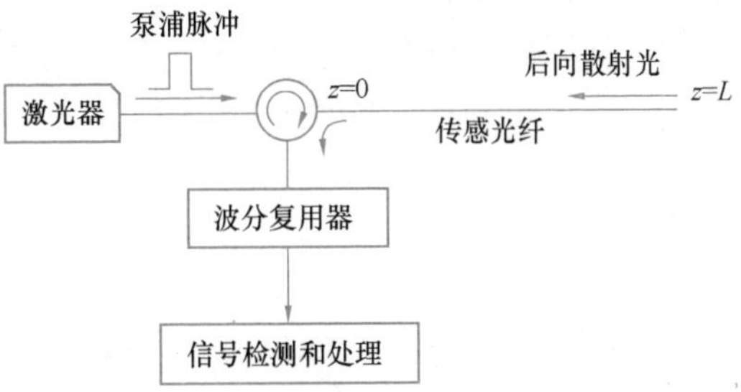

光脉冲在光纤中传播时，其后向拉曼散射光返回到光纤前端，探测到的斯托克斯与反斯托克斯拉曼散射光的功率可以表示为：

图 7-8 拉曼光时域反射计（ROTDR）原理图

$$P_S(T) = k_S P_0 \left[1 - e^{\frac{h\Delta v}{kT}}\right]^{-1} e^{-(\alpha + \alpha_S)z} \tag{7-15}$$

$$P_{AS}(T) = k_{AS} P_0 \left[e^{\frac{h\Delta v}{kT}} - 1\right]^{-1} e^{-(\alpha + \alpha_{AS})z} \tag{7-16}$$

式中，k_S 和 k_{AS} 表示拉曼散射系数；P_0 是入射光功率；h 是普朗克常量；Δv 是拉曼散射光相对于入射光的频移；k 是玻尔兹曼常量；T 是热力学温度；α、α_S、α_{AS} 分别是光纤中入射光、斯托克斯拉曼光、反斯托克斯拉曼光的损耗系数。常温 25℃时，$h\Delta v/kT = 2.126$，$P_{AS}(T)/P_S(T)$ 随温度变化的斜率为 144.711，因此反斯托克斯光的温度效应更明显。反斯托克斯光强度还与光纤的局部损耗有关，因此需要对探测到的反斯托克斯光进行解调提取温度。根据不同的应用场合，有以下三种不同的温度解调方法：

（1）利用反斯托克斯光和斯托克斯光的比值进行解调

斯托克斯与反斯托克斯拉曼散射光强度之比只与温度有关。

$$\frac{P_{AS}(T)}{P_S(T)} = \frac{k_{AS}}{k_S} e^{-\frac{h\Delta v}{kT}} e^{-(\alpha_{AS}+\alpha_S)z} \tag{7-17}$$

为了解出 T，需要先进行温度标定：在光纤前端设置一段定标光纤，将定标光纤置于温度为 T_0 的恒温环境中。由此得出拉曼散射光强度与温度的关系式：

$$\frac{1}{T} = \frac{1}{T_0} - \frac{k}{h\Delta v}\ln\left(\frac{P_{AS}(T)/P_S(T)}{P_{AS}(T_0)/P_S(T_0)}\right) \tag{7-18}$$

在实际测量中，只需要测出 $P_{AS}(T)$、$P_S(T)$、$P_{AS}(T_0)$、$P_S(T_0)$ 以及定标光纤的温度 T_0，即可解出沿光纤的温度分布 T。以反斯托克斯光作为信号通道，斯托克斯光作为参考通道，检测两者光强之比，可以解调温度信息，同时还可以消除光源不稳定以及光传输过程中的耦合损耗、光纤弯曲损耗等影响。但这种方法要求接收端有两套探测和数据采集系统对两束光同时进行探测。

（2）利用反斯托克斯光自解调

用常温下光纤的反斯托克斯拉曼散射信号来解调温度：

$$\frac{P_{AS}(T)}{P_{AS}(T_0)} = \frac{e^{\frac{h\Delta v}{kT_0}} - 1}{e^{\frac{h\Delta v}{kT}} - 1} \tag{7-19}$$

在实际测量中，只需要测出 $P_{AS}(T)$ 和 $P_{AS}(T_0)$ 以及参考温度 T_0，即可解出沿光纤的温度分布 T。以反斯托克斯光作为参考通道的自解调方式在硬件成本上可以省去一个探测通道和数据采集的硬件成本。但这种解调方法要求每次入射光功率相同，对光源的稳定性要求较高。另外，还要求预先知道光纤每个点的初始温度作为各点的参考温度，这在实际应用中是很困难的。

（3）利用反斯托克斯光和瑞利散射光的比值进行解调

瑞利散射光强度与温度无关，即 $P_R(T) = P_R(T_0)$，可以利用瑞利散射光作为参考通道解调温度：

$$\frac{P_{AS}(T)/P_R(T)}{P_{AS}(T_0)/P_R(T_0)} = \frac{e^{\frac{h\Delta v}{kT_0}} - 1}{e^{\frac{h\Delta v}{kT}} - 1} \tag{7-20}$$

有了瑞利散射光的校正，T_0 可以通过测量处于恒温环境的定标光纤温度获取光纤每个点的初始温度。由于瑞利散射信号强度要比拉曼散射高 30dB，因此利用瑞利散射光解调方案的相对灵敏度在三种解调方案中是最优的。

ROTDR 的不足之处在于反斯托克斯拉曼散射光非常弱，难以满足长距离测温和监控的需求。目前，已经提出多种方案突破这一限制，比如使用拉曼散射系数更大、非线性效应阈值更高的多模光纤代替普通单模光纤进行传感；使用光脉冲编码技术提高系统信噪比；使用分立式拉曼放大器增加传感长度。

7.4.4　基于布里渊散射的分布式光纤传感基本原理

固有的分布式传感技术出现在 20 世纪 80 年代初，当时为测试电信行业的光缆而创建了一种名为光时域反射计（OTDR）的技术。在 OTDR 技术中，一个短光脉冲被发射到光纤中，当光束沿光纤传播时，光探测器处理被反向散射的光量。在这个过程中，损耗是由于瑞利散射而发生的，瑞利散射是如前所述的纤芯折射率微观随机变化的结果。

OTDR 仪器的空间分辨率是指两个散射体之间可以分辨的最小距离。对于表示光速的 c、表示光纤折射率的 n 和表示脉冲宽度的 τ，空间分辨率为：

$$\Delta Z_{\min} = \frac{c\tau}{2n} \tag{7-21}$$

对于脉冲宽度为 10ns、光纤折射率为 $n=1.5$、光速为 $c=3\times10^8\,\mathrm{m/s}$ 的光学时差反射仪，从公式（7-21）中我们得到了相对较低的空间分辨率（约 1m），这限制了光学时延反射仪在偏振模中的可能应用。为了提高这种空间分辨率，必须减小脉冲宽度。然而，在这样做可能会导致发射脉冲能量的降低，这也降低了检测到的光信号，并且以这种方式削弱了信噪比。这是有问题的，特别是对于远程传感应用，因此在空间分辨率和传感范围之间进行基本权衡是不可避免的，需要根据每种应用要求来优化脉冲宽度和脉冲能量。

布里渊散射是由光纤中激发的声振动引起的。这些振动会产生一种反向传播的波，称为布里渊散射波，它会削弱向前移动的输入脉冲。为了满足能量守恒的要求，布里渊散射波与原始光脉冲频率之间存在频移。该频率因温度和纵向应变条件的不同而不同，因此可以基于布里渊散射效应测量应变和温度分布。

布里渊光时域反射计（BOTDR，图 7-9）是基于自发布里渊散射的，最初被引入是为了扩大 OTDR 的范围，并具有从传感光纤的一端监控系统的优势。因此，布里渊光时域反射计（BOTDR）传感器标志着应变和温度测量 DOFS 的开始。另外，布里渊光学时域分析（BOTDA，图 7-10）是基于受激布里渊散射的。这项技术使用两个反向传播激光器，并利用布里渊放大，需要一种相干检测技术来检测通常非常弱的反向传播布里渊散射信号。以这种方式，从一端用连续波（Continuous Wave，CW）询问光纤。当连续波信号和脉冲的频率差等于布里渊移位（共振条件）时，发生布里渊散射过程的刺激。

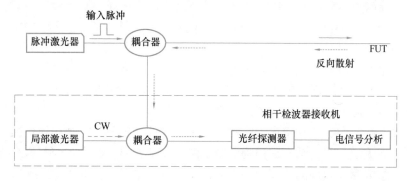

图 7-9　布里渊光时域反射计（BOTDR）原理图

BOTDR 通常能够进行远距离分布式传感，灵敏度为 5μm，适用于结构和岩土监测的大规模应用。然而，BOTDR 和 BOTDA 都被限制在大约 1m 的空间分辨率，因此不适合

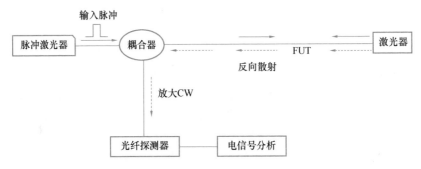

图 7-10　布里渊光学时域分析（BOTDA）原理图

大范围的结构监测应用。为了提高所述分辨率，已经研究了不同的技术，例如将该分辨率提高到厘米级的布里渊光学相关域分析（BOCDA）。此外，为了提高 DOFS 的空间分辨率，针对几种基于布里渊背向散射的 DOFS 应用，研究和开发了复杂和先进的算法。尽管如此，基于布里渊后向散射的 DOFS 构成了土木工程结构 SHM 应用中研究和使用最多的 DOFS 系统。

如前所述，基于布里渊的 DOFS 系统是目前土木结构 SHM 中研究和应用最多的测量系统。这是由于它们具有扩展测量范围的潜力，使其非常适用于大型结构，例如大坝、管道、隧道和大跨度桥梁。尽管如此，一些应用场景需要更好的空间分辨率，BOTDA 传感技术通过应用先进的算法可以解决这一点，但在此过程中会增加该技术的价格。

7.5　分布式光纤传感器（DOFS）的应用

7.5.1　大坝渗水监测

土木工程结构温度和渗流是影响结构安全与健康的主要因素，特别是大体积混凝土的温控尤为重要。其次，对结构的渗流监测也是确保结构安全与稳定的重要手段。

温度和渗流联合监测的基本思路：当光纤所处部位未出现渗漏或渗流稳定时，光纤周围的温度场处于稳定状态；当光纤某个部位出现渗漏时，结构原温度场必将改变。但是，因渗流引起的温度场改变非常微弱（特别是光缆部位温度梯度较小时），用常规监测方法很难捕捉这一信息，可通过对测温光缆加热使光纤周围温度升高，当光纤周围出现渗漏时该处光纤温度上升幅度缓慢，温度较低，从而使渗漏点获得定位，这便是基于加热法的分布式光纤测温系统温度和渗流联合测试原理。

温度和渗流联合监测通常用在大体积混凝土结构的基础部位或结构内不同材料结合部位，如监测水库大坝与基岩结合部位的混凝土温度、基岩温度、大坝与基岩结合面的渗漏等；另外，大坝混凝土内部的温度场和不同性态混凝土结合部位的渗流状况（如碾压混凝土层面渗流、常态混凝土与碾压混凝土结合部位的渗漏等）也是分布式光纤温度和渗流联合监测的重点，如图 7-11 所示。

图 7-11　大坝监测修复

7.5.2　安全防护检测

安防工程的主要监测内容之一是外部入侵扰动，包括各类人为、车辆、施工及环境作用导致的结构振动、变形、失稳及温度异常等。扰动类型和强度的识别对施工安全、建筑结构运维管养及灾害预警至关重要。分布式光纤传感器感知传输一体化、耐久性强及监测范围广的特点使其在安防监测领域具有得天独厚的优势。现阶段的分布式光纤安防监测系统主要采用相位敏感光时域反射仪（Phase-Sensitive Optical Time Domain Reflectometry，φ-OTDR）技术。φ-OTDR 主要用于入侵定位和频率提取，现已应用于周界安防、边坡防护和长距离管线的安全监测。

武汉地震工程研究院边界防护围栏基于分布式光纤传感器，布设了一套入侵扰动监测系统以防安全事故发生。监测路径包含三种类型：①标准围栏：遵循 U 形布设原则，增加单位跨度上的光纤感知区域以提高识别率，如图 7-12（a）所示。用 502 胶水分段张拉固定后，每 30cm 用扎带绑扎至围栏上，再涂覆环氧胶固定，凝固后涂覆防锈漆。两个重点监测单元各覆盖有 4 组 FBG。②东侧门禁：布设方法与前者类似，其路径如图 7-12（b）所示。光纤经过东侧门禁后向西绕回，并沿围栏下方地面沟槽内部敷设 80m。③机房围墙：沿顶端直线布设。监测区域光纤总长约 340m。

图 7-12　分布式光纤传感器布设路径

工况测试中使用暖风源均匀加热围栏，测试系统的温度监测与过热点定位能力，检验火灾（过热）预警效果。图 7-13 为光纤沿线温度场随时间的动态过程。由图 7-13 可明显看到：从 1min 开始，110m 附近出现热点并持续升温。提取热点位置临近 FBG 的波长时间序列得到其温度时程，可见随着持续加热光栅附近温度逐步递增，在达到峰值（约14.4℃）后有小幅回落，整个过程与拉曼温度图像中 110.8m 处的热点时程特征高度吻合，验证了本系统对温度场的异常点定位能力与细部测量能力。

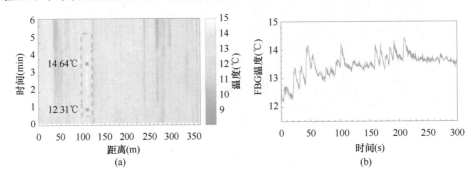

图 7-13　火灾（过热）预警工况下温度监测结果
（a）拉曼温度场；（b）受加热 FBG 温度测量

光纤传感器应变
测量实验指导书

本章小结

　　本章介绍了光纤传感技术的基本原理、分类以及应用。首先介绍了光纤传感技术导论，为后续内容的理解打下基础。然后，详细解释了光纤的定义和特性，以及光纤传感技术的不同分类方法。接着，重点介绍了光纤光栅传感器的发展历程和基本原理。随后，探讨了光纤布拉格光栅传感器在桩基础和桥梁监测方面的应用，介绍了分布式光纤传感器（DOFS）的技术发展和基本原理，分别以瑞利散射、拉曼散射和布里渊散射为基础进行详细讲解。最后，探讨了分布式光纤传感器（DOFS）在大坝渗水监测和安全防护检测方面的应用。通过利用分布式光纤传感技术，可以实时监测大坝渗水情况，提前预警并采取相应的措施，保障大坝的安全性。

思考与练习题
参考答案

思考与练习题

　　1. 光纤的特点有哪些？
　　2. 光纤传感技术有哪些分类？主要应用有哪些？
　　3. 光纤布拉格光栅传感器的特性是什么？
　　4. 分布式光纤传感器有哪些？分别有什么特点？
　　5. 已知以纯熔融石英光纤为纤芯的光纤光栅传感器，初始波长为 $0.85\,\mu m$，将其固定至某钢结构表面，测得波长漂移值为 $0.0064\,\mu m$，此时钢结构表面应变为多少？
　　6. 已知以纯熔融石英光纤为纤芯的光纤光栅传感器，初始波长为 $0.85\,\mu m$，夜间 10℃ 时将其固定在某钢结构表面，中午 25℃ 时测得波长漂移值为 $9\times10^{-4}\,\mu m$，钢材的热膨胀系数为 $1.1\times10^{-5}/℃$，此时该钢结构表面应变为多少？

声发射无损检测技术

知识图谱

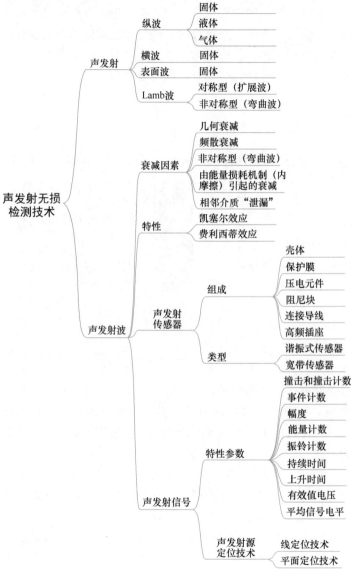

声发射无损检测技术
- 声发射
  - 纵波
    - 固体
    - 液体
    - 气体
  - 横波
    - 固体
  - 表面波
    - 固体
  - Lamb波
    - 对称型（扩展波）
    - 非对称型（弯曲波）
- 声发射波
  - 衰减因素
    - 几何衰减
    - 频散衰减
    - 非对称型（弯曲波）
    - 由能量损耗机制（内摩擦）引起的衰减
    - 相邻介质"泄漏"
  - 特性
    - 凯塞尔效应
    - 费利西蒂效应
  - 声发射传感器
    - 组成
      - 壳体
      - 保护膜
      - 压电元件
      - 阻尼块
      - 连接导线
      - 高频插座
    - 类型
      - 谐振式传感器
      - 宽带传感器
  - 声发射信号
    - 特性参数
      - 撞击和撞击计数
      - 事件计数
      - 幅度
      - 能量计数
      - 振铃计数
      - 持续时间
      - 上升时间
      - 有效值电压
      - 平均信号电平
    - 声发射源定位技术
      - 线定位技术
      - 平面定位技术

本章要点

　　知识点1：声发射检测的优势。

　　知识点2：声发射传感器的工作方法。

学习目标

　　（1）了解声发射波的形成、衰减，以及凯塞尔效应和费莉西蒂效应。

　　（2）了解声发射系统的组成及其各部分作用。

　　（3）掌握声发射信号的分析方法。

通过传感器、信号采集设备采集、储存和分析声发射信号，确定声发射信号的特征和声发射源位置的技术则被称为声发射技术。现代声发射技术始于 20 世纪 50 年代，并于 20 世纪 70 年代引入我国，目前已发展成为较成熟的无损检测新方法。声发射无损检测技术具有良好的空间分辨能力、对被测构件要求低、无需外部激励、可应用于各种极端环境等优点。当使用声发射技术监测材料时，材料的局部变形或损伤会产生声发射信号，传感器接收到应力波信号并将其转化为电信号，再储存至计算机。最后通过特征参数、信号波形来提取材料损伤的相关信息，进而对材料损伤状态进行判断。此过程中的声发射信号来自于受力材料自身，无需施加外界激励，信号与材料的缺陷程度密切相关。

8.1　声发射概述

材料中局域源能量快速释放而产生瞬态弹性波的现象称为声发射（Acoustic Emission，AE）。材料在应力作用下的变形与裂纹扩展，是结构失效的重要机制（图 8-1）。这种直接与变形和断裂机制有关的源，被称为声发射源。近年来，流体泄漏、摩擦、撞击、燃烧等与变形和断裂机制无直接关系的另一类弹性波源，被称为其他或二次声发射源。

图 8-1　混凝土损伤的声发射行为

声发射是一种常见的物理现象，各种材料声发射信号的频率范围很宽，从几赫兹的次声频、20Hz～20kHz 的声频到数兆赫兹的超声频；声发射信号幅度的变化范围也很大，从 10～13m 的微观位错运动到 1m 量级的地震波。如果声发射释放的应变能足够大，就可产生人耳听得见的声音。大多数材料变形和断裂时有声发射发生，但许多材料的声发射信号强度很弱，人耳不能直接听见，需要借助灵敏的电子仪器才能检测出来。用仪器探测、记录、分析声发射信号和利用声发射信号推断声发射源的技术称为声发射技术，人们将声发射仪器形象地称为材料的听诊器。

声发射技术被广泛应用于很多领域，具有许多优点。声发射是一种动态检验方法，声发射探测到的能量来自被测试物体本身，而不是像超声或射线探伤方法一样，由无损检测仪器提供。在一次试验过程中，声发射检验能够整体探测和评价整个结构中活性缺陷的状态，适用于使用其他方法受到限制的形状复杂的构件。此外，声发射还可提供活性缺陷随载荷、时间、温度等外变量变化的实时或连续信息，因而适用于工业过程在线监控及早期或临近破坏预报。由于对被检件的距离要求不高，其适用于其他方法难以或不能接近环境下的检测，如高低温、核辐射、易燃、易爆及极毒等环境。

同时，声发射技术仍然存在一定的局限性。声发射特性对材料十分敏感，易受到机电噪声的干扰，对数据的正确解释要有更为丰富的数据库和现场检测经验；声发射检测一般需要适当的加载程序，多数情况下可利用现成的加载条件，但还需要特作准备；由于声发射的不可逆性，试验过程的声发射信号不可能通过多次加载重复获得，因此每次检测过程的信号获取是非常宝贵的，不可因人为疏忽而造成宝贵数据的丢失。

8.2 声发射基本原理

8.2.1 声发射波的传播

　　材料对于不平衡/动态力的响应就是弹性波传播。波的定义就是材料离开平衡位置的运动。固体介质中发生局部变形时，不仅会产生体积变形，而且会产生剪切变形，进而激起两种波，即压缩波（纵波）和切变波（横波），它们以不同的速度在介质中传播，当遇到不同介质的界面时会产生反射和折射。任何一种波在界面上反射时都要发生波型转换，同时出现纵波和横波，并各自按反射和折射定律继续传播。但在发生全内反射时会出现非均匀波，在固体自由表面还会出现沿表面传播的表面波。因此，声发射波的传播规律与固体介质的弹性性质密切相关。

　　声发射波在介质中的传播，根据质点的振动方向和传播方向不同，可构成纵波、横波、表面波、Lamb 波等不同传播模式。纵波：质点的振动方向与波的传播方向平行，可在固体、液体、气体介质中传播，如图 8-2 所示。横波：质点的振动方向与波的传播方向垂直，只能在固体介质中传播，如图 8-3 所示。表面波（Rayleigh 波）：质点的振动轨迹呈椭圆形，沿深度为 1～2 个波长的固体近表面传播，波的能量随传播深度增加而迅速减弱，如图 8-4 所示。Lamb 波：因物体两平行表面所限而形成的纵波与横波组合的波，它

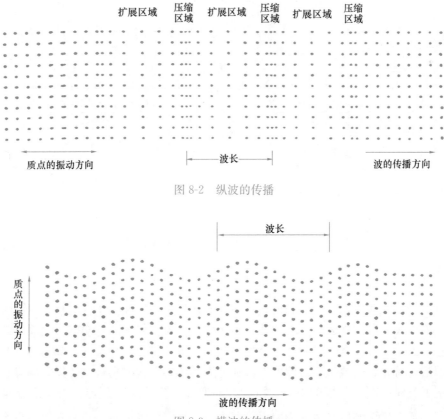

图 8-2　纵波的传播

图 8-3　横波的传播

在整个物体内传播，质点做椭圆轨迹运动，按质点的振动特点可分为对称型（扩展波）和非对称型（弯曲波）两种。

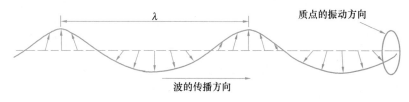

图 8-4　表面波的传播

在固体介质中，声发射源处同时产生纵波和横波两种传播模式。它们传播到不同材料界面时可产生反射、折射和模式转换。两种入射波除各自产生反射（或折射）纵波与横波外，在半无限体自由表面上，一定条件下还可转换成表面波，如图 8-5 所示。厚度接近波长的薄板中又会产生板波。在厚度远大于波长的厚壁结构中，波的传播变得更为复杂，其示意图如图 8-6 所示。

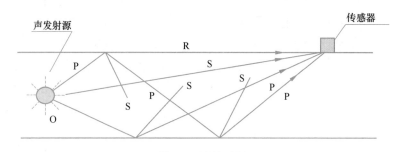

图 8-5　波的反射

O—波源；P—纵波；S—横波；R—表面波

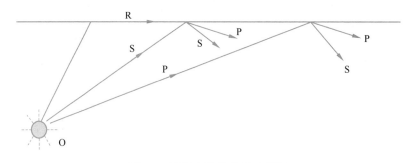

图 8-6　厚板中波的传播示意图

O—波源；P—纵波；S—横波；R—表面波

声发射波经界面反射、折射和模式转换，各自以不同波速、不同波程、不同时序到达传感器，因而波源所产生的一个尖脉冲波到达传感器时，以纵波、横波、表面波或板波及其多波程、迟达波等复杂次序到达，分离成数个尖脉冲或经相互叠加而成为持续时间很长的复杂波形，有时长达数毫秒。此外，再加上后述传感器频响特性及传播衰减等影响，信号波形的上升时间变慢、幅度下降、持续时间变长、到达时间延迟、频率成分向低频偏移。这种变化不仅影响声发射波形的定量分析，而且给波形的常规参数分析也带来复杂的影响，应予以充分注意。

8.2.2　声发射波的衰减

衰减就是声波的幅值随离声源距离的增加而减小，衰减控制了声源距离的可检测性。因此，对于声发射检测来说，声发射波的衰减是确定传感器间距的关键因素。

引起波衰减的原因有很多种，尤其与决定波幅的物理参数有关。引起波幅下降的衰减机制也有很多种，但并非所有的衰减机制都会引起能量的损失，某些衰减机制仅会引起波的传播模式转变和能量的重新分布，并无实际的能量损失。下面是波传播的几种主要衰减因素。

几何衰减：当波由一个局域的源所产生时，波动将从源部位向所有的方向传播。即使在无损耗的介质中，整个波前的能量保持不变，但散布在整个波前球面上，随着波传播距离的增加，波的幅度必定下降。

频散衰减：频散是在某些物理系统中波速随频率变化引起的一种现象。由于实际的声发射信号包括多种频率的分量，而波的速度则与波的频率有关，波包中不同频率的分量在介质中将以不同的速度传播，因此随着波传播距离的增加，波包的幅度将下降。

散射和衍射衰减：波在具有复杂边界或不连续（如空洞、裂纹、夹杂物等）的介质中传播将与这些几何不连续产生相互作用，导致散射和衍射现象。由于波的散射和衍射都能导致波幅下降（某些情况下增加），两种情况都会引起波的衰减。产生散射最常见的一个原因是某些材料中的不均匀晶粒，例如，粗晶结构的铸铁对 1MHz 以上频率范围的波产生明显的散射，由散射引起的衰减也是十分显著的。

由能量损耗机制（内摩擦）引起的衰减：在上述讨论的波的衰减机制中，如果固体为弹性介质，所有波（原始波、反射波、散射波、衍射波、频散等）的总机械能保持不变。然而，在实际的介质中波传播的总机械能不是保持不变的，而是逐渐衰减的。由于热弹效应，机械能可以被转变为热能。如果应力超过介质的弹性极限，塑性变形也会引起机械能的损失。裂纹扩展将波的机械能转换为新的表面能，波与介质中位错的相互作用也可引起能量的损失和衰减。塑性材料的黏性行为、界面之间的摩擦和复合材料中非完全结合的夹杂物或纤维都会引起波的能量损耗和衰减。磁弹相互作用、金属中的电子相互作用、顺磁电子或核子的自旋机制等也会引起波的能量损失和衰减。无论上述哪一种机制引起机械能的损耗，波的幅度都将随波在介质中的传播而下降。

其他因素：相邻介质"泄漏"，即因波向相邻介质"泄漏"而造成波的幅度下降，如容器中的水介质；障碍物，即容器上的接管、孔等障碍物也可造成波的幅度下降。

实际结构中，波的衰减机制很复杂，难以用理论计算，只能通过试验测得。例如，在被检件表面上，利用铅芯折断模拟源和声发射仪，按一定的间距测得幅度（dB）—距离（m）曲线。通常，随着频率的增加，内摩擦也增加，衰减加快。

传播衰减的大小关系到每个传感器可探测的距离范围，在源定位中成为确定传感器间距或工作频率的关键因素。在实际应用中，为减少衰减的影响常采取的措施包括：降低传感器频率或减小传感器间距。例如，对复合材料的局部检测通常采用 150kHz 的高频传感器，而大面积检测则采用 30kHz 的低频传感器，对大型构件的整体检测可相应增加传感器的数量。

8.2.3 凯塞尔效应和费利西蒂效应

1. 凯塞尔效应

材料的受载历史对重复加载声发射特性有重要影响。重复载荷到达原先所加最大载荷之前不产生明显的声发射信号，这种声发射不可逆现象称为凯塞尔效应。在多数金属材料和岩石中，可观察到明显的凯塞尔效应。但是，重复加载前，如产生新裂纹或其他可逆声发射机制，则凯塞尔效应不再适用。

凯塞尔效应在声发射检测技术中有重要用途，包括在役构件新生裂纹的定期过载声发射检测；岩体等原先所受最大应力的推定；疲劳裂纹起始与扩展声发射检测；通过预载措施消除加载销孔的噪声干扰；加载过程中常见的可逆性摩擦噪声的鉴别。

2. 费利西蒂效应

材料重复加载时，重复载荷到达原先所加最大载荷之前即产生明显声发射信号的现象称为费利西蒂（Felicity）效应，也可认为是反凯塞尔效应。重复加载时的声发射起始载荷（P_{AE}）与原先所加最大载荷（P_{max}）之比（P_{AE}/P_{max}），称为费利西蒂比。

费利西蒂比作为一种定量参数，较好地反映了材料中原先所受损伤或结构缺陷的严重程度，已成为缺陷严重性的重要评定判据。树脂基复合材料等黏弹性材料因具有应变对应力的滞后效应而使其应用更为有效。费利西蒂比大于 1 表示凯塞尔效应成立，而小于 1 则表示不成立。在一些复合材料构件中，将费利西蒂比小于 0.95 作为声发射源超标的重要判据。

8.3 声发射检测系统

固体介质中传播的声发射信号含有声发射源的特征信息，要利用这些信息反映材料特性或缺陷发展状态，就要在固体表面接收这种声发射信号。声发射信号是瞬变随机波信号，垂直位移极小，为 $10^{-1} \sim 10^{-7}$ m，频率分布在次声到超声频率范围（几赫兹到几十兆赫兹）。这要求声发射检测仪器具有高响应速度、高灵敏度、高增益、宽动态范围、强阻塞恢复能力和频率检测窗口可以选择等性能。在实际的声发射检测过程中，检测到的信号往往是经过多次反射和波形变换的复杂信号。声发射信号由传感器接收并转换成电信号，传感器根据特定的校准方法给出频率—灵敏度曲线，据此可根据检测目的和环境选择不同类型、不同频率和灵敏度的传感器。

8.3.1 声发射传感器结构

当前，由于电子技术、微电子技术、电子计算机技术的迅速发展，使电学量具有便于处理、便于测量等特点，因此传感器通常由敏感元件、转换元件和转换电路组成，输出电学量。敏感元件可以直接感受被测量参数，并以确定关系输出某一物理量（包括电学量）；转换元件会将敏感元件输出的非电物理量，如位移、应变、应力、光强等转换成电学量（包括电路参数量、电压、电流等）；进而通过转换电路将电路参数量（如电阻、电感、电容等）转换成便于测量的电参量，如电压、电流、频率等。

有些传感器只有敏感元件，如热电偶，它感受被测温差时直接输出电动势；有些传感器由敏感元件和转换元件组成，无需转换电路，如压电式加速度传感器；有些传感器由敏感元件和转换电路组成，如电容式位移传感器；有些传感器的转换元件不止一个，要经过若干次转换才能输出电学量。

声发射传感器一般由壳体、保护膜、压电元件、阻尼块、连接导线及高频插座组成。压电元件通常采用锆钛酸铅、钛酸钡和酸锂等。根据不同的检测目的和环境采用不同结构和性能的传感器。其中，谐振式高灵敏度传感器是声发射检测中使用最多的一种。单端谐振式传感器的结构简单，如图 8-7 所示。将压电元件的负电极面用导电胶粘贴在底座上，另一面焊出一根很细的引线与高频插座的芯线连接，外壳接地。

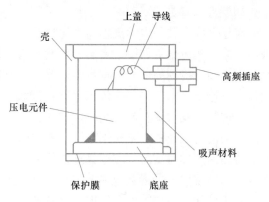

图 8-7 单端谐振式传感器

传感器的输入端作用是力、位移或者速度，输出则为电压。可以认为，力、位移或者速度转化为电压的整个系统为线性系统。在分析线性系统时，并不关注系统内部各种不同的结构情况，而是要研究激励与响应同系统本身特性之间的联系。一般线性系统的激励与响应所满足的关系可以用图 8-8 来表示。

图 8-8 线性系统的激励与响应示意图

传感器输出 $u(t)$ 是电学量的电压标量，输入可以是表面原子的位移 $d(t)$、力学量的力矢量 $F(x,t)$、速度矢量 $V(x,t)$ 等。简化处理假定只有垂直分量作用在传感器上，这样就可以建立输入与输出两组标量之间的转换关系。

传感器有一定的大小，作用在每一点上的力学量不同，实际测出的是作用面上的平均值。传感器的输入和它所在的位置有关，假定传感器所在区域的输入参量是均匀的，就可排除与位置的相关性。传感器的存在会改变所在部位输入的大小，假定传感器的输入就是无传感器时的输入。传感器与标定试块的机械阻抗匹配影响传感器的标定结果，通常声发射传感器采用钢材来进行标定。

根据以上假定，传感器的灵敏度可以定义为：

$$|T(\omega)| = \left| \frac{U(\omega)}{D(\omega)} \right| \tag{8-1}$$

式中，T 为灵敏度，可用对数表示；ω 为频率；U 为传感器的输出电压；D 为单位时间表面原子的垂直位移分量或表面压力垂直分量。

8.3.2 声发射传感器类型

1. 谐振式传感器

在工程应用上，对于金属材料及其构件通常使用公称频率为 150kHz 的谐振式窄带传感器来测量声发射信号，采用计数、幅度、上升时间、持续时间、能量等这些传统的声发射参数。谐振式窄带传感器的灵敏度较高并且有很高的信噪比，价格便宜、规格多，尤其在已了解材料声发射源特性的情况下，可有针对性地选择合适型号的谐振式传感器以获取某一频带范围的声发射信号或提高系统灵敏度。应当指出，谐振式窄带传感器并不是只对某频率信号敏感，而是对某频带信号敏感，对其他频带信号灵敏度较低。

2. 宽带传感器

在与声源有关的力学机理尚不清楚的情况下，用谐振式传感器测量声发射信号有其局限性。为了测量到更加接近真实的声发射信号以研究声源特性，就需要使用宽带传感器来获取更宽频率范围的信号。宽带传感器的主要特点是采集的声发射信号丰富、全面，当然其中也包含噪声信号；该传感器具有带宽、高保真的特点，可以捕捉到真实的波形。

在进行声发射试验或检测时，选择合适的传感器的原则主要有两个：一是根据试验或检测目的进行选择；二是根据被测声发射信号的特征进行选择。对于不了解材料或构件声发射特性的声发射试验，应选择宽带传感器，以获得试验对象的声发射信号特征，包括频率范围和声发射信号参数范围，同时获得试验过程中可能出现的非相关声发射信号的特征。对于已知材料或构件声发射信号特征的声发射试验或检测，可以根据试验或检测目的选择谐振式传感器，增加感兴趣的声发射信号的灵敏度，抑制其他非相关声发射信号的干扰。例如，钢材中焊接缺陷开裂产生的声发射信号频率范围为 $90\sim300\mathrm{kHz}$，钢质压力容器的声发射检测一般采用中心频率为 $150\mathrm{kHz}$ 的谐振式传感器，以提高对焊接缺陷开裂声发射信号的探测灵敏度。

8.3.3　声发射传感器安装

声发射信号经传输介质、耦合介质、换能器、测量电路获取，从图 8-9 可以看出，影响信号接收的因素很多，因此在传感器表面和检测面的耦合以及传感器的安装等细节方面都需要严格要求。

$$声发射源s(t)，S(\omega) \rightarrow \boxed{\begin{array}{l}传输介质m(t)，M(\omega)\\耦合介质c(t)，C(\omega)\\传感器x(t)，X(\omega)\end{array}} \rightarrow 输出信号f(t)，F(\omega)$$

图 8-9　影响声发射信号接收的因素

一般将耦合剂涂抹在传感器底部后，再通过磁座方式进行安装固定。使用耦合剂的目的首先是充填接触面之间的微小空隙，不使这些空隙间的微量空气影响声波的穿透；其次是通过耦合剂的"过渡"作用，使传感器与检测面之间的声阻抗差减小，从而减小能量在此界面的反射损失；另外，还起到"润滑"作用，减小传感器面与检测面之间的摩擦。

8.4　声发射信号分析

8.4.1　声发射信号参数

声发射传感器将声发射源产生的机械波转换为连续的电信号，前置放大器将这一电信号放大并传输给声发射仪器中的主处理器，主处理器对声发射信号进行处理然后存入存储器等待后续的信号分析和显示。因此，声发射信号的处理是后续对材料的声发射信号进行存储、分析和结果评价的基础。目前对声发射信号进行采集和处理的方法可分为两大类：第一类为对声发射信号直接进行波形特征参数测量，仪器只存储和记录声发射信号的波形特征参数，然后对这些波形特征参数进行分析和处理，以得到材料中声发射源的信息；第二类为直接存储和记录声发射信号的波形，以后可以直接对波形进行各种分析，也可以对这些波形进行特征参数测量和处理。

目前人为地将声发射信号分为突发型和连续型。如果大量的声发射事件同时发生且在时间上不可分辨，这些信号就叫作连续型声发射信号。一般流体泄露、金属塑性变形等都是连续型信号。以突发型声发射信号为例，图 8-10 为突发型标准声发射信号简化波形参数的定义，由这一模型可以得到撞击计数、振铃计数、幅度、能量计数、上升时间等参数。

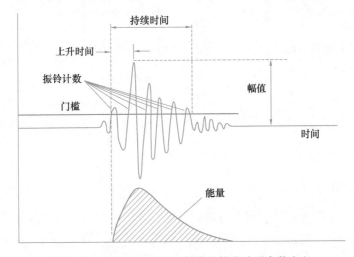

图 8-10　突发型标准声发射信号简化波形参数定义

表 8-1 列出了常用声发射信号特性参数的含义和用途。这些参数的累加可以被定义为时间或试验参数（如压力、温度等）的函数，如总事件计数、总振铃计数和总能量计数等。这些参数也可以被定义为随时间或试验参数变化的函数，如声发射事件计数率、声发射振铃计数率和声发射信号能量率等。也可以对任意两个参数组合进行关联分析，如声发射事件—幅度分布、声发射事件能量—持续时间关联图等。

声发射信号特性参数　　　　　　　　　　　　表 8-1

参数	含义	特点和用途
撞击和撞击计数	超过门槛并使某一通道获取数据的任何信号称为一个撞击，所测得的撞击个数可分为总计数和计数率	反映声发射活动的总量和频度，常用于声发射活动性评价
事件计数	产生声发射的一次材料局部变化称为一个声发射事件，可分为总计数和计数率	反映声发射事件的总量和频度，用于源的活动性和定位集中度评价，与材料内部损伤、断裂源的多少有关
幅度	信号波形的最大振幅值，通常用 dBae 表示（传感器输出 1 μV 为 0dB）	与事件大小有直接关系，直接决定事件的可测性，常用于波源的类型鉴别、强度及衰减测量

续表

参数	含义	特点和用途
能量计数	信号检波包络线下的面积,可分为总计数和计数率	反映事件的相对能量或强度。对门槛、工作频率和传播特性不甚敏感,可取代振铃计数,也可用于波源的类型鉴别
振铃计数	当一个事件撞击传感器时,使传感器产生振铃。越过门槛信号的振荡次数,可分为总计数和计数率	信号处理简便,适用于两类信号,又能粗略反映信号强度和频度,因而广泛用于声发射活动性评价,但受门槛值大小的影响
持续时间	信号第一次越过门槛至最终降至门槛所经历的时间间隔,以 ms 表示	与振铃计数十分相似,但常用于特殊波源类型和噪声的鉴别
上升时间	信号第一次越过门槛至最大振幅所经历的时间间隔,以 μs 表示	因受传播的影响使其物理意义变得不明确,有时用于机电噪声鉴别
有效值电压	采样时间内,信号的均方根值,以 V 表示	与声发射的大小有关,测量简便,不受门槛的影响,适用于连续型信号,主要用于连续型声发射活动性评价
平均信号电平	采样时间内,信号电平的均值,以 Db 表示	提供的信息和用途与 RMS 相似,对幅度动态范围要求高而时间分辨率要求不高的连续型信号尤为有用,也可用于背景噪声水平的测量

8.4.2　声发射源定位

　　声发射源的定位需由多通道声发射仪器来实现,这也是多通道声发射仪最重要的功能之一。对于突发型声发射信号声发射源定位有时差定位和区域定位两种方法,其中时差定位较为常用。

　　时差定位是经对各个声发射通道信号到达时间差、声速、探头间距等参数的测量及复杂的算法运算来确定声发射源的坐标或位置。时差定位是一种精确而又复杂的定位方式,广泛用于试样和构件的检测。时差定位还可以分为线定位、平面定位和三维立体定位。

1. 线定位技术

　　当被检测物体的长度与半径之比非常大时,易采用线定位进行声发射检测,如管道、棒材、钢梁等。时差线定位至少需要两个声发射探头,其定位原理如图 8-11(a)所示。例如,在 1 号和 2 号探头之间有 1 个声发射源产生 1 个声发射信号,到达 1 号探头的时间为 T_1,到达 2 号探头的时间为 T_2,因此该信号到达两个探头之间的时差为 $\Delta t = T_2 - T_1$,如以 D 表示两个探头之间的距离,以 V 表示声波在试样中的传播速度,则声发射源

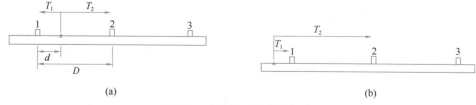

(a)　　　　　　　　　　　　　　　(b)

图 8-11　声发射时差线定位原理

距 1 号探头的距离 d 可由下式得出：

$$d = \frac{1}{2}(D - \Delta t V) \tag{8-2}$$

由上式可以算出，当 $\Delta t = 0$ 时，声发射信号源位于两个探头的正中间；当 $\Delta t = D/V$ 时，声发射源位于 1 号探头处；当 $\Delta t = -D/V$ 时，声发射源位于 2 号探头处。

图 8-11（b）为声发射源在探头阵列外部的情况，此时，无论信号源距 1 号探头有多远，时差均为 $\Delta t = T_2 - T_1 = D/V$，声发射源被定位在 1 号探头处。

【例 8-1】已知在一根长细杆的两端布置 A、B 两个声发射探头，杆长度为 1m，在长时间疲劳作用下杆出现一处裂纹缺陷，A、B 两探头分别接收到该损伤产生的声发射信号，A 探头接收到声发射信号比 B 探头早 1.6×10^{-5} s。已知声波在杆中的传播速度为 5000m/s，试计算缺陷发生的位置。

【解】已知声发射信号到达 A 探头的时间早于 B 探头，可将 A 探头位置作为参考点，将杆长、时差、声速代入公式（8-2）：

$$d = \frac{1}{2}(D - \Delta t V) = \frac{1}{2} \times (1 - 1.6 \times 10^{-5} \times 5000) = 0.46 \text{m}$$

因此，缺陷发生位置距离 A 探头 0.46m。在实际应用中，声发射信号到达各探头的时间是随机的，可能 B 探头收到信号的时间早于 A 探头，此时宜将 B 探头作为参考点，将已知信息代入公式即可得到缺陷位置。

2. 平面定位技术

平面定位技术的计算方法取决于探头的数量，由于不同数量探头的摆放方式和信息均有不同，因此可分为两个探头阵列、三个探头阵列和四个探头阵列的平面定位计算方法。

对于两个探头阵列的平面定位计算方法，考虑将两个探头固定在一个无限大平面上，假设应力波在所有方向的传播均为常声速 V，两个探头的定位结果如图 8-12 所示，由此得到如下方程：

$$\Delta t V = r_1 - R \tag{8-3}$$

$$Z = R \sin\theta \tag{8-4}$$

$$Z^2 = r_1^2 - (D - R\cos\theta)^2 \tag{8-5}$$

由上面三个方程可以导出：

$$R = \frac{1}{2} \frac{D^2 - \Delta t^2 V^2}{\Delta t V + D\cos\theta} \tag{8-6}$$

公式（8-6）是通过定位源 (X_s, Y_s) 的一个双曲线，在双曲线上的任何一点产生的声发射源到达两个探头的次序和时差是相同的，而两个探头位于这一双曲线的焦点上。

图 8-12 中两个探头的声发射源定位显然不能满足平面定位的需要，但如果增加第三个探头即可以实现平面定位。如图 8-13 所示，可获得的输入数据为三个探头的声发射信号到达次序和到达时间及两个时差，由此可以得到如下系列方程：

$$\Delta t_1 V = r_1 - R \tag{8-7}$$

$$\Delta t_2 V = r_2 - R \tag{8-8}$$

$$R = \frac{1}{2} \frac{D_1^2 - \Delta t_1^2 V^2}{\Delta t_1 V + D_1 \cos(\theta - \theta_1)} \tag{8-9}$$

$$R = \frac{1}{2} \frac{D_2^2 - \Delta t_2^2 V^2}{\Delta t_2 V + D_2 \cos(\theta_3 - \theta)} \tag{8-10}$$

公式（8-9）和公式（8-10）为两条双曲线方程，通过求解可以得到两条双曲线的交点，也就可以计算出声发射源的位置。

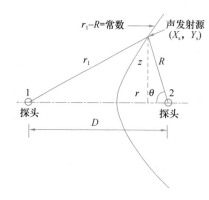

图 8-12　无限大平面中两个
探头的声发射源定位图

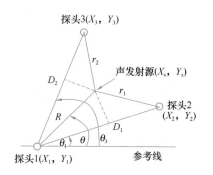

图 8-13　三个探头阵列的
声发射源平面定位

对任意三角形的平面声发射源定位求解公式（8-9）和公式（8-10），得到双曲线的两个交点，即一个真实的声发射源和一个伪声发射源，但如采用图 8-14 所示的四个探头构成的菱形阵列进行平面定位，则只会得到一个真实的声发射源。

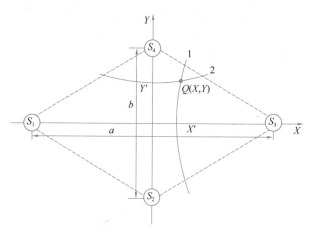

图 8-14　四个探头阵列的声发射源平面定位

若由探头 S_1 和 S_2 间的时差 Δt_X 所得双曲线为 1，由探头 S_2 和 S_4 间的时差 Δt_Y 所得双曲线为 2，声发射源为 Q，探头 S_1 和 S_3 的间距为 a，S_2 和 S_4 的间距为 b，波速为 V，那么声发射源就位于两条双曲线的交点 $Q(X,Y)$ 上，其坐标可表示为：

$$X = \frac{L_X}{2a}\left[L_X + 2\sqrt{\left(X - \frac{a}{2}\right)^2 + Y^2}\right] \tag{8-11}$$

$$Y = \frac{L_Y}{2b}\left[L_Y + 2\sqrt{\left(Y - \frac{b}{2}\right)^2 + X^2}\right] \tag{8-12}$$

式中，$L_X = \Delta t_X V$，$L_Y = \Delta t_Y V$。

3. 三维立体定位技术

三维立体定位至少需要 4 个传感器。这里建立一个三维坐标系，以 4 个传感器中 T_2 为基准，测量其他 3 个传感器与基准信号的时间差。为了简化说明，假设声发射信号在该三维空间的传播速度已知，为恒定值。根据空间的几何关系方程得出声发射源到各个传感器的距离差，进而计算出声发射源的相对空间坐标，如图 8-15（a）所示。

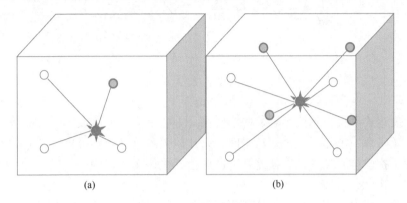

图 8-15　传感器布置示意图

其中 $T_0 \sim T_3$ 为 4 个接收传感器，位于同一平面之内（z 轴坐标均为 0），S 为声源位置。设 T_2 为坐标原点 $(0，0，0)$，T_0 为 $(x_0，y_0，z_0)$，T_1 为 $(x_1，y_1，z_1)$，T_3 为 $(x_3，y_3，z_3)$，S 为 $(x，y，z)$，则可列出距离差：

$$\begin{cases} |ST_0| - |ST_2| = d_{02} \\ |ST_1| - |ST_2| = d_{12} \\ |ST_3| - |ST_2| = d_{32} \end{cases} \tag{8-13}$$

于是有：

$$\begin{cases} \sqrt{(x-x_0)^2 + (y-y_0)^2 + (z-z_0)^2} - \sqrt{x^2+y^2+z^2} = d_{02} \\ \sqrt{(x-x_1)^2 + (y-y_1)^2 + (z-z_1)^2} - \sqrt{x^2+y^2+z^2} = d_{12} \\ \sqrt{(x-x_3)^2 + (y-y_3)^2 + (z-z_3)^2} - \sqrt{x^2+y^2+z^2} = d_{32} \end{cases} \tag{8-14}$$

化简后可得：

$$\begin{cases} 2(x_0 x + y_0 y + z_0 z) + 2d_{02}\sqrt{x^2+y^2+z^2} = x_0^2 + y_0^2 + z_0^2 - d_{02}^2 \\ 2(x_1 x + y_1 y + z_1 z) + 2d_{12}\sqrt{x^2+y^2+z^2} = x_0^2 + y_0^2 + z_0^2 - d_{12}^2 \\ 2(x_3 x + y_3 y + z_3 z) + 2d_{32}\sqrt{x^2+y^2+z^2} = x_0^2 + y_0^2 + z_0^2 - d_{23}^2 \end{cases} \tag{8-15}$$

令：

$$\begin{cases} x_0^2 + y_0^2 + z_0^2 - d_{02}^2 = 2d_0 \\ x_1^2 + y_1^2 + z_1^2 - d_{12}^2 = 2d_1 \\ x_3^2 + y_3^2 + z_3^2 - d_{32}^2 = 2d_3 \end{cases} \tag{8-16}$$

将以上两组公式相比较后得到一组独立方程组：

$$
\begin{cases}
(x_0 x + y_0 y + z_0 z - d_0)/(x_1 x + y_1 y + z_1 z - d_1) = c_{01} \\
(x_0 x + y_0 y + z_0 z - d_0)/(x_3 x + y_3 y + z_3 z - d_3) = c_{01} \\
(x_0 - c_{01} x_1) x + (y_0 - c_{01} y_1) y + (z_0 - c_{01} z_1) z - d_0 + c_{01} d_1 = 0 \\
(x_0 - c_{03} x_3) x + (y_0 - c_{03} y_3) y + (z_0 - c_{03} z_3) z - d_0 + c_{03} d_3 = 0
\end{cases}
\tag{8-17}
$$

代入初始条件 $z_0 = z_1 = z_2 = z_3 = 0$ 可得：

$$
\begin{cases}
x = (d_0 - c_{01} d_1)(y_0 - c_{03} y_3) - (d_0 - c_{03} d_3)(y_0 - c_{01} y_1)/ \\
\quad (x_0 - c_{01} x_1)(y_0 - c_{03} y_3) - (x_0 - c_{03} x_3)(y_0 - c_{01} y_1) \\
y = (d_0 - c_{03} d_3)(y_0 - c_{01} y_1) - (d_0 - c_{01} d_1)(y_0 - c_{03} y_3)/ \\
\quad (x_0 - c_{03} x_3)(y_0 - c_{01} y_1) - (x_0 - c_{01} x_1)(y_0 - c_{03} y_3) \\
z = \{\{[d_0 - (x_0 x + y_0 x)]/d_{02}\}^2 - (x^2 + y^2)\}^{1/2}
\end{cases}
\tag{8-18}
$$

　　由以上表达式共可得到两个解，两个解在 z 方向坐标为相反数，可以根据实际情况取得其中一个正确解。虽然以上公式从空间解析几何关系可以获得推导，但实际工程应用中因存在各种干扰使得时延估计有偏差，因此由上式往往无法定位。另外，还可以采用牛顿迭代法来解公式（8-17）。

　　由以上分析可以知道，这种算法需要布置 4 个传感器，而且在解方程的过程中会出现错误解，所以采用这种传感器布置方法一般需要布置 7 个或 8 个传感器，根据传感器的个数选择就可以得到不同的算法和程序。

　　首先，可以采用固定的传感器布置。传感器布置主要有两种方式，如图 8-15 所示，一种为 4 个传感器布置，一种为 8 个传感器布置，当然可以根据三维物体的实际尺寸来选择传感器的数目，通过增加传感器数目，以达到缩小定位传感器之间距离的目的，从而提高定位精度。对于这两种传感器布置方式，4 个传感器布置可以使试验设备简化，同时更容易获得定位信息；而 8 个传感器布置可以获得更多的实体内部信息，因此更精确。另外，还可以灵活设置可自由移动的探头，通过移动探头来获得不同的初始值，最后逐步达到精确的定位。

8.5　声发射技术的应用

8.5.1　拉索损伤检测

　　拉索是索承体系桥梁最主要的受力构件，受环境侵蚀及疲劳应力作用，许多实桥的拉索与吊杆均出现了不同程度的损伤。自 20 世纪 70 年代开始，国外学者就开始进行拉索损伤声发射监测研究。早期的研究多是在钢丝绳或钢绞线中进行，但由于采集卡硬件性能不足，进展缓慢。随着计算机技术及信号采集系统硬件的快速发展，现有基于全波形数据采集的信号处理技术更多被采用。

　　腐蚀是实桥拉索中最常见的损伤病害（图 8-16），也是索体破断最主

图 8-16　拉索严重腐蚀

要的诱因。采用声发射监测腐蚀发展过程，能够获得腐蚀开展的基本规律。H. Idrissi 等采用声发射监测预应力钢筋的腐蚀失效过程，通过声发射事件累积数随时间的变化规律，明确地将腐蚀过程分成裂纹萌生、裂纹扩展和钢筋失效三个阶段。

Lamine Djeddi 等采用声发射监测拉索钢丝的腐蚀现象，发现电化学腐蚀的阴极和阳极声发射参数能量、计数等具有不同的分布特征，这些参数的变化与钢绞线的腐蚀退化进程相关，与荷载关系不大。William Velez 等采用声发射监测预应力钢筋的早期腐蚀，采用幅值—持续时间图进行噪声滤除，噪声通常表现出低幅值、长持续时间，无论裂纹是否产生，强度指标都可以很好地识别早期出现的锈蚀。

疲劳是腐蚀加速扩展的催化剂，也是拉索经常出现的损伤病害之一。李冬生等采用声发射监测碳纤维拉索的疲劳发展过程，通过声发射特征参数所获得的 b 值、Kurtosis 指标及 RA 值来区分不同的纤维破坏模式，并研究了多龄期斜拉索腐蚀疲劳损伤演化规律。李惠等首先分析了声发射信号的多尺度分形维数，采用分形维数及曲线长度建立损伤指标，并在复合材料拉索中进行疲劳试验。结果显示，在循环加载早期，损伤指标增长较慢，而在疲劳开展晚期，损伤指标迅速增长。

拉索出现腐蚀、疲劳等累积损伤之后，最终表现为单根钢丝的断裂乃至整根拉索破坏。孙利民等开展了高强钢丝及拉索声发射试验，研究声发射波形在钢丝上传播的时频域特征及能量指数衰减规律，并进行单根钢丝断丝试验，获得了部分断丝源的波形特征。

8.5.2 风电机组叶片损伤检测

风电机组叶片的材质通常为纤维增强塑料，通过高强度黏合剂将垂直抗剪腹板连接到上下翼梁盖上，从而确保抗扭刚度和抗弯刚度。风电机组叶片运行期间可能由多种原因导致叶片损坏（图 8-17），如风、大雨、雷击、冰雹、鸟撞击、生产安装过程中的人为失误等。叶片损坏使得空气动力效率损失，从而导致发电量减少，使用寿命缩短。

声发射检测适用于叶片早期故障的预警，它对于微小的结构变化十分敏感，可以用于检测裂纹初期的进一步扩展或区分损伤机制，诸如裂纹增长、脱粘、大变形、分层和冲击等情况。Tang 等提出人工模拟叶片的疲劳损伤，并成功通过声发射检测出裂纹增长与叶片分层情况。

通过声发射传感器记录的信号，用不同的特征属性（例如频率、幅度、周期、能量等）进行分析。声发射信号分析可用于确定叶片的状态、损伤

图 8-17　风电机组叶片损伤

位置和故障模式；波的到达时间可以确定损坏的位置；而随着叶片损坏的增加，传感器上会积累更多的声能，这样可以检测损坏程度。但同时由于信号衰减的存在，使用的传感器必须尽可能靠近损伤源，这也让该技术的使用受限。为降低衰减特性导致的声发射源定位误差，Ebrahimkhanlou 等建立了一个概率框架估计 AE 源与传感器之间的直接距离。通

过分析传感器的衰减，Tan 等证明，AE 源与传感器的最大距离为 1m。

8.5.3 混凝土开裂损伤检测

混凝土结构作为建筑工程的重要组成部分，将直接影响结构的安全性。然而混凝土的健康状态难以直接判断，因此对混凝土结构进行长期、实时监测，并预警结构的破坏显得十分必要。声发射技术能够对混凝土结构进行健康监测，确保及时预警结构的破坏，减少事故发生，保障混凝土工程结构的运营安全。

声发射技术应用于混凝土损伤监测已有很长的历史。1959 年，Rusch 首先将声发射技术用于监测混凝土材料的加载过程，发现混凝土材料在极限载荷下初次加载时声发射活动性显著，但在二次加载时几乎没有声发射信号出现，由此证明了混凝材料同样具有 Kaiser 效应。自此开始，相关学者开始利用声发射技术监测混凝土的损伤过程，研究破坏产生时声发射参数和信号的相关机理及规律。

此外，声发射特征参数与混凝土裂缝大小、裂缝扩展程度等表征损伤程度指标的关系也是目前研究的重要内容。Santosh 等人利用声发射技术监测混凝土梁的断裂过程，利用声发射事件计数实现了判别混凝土在破坏过程中断裂区域和破坏区域的大小。Bahari 通过监测钢筋混凝土结构的三点弯曲试验（图 8-18），证明了声发射特征参数上升时间/幅值（Rise Time/Amplitude，RA）可定性确定钢筋混凝土梁受拉裂缝与剪切作用之间的关系。Ruodongd 等人对钢筋混凝土简支梁进行了加载破坏的声发射试验，得到了简支梁破坏过程中声发射特征参数的变化规律，并基于此对预测钢筋混凝土梁的破坏和梁极限承载力进行了初步探讨。Sagaidak 等人通过声发射技术监测混凝土梁的破坏过程，发现声发射事件的产生可预估混凝土结构中裂缝的产生及拓展。

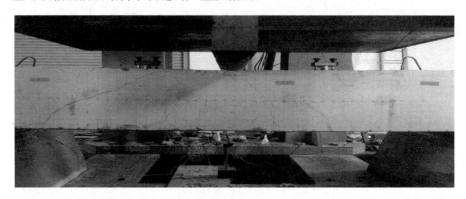

图 8-18　混凝土梁三点弯曲试验

本章小结

本章介绍了声发射技术的基本原理、检测系统和信号分析方法，以及其在不同领域的应用。首先，对声发射技术进行了概述，为读者提供了对声发射无损检测的整体认识。然后，详细介绍了声发射波的传播和衰减机制，以及凯塞尔效应和费利西蒂效应对声发射波传播的影响。接着，探讨了声发射检测系统的构成，包括声发射传感器的结构、类型和安装方法。随后，介绍了声发射信号分析的方法和参数，通过对声发射信号的分析，可以获取有关损伤特征和源定位的重要信息，帮助工程师准确评估材料或结构的健康状况。最后，探讨了声发射技术在拉索损伤检测、风电机组叶片损伤检测和混凝土开裂损伤检测等领域的应用。

思考与练习题

思考与练习题
参考答案

1. 什么是声发射？声发射具有什么特点？
2. 声发射波在介质中的传递模式有哪些？
3. 请简述声发射原理。
4. 什么是凯塞尔效应？
5. 什么是费利西蒂效应？
6. 损伤如何通过声发射信号定位？
7. 已知在一根长细杆的两端布置 A、B 两个声发射探头，杆长度为 2m，在长时间疲劳作用下杆出现一处裂纹缺陷，A、B 两探头分别接收到该损伤产生的声发射信号，A 探头接收到声发射信号比 B 探头迟 2.4×10^{-5} s。已知声波在杆中的传播速度为 4000m/s，试计算缺陷发生的位置。
8. 已知在一根长细杆的两端和中间位置布置 A、B、C 三个声发射探头，杆长度为 4m，在长时间疲劳作用下杆出现一处裂纹缺陷，A、B 两探头分别接收到该损伤产生的声发射信号，A 探头接收到声发射信号比 B 探头迟 2.4×10^{-5} s，A 探头接收到声发射信号比 C 探头早 4.76×10^{-4} s。已知声波在杆中的传播速度为 4000m/s，试计算缺陷发生的位置。

电磁无损探测技术

知识图谱

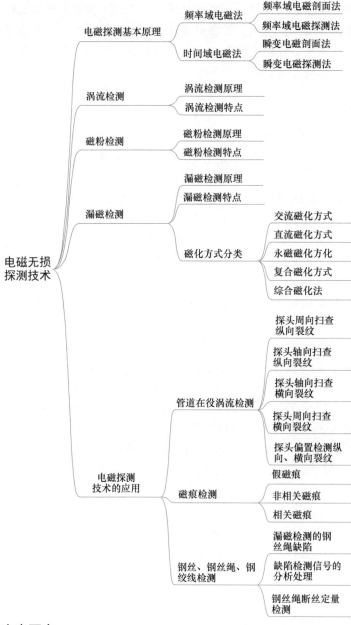

本章要点

知识点1：电磁探测技术的优势和侧重点。

知识点2：电磁探测技术的特点以及不同需求下的选择应用。

学习目标

（1）了解电磁探测的基本原理。

（2）了解电测探测技术的分类及其优缺点。

（3）理解各种电磁探测技术的基本原理。

电磁探测技术是以材料电磁性能变化为判断依据，来对材料及构件实施缺陷检测和性能测试的方法的统称。以电磁基本原理为理论基础，主要包括涡流法、磁粉法、漏磁法、微波法、电流扰动法、巴克豪森噪声法、磁记忆法、太赫兹法、电磁超声法和涡流热成像法等。电磁探测技术具有灵敏度高、检测速度快、效率高等优点，是工业领域中对导电及铁磁材料工件实施表面检测的首选方法，在航空航天、核工业、机械、石油、电力、铁道等工业部门的质量检验及管理中发挥着重要作用。

9.1 电磁探测技术概述

1831 年，法拉第发现了电磁感应现象，并在试验的基础上提出了电磁感应定律。在这之后的 100 多年里，电磁学的理论及其试验不断完善与发展，为电磁检测的创立奠定了坚实基础。

早在 19 世纪末期，人们就发现电磁方法可以用来进行金属材料的分选；在 20 世纪之前，电磁方法主要应用于材料分选和不连续性检测；1890—1920 年，人们致力于研究减少薄钢板中的涡流和磁滞损耗；1921—1935 年，涡流探伤仪和涡流测厚仪先后问世；第二次世界大战期间（1935—1945 年），许多领域技术的快速发展，促进了对无损检测的需求和先进检测方法的发展。雷达和声纳系统、电子仪器和用于消磁船只及磁触发水雷的磁传感器的发展，也给无损检测的科学研究带来了新的活力。1945 年后，Fars 通用于超声检测的超声探伤仪和 Foster 先进的涡流仪及磁强计系统等成果已用作工业无损检测系统。这些系统提供了新的功能，可用于缺陷的无损探测与定位和材料特性检测等。20 世纪 50—60 年代，伴随着战争创伤的医治和工业生产的复苏，带来了无损检测技术（包括电磁检测）一个新的繁荣时期。其中，值得一提的是，由于德国福斯特博士的工作，卓有成效地推动了全世界涡流检测技术在工业部门中的实际应用和发展。20 世纪 80 年代以后，电子技术和计算机技术的发展进入了一个崭新的时期，大规模集成电路、新型电子器件、超大容量计算机和微型计算机的出现不仅提供了强大的计算工具，还进一步促进了电磁检测理论研究的深入，而且为研制各种类型的自动化检测系统和数字化、智能化检测仪器奠定了可靠的电子技术基础。

电法是所有地球物理方法中分支最多最复杂的，电磁法则是电法中最繁杂的方法。电磁法的分类有很多种，按场源形式可以分为人工场源（主动源）和天然场源（被动源）；按电磁场性质可以分为频率域电磁法和时间域电磁法；按观测方式可以分为电磁剖面法和电磁测深法；按工作场所可以分为地面、航空、井中和海洋电磁法等。

目前比较被认可的电磁法分类方法之一见表 9-1。

电磁法分类　　　　　　　　　　　　　　　　　　　　　　表 9-1

分类				适用场合
频率域电磁法	频率域电磁剖面法	被动源法	音频天然电场法	地面、航空
			甚低频法	
		主动源法	大定源回线法 实、虚分量法	地面、航空、井中
			振幅比—相位差法	
		电磁偶极剖面法	虚分量—振幅比法	
			水平线圈法	
			倾角法	

续表

分类				适用场合
频率域电磁法	频率域电磁探测法	被动源法	大地电磁探测法	地面
			音频大地电磁法	
		主动源法	频率测深法	
			可控源音频大地电磁法	
时间域电磁法	瞬变电磁剖面法			地面、航空、井中
	瞬变电磁探测法			地面

9.2 电磁探测基本原理

电磁法（电磁感应法）是电法勘探的重要分支。该方法主要利用岩矿石的导电性、导磁性和介电性的差，应用电磁感应原理，观测和研究人工天然形成的电磁场的分布规律（频率特性和时间特性），进而解决有关的各类地质问题。电磁感应法多利用 $10^{-3} \sim 10^8\,\mathrm{Hz}$ 的谐变电磁场（频率域）或不同形式的周期性电磁场（时间域），分别称为频率域电磁法和时间域电磁法。这两类方法产生异常的原理均遵循电磁感应定律，故基础理论和野外工作基本相同，但地质效能各有特点。

频率域电磁法的测深原理是利用电磁场的趋肤效应，不同周期（频率）的电磁场信号具有不同的穿透深度，通过研究大地对电磁场的频率响应，获得不同深度介质电阻率分布的信息。频率域的电磁剖面法是利用不同地质体的导电性不同，产生的感应二次场的强度不同，通过观测二次场的变化来达到探测电性结构的目的。

时间域电磁法是利用接地的电极或不接地的回线建立起地下的一次脉冲场，在一次磁场间歇期间，在时间域接收感应的二次电磁场。由于早时阶段的信号反映浅部的地电特性，而晚时阶段的信号反映较深部的地电断面，所以可以达到测深的目的。对于时间域的电磁剖面法，由于地下介质的导电性越好感抗便越大，所以二次场的强度越大，持续的时间越长，这样可用以寻找电性异常体。

电磁法理论的基础方程是麦克斯方程组，描述了电磁场最根本的规律。

$$\begin{cases} \nabla \times \vec{E} = -\dfrac{\partial \vec{B}}{\partial t}\,(\text{法拉第电磁感应定理}) \\[2mm] \nabla \times \vec{H} = \vec{j} + \dfrac{\partial \vec{D}}{\partial t} = \vec{J}\,(\text{磁场无源,涡旋场率}) \\[2mm] \nabla \cdot \vec{B} = 0\,(\text{安培 — 比萨拉定律}) \\[2mm] \nabla \cdot \vec{D} = q\,(\text{电场有源,库仑定律}) \end{cases} \tag{9-1}$$

式中，E 为电场强度；B 为磁感应强度；H 为磁场强度；j 为源电流密度；J 为传导电流密度；D 为电位移矢量；q 为自由体电荷密度。该方程组的物理意义是：电场可以是由电荷密度 q 引起的发散场，也可以是由变化的磁场引起的涡旋场，磁场是由传导电流和位移电流激励产生的涡旋场，空间并无独立的磁荷存在，麦克斯韦方程组建立了场强矢量、电流密度和电荷密度之间的关系。

分别对前两个方程两边取旋度：

$$\nabla \times \nabla \times \vec{E} + \mu\varepsilon \frac{\partial^2 \vec{E}}{\partial t^2} + \mu\sigma \frac{\partial \vec{E}}{\partial t} = 0$$

$$\nabla \times \nabla \times \vec{H} + \mu\varepsilon \frac{\partial^2 \vec{H}}{\partial t^2} + \mu\sigma \frac{\partial \vec{H}}{\partial t} = 0$$

(9-2)

式中，ε、μ、σ 分别为介电常数、磁导率、电导率。利用矢量恒等式，可以得到电场和磁场满足的微分方程：

$$\nabla^2 \vec{E} - \mu\varepsilon \frac{\partial^2 \vec{E}}{\partial t^2} - \mu\sigma \frac{\partial \vec{E}}{\partial t} = 0$$

$$\nabla^2 \vec{H} - \mu\varepsilon \frac{\partial^2 \vec{H}}{\partial t^2} - \mu\sigma \frac{\partial \vec{H}}{\partial t} = 0$$

(9-3)

该方程是电磁场的矢量位和标量位所满足的时间域波动方程，称之为电极方程或电报方程。若场的频率很高且在高阻介质情况下，一阶导数可被忽略，这时方程变为纯波动性的。相反，在低频和良导介质情况下，二阶可忽略，方程变为热传导性的（或扩散性的）。由此可见，在导电的强吸收介质中，电磁扰动的传播不是按波动规律而是按扩散规律传播的。在频率域中讨论波动方程同样具有重要意义。谐变电磁场的基本微分方程是亥姆霍兹齐次方程：

$$\nabla^2 \vec{H} - k^2 \vec{H} = 0$$

$$\nabla^2 \vec{E} - k^2 \vec{E} = 0$$

(9-4)

式中，k 为波数（或传播系数），$k = \sqrt{\omega^2 \mu\varepsilon - i\omega\mu\sigma}$。

利用上述方程组，结合给定的边界条件形成定解问题，用分离变量法求解。通常在频率 $f < 1000\mathrm{Hz}$ 及介质电阻率小于 $10^5 \Omega \cdot \mathrm{m}$ 范围内，就可忽略位移电流作用。

在不同介质分界面上，即在电性参数出现不连续时，除了满足以上方程之外，还需满足以下边界条件：

$$\begin{cases} E_{1t} = E_{2t}, H_{1t} = H_{2t} \\ D_{1t} = D_{2n}, B_{1n} = B_{2n} \end{cases}$$

(9-5)

式中，t 表示切向分量；n 表示法向分量。

为了简单起见，讨论平面波在均匀各向同性介质中的传播问题。波的前进方向与垂直地面的 z 轴方向一致，波面与 x、y 轴所在的地面平行。在选定的坐标系中，设 E 与 x 方向一致，H 与 y 方向一致，此时亥姆霍兹齐次方程为：

$$\frac{\partial^2 H_y}{\partial z^2} - k^2 H_y = 0$$

$$\frac{\partial^2 E_x}{\partial z^2} - k^2 H_x = 0$$

(9-6)

当考虑到 $z \to \infty$ 时，H 和 E 均应取趋向于零的极限条件，可以得到公式（9-6）的解为：

$$\begin{cases} H_y = H_{y0}\,e^{-kz} \\ E_x = E_{x0}\,e^{-kz} \end{cases} \tag{9-7}$$

另外考虑到传播系数 k 为复数时，令 $k = b + ia$，对公式（9-6）进行平方并与式 $k^2 = -\omega^2\mu\varepsilon - i\omega\mu\sigma$ 相对应，可得：

$$\begin{cases} a^2 - b^2 = \omega^2\mu\varepsilon \\ 2ab = -\omega\mu\sigma \end{cases} \tag{9-8}$$

解得 a 与 b 分别为：

$$\begin{cases} a = \omega\sqrt{\mu\varepsilon} \times \sqrt{\dfrac{1}{2}\sqrt{1 + \left(\dfrac{\sigma}{\omega\varepsilon}\right)^2 + 1}} \\ b = \omega\sqrt{\mu\varepsilon} \times \sqrt{\dfrac{1}{2}\sqrt{1 + \left(\dfrac{\sigma}{\omega\varepsilon}\right)^2 - 1}} \end{cases} \tag{9-9}$$

最终，谐变解表示为：

$$\begin{cases} H_y = H_{y0}\,e^{-bz}\,e^{-i(\omega t + az)} \\ E_x = E_{x0}\,e^{-bz}\,e^{-i(\omega t + az)} \end{cases} \tag{9-10}$$

从平面电磁波在地中的传播图不难看出：电磁波振幅沿 z 方向按指数规律衰减，并沿 z 方向前进 $1/b$ 距离时，振幅衰减为地表值的 $1/e$ 倍。习惯上将 $\delta = 1/b$ 称为电磁波的趋肤深度，b 为电磁波的衰减系数。从能量观点看，当交变电磁场在导电介质中传播时，必在其中产生感应电流，因而造成能量的热损耗。因此，也可认为这是介质对电磁能量的吸收，故亦称为吸收系数。在无磁性介质中，趋肤深度为：$\delta \approx 503\sqrt{\rho/f}$。

9.3 涡流检测

9.3.1 涡流检测原理

涡流检测是建立在电磁感应原理基础之上的一种无损检测方法，适用于导电材料。当导体置于交变磁场之中，导体中就会有感应电流产生，这种电流称为涡流。由于导体自身各种因素（如电导率、磁导率、形状、尺寸和缺陷等）的变化，会导致感应电流的变化，利用这种现象来判断导体性质、状态及有无缺陷的检测方法叫作涡流检测法。

涡流检测时把导体接近通有交流电的线圈，由线圈建立的交变磁场与导体发生电磁感应，在导体内感生出涡流。此时，导体中的涡流也会产生相应的感应磁场，并影响原磁场，进而导致线圈电压和阻抗的改变。当导体表面或近表面出现缺陷（或其他性质变化）时，会影响涡流的强度和分布，并引起线圈电压和阻抗的变化。因此，通过仪器检测出线圈中电压或阻抗的变化，即可间接地发现导体内缺陷（或其他性质变化）的存在。

由于被测工件形状及受检部位的不同，检测线圈的形状与被检试件的方式也不尽相同。为了适应各种检测需要，人们设计了各种各样的检测线圈和涡流检测仪器。其中，检测线圈用来建立交变磁场，把能量传递给被检导体；同时，又通过涡流所建立的交变磁场来获得被检测导体中的质量信息，所以检测线圈是一种换能器。检测线圈的形状、尺寸和技术参数对最终检测结果至关重要。以涡流探伤为例，往往是根据被检试件的形状、尺寸、材质和质量要求（检测标准）等来选定检测线圈的种类。相应地，涡流探伤也常依据检测线圈的形式来进行检测方法的分类。常用的检测线圈有三类，它们的适用范围见表 9-2。

检测方法与应用分类　　　　　　　　　　　　　　　表 9-2

检测线圈	检测对象	应用范围
外穿式线圈	管、棒、线	在线检测
内穿式线圈	管内壁、钻孔	在役检测
探头式线圈	板、胚、管、机械零件	材质和加工工艺检查

外穿式线圈是将被检试样放在线圈内进行检测的线圈，适用于管、棒、线材的探伤。线圈产生的磁场首先作用在试样外壁，因此检出外壁缺陷的效果较好。而内壁缺陷的检测利用磁场的渗透来进行，故一般说来内壁缺陷检测灵敏度比外壁低。厚壁管材的内壁缺陷无法使用外穿式线圈来检测。内穿式线圈是放在管内部进行检测的线圈，专门用来检查厚壁管内壁或钻孔内壁的缺陷，也用来检查成套设备中管的质量，如热交换器管的在役检验。探头式线圈是放置在试样表面上进行检测的线圈，它不仅适用于形状简单的板材、板坯、方坯、圆坯、棒材及大直径管材的表面扫描探伤，也适用于形状较复杂的机械零件的检查。与穿过式线圈相比，由于探头式线圈的体积小、磁场作用范围小，所以适用于检测尺寸较小的表面缺陷。

由于使用对象和目的不同，检测线圈的结构往往不一样。检测线圈由一只线圈组成，为绝对检测方式；由两只反相连接的线圈组成，为差动检测方式。同时，为了达到某种检测目的，检测线圈可以由多个线圈串联、并联或相关排列组成。多个线圈绕在一个骨架上，为自比较方式；绕在两个骨架上，其中一个线圈中放入已知样品，另一个用来进行实际检测，为他比较方式（或标准比较方式）。

检测线圈的电气连接也不尽相同。检测线圈使用一个绕组，既起激励作用又起检测作用，为自感方式；激励绕组与检测绕组分别绕制，为互感方式；线圈本身是电路的一个组成部分，为参数型线圈。

9.3.2　涡流检测特点

涡流检测通过改变检测线圈有多种方法，对检测对象要求低，因此应用范围较广。对金属管、棒、线材的检测不需要接触，无需耦合介质，检测速度高，易于实现自动化检测，特别适合在线检测。另外，其对于表面缺陷的探测灵敏度很高，且在一定范围内具有良好的线性指示，可对大小不同的缺陷进行评价，故可用作质量管理与控制。

影响涡流的因素多，如裂纹、材质、尺寸、形状、电导率、磁导率等。采用特定的电路进行处理，可筛选出某一因素而抑制其他因素，由此可以对上述某一单独影响因素进行有效的检测。检查时不需要接触工件又不用耦合介质，可进行高温下的检测。同时探头可延伸至远处作业，故可对工件的狭窄区域及深孔壁（包括管壁）等进行检测。采用电信号显示，可存储、再现及进行数据比较和处理。

由于涡流的产生需要电流，涡流探伤的对象必须是导电材料，且只适用于检测金属表面缺陷，不适用于检测金属材料深层的内部缺陷。金属表面感应的涡流渗透深度随频率而异，激励频率高时金属表面涡流密度大，随着激励频率的降低，涡流渗透深度增加，但表面涡流密度下降，所以探伤深度与表面伤检测灵敏度相互矛盾。对某种材料进行涡流探伤时，须根据其材质、表面状态、检验标准作综合考虑，然后再确定检测方案与技术参数。

采用穿过式线圈进行涡流探伤时，线圈获得的信息是管、棒或线材一段长度圆周上影响因素的累积结果，对缺陷所处圆周上的具体位置无法判定。旋转探头式涡流探伤方法可准确探出缺陷位置，灵敏度和分辨率也很高，但检测区域狭小，全面扫查检验速度较慢。涡流探伤至今仍处于当量比较检测阶段，对缺陷作出准确的定性定量判断尚待开发。

尽管涡流检测存在一些不足，但其独特之处是其他无损检测方法无法取代的。因此，涡流检测在无损检测技术领域具有重要的地位。

9.4 磁粉检测

9.4.1 磁粉检测原理

磁粉检测是利用磁现象来检测铁磁材料工件表面及近表面缺陷的一种无损检测方法。其基本原理是，当工件被磁化时，若工件表面及近表面存在裂纹等缺陷，就会在缺陷部位形成泄漏磁场（也称漏磁场），泄漏磁场将吸附、聚集检测过程中施加的磁粉形成磁痕，从而进行缺陷显示，如图 9-1 所示。

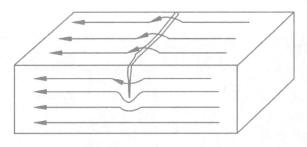

图 9-1 磁粉检测原理

关于磁粉检测方法的设想是美国人霍克（Hoke）于 1922 年提出的。他在磨削钢制工件时发现，被磨削下来的铁末经常在工件（磁性夹具夹持）上形成一定的花样，花样总是与工件表面裂纹形状一致，于是他提出了利用这一现象检验工件表面裂纹的构想。20 世纪 30 年代初该方法成功应用，瓦茨（Watts）采用磁粉检测方法对钢管焊缝质量进行了检验，成功的应用给磁粉检测带来了快速发展的机遇。此后的几十年里，磁粉检验得到了广泛研究，各种磁化方法、检验方法得到了开拓发展，品种繁多的检测设备和材料被研制并面市，检测技术逐步完善，实现了规范化、标准化。磁粉检测应用遍及工业领域，包括机械、航空、航天、化工、石油、造船、冶金、铁路等行业。制造业利用它可实现质量控制，包括对原材料进行检验、对易于产生缺陷的工件进行检验、对成品进行检验等。及时发现缺陷，尽早剔除那些不合格的原材料、工件或尽早对它们进行修复，能给产品带来最好的经济效益。磁粉检测广泛用于在役工业设施、装备的维护检查，如锅炉、压力容器、飞行器、管道系统及桥梁等，检查它们是否存在危及使用安全的缺陷，评价它们的安全状况。

9.4.2 磁粉检测特点

磁粉检测作为一项较为成熟的无损检测技术，与其他无损检测方法一样，具有它自身的特点，其中包含优点和局限性两方面。

由于磁粉直接附着在缺陷位置上形成磁痕，能直观地显示缺陷的形状、位置、大小，可大致判断缺陷的性质。磁粉在缺陷上聚集形成的磁痕具有"放大"作用，可检测的最小缺陷宽度达 0.1pm，能发现深度只有 $10\mu m$ 的微裂纹。磁粉检测几乎不受工件大小和几何形状的限制，综合采用多种磁化方法，能检测工件的各个部位；采用不同的检测设备，能适应各种场合的现场作业。此外，磁粉检测还具有效率高、成本低、检测设备简单、操作方便等优点。

与涡流检测类似，磁粉检测只适用于检测铁磁性金属材料（如碳钢、合金结构钢、电工钢等），不适用于非铁磁性金属材料的检测（如铜、铝、镁、钛和奥氏体不锈钢等）。可用于检测工件表面和近表面缺陷，不能检出埋藏较深的内部缺陷，可探测的内部缺陷埋藏深度一般在 1～2mm 范围内，对于很大的缺陷，检测深度可达 10mm，但很难定量缺陷的深度。通常用目视法检查缺陷，磁痕的判断和解释需要有技术经验的人员进行。

9.5 漏磁检测

9.5.1 漏磁检测原理

漏磁检测是十分重要的无损检测方法（图 9-2），应用十分广泛，与其他方法结合使用时，能对铁磁性材料的工件提供快捷且廉价的评定。随着技术的进步，人们越来越注重检测过程的自动化，这不仅可以降低检测工作的劳动强度，还可提高检测结果的可靠性，减少人为因素的影响。

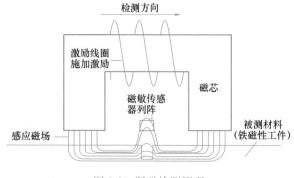

图 9-2　漏磁检测原理

将被测铁磁材料磁化后，若材料内部材质连续、均匀，材料中的磁感应线会被约束在材料中，磁通平行于材料表面，被检材料表面几乎没有磁场；如果被磁化材料有缺陷，其磁导率很小、磁阻很大，使磁路中的磁通发生畸变，其感应线会发生变化，部分磁通直接通过缺陷或从材料内部绕过缺陷，还有部分磁通会泄露到材料表面的空间中，从而在材料表面缺陷处形成漏磁场。利用磁感应传感器（如霍尔传感器）获取漏磁场信号，然后送入计算机进行信号处理，对漏磁场磁通密度分量进行分析能进一步了解相应缺陷特征，比如宽度、深度。

9.5.2　漏磁检测特点

漏磁检测由传感器接收信号，软件判断有无缺陷，适合于组成自动检测系统，容易实现自动化。从传感器到计算机处理，降低了人为因素影响引起的误差，具有较高的检测可靠性且无污染。漏磁检测可以实现缺陷的初步量化，不仅用于判断是否存在缺陷，还可以对缺陷的危害程度进行初步评估。对于壁厚 30mm 以内的管道能同时检测内外壁缺陷。

漏磁检测的第一步就是磁化，非铁磁材料的磁导率接近 1，缺陷周围的磁场不会因为磁导率不同出现分布变化、不会产生漏磁场，因此漏磁检测只适用于铁磁材料。严格来讲，漏磁检测不能检测铁磁材料内部的缺陷。若缺陷离表面距离很大，缺陷周围的磁场畸变主要出现在其附近，而工件表面不会出现漏磁场。此外，磁漏检测采用传感器采集漏磁通信号，试件形状稍复杂就不利于检测，且无法适用于检测表面有涂层或覆盖层的试件、形状复杂的试件、裂纹很窄的试件，尤其是闭合性裂纹。

9.5.3　磁化方式分类

1. 交流磁化方式

交流磁化方式以交流电流激励电磁铁产生磁场磁化被测构件。在被测构件中，交流磁场易产生集肤效应和涡流，且磁化的深度随电流频率的增高而减小，因此在漏磁场检测法中这种磁化方法只能检测构件表面或近表层裂纹等缺陷。该方式的优点是交流磁化强度容易控制，大功率（50Hz）交流电流源易于获得，磁化器结构简单，成本低廉。

2. 直流磁化方式

直流磁化方式以直流电流激励电磁铁产生磁场磁化被测构件。它又分为直流脉动电流磁化方法和直流恒定电流磁化方法，前者在电气实现上比后者简单，一般用于剩余磁场检测法中构件的磁化。在有源磁场检测中，这一磁化会在检测信号中产生很强的交流磁场信号，增加检测信号处理的复杂性，降低检测信号的信噪比。直流恒定电流磁化方法对电流源具有较高的要求，激励电流一般为几安培甚至上百安培。随着大功率电子整流技术及元器件的发展，满足直流恒定电流磁化的整流器在体积和重量上都可以做得很小，为这种磁化方式的应用提供了方便。与交流磁化方式一样，直流磁化方式磁化的强度可通过控制电流的大小来方便地调节，但随着连续使用时间的加长，电磁铁的发热是难以避免的。

3. 永磁磁化方式

永磁磁化方式以永久磁铁作为励磁源。它是一种不需电流源的磁化方式，与直流恒定电流磁化方式具有相同的特性，但在磁化强度的调整上不如直流磁化方式方便，其磁化强度一般通过磁路设计来保证。在永磁磁化方式中，永久磁铁可以采用永磁铁氧体、铝镍钴永磁、稀土永磁等，永磁铁氧体价格低廉，矫顽力高但剩磁低；铝镍钴永磁剩磁高但矫顽力低；稀土永磁价格较贵，但矫顽力很大，剩磁较高，是永磁材料发展上的第三代材料。对于不同的永久磁铁，在磁路设计上应根据各自的磁特性充分发挥其优点，以使磁路达到最优。

由于永久磁铁具有磁能积高、体积小、重量轻、无需电源等特点，在磁性检测中将得到很好的应用。以永久磁铁为磁源的磁性检测装置具有使用方便灵活、体积小、重量轻等特点，所以永磁磁化方式是在线磁性检测设备中磁化被测构件的优选方式。在励磁源选择后，根据磁源在磁路中的布置位置不同又可产生多种方法。在这些方法的实施中软磁材料是不可缺少的，起着引导磁场和减小磁阻等作用。软磁材料有电工钢片、坡莫合金、工业纯铁、低碳钢等。在交流磁化中选用电工钢片；在恒定磁场磁化中可选择多种软磁材料，其中以工业纯铁和低碳钢价格最便宜，且机械加工性能较好，但注意其中通过的磁感应强度应低于 2T。在磁路设计中软磁材料截面尺寸的选择以不产生饱和为原则，确保软磁材料的高导磁率。

4. 复合磁化方式

在上述几种磁化方式中，一个独立的磁化回路只能沿某一方向磁化铁磁构件，即单方向磁化。单方向磁化在检测中会产生不足。例如，漏磁场检测法测量铁磁构件中的裂纹时，磁化方向垂直于裂纹走向，其产生的漏磁场信号最大，而当它平行于裂纹走向时，漏磁场很小，甚至微弱到难以检测。为能对不同走向的裂纹等缺陷的检测获得最大且相同的灵敏度，可让磁化场方向周期性变化，这就必须采用复合磁化方法。复合磁化时将直流磁场与直流磁场、直流磁场与交流磁场、交流磁场与交流磁场成一定角度（如相互垂直）合成磁场，从而形成所需方向或不断变化的可控的磁化方向来磁化构件。显然，这类磁化器的结构复杂且控制电路要求较高。

5. 综合磁化法

在某些测量，如主磁通检测中，直流磁场难以激发出检测信号，而只用交流磁化时又会受到磁导率急剧变化的影响，因而需要用到直流和交流磁场综合磁化方式，即先用直流励磁器将被测构件磁化到近饱和区域。此时材料的磁导率曲线呈缓慢下降的直线，再在直流磁场上叠加一交变磁化场，从而获得较好线性度的输出信号。通常称此时的直流磁场为偏磁场，它的主要作用是减小磁导率变化以及材料局部不均匀的影响，这种磁化方式在磁致伸缩检测方法中得到广泛应用。

9.6　电磁探测技术的应用

9.6.1　管道在役涡流检测

在核能、电力和石油化工等领域，各种装置（如核反应堆、蒸汽发生器、冷凝器等）中都有许多金属管道，包括铜管、钛管、奥氏体不锈钢管以及无缝钢管等。在使用过程中由于高温、高压和强腐蚀介质的作用，管壁容易受到损伤和腐蚀破坏，产生裂纹、点蚀或减薄等，严重威胁着设备的安全运行。采用涡流探伤仪对这些管道系统进行定期探伤、检查称为在役涡流探伤。

由于环境、应力、材质共同作用所引起的应力裂纹主要发生在晶粒界面，这种裂纹通常窄而深；由于管道的冷热交变，有的还会产生热疲劳裂纹；由于管壁与流体杂质的化学反应、与流体内固体粒子的碰撞，或与振荡物体的接触引起磨损等，引起管道内壁局部锈蚀、变薄，甚至点蚀穿透。在役管道涡流检测最好选用双频或多频涡流检测仪器，涡流传感器应采用内通过式涡流探头，普通铜管在役检测可人工推拉探头，也可配备探头半自动推拉装置或探头自动定位推拉装置（机械手）。核电站核岛中金属管道在役检测时，由于环境中充满射线污染，必须配置探头自动定位推拉装置。

采用多频涡流仪检测时，被测管道的状况（如缺陷、环境因素干扰等）在不同频率下将产生不同的反映，同时产生不同而又相关的矢量。经过混合处理，可以拾取有用信息，去除干扰因素。检测前应对仪器设备进行调试，下面以钛管在役检测为例加以说明。检测频率范围为 10～600kHz，检测的中心频率范围应能使标定管通孔信号与噪声互为 40° 左右相位差，并有良好的信噪比。检测探头的频率特性和灵敏度是用主检频率（即 200～600kHz）来测试的，用辅助低频与主频混合以消除支撑板下或其附近的缺陷。

平直管即管径一致的钢管，通常靠近端头 200m 以内的区域是常规探伤方法自动检测的盲区部位。在加工和生产使用时，管端部常作为承载区域，要承受较大的应力和频繁的划擦磨损，因此较管体部位出现缺陷的可能性要大，依据行业标准需要进行无损检测。

钢管端部上的纵向、横向缺陷均要求检测。一般情况下，需要永磁扰动探头相对于纵向、横向缺陷做垂直扫查运动。但为了能够利用一个探头同时检测纵向、横向缺陷，多采用探头扫查方向与缺陷走向成一定夹角的方式。探头扫查方向与缺陷走向相对成一定夹角的扫查方式有：①探头固定不动钢管做小螺距螺旋推进；②钢管原地旋转，探头做轴向小范围往复运动；③钢管原地不动，探头在轴向推进的同时绕钢管轴线微摆动；④钢管原地不动，探头在轴向推进的同时绕钢管轴线整周旋转；⑤钢管原地旋转，探头轴向推进

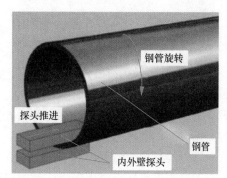

图 9-3　钢管原地旋转时探头轴向推进

（图 9-3）。分析表明：方式①检测速度较慢；方式②需要探头数量较多，装置实现的工艺性差；方式③需要探头微摆装置；方式④的信号传输需要滑环或无线传输模块；方式⑤检测装置简单，探头相对于钢管的运动轨迹由钢管旋转速度和探头轴向推进速度决定，调节容易，可以通过调节钢管旋转转速和探头直线检测速度来实现纵向、横向裂纹的同时检测。

（1）探头周向扫查纵向裂纹

钢管原地不动，探头沿钢管周向匀速反复扫查端部纵向裂纹区域。图 9-4 所示为采用探头周向来回扫查纵向裂纹的信号。在管端连续处，由于永磁扰动探头与端部建立的磁作用场稳定，因此反映到信号图上是较为平坦的信号，如图中的波形 b。而在纵向裂纹区域，该磁场发生扰动，在信号图上为尖峰信号，且来回扫查纵向裂纹的信号，如图中波形 a、c 均成"W"形。

（2）探头轴向扫查纵向裂纹

钢管原地不动，探头沿钢管轴向匀速反复扫查端部纵向裂纹区域。图 9-5 所示为采用探头轴向来回扫查纵向裂纹的信号。端部区域连续处的信号波形较为平坦，如图中的波形 a。当探头从连续处扫查到纵向裂纹起始处时，由于探头和端部的磁作用场发生变化，波形 b 变陡峭。当探头沿纵向裂纹扫查时，由于磁作用场趋于稳定，波形 c 也趋于平坦。当探头即将离开纵向裂纹至端部连续处时，磁作用场再次发生扰动，因此波形 d 变陡峭。可以观察到，探头进出纵向裂纹时的波形 b 和 d 成镜像对称关系。

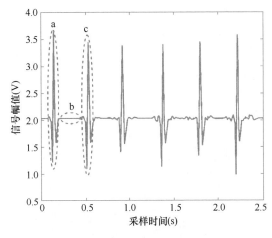

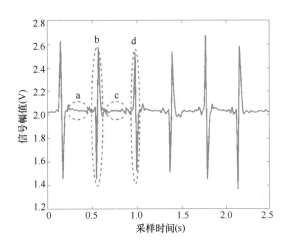

| 图 9-4 探头周向扫查纵向裂纹的信号 | 图 9-5 探头轴向扫查纵向裂纹的信号 |

（3）探头轴向扫查横向裂纹

探头轴向扫查横向裂纹与周向扫查纵向裂纹所得信号波形图比较，发现缺陷信号的波形和峰值大小都极为相近。

（4）探头周向扫查横向裂纹

类似于探头轴向扫查横向裂纹与周向扫查纵向裂纹所得信号波形图的比较结果，探头周向扫查横向裂纹与探头轴向扫查纵向裂纹缺陷信号的波形和峰值极为相近。

（5）探头偏置检测纵向、横向裂纹

探头轴向扫查纵向裂纹和探头周向扫查横向裂纹这两种情况都是在永磁体正对裂纹中心时所得的试验结果，试验中将探头进行偏置，即探头沿平行于裂纹方向扫查时，永磁体偏离裂纹中心位置，所得信号波形与不偏置时所得波形相近，差别在于信号的峰值较不偏置时所得的峰值低。

（6）钢管原地旋转，探头检测纵向、横向裂纹

钢管原地转速越快，纵向、横向裂纹信号的峰值越大，但随着钢管转速提高，钢管的跳动增大，信噪比降低。

9.6.2 磁痕检测

磁痕检测是根据被磁化的工件表面磁粉所形成的痕迹（磁痕）作出判断。实际上，形成磁痕的原因可以是多方面的，并不是只有缺陷才会引起磁粉聚集形成磁痕，所以检测中必须对形成的磁痕作出可靠的分析，检出缺陷而又不至于漏判、误判。磁痕检测中通常把磁痕分为三类：由缺陷漏磁场产生的磁痕称为相关磁痕；由非缺陷漏磁场产生的磁痕称非相关磁痕；由其他原因（非漏磁场）产生的磁痕称为假磁痕。磁痕分析首先是要排除假磁痕和非相关磁痕，然后根据缺陷磁痕的特征，判别缺陷的种类。

1. 假磁痕

假磁痕的形成不只是由于磁力的作用，可能由各种原因造成：工件表面粗糙，在凹陷处会滞留磁粉，如在铸造表面、粗糙机械加工表面、焊缝两侧凹陷处容易产生这种现象；工件表面氧化皮、锈蚀和油漆斑点剥落处边缘容易滞留磁粉；工件表面存在油脂、纤维等

杂质，都会黏附磁粉；磁悬液浓度过大，施加磁悬液方式不当，都可能造成假磁痕。

假磁痕的磁粉堆积比较松散，在分散剂中漂洗可失去磁痕。如果是工件表面状态引起的假磁痕，可在工件表面找到原因。其他原因引起的假磁痕，当擦去磁痕对其进行校验时，原来的假磁痕一般不会重复出现。

2. 非相关磁痕

非相关磁痕由漏磁场产生，但它不是有害缺陷的漏磁场，其产生原因同样有多种：

（1）工件截面突变。工件截面的变化会改变工件内部磁力线的分布，在工件上孔洞、键槽、齿条等部位，由于截面缩小，迫使一部分磁力线溢出工件，形成漏磁场。图 9-6 为轴套上键槽引起的非相关磁痕，这种磁痕呈松散的带状分布，宽度与键槽宽度大致吻合。如果有多条键槽，外表将会按键槽的分布规律出现多条对应的磁痕。在齿轮的齿根和螺纹的根部容易出现这种非相关磁痕，甚至遍及整个根部，应注意的是由于根部的结构原因，这时的磁痕不再是松散、带状分布，而与裂纹的磁痕很难区别，所以在根部判别缺陷磁痕时一定要认真，仔细地排除这种非相关磁痕。

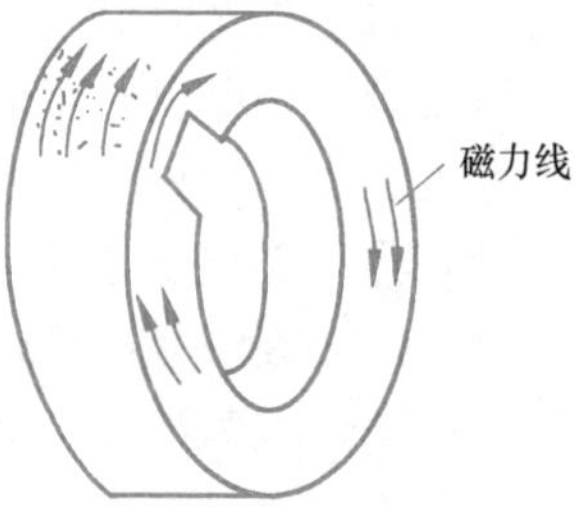

图 9-6　轴套上键槽引起的非相关磁痕

（2）工件磁导率不均匀。工件磁导率的差异会产生漏磁场，这是由于低磁导率处难于容纳与高磁导率处同样多的磁通量而穿出表面所致。它将产生宽松、浅淡和模糊的磁痕。导致材料磁导率不均匀的原因是多方面的，一般在下列位置易于产生这种磁痕：冷作加工后未经热处理的材料，在变形量大的冷作硬化区边缘；局部淬火工件的不同热处理状态的交界处；两种钢材焊接交界处；被检试件材料具有组织差异的部位；焊条金属与母材有磁性差异的焊缝；工件中有残余应力存在的部位等。

（3）磁写。已被磁化的工件如与铁磁性材料接触、碰撞，在接触、碰触部位会有磁力线溢出工件表面，形成漏磁场，它所形成的磁痕称为磁写。这种磁痕一般是松散、模糊的，线条不清晰，但如果有尖锐的磁性利器在已磁化的工件上造成划痕，会产生近似于条状缺陷磁痕的显示。磁写可以沿工件任何方向出现。磁写在工件退磁后的重新磁化校验中一般不会再出现。

（4）磁化电流过大。磁化电流过大会使工件过度饱和，这时磁通密度超越了材料能够容纳的极限值，多余的磁通将溢出工件表面，形成杂乱显示。这种磁痕最容易出现在截面变化处、端角和使用支杆法时的支杆接触部位附近，磁痕一般不连续地分散分布，其走向较多，与材料的金属流线一致。

非缺陷性质的磁痕在实际检测中还有一些，这些磁痕共同的特点是磁痕模糊、松散，痕迹不分明。只要结合工件的结构、形状、表面状态和热处理工艺等，是能够找到它们产生的原因并加以正确判断的。

3. 相关磁痕

工件加工方法很多，工艺过程各异，产生的缺陷种类和特征各不相同。磁粉检测中常见的缺陷有裂纹、发纹、折叠、白点、夹杂和疏松。实际工作中，一般需根据制造工艺和磁痕的特征来判断缺陷的种类（定性）。这里简单介绍常见缺陷的产生、规律和磁痕特征。

裂纹检测是相关磁痕检测应用最多的内容。裂纹是材料承受的应力超过其强度极限引起的破裂，裂纹的危害极大，常常起到破坏作用。裂纹的种类很多，根据成因不同，分为锻造裂纹、淬火裂纹、焊接裂纹、磨削裂纹、疲劳裂纹、应力腐蚀裂纹等。裂纹的磁痕一般磁粉堆积浓密，沿裂纹走向显示清晰，磁痕中部稍粗，端部尖细。

（1）锻造裂纹是加热、锻造、冷却等工艺条件不当或原材料自身缺陷经锻造引起的，容易出现在锻造比大和截面突变处。锻造裂纹一般都比较严重，有尖锐的根部或边缘，磁痕浓密清晰，呈折线或弯曲线状，严重的抹去磁痕后，肉眼可以观察到裂纹。铸造裂纹是工件冷却凝固收缩时过大的热应力和组织应力引起的，通常出现在截面突变和应力集中部位。铸造裂纹一般有一定的深度和宽度，趋于直线状或略有弯曲，尾部尖锐。磁痕浓密清晰、宽度较大，严重的裂纹肉眼可以直接观察到，小裂纹的磁痕有的会呈断续状。

（2）淬火裂纹是工件自高温快速冷却时热应力与组织应力超过了材料的抗拉强度引起的开裂。淬火裂纹多出现在应力集中部位（如孔周、截面突变处等），大部分是由外表向内裂入，有较大的深度，有时还会产生枝裂。磁痕中部较粗，两头尖细而弯曲，棱角较多，磁粉堆积比较高，轮廓清晰。

（3）焊接裂纹根据形成机理的不同可分为热裂纹（700～1000℃凝固，相变过程中产生）和冷裂纹（300℃以下产生）。热裂纹主要由焊接工艺不当和热胀冷缩引起。冷裂纹主要由组织应力、残余应力和焊接中残留的氢的作用等原因单独或共同诱发。冷热裂纹可以从裂口的氧化程度上区分，冷裂纹断口呈金属光泽色，而热裂纹而呈现灰暗的氧化色。焊接裂纹产生在焊缝和母材中的热影响区，有纵向裂纹、横向裂纹和星状的火口裂纹。焊接裂纹的长度、深度和形状不一，两头尖细、多有弯曲，焊接裂纹的磁痕一般较浓密，清晰可见，有直线状、弯曲状和辐射状等。

（4）磨削裂纹是在高硬度工件表面磨削产生的裂纹，主要是由磨削工艺不当（磨削量、磨削速度、冷却等）引起。磨削裂纹一般尺度都较小，出现在磨削面上，往往不是单个出现，会形成网状、放射状等形状，以垂直于磨削方向的居多。磨削裂纹的磁痕大都浅而细，磁粉堆积集中，轮廓较清晰。

（5）疲劳裂纹是工件在交变应力的长期作用下形成和扩展的。钢中的冶金缺陷、加工产生的划伤或刀痕等都可能成为疲劳源，引起疲劳裂纹。疲劳裂纹以表面裂纹为多见，通常垂直于主应力方向，磁痕浓密，中间大，对称地向两边延伸，两端尖细，轮廓清晰可见。

（6）应力腐蚀裂纹是在应力和腐蚀的长期双重作用下产生的裂纹，应力腐蚀裂纹都起源于工件表面，方向与主应力垂直，它的深度、长度往往比较大，最严重的是晶界裂纹，会沿晶枝开裂、扩展，深度虽然比较大但裂纹宽度很小，肉眼根本无法看到，它是压力容器，是管道等装置中危害最严重的一种缺陷。它的磁痕浓密、轮廓清晰、多有棱角，磁痕呈折线状，粗细比较均匀。

磁粉检测是发现各种表面裂纹效果最好的方法之一，不管它们的成因有多大差别，磁粉最终都堆积密集、轮廓清晰，容易发现。如果是内部裂纹，随着与表面距离的增大，磁痕将逐步松散，吸附的磁粉量降低，宽度变大，轮廓趋向模糊。

（1）发纹检测。发纹是原材料中的一种常见缺陷，钢中的非金属夹杂、气孔在轧制、拉拔过程中随金属变形伸长而形成细细的发纹。发纹通常沿金属流线方向，浓度浅、宽度小、呈直线状。磁痕细而均匀，有时呈断续状，尾部不尖，抹去磁痕肉眼不可见。由于发纹是细微痕裂，它对材料机械性能的影响比裂纹要小得多，它的边缘不像裂纹的尖锐状，不容易扩展，所以它的危害程度比裂纹要小得多，检测中不可将两者等同对待。

（2）折叠。折叠是锻件中的常见缺陷，它的特征是一部分金属被卷折、搭叠在另一部分金属上。折叠在外形上往往不规则，由于与表面成锐角，倾斜走向，漏磁场较弱，磁痕不会太浓密，有时断续，轮廓不是很清晰。

（3）白点。白点是对钢材危害很大的内部缺陷，在钢材的纵断面上呈银白色斑点，故称白点。它的成因是：钢材在热加工后随着温度的降低，氢的溶解度显著减小，过饱和的氢来不及从钢中析出，合成分子氢滞留在显微间隙或疏松中，形成巨大的内部压力，当压力超过钢的强度时就形成了近似圆片状的裂纹，白点容易产生在含镍、铬、锰的合金结构钢和合金工具钢中，白点的产生还与材料的尺度有关，横截面尺寸越大，产生白点的可能性也越大。经机械加工后工件表面的白点磁痕清晰，在横截面上是不同方向的细小裂纹，通常不以单个出现，长度不大，较长的只有几毫米，以辐射状多见，磁痕中部略粗，两头尖细。

（4）夹杂。夹杂是冶炼、铸造、焊接等工艺中的一种常见缺陷，是工艺或操作不当而残留在工件中的非金属或金属氧化物，可以是单个，也可以成群出现，一般呈分散的点状或短直线状，磁痕较浅，不是很清晰。

（5）疏松。疏松是铸件中常见的缺陷，它的成因是在冷凝过程中得不到足够的补缩而产生的孔洞，通常产生在铸件的最后凝固部位（如浇冒口附近或工件尺寸较大的部位）。疏松分条状疏松和片状疏松两种，条状疏松实质上是细微分散或直线状排列的小孔，磁痕外形与裂纹相近，但磁痕比裂纹淡，宽度比裂纹大，两端不出现尖角。片状疏松漏磁较小，磁痕出现的稀疏片状有一定面积，当改变磁化方向时，磁痕会出现明显的改变。

9.6.3 钢丝、钢丝绳、钢绞线检测

钢丝绳、钢绞线由高性能钢丝绞制而成，其单线的配制方式按绞制方向分有100多种，并且组成钢丝规格繁多。标准制品钢丝绳、钢绞线的直径为 0.6~120mm，组成钢丝直径为 0.1~5mm。在某些特殊的应用场合，例如大型斜拉桥和大跨度悬索桥，其缆索直径达到 2m，钢丝直径为 5~7mm。

1. 漏磁检测的钢丝绳缺陷

漏磁检测的铁磁性绳（线）的损伤有：单根线上的裂纹；由于钢丝磨损和锈蚀致使钢丝绳的金属截面积减小；由于疲劳、表面硬化、锈蚀致使钢丝绳内部性能变化；由于使用不妥致使钢丝绳变形；钢丝绳上可能出现的单丝断裂、腐蚀、磨损、乱丝等机械损伤。

根据测量的磁场特征的不同，磁性无损检测方法可分为漏磁场检测方法和主磁通检测方法，分别针对局部缺陷（Localized Fault，LF）和截面积损失缺陷（Loss of Metallic Area，LMA）进行检测，通常又被称为 LF 检测法和 LMA 检测法。

2. 缺陷检测信号的分析处理

最简单的方法是将信号在示波器上显示出来，进一步地，采用笔式记录仪或磁带记录仪记录。早期的钢丝绳检测仪，如 Magnograph 和 LMA 系列探伤仪都采用笔式记录仪来记录信号。到了 20 世纪 80 年代，检测仪器的计算机化和可视化成为一种发展趋势。20 世纪 80 年代末，美国测试和材料协会开始进行电磁式钢丝绳检测仪器的标准化工作，并

于 1993 年制定了《铁磁性钢丝绳电磁无损检测 E1571》（Electromagnetic Examination of Ferromagnetic Steel Wire Rope E1571）标准；之后，随着无损检测技术的发展，该标准的内容不断完善，先后经历过 1994 年、1996 年两次修订。这标志着此类检测方法已被认可，并逐步走向规范和推广应用。

3. 钢丝绳断丝定量检测

钢丝绳断丝定量检测采用漏磁场检测方法。如图 9-7 所示，采用直流磁场沿绳轴向将其磁化至饱和，断口上就会产生外泄到钢丝绳表面的漏磁场，采用单个穿过式线圈（9-7a）、双列穿过式线圈（9-7b）、剖分式线圈（9-7c），或者霍尔元件阵列在绳周向无漏地探测漏磁场。

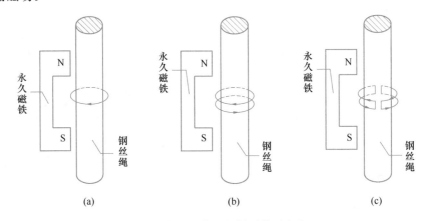

图 9-7   钢丝绳断丝的漏磁检测方法

如图 9-8 所示的是三类典型的断丝断口：拉开一段距离的、挨得很近的和一边缺失的。不同的断丝断口状态将会反映出不同的信号波形。所以，日本曾有一位钢丝绳检测专家藤中雄三说过"钢丝绳断丝的定量检测，如果不是不可能，那也是非常困难的"。将钢丝绳断丝断口建立磁荷分析模型，可以计算出不同断口间隙、不同丝径和不同检测条件断口漏磁场分量（轴向和径向）的大小和分布。

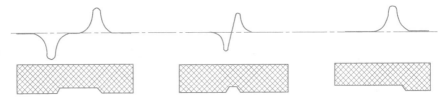

图 9-8   不同的断丝断口及漏磁检测信号波形

本章小结

本章介绍了电磁探测技术的概念、基本原理以及不同方法的应用。首先，对不同电磁探测方法的原理和特点进行详细介绍。然后，对电磁探测技术进行了概述，为读者提供了该技术的背景和基本概念。接着，详细介绍了电磁探测技术的基本原理，包括涡流检测、磁粉检测和漏磁检测。随后，重点介绍了漏磁检测的原理、特点和磁化方式的分类。最后，讨论了电磁探测技术在管道在役涡流检测、磁痕检测以及钢丝、钢丝绳、钢绞线检测等方面的应用，展示了电磁探测技术在不同领域的实际价值。

思考与练习题

思考与练习题
参考答案

1. 频率域电磁法和时间域电磁法的基本原理分别是什么？

2. 在涡流检测中，绝对检测方式、差动检测方式、自比较方式和他比较方式有什么异同？

3. 在漏磁检测中，被测铁磁材料磁化后，内部材料的性质与材料表面磁场有什么关系？

4. 在什么情况下需要采用综合磁化法，其有哪些优点？

5. 什么是相关磁痕、非相关磁痕和假磁痕？

监测大数据预处理

知识图谱

本章要点

知识点1：监测数据噪声预处理。

知识点2：监测数据异常值诊断。

知识点3：监测缺失数据恢复。

学习目标

（1）理解监测大数据预处理的必要性，以及不同预处理步骤在数据质量改善中的作用。

（2）掌握监测数据噪声预处理的常见方法，能够根据实际情况选择合适的预处理算法。

（3）理解监测数据异常值诊断和缺失数据恢复的基本原理。

大型结构健康监测系统大数据中蕴含着重要的结构荷载和环境作用、行为机制、性能演化规律、安全水平等信息，挖掘和分析监测大数据以发现结构荷载和环境作用、结构响应、行为机制、性能演化规律，评定和预测结构安全水平及其变化规律，具有重要的理论意义和实际价值。监测系统在采集数据时由于各种干扰因素的存在使得采集到的数据偏离其真实数值，或者出现一些错误、重复甚至缺失的数据。低精度、异常的监测数据往往会影响数据分析的结果。数据的预处理就是解决这些缺陷数据存在的各种问题，使处理后的数据更符合后面的分析挖掘工作，减少缺陷数据给分析结果带来的误差，同时也可以提高数据挖掘的效率与可靠性。

10.1 数据噪声预处理

根据监测数据存在的问题，数据的预处理主要包括：①对信号去噪，消除现场测试信号中的噪声干扰；②异常数据的剔除，排除错误信息的干扰；③缺失、错误值的补全。实际测量中，不管是人工观测的数据或是监测系统采集的数据，都不可避免的叠加上"噪声"的干扰，这些干扰在曲线图上表现为一些"毛刺和尖峰"。为提高数据质量，需对数据进行平滑处理（去干扰）。

10.1.1 移动平均去噪算法

移动平均去噪算法是一种常用于降低时间序列数据噪声和平滑趋势的简单而有效的方法。其基本思想是通过计算固定窗口内数据点的平均值来代替原始数据，从而减少随机波动和突发性噪声，突显出数据的整体趋势。移动平均主要有简单移动平均（Simple Moving Average，SMA）和指数加权移动平均（Exponential Moving Average，EMA）两种常见的实现方式。

移动平均去噪算法的原理在于使用一个预定义大小的窗口，在时间序列上滑动并计算窗口内数据点的平均值。对于简单移动平均，每个窗口的平均值是窗口内所有数据点的算术平均。相比之下，指数加权移动平均引入了指数加权系数，对最新数据点赋予更高的权重，使得算法对于快速变化更为敏感。这一过程不断重复，产生一系列平滑后的数据点，有助于抑制噪声并突显出潜在的变化趋势。选择适当的窗口大小和权重系数取决于数据的性质以及对平滑程度和灵敏度的需求。

对于一监测信号 $X = [x_1, x_2, \cdots, x_N]$，利用简单移动平均法进行去噪的主要操作如下：

（1）选择窗口大小 n。确定用于计算平均值的窗口大小，通常选择奇数值，例如3、5、7等。

（2）初始化。将窗口放在时间序列的起始位置，按式（10-1）计算初始窗口内数据点的平均值。

$$SMA_t = \frac{X_{t-1} + X_{t-2} + \cdots + X_{t-n}}{n} \tag{10-1}$$

（3）窗口移动。将窗口沿时间序列移动一个步长。在每个位置 t，计算窗口内数据点的平均值。

（4）输出。将计算得到的平均值作为平滑后的数据点，形成新的数据序列。

利用指数加权移动平均进行去噪的主要操作如下：

（1）选择平滑系数 α。确定指数加权系数 α，通常 $0 \leqslant \alpha \leqslant 1$。

（2）初始化。对于第一个数据点 X_1，直接作为初始的 EMA_1。

（3）对于后续的数据点 X_t，计算指数加权移动平均。

$$EMA_t = \alpha \cdot X_t + (1-\alpha) \cdot X_{t-1} \tag{10-2}$$

（4）将计算得到的指数加权移动平均值作为平滑后的数据点，形成新的数据序列。

【例 10-1】某桥梁的一段振动监测数据如下：

50，48，52，55，60，58，53，56，54，52，50，48，45，42，40，38，35，40，42，45。

利用移动平均去噪算法对这些振动数据进行平滑处理，以便更好地了解桥梁结构的整体趋势。

【解】使用简单移动平均法去噪，选择窗口大小 $n=3$。

在第一个窗口位置，计算初始窗口内数据点的平均值：

$$SMA_3 = \frac{50+48+52}{3} = 50$$

将窗口沿时间序列移动一个步长，计算每个位置的平均值：

$$SMA_4 = \frac{48+52+55}{3} \approx 51.7$$

$$SMA_5 = \frac{52+55+60}{3} \approx 55.7$$

...

重复这个过程，得到平滑后的数据序列如下：

50.0，51.7，55.7，57.7，57.0，55.7，54.3，54.0，52.0，50.0，47.67，45.0，42.3，40.0，37.7，37.7，39.0，42.3，43.5，45.0

使用指数加权移动平均法去噪，选择平滑系数 $\alpha = 0.2$。

第一个数据点作为初始值。

$$EMA_1 = 50$$

递推计算：

$$EMA_2 = 0.2 \times 48 + 0.8 \times 50 = 49.6$$
$$EMA_3 = 0.2 \times 52 + 0.8 \times 48 = 48.8$$

...

重复这个过程，得到平滑后的数据序列如下：

50.0，49.6，48.8，52.6，56.0，59.6，57.0，53.6，55.6，53.6，51.6，49.6，47.4，44.4，41.6，39.6，37.4，36.0，40.4，42.6。

10.1.2 基于卡尔曼滤波的数据降噪

卡尔曼滤波以及其改进形式扩展卡尔曼滤波是非常有效的信号处理方法，通过在随机估计理论中引入状态空间的概念，将信号看作是白噪声激励下的系统输出，采用状态方程加以描述。滤波算法在估计过程中利用系统状态方程、观测方程、系统噪声和观测噪声的统计特性形成，适用范围广。

对于信号模型，假设 $\theta(n)$ 为 n 时刻目标真实信号的状态估计量，$\dot{\theta}(n)$ 表示 $\theta(n)$ 的一阶微分。当采样间隔 T 很小时，$\theta(n)$ 可以近似用 $n-1$ 时刻的估计量和微分量表示为：

$$\theta(n) = \theta(n-1) + T\dot{\theta}(n-1) \tag{10-3}$$

状态估计量定义为：

$$x(n) = \begin{bmatrix} \theta(n) \\ \dot{\theta}(n) \end{bmatrix} \tag{10-4}$$

则可以得到以下状态方程：

$$x(n) = Ax(n-1) + w(n) \tag{10-5}$$

式中，$w(n)$ 是均值为 0，方差为 σ_w^2 的高斯白噪声；$\boldsymbol{A}$ 表示状态转移矩阵。

$$\boldsymbol{A} = \begin{bmatrix} 1 & T & 0 \\ 0 & 1 & T \\ 0 & 0 & 0 \end{bmatrix} \tag{10-6}$$

观测方程进一步定义为：

$$y(n) = \boldsymbol{B}^{\mathrm{T}} x(n) + v(n) \tag{10-7}$$

式中，$\boldsymbol{B}^{\mathrm{T}} = [1, 0]$；$v(n)$ 是均值为 0，方差为 σ_v^2 的高斯白噪声。

根据以上两个方程，通过卡尔曼滤波框架即可得到状态估计量的估计，进而去除噪声。

10.1.3 基于小波变换的数据降噪

小波变换的基础是小波母函数 $\psi(t)$ 通过一系列平移收缩得到小波函数族。其中，小波母函数 $\psi(t) \in L^2(R)$（$L^2(R)$ 表示平方可积的实数空间，即能量有限的信号空间），且满足可容许条件：

$$0 < C_\psi = \int_{-\infty}^{+\infty} \frac{|\psi(\omega)|^2}{|\omega|} \mathrm{d}\omega < \infty \tag{10-8}$$

式中，$\psi(\omega)$ 是小波母函数 $\psi(t)$ 的傅里叶变换。

将小波母函数通过伸缩和平移可以得到小波函数族：

$$\psi_{a,b}(t) = \frac{1}{\sqrt{a}} \psi\left(\frac{t-b}{a}\right) \quad a > 0, b \in R \tag{10-9}$$

式中，a 表示尺度参数；b 表示平移参数。

同傅里叶变换方法不同，小波母函数并不是唯一存在的。常见的小波母函数有 Haar 小波、Daubechies 小波、SymletsA 小波族、Coiflet 小波族、Morlet 小波、复 Morlet 小波以及 Meyer 小波等。当使用复 Morlet 小波作为小波母函数时，其表达式为：

$$\psi(t) = \frac{1}{\sqrt{\pi f_b}} \exp\left(j2\pi f_c t - \frac{t^2}{f_b}\right) \tag{10-10}$$

式中，f_b 为带宽参数；f_c 为小波的中心频率。实际应用中，可以通过修改这两个参数来达到精度的要求。复 Morlet 小波的频域表达形式为：

$$\psi(\omega) = \exp\left(-\frac{f_b}{4}(\omega - 2\pi f_c)^2\right) \tag{10-11}$$

对于任意信号 $x(t)$，其连续小波变换可表示为：

$$W_\psi(a,b) = \langle x(t), \psi_{a,b}(t)\rangle = \int_{-\infty}^{+\infty} x(t)\psi_{a,b}^*(t)\mathrm{d}t = \frac{1}{\sqrt{a}}\int_{-\infty}^{+\infty} x(t)\psi^*\left(\frac{t-b}{a}\right)\mathrm{d}t \tag{10-12}$$

式中，$\psi^*\left(\dfrac{t-b}{a}\right)$ 是 $\psi\left(\dfrac{t-b}{a}\right)$ 的复共轭函数。

根据小波阈值分析理论，对含噪信号进行小波变换可得数值不同的小波系数。通常认为信号主要集中在数值较大的小波系数中，而噪声多分布在整个小波域内。因此，可以采用对变换系数进行切削、阈值处理等方法去除噪声。目前应用范围最广的是传统阈值函数小波去噪方法，大体思路是最大限度地舍去噪声小波系数，尽可能保留阈值之内的信号小波系数。

使用小波阈值法从被噪声污染的 s 中恢复出原始信号 x，大致可以分为三个阶段，可按照以下步骤进行：

（1）选择合适的小波和小波分解层数，将被噪声污染信号进行小波分解，得到相应的小波分解系数。

（2）对分解得到的小波系数进行阈值处理，得到原始信号小波系数的估计值。

（3）进行小波逆变换，将经过阈值处理的小波系数进行信号重构，得到恢复的原始信号的估计值 $\hat{x}$。

10.2　数据异常值诊断

桥梁监测系统在数据采集与数据传输过程中，会因环境因素或人为因素造成某些数据值不符合实际，明显远离大部分监测值，通常把这种数据称为异常值。为了恢复数据的客观真实性以便将来进行数据分析时得到更准确的分析结果，有必要先对原始数据进行异常值的剔除。

异常值诊断的方法有很多，基本思想都是：通过规定一个判别异常值的标准来确立一个置信区间，凡是超过该区间限度的值就认为它是异常值，做剔除处理。常用的异常值检测方法可以分为以下几种：基于分布的方法、基于距离的方法、基于密度的方法、基于聚类的方法以及基于分类的方法。下面对常用的基于分布和基于聚类的数据异常诊断方法进行介绍。

10.2.1　基于分布的数据异常诊断

1. 拉依达准则

拉依达准则又称"3σ 准则"，该方法确定异常值的准则是：当某测量值与该部分值的平均值之差大于其标准差的 3 倍时为异常值。在正态分布的假设下，距离平均值 3σ 之外的值出现的概率为 $P(|x-\mu|>3\sigma)\leqslant 0.003$，属于极个别的小概率事件。所以，当数据满

足式（10-13）时，应予以剔除。

$$x_i - \bar{x} > 3\sigma_x \tag{10-13}$$

式中，$\bar{x} = \dfrac{1}{n}\sum\limits_{i=1}^{n} x_i$ 为样本均值；$\sigma_x = \left[\dfrac{1}{n-1}\sum\limits_{i=1}^{n}(x_i - \bar{x})^2\right]^{\frac{1}{2}}$ 为样本的标准偏差。

2. 肖维纳方法

肖维纳方法规定，在 n 次测量中，如果测量结果的误差可能发生的次数少于半次，则认为该测量值是异常值。其本质是确定了 $1\sim 1/2n$ 置信概率，从中可以计算出肖维纳系数。当要求不是很严格时，肖维纳系数可以按照下面的近似公式计算：

$$\omega_n = 1 + 0.4\ln(n) \tag{10-14}$$

若某测量值与样本均值之差的绝对值大于样本标准差与肖维纳系数之积，即符合式（10-15）所示的情况，则该测量值予以剔除。

$$x_i - x > \omega_n\sigma_x \tag{10-15}$$

3. 箱形图

箱形图是利用数据的最大值、最小值、中位数、第一四分位数以及第三四分位数五个统计量来检测数据的一种方法。箱形图对数据的分布形式没有特殊的要求，适用范围广。使用箱形图进行异常值识别的标准：异常值通常被定义为小于 $Q_L - 1.5IQR$ 或大于 $Q_U + 1.5IQR$ 的值。Q_L 代表下四分位数，表示进行识别的数据中取值小于它的值占了四分之一；Q_U 代表上四分位数，表示识别的数据中取值大于它的值占四分之一；IQR 为上四分位数 Q_U 与下四分位数 Q_L 之差，称为四分位数间距，其间包含了全部识别值的一半。图 10-1 为箱形图异常值检测示意图。

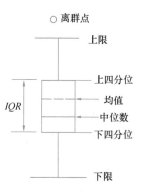

图 10-1　箱形图异常值
检测示意图

【例 10-2】假设一城市桥梁两天的振动数据如下：

第一天：2.1，2.0，2.2，2.5，3.0，7.8，2.7

第二天：2.0，2.1，2.3，2.4，3.1，2.9，3.2

使用箱形图对该桥梁的监测数据进行异常值诊断分析。

【解】首先，按照数据的大小进行排序，计算数据的中位数，下四分位数 Q_L，上四分位数 Q_U，四分位数间距 IQR。以第一天为例：

中位数 $= 2.5$

$Q_L = $ 第 $\left[\dfrac{n}{4}\right]$ 个观测值 $= 2.1$（其中，n 是数据点的总数，$[\,\cdot\,]$ 表示向上取整函数）

$Q_U = $ 第 $\left[\dfrac{3n}{4}\right]$ 个观测值 $= 3$

$IQR = Q_U - Q_L = 3.0 - 2.1 = 0.9$

上限 $= Q_L - 1.5IQR = 2.1 - 1.5 \times 0.9 = 0.75$

下限 $= Q_U + 1.5IQR = 3 + 1.5 \times 0.9 = 4.35$

随后寻找异常值。在数据中如果某个数据点小于下限或大于上限，则被视为异常值。绘制箱形图如图 10-2 所示，其中第一天存在异常数据。

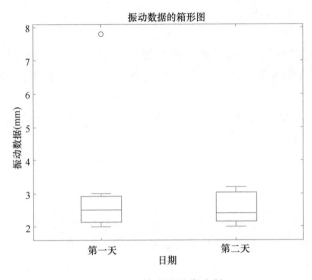

图 10-2　箱形图异常诊断

10.2.2　基于聚类的数据异常诊断

根据数据的统计相似性将其划分为类似对象的集群，聚类技术隐式地将异常值定义为聚类的背景噪声。聚类方法的主要目的是识别聚类，而异常检测则是检测离群点，某种意义上异常数据就像是聚类算法的副产品。关于聚类的研究成果有很多，其中基于距离的聚类方法是最基础的也是最广泛的，在中小型数据库中寻找球形聚类是非常合适的，但需要大量的计算。基于密度的聚类方法将正常聚类视为数据空间中由低密度区域分隔对象的密集区域，它克服了基于距离的聚类算法只能找到"圆形"聚类的缺点，对噪声数据的处理也比较好；缺点是聚类的结果与参数有很大关系，其典型代表是具有噪声的基于密度的聚类方法（Density-Based Spatial Clustering of Applicationswith Noise，DBSCAN）。

DBSCAN 的基本思想是：当一个区域内点的数量超过密度阈值，则需要将该区域中的数据合并到与其相似的簇中。DBSCAN 聚类算法主要有两个参数：$Eps(\varepsilon)$ 和 $\min Pts$（最小点数）。对于数据集 D，Eps 表示作为核心点的两个样本之间的最大距离阈值。而 $\min Pts$ 表示在样本 p 的邻域内所需的最小样本数量阈值。

以样本数据 p_i 为圆心，以 $\mathrm{dis}(p_i, p_j)$ 表示样本 p_i 和样本 p_j 的距离，在指定 Eps 半径范围内所包含的全部样本为数据 p_i 的邻域对象：

$$N_{\mathrm{Eps}}(p_i) = \{ p_j \in D \mid \mathrm{dis}(p_i, p_j) \leqslant Eps \}$$
$$(10\text{-}16)$$

p_i 的邻域对象的个数为其邻域密度。对于数据集 D，利用 DBSCAN 算法能够计算出三类对象，分别是核心对象、边界对象和噪声。核心对象的邻域密度大于等于样本数量阈值 $\min Pts$，即核心对象 p_i 满足 $|N_{\mathrm{Eps}}(p)| \geqslant \min Pts$；边界对象的邻域密度小于 $\min Pts$，位于其他核心对

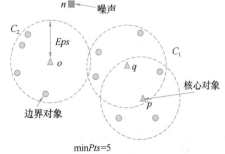

图 10-3　DBSCAN 异常
数据诊断示意图

象的邻域内；异常值是数据集 D 中除核心对象与边界对象之外的其他样本，其不属于任何集群。

利用 DBSCAN 算法进行异常诊断的核心思想（图 10-3）：对于给定的 Eps，由于 o、p、q 三点的邻域密度都大于等于 $\text{min}Pts$（设定值为 5），则其属于核心对象；核心对象 p 的邻域内有核心对象 q，那么 p 与 q 邻域内的点归为同一集群 C_1；核心对象 o 的邻域内不包含新的核心对象，所以 o 邻域内的点归为集群 C_2；当所有的核心对象、边界对象均分类完成后，离群点 n 即为异常数据。

10.3　缺失数据恢复

缺失数据指的是由于系统不可避免地会断电、重启等原因，在信号的采集及传输过程中会产生数据遗漏的情况。缺失数据通常表现的特征为监测数据中长段数据为 0 值或者 NaN 值。在进行数据分析时，若出现连续的 0 值或者 NaN 值，则判断这部分数据存在缺失，该时间段即为缺失数据时间段。

10.3.1　缺失数据的插值补全方法

1. 拉格朗日插值法

拉格朗日插值法可以给出一个恰好穿过二维平面上若干个已知点的多项式函数。对于平面上已知的 n 个点可以找到一个 $n-1$ 次多项式 $y = a_0 + a_1 x + a_2 x^2 +, \cdots, + a_{n-1} x^{n-1}$，使此多项式曲线过 n 个点。

将 n 个点的坐标 $(x_1, y_1), (x_2, y_2), \cdots, (x_n, y_n)$ 代入多项式，得：

$$
\begin{aligned}
y_1 &= a_0 + a_1 x_1 + a_2 x_1^2 + \cdots + a_{n-1} x_1^{n-1} \\
y_2 &= a_0 + a_1 x_2 + a_2 x_2^2 + \cdots + a_{n-1} x_2^{n-1} \\
&\vdots \\
y_n &= a_0 + a_1 x_n + a_2 x_n^2 + \cdots + a_{n-1} x_n^{n-1}
\end{aligned}
\tag{10-17}
$$

解出拉格朗日多项式为：

$$
L(x) = \sum_{i=0}^{n} y_i \prod_{j=0, j \neq i}^{n} \frac{x - x_j}{x_i - x_j}
\tag{10-18}
$$

将缺失的函数值对应的点 x 代入插值多项式得到缺失值的近似值 $L(x)$。

【例 10-3】假设一城市桥梁某天的振动情况为：2.1，2.0，2.2，2.5，3.0，?，2.7。使用拉格朗日插值法对缺失数据进行补全。

【解】计算拉格朗日基函数。依次计算 $L_i(x)$，以 $i=0$ 为例，

$$
L_0(x) = \prod_{j=0, j \neq 0}^{n} \frac{x - x_j}{x_0 - x_j} = \frac{(x-1)(x-2)(x-3)(x-4)(x-6)}{(0-1)(0-2)(0-3)(0-4)(0-6)}
$$

$$
= \frac{(x-1)(x-2)(x-3)(x-4)(x-6)}{-144}
$$

类似地，可以计算 $L_1(x), L_2(x), L_3(x)$。

使用拉格朗日插值公式估计缺失数据：

$$L(5) = \sum_{i=0}^{n} y_i L_i(5)$$

$$= 2.1 \times \frac{-24}{-144} + 2.0 \times \frac{-30}{30} + 2.2 \times \frac{-40}{-16} + 2.5 \times \frac{-60}{18} + 3.0 \times \frac{-120}{-48} + 2.7 \times \frac{120}{720}$$

$$= 3.4667$$

2. 重心拉格朗日插值法

拉格朗日插值法中，若需要插值的点数稍有变动，则所对应的基本多项式就必须全部重新计算，非常烦琐。这时可以用重心拉格朗日插值法或牛顿插值法来代替。在拉格朗日插值法中，运用多项式 $l(x) = (x - x_1)(x - x_2) \cdots (x - x_n)$ 可以将拉格朗日基本多项式重写为：

$$l_i(x) = \frac{l(x)}{x - x_i} \frac{1}{\prod\limits_{j=0, j \neq i}^{n} (x_i - x_j)} \tag{10-19}$$

定义重心权：

$$\omega_i = \frac{1}{\prod\limits_{j=0, j \neq i}^{n} (x_i - x_j)} \tag{10-20}$$

于是拉格朗日插值多项式变为：

$$L(x) = l(x) \sum_{i=0}^{n} y_i \frac{\omega_i}{x - x_i} \tag{10-21}$$

10.3.2 基于压缩感知群稀疏优化的错误数据恢复

近年来，应用数学领域的压缩感知和稀疏优化理论被应用于结构健康监测的数据恢复。假设某一桥梁健康监测系统中测量同一类型信号的 H 个传感器均匀采样，在一定的时间长度内得到测量数据 $A \in \mathbf{R}_{m \times h}$，

$$A = \begin{bmatrix} a_{11} & a_{12} & \cdots & a_{1h} \\ a_{21} & a_{22} & \cdots & a_{2h} \\ \vdots & \vdots & \ddots & \vdots \\ a_{m1} & a_{m2} & \cdots & a_{mh} \end{bmatrix} \tag{10-22}$$

式中，a_{mh} 是第 h 个传感器在 m 时刻测得的数据。假设测量数据 A 中存在缺失数据，用 0 代替缺失数据，得到新的测量矩阵 Z。接下来需要解决的问题是用对错误数据进行补 0 处理后的矩阵 Z 对数据进行重构。

当 A 为完好数据时，其在频域具有稀疏性，表达式如下：

$$A = \boldsymbol{\Psi} \cdot \boldsymbol{X} \tag{10-23}$$

式中，$\boldsymbol{\Psi}$ 是傅里叶矩阵；$\boldsymbol{X}$ 是傅里叶系数，只有少数的非零行。傅里叶系数矩阵 $\boldsymbol{X}$ 同样可以通过求解如下优化问题来得到：

$$\min_{\boldsymbol{X} \in \mathbb{C}^{XH}} \| \boldsymbol{X} \|_{2,1} + \frac{\mu}{2} \| P_{\Omega}(\boldsymbol{\Psi} \boldsymbol{X}) - P_{\Omega}(\boldsymbol{A}) \|_2^2 \tag{10-24}$$

只要求得上式的最优解 $\boldsymbol{X}_{\mathrm{rec}}$，就可以通过式 $\boldsymbol{A} = \boldsymbol{\Psi} \cdot \boldsymbol{X}_{\mathrm{rec}}$ 得到对存在缺失数据的矩阵 $\boldsymbol{A}$ 重构的结果。

本章小结

　　本章深入探讨了大型结构健康监测系统中监测大数据预处理的重要性和方法，内容包括数据噪声预处理、数据异常值诊断及缺失数据恢复。数据噪声预处理部分介绍了多种去噪算法，包括移动平均去噪算法、基于卡尔曼滤波的数据降噪以及基于小波变换的数据降噪，并探讨了不同预处理步骤在数据质量改善中的作用。数据异常值诊断部分介绍了基于分布和基于聚类的数据异常诊断方法，并介绍了不同方法的适用情况。缺失数据恢复部分介绍了数据恢复的基本原理，结合范例讲解了缺失数据的插值补全方法和基于压缩感知群稀疏优化的错误数据处理方法。

思考与练习题
参考答案

思考与练习题

1. 监测数据预处理的主要目的是什么？为什么它很重要？
2. 监测数据中有哪些常见的缺陷数据类型？如何对这些缺陷数据进行预处理？
3. 监测数据的预处理如何与后续的数据分析和数据挖掘工作结合？

监测数据统计分析

知识图谱

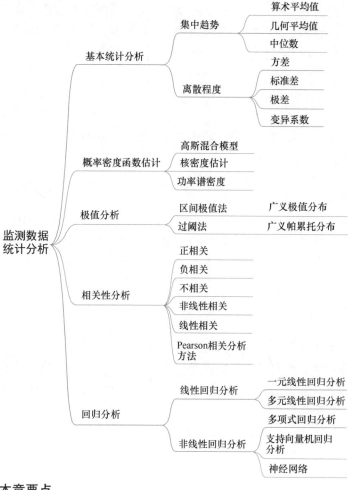

本章要点

知识点 1：监测数据基本统计分析。

知识点 2：监测数据概率密度函数估计。

知识点 3：监测数据极值分析。

知识点 4：监测数据相关性分析。

知识点 5：监测数据回归分析。

学习目标

（1）理解监测数据统计分析在土木工程领域中的重要性和应用场景。

（2）了解常见的监测数据统计方法的原理及其适用场景。

监测大数据统计分析就是采用概率论、数理统计、随机过程等统计分析理论与技术，把监测数据作为随机变量进行分析处理的数值计算方法，对监测数据进行统计分析，揭示数据背后的荷载、环境与结构局部或整体响应之间的关联性。它是监测数据分析与处理的基本步骤，也是进行监测数据挖掘与深度分析的重要基础。监测大数据统计分析常用方法主要包括基本统计分析、概率密度函数估计、极值分析、相关和回归分析等。基本统计分析用于表征统计区间内监测数据的宏观概况；概率密度函数估计可对监测数据的总体分布情况作全面描述；极值分析可获得监测数据极大、极小值概率分布模型；相关性分析可以揭示荷载/作用与结构响应相关性以及结构响应在时间与空间尺度上的相关性。

11.1 基本统计分析

基本统计分析是描述数据或随机变量特点和规律最基本的方法，主要内容包括集中趋势和离散程度，其可以表征监测数据的宏观特征。

11.1.1 集中趋势

集中趋势主要反映统计区间内监测样本值的总体大小特征。在数理统计学中，作为描述随机样本总体大小特征的统计量有算术平均值、几何平均值和中位数等。对于不同的变量分布形式，应采用不同的量来衡量随机变量的集中趋势。当变量分布符合正态分布时，宜采用算数平均值来描述；当变量分布满足对数正态分布时，宜采用几何平均值来描述；否则可以使用中位数来描述随机变量的集中趋势。

（1）算数平均值

算术平均值是反映随机变量大小特征的统计量。当随机变量服从正态分布时，其数学期望可以用样本的算术平均值来描述，此时可以用随机变量样本的算术平均值来描述其集中趋势。记一组一维监测数据为 $X = [x_1, x_2, \cdots, x_n]$（$n$ 为样本数），则算数平均值的计算公式如下：

$$\bar{X} = \frac{1}{n} \sum_{i=1}^{n} x_i \tag{11-1}$$

（2）几何平均值

如果随机变量不服从正态分布，则算术平均值不能准确反映该变量的大小特征。在这种情况下可通过假设检验来判断随机变量是否服从对数正态分布，如服从，则几何平均值就是数学期望的值，此时可以用随机变量样本的几何平均值来描述其集中趋势，计算公式如下：

$$\bar{X}_g = \sqrt[n]{x_1 \cdot x_2, \cdots, x_n} = (\prod_{i=1}^{n} x_i)^{\frac{1}{n}} \tag{11-2}$$

（3）中位数

如果随机变量既不服从正态分布也不服从对数正态分布，按现有的数理统计学知识，尚无合适统计量描述该变量的大小特征，此时可以用随机变量样本的中位数来描述其集中趋势。中位数是将数据按大小顺序排列起来形成一个数列，居于数列中间位置的那个数据就是中位数。在数列中存在极端变量值的情况下，用中位数作为代表值要比平均值更好。

对于未分组的原始监测数据，首先须将样本值按大小排序，中位数可按下式计算：

$$M_e = \begin{cases} \dfrac{x_{n+1}}{2}, & n \text{ 为奇数} \\[3mm] \dfrac{x_{\frac{n}{2}} + x_{\frac{n}{2}+1}}{2}, & n \text{ 为偶数} \end{cases} \tag{11-3}$$

11.1.2　离散程度

离散程度指随机变量各个取值之间的差异程度，可用来衡量监测数据之间的波动情况及误差大小，主要通过方差与标准差、极差及变异系数来描述。

（1）方差与标准差

方差用来度量随机变量和其均值之间的偏离程度。随机变量样本方差是每个样本值与全体样本值算数平均值之差的平方的平均数，其计算公式如下：

$$S^2 = \frac{1}{n-1} \sum_{i=1}^{n} (x_i - \bar{X})^2 \tag{11-4}$$

方差的算数平方根称为监测数据 X 的标准差或均方差，即：

$$\sigma = \sqrt{S^2} \tag{11-5}$$

（2）极差

极差用于反映随机变量分布的变异范围和离散幅度。在总体中，任何两个单位的标准值之差都不会超过极差，因此，它可以有效地反映监测数据的波动范围。其计算公式为：

$$R = X_{\max} - X_{\min} \tag{11-6}$$

式中，$X_{\max}$ 为样本最大值；$X_{\min}$ 为样本最小值。

（3）变异系数

变异系数又称"离散系数"，是概率分布离散程度的归一化量度，其定义为标准差 σ 与平均值 $\bar{X}$ 之比，常用于两个总体均值不等或量纲不同的指标离散程度的比较，其计算公式如下：

$$CV = \frac{\sigma}{\bar{X}} \times 100\% \tag{11-7}$$

在进行监测数据统计分析时，如果变异系数大于 15%，则要考虑该数据可能不正常，应作为异常数据进行处理。基于数据统计特征的异常值检测与处理本质上可以看作离群值的检测与处理过程，因此在确保监测数据异常不是由于传感器损坏引起的情况下，掌握检测数据的统计特征可以从数据层面对工程结构的运行状态进行初步评估。以桥梁结构为例，由于运营期活荷载的随机性和温度效应剔除过程的随机误差，结构响应的活载效应信息和劣化效应信息均呈随机变化，可分别看作是一个随机过程。当结构处于正常状态时，其均值近似为一个恒值；而当结构出现安全问题时，其数值将出现持续的单向变化（增大或减小），其波动幅度将持续增大并偏离平衡点（即均值），如图 11-1 所示。通过对这个过程的基本统计分析，以及监测过程均值是否出现不可恢复的单向变化趋势，即可初步评价结构的安全状态。

【例 11-1】假设某城市桥梁某天收集的振动数据为：2.1，2.0，2.2，2.5，3.0，7.8，2.7，2.4，2.6，2.9，对其进行基本统计分析。

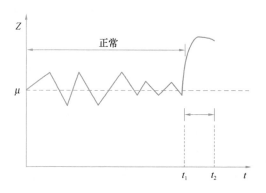

图 11-1 基于随机过程均值变化的结构工作状态初步判定

【解】计算集中趋势。算数平均值：

$$\bar{X} = \frac{\sum\limits_{i=1}^{n} x_i}{n} = \frac{2.1+2.0+2.2+2.5+3.0+7.8+2.7+2.4+2.6+2.9}{10} = 3.02$$

几何平均数：

$$\bar{X}_g = \sqrt[n]{x_1 \cdot x_2, \cdots, x_n} = \sqrt[10]{2.1 \times 2.0 \times 2.2 \times 2.5 \times 3.0 \times 7.8 \times 2.7 \times 2.4 \times 2.6 \times 2.9}$$
$$= 2.7681$$

中位数：

排序后的数据：2.0，2.1，2.2，2.4，2.5，2.6，2.7，2.9，3.0，7.8，因此：

$$M_e = \frac{x_{\frac{n}{2}} + x_{\frac{n}{2}+1}}{2} = \frac{2.5+2.6}{2} = 2.55$$

计算离散程度。方差：

$$S^2 = \frac{1}{n-1} \sum_{i=1}^{n} (x_i - \bar{X})^2$$
$$= \frac{1}{10-1} \times \left[(2.1-3.02)^2 + (2.0-3.02)^2 + \cdots + (2.9-3.02)^2 \right] = 2.9284$$

标准差：

$$\sigma = \sqrt{S^2} = \sqrt{2.9284} = 1.7113$$

极差：

$$R = X_{max} - X_{min} = 7.8 - 2.0 = 5.8$$

变异系数：

$$CV = \frac{\sigma}{\bar{X}} \times 100\% = \frac{1.7113}{3.02} \times 100\% = 56.66\%$$

11.2 概率密度函数估计

工程结构在服役期内往往会受到风、温度、车辆等具有明显时变特征的复杂荷载与作用，其精准模型的建立是进行结构分析与安全评价的重要基础。概率密度函数估计可对监测数据的总体分布情况作全面描述，是建立结构荷载或作用及其效应模型的重要基础。此外，根据监测数据获得一定统计区间的数据最佳拟合分布后，还可依据分布规律补充由于某些原因造成的缺失数据。

概率密度函数是数学统计中最为常用的概念，有许多不同的分布类型，例如离散型数据常用的二项分布、超几何分布、几何分布等，以及连续型数据常用的均匀分布、正态分布、柯西分布等。由于自然界中很大一部分变量满足正态分布，且正态分布的概率密度函数可由均值和方差来表征，在处理实际问题时具有简洁性，本章只对实际中常用的正态分布、高斯混合模型及核密度估计拟合方法予以详细介绍。

进行概率分布拟合时，具体步骤如下（图 11-2）：

（1）根据统计数据得到统计量的频率分布直方图；

（2）根据直方图及先验知识确定统计数据的概率密度分布模型；

（3）对概率密度分布模型进行参数估计；

（4）对得到的概率密度分布模型参数进行检验。

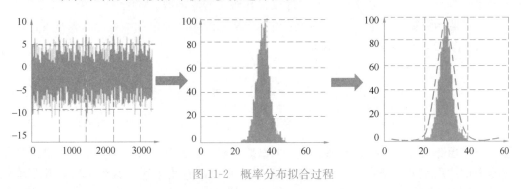

图 11-2　概率分布拟合过程

11.2.1　正态分布

正态分布也称为高斯分布。若一维监测数据 X 服从一个集中趋势为 μ、离散程度为 σ 的概率分布，其概率密度函数可表示为：

$$f(x) = \frac{1}{\sqrt{2\pi}\sigma}e^{-\frac{1}{2\sigma^2}(x-\mu)^2} \tag{11-8}$$

则该监测数据服从正态分布。当 $\mu = 0, \sigma = 1$ 时，正态分布就成为标准正态分布，即：

$$f(x) = \frac{1}{\sqrt{2\pi}}e^{-\frac{x^2}{2}} \tag{11-9}$$

11.2.2　高斯混合模型

高斯混合模型是多个高斯分布函数的线性组合，当被监测量的概率分布由两个及以上高斯分布构成时，可采用高斯混合模型拟合其概率密度函数，其模型示意如图 11-3 所示。其概率分布图往往具有多个峰值，可以根据峰值的数量确定高斯分布的个数。

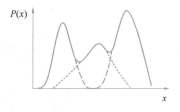

图 11-3　高斯混合模型示意图

不失一般性，令某一维监测数据 X 取自 M 个高斯分布的混合体，则高斯混合概率密度函数可表示为：

$$f(x) = \sum_{i=1}^{M} w_i N(x \mid \mu_i, \sigma_i^2) = \sum_{i=1}^{M} w_i \frac{1}{\sqrt{2\pi}\sigma_i} \exp\left[-\frac{(x-\mu_i)^2}{2\sigma_i^2}\right] \tag{11-10}$$

式中，$N(x \mid \mu_i, \sigma_i^2)$ 为第 i 个高斯分布的概率密度函数；μ_i 和 σ_i^2 分别为对应的均值和方差；w_i 表示第 i 个高斯分布的权系数。

11.2.3　核密度估计

核密度估计是一种估计分布未知情况下概率密度函数的非参数检验方法。该方法不利用有关数据分布的先验知识，对数据分布不附加任何假定，是一种从数据样本本身出发研究数据分布特征的方法。因此，当对被监测量的概率分布无先验知识时，或当被监测量的概率分布十分复杂时，应采用核密度估计拟合其概率密度函数。

令一维监测数据 $X = [x_1, x_2, \cdots, x_n]$ 表示服从某分布的 n 个样本点，由核密度估计方法可得监测数据 X 的概率密度函数如下：

$$\hat{f}(x) = \frac{1}{nh_n} \sum_{i=1}^{n} K\left(\frac{x-x_i}{h_n}\right) \tag{11-11}$$

式中，$K(\cdot)$ 表示核函数，一般选用高斯核，且 $K(x) \geqslant 0, \int_{-\infty}^{+\infty} K(x)\mathrm{d}x = 1$，$h_n$ 为窗口宽度，简称窗宽或带宽。核密度估计是一个以核函数为权函数的加权平均过程，通过核函数控制来估计点 x 处概率密度值的样本个数以及对应的权重大小。直观来看，核密度估计的精度与核函数的选取、窗宽的大小直接相关。

11.2.4　功率谱密度

功率谱密度是对随机变量均方值的度量，定义是单位频带内的功率，被广泛应用于结构健康监测领域。当工程结构受到高度随机性的荷载时，其响应信号也具有很强的随机性，此时由于信号的傅里叶变化不收敛，信号不能用传统的频谱来表示，要从随机信号中识别出有关动力系统的结构模态参数或进行荷载参数的识别，许多方法均依赖于信号的自功率谱或互功率谱。

功率谱密度是结构在随机动态载荷激励下响应的统计结果，是一条功率谱密度值—频率值的关系曲线，其中功率谱密度可以是位移功率谱密度、速度功率谱密度、加速度功率谱密度、力功率谱密度等形式。数学上，功率谱密度值与频率值关系曲线下的面积表示均方值（$E[x^2(t)]$），当信号均值为零时，此值对应信号的方差。

在实际应用时，常用周期图法计算功率谱密度。对于一组离散的数据点信号序列 $X = [x_1, x_2, \cdots, x_n]$，$n$ 为离散的数据点的个数。对这一组信号进行傅里叶变换，则可以得到：

$$X(w) = \sum_{0}^{N-1} X(n) e^{-jwn} \tag{11-12}$$

对上述傅里叶变换的结果 $X(w)$ 取模的平方，再取平均，即可得：

$$\hat{S}(w) = \frac{1}{N} \mid X(w) \mid^2 \tag{11-13}$$

但是仅利用上述思路计算时，当点数 n 过多会出现频率分辨率和信号方差同时变大的现象，有用的信号频段容易被噪声淹没。因此衍生出平均周期图法，其基本思路是将观测样本点分成 L 段，每段有 M 个点，对每段分别求周期图功率谱估计，然后求平均值。利用此思路可以降低获得的功率谱的方差，但对应的分辨率也会降低。

【例 11-2】某城市桥梁某时间段的振动数据如图 11-4 所示，对其进行概率密度函数估计。

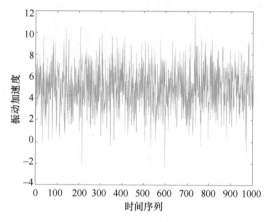

图 11-4　振动数据

【解】根据统计数据得到统计量的频率分布直方图，如图 11-5 所示。

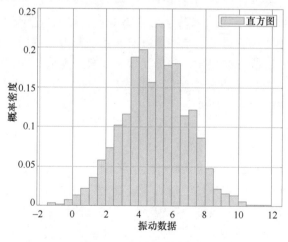

图 11-5　振动数据直方图

根据直方图及先验知识确定统计数据的概率密度分布模型为正态分布，对概率密度分布模型进行参数估计，计算样本均值和标准差，拟合的概率分布如图 11-6 所示。

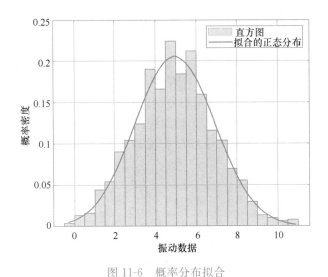

图 11-6　概率分布拟合

11.3　极值分析

极值统计理论是专门研究极值事件的建模方法和统计分析方法，并基于已有数据对极值事件发生的概率进行预测。自 20 世纪 20 年代以来，极值理论被人们广泛运用于气象和地震预测、海洋工程、水文观测、环境工程、灾害性干旱、金融等领域。近年来，因土木工程事故频发，极值理论也逐渐被应用于土木工程领域。一方面，通过长期监测数据并结合有效极值分析方法可准确估计结构设计使用年限内某类作用或荷载的极值。准确的极值分析结果不仅对制定被监测结构的运营维护策略有益，也对同类结构的设计具有指导意义。另一方面，极值统计理论是确定结构健康监测系统警报阈值的理论依据。通过长期监测数据分析结构响应的极值分布规律，并据此建立起合理阈值。若运营阶段结构响应超过阈值，可能是由结构性能退化或极端荷载引起的。近代极值理论开始于 1922 年的德国，其主要方法包括区间极值法和过阈法。

11.3.1　区间极值法

区间极值法的理论基础是广义极值（Generalized Extreme Value，GEV）分布。广义极值分布是将三类经典极值分布类型经过恰当变换之后得到的，只需推断形状参数 ζ 就能得到准确的极值分布类型。广义极值分布模型、参数估计具体如下。

假设随机变量 $X_1, X_2, \cdots, X_N$ 相互独立，并服从同一分布 $F(x)$（母体分布），令 $M_N = \max(X_1, X_2, \cdots, X_N)$，表示 N 个随机变量的最大值，则有：

$$P(M_N \leqslant x) = P(X_1 \leqslant x, X_2 \leqslant x, \cdots, X_N \leqslant x) = [F(x)]^N \qquad (11\text{-}14)$$

由此可知，如果母体分布 $F(x)$ 已知，则可以精确地求出最大值 M_N 的分布函数。然而在实际应用中，$F(x)$ 通常未知，因此很难直接用于最大值的统计分析。

根据经典极值理论，若 $[F(x)]^N$ 不是退化分布函数（不等于 0 或 1），则 $[F(x)]^N$ 趋向于某种渐近分布 $F_M(x)$，且 $F_M(x)$ 必为以下三个分布之一：

Ⅰ型分布：$H_1(x) = \exp[-e^{-x}], -\infty < x < +\infty$ $\qquad (11\text{-}15)$

Ⅱ型分布：$H_2(x;\alpha) = \begin{cases} 0 & x \leqslant 0 \\ \exp[-x^{-\alpha}] & x > 0 \end{cases}, \alpha > 0$ $\qquad (11\text{-}16)$

Ⅲ型分布：$H_3(x;\alpha) = \begin{cases} \exp[-(-x)^{\alpha}] & x \leqslant 0 \\ 1 & x > 0 \end{cases}, \alpha > 0$ $\qquad (11\text{-}17)$

其中，Ⅰ型、Ⅱ型和Ⅲ型分布即为三类经典极值分布，分别称为耿贝尔（Gumbel）分布、韦布尔（Weibull）分布与弗雷歇（Fréchet）分布。

11.3.2 过阈法

区间极值法浪费了很多数据，同时选取方法也增加了参数估计的不确定性，为了解决区间极值法带来的问题，1989 年学者提出了过阈法。通过选取一个阈值，取阈值以上的数据来拟合分布函数。过阈法的理论基础是广义帕累托分布（Generalized Pareto Distribution，GPD），其分布模型、参数估计和极值外推方法具体如下。

随机变量 $X(t)$ 的分布函数 $F(x)$ 通常未知，因此其超阈值分布函数 $F_u(x)$ 也未知。当阈值足够大时，在 $F(x)$ 未知的条件下，给出了阈值分布函数的渐进分布：

$$G(x;\mu,\sigma,\xi) = 1 - \left(1 + \xi \frac{x-\mu}{\sigma}\right)^{-\frac{1}{\xi}}$$
$$x \geqslant \mu, \sigma > 0, 1 + \xi \frac{x-\mu}{\sigma} > 0 \qquad (11\text{-}18)$$

式中，σ 为尺度参数；$\xi \in R$ 表示形状参数；$\mu \in R$ 表示位置参数，即阈值。当 $\mu = 0$，称随机变量 X 服从两参数 GPD；当 $\mu = 0$ 且 $\sigma = 1$ 时，为标准 GPD，此时若取 $\xi = 0$，标准 GPD 为指数分布：

$$G(x) = 1 - e^{-x}, x \geqslant 0 \qquad (11\text{-}19)$$

GPD 的概率密度函数为：

$$g(x;\mu,\sigma,\xi) = \frac{1}{\sigma}\left(1 + \xi\frac{x-\mu}{\sigma}\right)^{\frac{1}{\xi}-1}$$
$$x \geqslant \mu, \sigma > 0, 1 + \xi\frac{x-\mu}{\sigma} > 0 \qquad (11\text{-}20)$$

GPD 通常用于拟合随机变量的尾部分布，以描述超阈值的极值行为。而 GPD 的尾部分布与形状参数 ξ 的取值关系密切。对于 GPD 的参数估计，首先应确定其位置参数 μ，即阈值，然后再估计形状参数 ξ 与尺度参数 σ。阈值的选取是一个非常复杂的问题，常用的方法包括超阈值均值图法、Hill 图法、阈值—估计极值期望关系曲线图法、阈值稳定图法等。计算方法主要有最小均方误差法、峰度法等。下面对超阈值均值图法进行介绍。

超阈值均值图法是最为常用的一种选取阈值的方法，此法通过建立样本平均超出量函数与阈值的关系曲线图选取最优阈值。对于服从 GPD 的样本，其平均超出量函数可以表示为：

$$e(u) = E(X - u \mid X > u) = \frac{\sigma_u + \xi u}{1 - \xi}, \xi < 1 \qquad (11\text{-}21)$$

式中，u, ξ 分别表示阈值和 GPD 的形状参数；σ_u 为与阈值 u 对应的尺度参数；条件 $\xi < 1$ 用于保证平均超出量函数的存在。根据公式（11-21）可知平均超出量函数 $e(u)$ 为

阈值 u 的线性函数，对于已知的数据集 $(X_1,X_2,\cdots,X_k)$，样本平均超出量函数 $e(u)$ 的经验估计为：

$$e_n(u) = \frac{1}{N}\sum_{i=1}^{N_u}(X_i - u), X_i > u \tag{11-22}$$

根据公式（11-22）可知，假设对于某个阈值 u_0，样本超出量服从参数为 $(\sigma_{u_0}, \xi_{u_0})$ 的 GPD，则有大于 u_0 的 u，其平均超出量函数 $e_n(u)$ 的斜率应近似保持不变。由此定义点集 $\{u, e_n(u)\}$，称为超阈值均值图。在图中选择适当的 $u_0 > 0$ 作为阈值，使得当 $u > u_0$ 时，平均超出量 $e_n(u)$ 近似在一条直线附近波动。

11.4 相关性分析

相关性是反映事物间相互影响、相互作用关系的统计分析特性。相关性从相关程度和方向上可分为正相关、负相关和不相关；从相关性复杂性上可分为线性相关和非线性相关。

对于工程结构而言，结构与外部环境之间以及结构内部子系统之间都存在相互作用关系，因此对于监测大数据进行的相关性分析主要包括荷载/作用—响应相关性分析以及结构响应的时间与空间尺度上的相关性分析。其中，荷载/作用—响应相关性分析可度量某种荷载或作用对结构反应的影响；结构响应时间尺度上的相关分析是指同一测点响应在不同时间、区间上的相关性分析，可度量监测物理量在时间变过程中的变化规律；结构响应空间尺度上的相关分析是指不同结构空间位置响应监测数据间的相关分析，其可间接揭示结构不同部位在结构力学层面上的相关性随时间推进的演化规律。表 11-1 给出了荷载作用和结构响应监测数据间相关分析，表 11-2 给出了结构响应监测数据间相关分析。

在结构健康监测中，作为同一整体结构的不同监测部位，其本质属于结构大系统，各个监测部位在外部环境荷载作用下所产生的反应必然存在某种联系或相关性，绝对不是相互孤立的。这种相关性蕴含着结构力学层面的本质关系。因此，分析多个传感器测点间的相互关系不仅是直接分析测点数据在时间演变过程中的相关性，同时更是间接揭示结构不同部位在结构力学层面上的相关性随时间推进的演化规律。一般意义上，测点间的相关性将在一个合理的范围内变化。测点间相关性的异常变化可能是由于传感器、通信故障或者是结构出现了导致测点间力学关系变化的损伤或疲劳。因此在保证传感器和通信正常的情况下，可以利用相关性对结构损伤或疲劳进行识别。除此之外，还可根据测点间的相关程度进行后续回归分析，构建测点间数据的关系模型。对于相关度较高的测点，除可进行相互修正与校验外，当其中某个测点出现故障无有效数据时，可以利用相关测点数据进行补充。

荷载作用和结构响应监测数据间相关分析 表 11-1

监测物理量	线位移	静应变	加速度
温度	△	△	—
风速	●	●	●
车重	●	●	●

注：△表示应进行项，●表示宜进行项，—表示不涉及项。

结构响应监测数据间相关分析　　　　　　　　　　　　表 11-2

监测物理量	线位移	静应变	加速度
线位移	●	●	—
静应变	●	●	—
加速度	—	—	●

11.4.1　Pearson 相关分析

考察两个随机变量之间的相关程度时常采用 Pearson 相关分析方法。设二元总体 $(X,Y)^{\mathrm{T}}$ 的分布函数为 $F(x,y)$，X 和 Y 的方差分别为 $\mathrm{var}(X)$ 和 $\mathrm{var}(Y)$，总体协方差为 $\mathrm{cov}(X,Y)$，总体的相关系数定义为：

$$\rho_{\mathrm{XY}} = \frac{\mathrm{cov}(X,Y)}{\sqrt{\mathrm{var}(X)}\sqrt{\mathrm{var}(Y)}} \tag{11-23}$$

设 $(X_1,Y_1),(X_2,Y_2),\cdots,(X_n,Y_n)$ 为取自某个二元总体的独立样本，可以计算样本的相关系数：

$$r_{\mathrm{xy}} = \frac{\sum\limits_{i=1}^{n}(X_i-\bar{X})(Y_i-\bar{Y})}{\sqrt{\sum\limits_{i=1}^{n}(X_i-\bar{X})^2}\sqrt{\sum\limits_{i=1}^{n}(Y_i-\bar{Y})^2}} \tag{11-24}$$

在通常情况下，由样本计算出 r_{xy} 不为零，即使在随机变量 X 和 Y 独立的情况下。因此，当 $\rho_{\mathrm{xy}}=0$ 时，用 r_{xy} 去度量 X 和 Y 的关联性没有实际意义。所以需要作假设检验 $H_0: \rho_{\mathrm{xy}}=0$　$H_1: \rho_{\mathrm{xy}} \neq 0$，可以证明，当 (X,Y) 为二元正态总体，且当 H_0 为真时，统计量 $t = \frac{r_y\sqrt{n-2}}{1-r_{\mathrm{xy}}^2}$ 服从自由度为 $n-2$ 的 t 分布。利用统计量 t 服从自由度为 $n-2$ 的 t 分布的性质，可以对数据 X 和 Y 的相关性进行检验。由于相关系数 r_{r} 被称为 Pearson 的相关系数，因此此检验方法也称为 Pearson 相关检验。

【例 11-3】 有一组使用激光测距仪来测量某桥梁不同部位的挠度和通过传感器记录车辆通过桥梁的频率数据，见表 11-3。使用 Pearson 相关分析来确定桥梁挠度与车辆通过频率之间是否存在相关关系。

某桥梁挠度与车辆通过频率数据　　　　　　　　　　　　表 11-3

位置	挠度（mm）	车辆通过频率（次/h）
A	5	10
B	3	15
C	7	8
D	4	12
E	2	18

【解】 计算每个变量的均值。

$$\bar{X} = \frac{10+15+8+12+18}{5} = 12.6$$

$$\bar{Y} = \frac{5+3+7+4+2}{5} = 4.2$$

然后计算相关系数。

$$r_{xy} = \frac{\sum\limits_{i=1}^{n}(X_i - \bar{X})(Y_i - \bar{Y})}{\sqrt{\sum\limits_{i=1}^{n}(X_i - \bar{X})^2}\sqrt{\sum\limits_{i=1}^{n}(Y_i - \bar{Y})^2}}$$

$$= \frac{(10-12.6)(5-4.2)+\cdots+(18-12.6)(2-4.2)}{\sqrt{(10-12.6)^2+\cdots+(18-12.6)^2} \times \sqrt{(5-4.2)^2+\cdots+(2-4.2)^2}}$$

$$\approx 0.8924$$

这表示挠度与车辆通过频率之间存在强正相关关系，即车辆通过频次增加会导致桥梁挠度的增加。

11.4.2 典型相关分析

在对实际监测数据进行分析时，不仅要考察两个变量之间的相关程度，还需要考察多个变量与多个变量之间即两组变量之间的相关性。典型相关分析是测度两组变量之间相关程度的一种多元统计方法，它是两个随机变量之间的相关性在两组变量之下的推广。在监测数据分析中常对两组随机变量 $(X_1, X_2, \cdots, X_p)$ 和 $(Y_1, Y_2, \cdots, Y_p)$，像主成分分析那样，考虑一个 $(X_1, X_2, \cdots, X_p)$ 线性组合 U 及一个 $(Y_1, Y_2, \cdots, Y_p)$ 线性组合 V，希望找到 U 和 V 之间有最大可能的相关系数，以充分反映两组变量间的关系。这样就把研究两组随机变量间相关关系的问题转化为研究两个随机变量间的相关关系。如果一对变量 (U, V) 还不能完全刻画两组变量间的相关关系，可以继续找第二对变量，希望这对变量在与第一对变量 (U, V) 不相关的情况下也具有尽可能大的相关系数，直至进行到找不到相关变量对时为止，这便引导出典型相关变量的概念。

设有两组随机变量 $X = (X_1, X_2, \cdots, X_p)^T$，$Y = (Y_1, Y_2, \cdots, Y_q)^T (p \leqslant q)$，将两组合并成一组向量：

$$\Sigma = \begin{bmatrix} \Sigma_{11} & \Sigma_{12} \\ \Sigma_{21} & \Sigma_{22} \end{bmatrix} \tag{11-25}$$

其中，$\Sigma_{11} = \text{cov}(x)$，$\Sigma_{12} = \Sigma_{21} = \text{cov}(x, y)$。

构造第一对线性组合：

$$\begin{aligned} U_1 &= a_1^T X = a_{11}X_1 + a_{12}X_2 + \cdots + a_{1p}X_p \\ V_1 &= b_1^T Y = b_{11}Y_1 + b_{12}Y_2 + \cdots + b_{1q}Y_q \end{aligned} \tag{11-26}$$

使得 U_1、V_1 的相关系数 $\rho(U_1, V_1)$ 达到最大，所以 U_1 和 V_1 的相关系数为：

$$\rho_{(U_1, V_1)} = \frac{a_1^T \sum_{12} b_1}{\sqrt{a_1^T \sum_{11} a_1}\sqrt{b_1^T \sum_{22} b_1}} \tag{11-27}$$

又由于相关系数与量纲无关，因此可设约束条件 $a_1^T \Sigma_{11} a_1 = b_1^T \Sigma_{n2} b_1 = 1$。满足此约束条件的相关系数的最大值称为第一典型相关系数，U_1、V_1 称为第一对典型相关变量。典型相关分析在约束条件 $a_1^T \Sigma_{11} a_1 = b_1^T \Sigma_{n2} b_1 = 1$，求 a_1 与 b_1 使得 $p_{u_1, v_1} = a_1^T \Sigma_{12} b_1$ 取最大值。

如果 U_1、V_1 还不足以反映 X、Y 之间的相关性，还可构造第二对线性组合：

$$U_2 = a_2^T X = a_{21} X_1 + a_{22} X_2 + \cdots + a_{2p} X_p$$
$$V_2 = b_2^T Y = b_{21} Y_1 + b_{22} Y_2 + \cdots + b_{2q} Y_q \tag{11-28}$$

使得 (U_1, V_1) 与 (U_2, V_2) 不相关，即 $\mathrm{cov}(u_1, u_2) = \mathrm{cov}(u_1, v_2) = \mathrm{cov}(u_2, v_1) = \mathrm{cov}(v_1, v_2) = 0$，在约束条件 $\mathrm{Var}(u_1) = \mathrm{Var}(v_1) = \mathrm{Var}(u_2) = \mathrm{Var}(v_2) = 1$ 下求 a_2、b_2，使得 $p_{u_2, v_2} = a_2^T \Sigma_{12} b_2$ 取最大值。

一般的，若前 $k-1$ 对典型变量还不足以反映 X, Y 之间的相关性，还可构造第 k 对线性组合：

$$U_k = a_k^T X = a_{k1} X_1 + a_{k2} X_2 + \cdots + a_{kp} X_p$$
$$V_k = b_k^T Y = b_{k1} Y_1 + b_{k2} Y_2 + \cdots + b_{kq} Y_q \tag{11-29}$$

在约束条件 $\mathrm{Var}(u_k) = \mathrm{Var}(v_k) = 1$ 及 $\mathrm{cov}(u_k, u_j) = \mathrm{cov}(u_k, v_j) = \mathrm{cov}(v_k, u_j) = \mathrm{cov}(v_k, v_j) = 0$ $(1 \leqslant j \leqslant k)$ 下求 a_k、b_k，使得 $p_{u_k, v_k} = a_k^T \Sigma_{12} b_k$ 取最大值。如此确定的 u_k、v_k 称为 X、Y 的第 k 对典型变量，相应的 p_{u_k, v_k} 称为第 k 个典型相关系数。

11.5 回归分析

回归分析是建立变量间关系的数学表达式的一种统计分析方法。根据相关关系的形态及机理分析，首先要明确谁是自变量、谁是因变量，选择合适的数学模型来近似表达变量间的平均变化关系，并在此基础上进行变量的控制与预测。结构健康监测数据使用回归分析时，首先应对结构进行初步的力学分析和简化，这样有助于判断各物理量间是否可使用回归分析方法。回归分析包括线性回归分析和非线性回归分析。其中，线性回归分析包括一元或多元线性回归分析；非线性回归分析可通过多项式回归分析、支持向量机或神经网络建立其非线性关系模型。以下给出这几种常用方法的分析步骤、计算原理和公式。

11.5.1 线性回归

1. 一元线性回归

设 x 是自变量，y 是因变量，则一元线性回归模型为：

$$y = \alpha + \beta x + \varepsilon [\varepsilon - N(0, \sigma^2)] \tag{11-30}$$

其中，α、β 称为模型参数，ε 称为模型随机误差。求线性函数 $E(y) = \alpha + \beta x$ 的经验回归方程 $\hat{y} = \hat{\alpha} + \hat{\beta} x$，称为建立一元线性回归模型。其中，$\hat{y}$ 是 $E(y)$ 的统计估计；$\hat{\alpha}$、$\hat{\beta}$ 分别是 α、β 的统计估计，称为经验回归系数。

设数据对 $(x_i, y_i)(i = 1, 2, \cdots, n)$ 是变量对 (x, y) 的观测数据，则：

$$y_i = \alpha + \beta x_i + s_i \tag{11-31}$$

称为一元样本回归方程（数据模型），其中 $\varepsilon_i \sim N(0, \sigma^2)(i = 1, 2, \cdots, n)$，各个 ε_i 相互独立。

2. 多元线性回归

多元线性回归分析是应用最广泛的多元分析法之一，其原理与一元线性回归分析相同，但在计算上要复杂得多，通常需要借助统计软件才可应用。

设 $x_1,x_2,\cdots,x_p(p\geqslant 2)$ 是自变量，y 是因变量，则多元线性回归模型为：

$$y = \beta_0 + \beta_1 x_1 + \beta_2 x_2 + \cdots + \beta_p x_p + s, s \sim N(0,\sigma^2) \tag{11-32}$$

其中，$\beta_0,\beta_1,\beta_2,\cdots,\beta_p$ 是 $p+1$ 个模型参数（β_0 称为常数项，$\beta_1,\beta_2,\cdots,\beta_p$ 称为模型系数）；$\varepsilon \sim N(0,\sigma^2)$ 是模型随机误差。

求 P 元线性函数：

$$E(y) = \beta_0 + \beta_1 x_1 + \beta_2 x_2 + \cdots + \beta_p x_p \tag{11-33}$$

的经验回归方程：

$$\hat{y} = \hat{\beta}_0 + \hat{\beta}_1 x_1 + \hat{\beta}_2 x_2 + \cdots + \hat{\beta}_p x_p \tag{11-34}$$

称为建立多元线性回归模型。其中，$\hat{y}$ 是 $E(y)$ 的统计估计，$\hat{\beta}_0,\hat{\beta}_1,\hat{\beta}_2,\cdots,\hat{\beta}_p$ 分别是 $\beta_0,\beta_1,\beta_2,\cdots,\beta_p$ 的统计估计，称为经验回归系数。

11.5.2 非线性回归

非线性回归分析可通过多项式回归分析、支持向量机回归分析和神经网络等方法建立变量之间的非线性关系模型。本节对非线性回归中的多项式回归进行详细介绍。

多项式回归是研究一个因变量与一个或多个自变量间多项式的回归分析方法。如果自变量只有一个时，称为一元多项式回归；如果自变量有多个，称为多元多项式回归。在一元回归分析中，如果因变量 y 与自变量 x 的关系是非线性的，但是又找不到适当的函数曲线来拟合，则可以采用一元多项式回归。

一元 m 次多项式回归方程为：

$$\hat{y} = b_0 + b_1 x + b_2 x^2 + \cdots + b_m x^m \tag{11-35}$$

二元二次多项式回归方程为：

$$\hat{y} = b_0 + b_1 x_1 + b_2 x_2 + b_3 x_1^2 + b_4 x_2^2 + b_5 x_1 x_2 \tag{11-36}$$

多项式回归的最大优点就是可以通过增加 x 的高次项对实测点进行逼近，直至满意为止。事实上，多项式回归可以处理相当一类非线性问题，它在回归分析中占有重要地位，因为任一函数都可以分段用多项式来逼近。因此在实际问题中，不论因变量与其他自变量的关系如何，总可以用多项式回归来进行分析。

多项式回归问题可以通过变量转换化为多元线性回归问题来解决。对于一元 m 次多项式回归方程，令 $x_1 = x, x_2 = x^2, \cdots, x_m = x^m$，则 $\hat{y} = b_0 + b_1 x + b_2 x^2 + \cdots + b_m x^m$ 就转化为 m 元线性回归方程：

$$\hat{y} = b_0 + b_1 x_1 + b_2 x_2 + \cdots + b_m x_m \tag{11-37}$$

在多项式回归分析中，检验回归系数 b_i 是否显著，实质上就是判断自变量 x 的 i 次方项对因变量 y 的影响是否显著。

对于二元二次多项式回归方程，令 $z_1 = x_1, z_2 = x_2, z_3 = x_1^2, z_4 = x_2^2, z_5 = x_1 x_2$，则该二元二次多项式函数就转化为五元线性回归方程：

$$\hat{y} = b_0 + b_1 z_1 + b_2 z_2 + b_3 z_3 + b_4 z_4 + b_5 z_5 \tag{11-38}$$

但随着自变量个数的增加，多元多项式回归分析的计算量急剧增加。

【例 11-4】某两用大桥的主梁竖向挠度和温度实测数据如下：

温度（℃）：16.2，15.4，20.4，22.5，25.2，30.3，28.6，26.6，32.1，34.2，32.3，28.1，27.2，25.6，23.4，21.6，16.1，14.5，15.8，17.6，18.2，19.2

挠度（mm）：1.27，1.25，1.42，1.47，1.53，1.85，1.77，1.75，2.11，2.2，2.01，1.92，2.14，1.92，1.75，1.52，1.32，1.28，1.37，1.35，1.48，1.51

使用一元线性回归进行回归分析。

【解】设回归方程为 $y = \hat{a} + \hat{b}x$，其中 y 是主梁挠度，x 是温度。

平均值：

$$\bar{x} = \frac{1}{N}\sum_{i=1}^{N} x_i = 23.2318$$

$$\bar{y} = \frac{1}{N}\sum_{i=1}^{N} y_i = 1.6450$$

系数计算：

$$\hat{b} = \frac{\sum_{i=1}^{n}(x_i - \bar{x})(y_i - \bar{y})}{\sum_{i=1}^{n}(x_i - \bar{x})^2} = 0.05$$

$$\hat{a} = \bar{y} - \hat{b}\bar{x} = 0.57$$

图 11-7 给出了温度、挠度的一元线性方程。

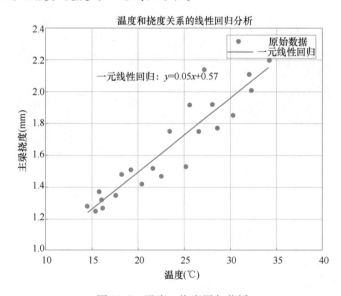

图 11-7　温度、挠度回归分析

本章小结

本章深入探讨了监测大数据统计分析的理论和方法，内容包括统计分析基本概念、概率密度函数估计、极值分析、相关性分析及回归分析。统计分析基本概念部分介绍了通过集中趋势和离散程度来描述监测数据特征的方法。概率密度函数估计部分讲解了数据的分布特性及计算方法。极值分析部分探讨了根据极值分析监测数据背后的极端事件的方法。相关性分析部分讨论了识别和量化时间相关性的方法。回归分析部分介绍了数学模型的建立方法，探讨了如何根据数学模型预测和解释结构响应。

思考与练习题
参考答案

思考与练习题

　　1. 在进行基本统计分析时，有哪些常见的数字特征用于描述数据的集中趋势和离散程度？请解释每个特征的意义并说明如何计算它们。

　　2. 什么是概率密度函数？如何选择合适的概率密度函数模型？为什么概率密度函数估计对于建立结构荷载或作用及其效应模型很重要？请描述一种常用的概率密度函数估计方法。

　　3. 极值分析中，如何确定极值的重现期和概率分布模型？请说明不同的极值分布模型的特点和适用范围。

　　4. 相关和回归分析是监测数据中常用的关联性分析方法。请解释相关系数的含义，并说明如何使用相关和回归分析来探索变量之间的关联关系。

结构健康监测中的机器学习算法

知识图谱

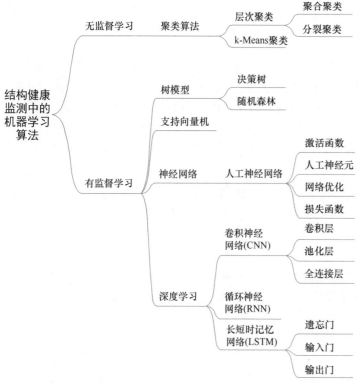

本章要点

知识点1：结构健康监测中的聚类算法。

知识点2：结构健康监测中的树模型算法。

知识点3：结构健康监测中的支持向量机算法。

知识点4：结构健康监测中的神经网络算法。

知识点5：结构健康监测中的深度学习算法。

学习目标

（1）理解机器学习在结构健康监测中的基本原理和应用场景。

（2）了解常见的机器学习方法原理，包括聚类算法、树模型、支持向量机、神经网络和深度学习。

（3）理解机器学习算法在土木工程领域中的优势和局限性。

随着人工智能的发展，越来越多的机器学习方法开始跨领域地应用于医学、土木、机械等领域，并取得了阶段性的良好效果。土木结构所处环境复杂多变，监测数据与结构损伤状态间存在复杂的非线性关系。鉴于机器学习擅长解决非线性多分类问题，将其应用于土木工程领域用来识别结构损伤具有巨大的科学价值和工程意义。按照是否使用标签数据，目前应用较广泛的机器学习方法可分为无监督学习和有监督学习两类。其中，无监督学习主要是聚类算法，有监督学习包含树模型、支持向量机、神经网络和深度学习等。

12.1 聚类方法

聚类是针对给定的样本，依据它们特征的相似度或距离，将其归并到若干个"类"或"簇"的数据分析问题。聚类分析以相似性为基础，直观上相似的样本聚集在相同的类，不相似的样本分散在不同的类。这里样本之间的相似度或距离起着重要作用。聚类的目的是通过得到的类或簇来发现数据的特点或对数据进行处理，在数据挖掘、模式识别等领域有广泛的应用。聚类属于无监督学习，因为只是根据样本的相似度或距离将其进行归类，而类或簇事先并不知道。

在结构健康监测领域，聚类算法发挥着重要作用。通过对结构传感器数据进行聚类，工程师可以识别出不同工况下的结构响应模式，从而监测结构的健康状况。例如，聚类可以帮助区分正常工作状态和异常工作状态，识别结构受到外部负载或损坏时的振动特征，以及检测可能存在的结构故障或缺陷。这种基于聚类的结构健康监测方法为实时监测和维护提供了重要的支持，有助于提高结构的安全性和可靠性。

聚类算法很多，本章介绍两种最常用的聚类算法：层次聚类（Hierarchical Clustering）和 k-Means 聚类（k-Means Clustering）。

12.1.1 层次聚类

层次聚类假设类别之间存在层次结构，将样本聚到层次化的类中。层次聚类分为聚合（自下而上）聚类、分裂（自上而下）聚类两种方法。因为每个样本只属于一个类，所以层次聚类属于硬聚类。

聚合聚类的具体过程如下：对于给定的样本集合，聚合聚类开始将每个样本各自分到一个类；之后，依照一定规则，如类间距离最小，将最满足规则条件的两个类进行合并，建立一个新的类；重复此操作，每次减少一个类，直到满足停止条件，如所有样本聚为一类。

由此可知，聚合聚类需要预先确定下面三个要素：①距离或相似度；②合并规则；③停止条件。根据这些要素的不同组合，就可以构成不同的聚类方法。距离或相似度可以是可夫斯基距离、马哈拉诺比斯距离、相关系数、夹角余弦等。合并规则一般是类间距离最小，类间距离可以是最短距离、最长距离、中心距离、平均距离等。停止条件可以是类的个数达到阈值（极端情况类的个数是1）、类的直径超过阈值等。

下面将通过一个例子说明聚合层次聚类算法。

【例 12-1】给定 5 个样本的集合，样本之间的欧氏距离由如下矩阵 D 表示：

$$\boldsymbol{D} = \begin{bmatrix} d_{ij} \end{bmatrix}_{5\times5} = \begin{bmatrix} 0 & 7 & 2 & 9 & 3 \\ 7 & 0 & 5 & 4 & 6 \\ 2 & 5 & 0 & 8 & 1 \\ 9 & 4 & 8 & 0 & 5 \\ 3 & 6 & 1 & 5 & 0 \end{bmatrix}$$

其中，d_{ij} 表示第 i 个样本与第 j 个样本之间的欧氏距离，显然 $\boldsymbol{D}$ 为对称矩阵。应用聚合层次聚类法对这 5 个样本进行聚类。

【解】首先用 5 个样本构建 5 个类，$G_i = \{x_i\}$，$i = 1, 2, \cdots, 5$，这样样本间的距离也就变成类之间的距离，所以 5 个类之间的距离矩阵亦为 $\boldsymbol{D}$。

由矩阵 $\boldsymbol{D}$ 可以看出，$\boldsymbol{D}_{35} = \boldsymbol{D}_{53} = 1$ 为最小，所以把 G_3 和 G_5 合并为一个新类，记作 $G_6 = \{x_3, x_5\}$。

计算 G_6 与 G_1、G_2、G_4 之间的最短距离，有：
$$\boldsymbol{D}_{61} = 2, \boldsymbol{D}_{62} = 5, \boldsymbol{D}_{64} = 5$$

又注意到其余两类之间的距离是：
$$\boldsymbol{D}_{12} = 7, \boldsymbol{D}_{14} = 5, \boldsymbol{D}_{24} = 4$$

显然，$\boldsymbol{D}_{61} = 2$ 最小，所以将 G_1 与 G_6 合并成一个新类，记作 $G_7 = \{x_1, x_3, x_5\}$。

计算 G_7 与 G_2、G_4 之间的最短距离：
$$\boldsymbol{D}_{72} = 5, \boldsymbol{D}_{74} = 5$$

又注意到：
$$\boldsymbol{D}_{24} = 4$$

显然，其中 $\boldsymbol{D}_{24} = 4$ 最小，所以将 G_2 与 G_4 合并成一新类，记作 $G_8 = \{x_2, x_4\}$。

将 G_7 与 G_8 合并成一个新类，记作 $G_7 = \{x_1, x_3, x_5, x_2, x_4\}$，即将全部样本聚成一类，聚类终止。

12.1.2　k-Means 聚类

k-Means 算法的思想简单，应用广泛。对于给定的样本集，k-Means 聚类将样本集合划分为 k 个子集，构成 k 个类，将 n 个样本分到 k 个类中，每个样本到其所属类的中心距离最小。每个样本只能属于一个类，所以 k-Means 聚类是硬聚类。下面将介绍 k-Means 算法的详细过程。

给定 n 个样本的集合 $X = \{x_1, x_2, \cdots, x_n\}$，每个样本由一个特征向量表示，特征向量的维数是 m。k-Means 聚类的目标是将 n 个样本分到 k 个不同的类或簇中，这里假设 $k < n$。k 个类 $G_1, G_2, \cdots, G_k$ 形成对样本集合 X 的划分，其中 $G_i \bigcap G_j = \varnothing$，$\bigcup_{i=1}^{k} G_i = X$。用 C 表示划分，一个划分对应一个聚类结果。

划分 C 是一个多对一的函数。事实上，如果把每个样本用一个整数 $i \in \{1, 2, \cdots, n\}$ 表示，每个类也用一个整数 $l \in \{1, 2, \cdots, k\}$ 表示，那么划分或者聚类可以用函数 $l = C(i)$ 表示，其中 $i \in \{1, 2, \cdots, n\}$，$l \in \{1, 2, \cdots, k\}$。所以 k-Means 聚类的模型是一个从样本到类的函数。

k-Means 聚类可以归结为样本集合 X 的划分，或者从样本到类的函数的选择问题。

k-Means聚类是通过损伤函数最小化选取最优的划分或函数 C^*。

首先，采用欧式距离平方作为样本之间的距离 $d(x_i, x_j)$。

$$d(x_i, x_j) = \sum_{k=1}^{m} (x_{ki} - x_{kj})^2 = \parallel x_i - x_j \parallel^2 \tag{12-1}$$

然后，定义样本与其所属类的中心距离的总和为损伤函数，即：

$$W(C) = \sum_{l=1}^{k} \sum_{C(i)=l} \parallel x_i - \overline{x_l} \parallel^2 \tag{12-2}$$

式中，$\overline{x_l} = (\overline{x_{1l}}, \overline{x_{2l}}, \cdots, \overline{x_{ml}})^{\mathrm{T}}$ 是第 1 个类的均值或中心，$n_l = \sum_{i=1}^{n} I[C(i) = l]$，$I[C(i) = l]$ 是指示函数，取值为 1 或 0。函数 $W(C)$ 也称为能量，表示相同类中的样本相似程度。

k-Means 聚类就是求解最优化问题：

$$C^* = \arg \min_C W(C) = \arg \min_C \sum_{l=1}^{k} \sum_{C(i)=l} \parallel x_i - \overline{x_l} \parallel^2 \tag{12-3}$$

当相似的样本被聚到同一类时，损失函数值最小，因此这个优化目标能够实现聚类的目的。

12.2 树模型

树模型算法是一类常用的监督学习算法，常用于分类和回归问题。该类算法将数据集分解为多个小的、简单的决策规则集合，通过判别特征属性对样本进行分类或回归。在结构健康监测领域，树模型算法也有广泛的应用。例如，可以利用这些算法对结构健康监测中的传感器数据进行分析，以识别潜在的结构故障或异常。机器学习树模型算法可以被看作是由多个决策树（Decision Tree）组成的集成学习方法，例如随机森林（Random Forest）和梯度提升树（Gradient Boosting Tree）等。

12.2.1 决策树

决策树（Decision Tree）是一种基本的分类和回归方法。本章主要讨论用于分类的决策树。分类决策树模型是一种对实例进行分类的树形结构，由节点和有向边组成。节点有两种类型：内部节点和叶节点。内部节点表示一个特征或属性，叶节点表示一个类。

用决策树分类，从根节点开始对实例的某一特征进行测试，根据测试结果将实例分配到其子节点，这时每一个子节点对应该特征的一个取值；如此递归地对实例进行测试并分配，直至达到叶节点；最后将实例分到叶节点的类中。图 12-1 展示了使用决策树对水果进行分类的实例。

决策树由一个根节点开始，不断分裂成越来越小的子树，每个内部节点表示一个特征，每个叶节点表示一个决策或者一个类别。在分类问题中，决策树根据属性的不同特征分裂出多个分支，每个分支对应一个属性取值，直到最后的叶节点表示最终的类别。

决策树学习通常包括三个步骤：特征选择、决策树的生成和决策树的修剪。下面对决策树的学习步骤进行介绍。

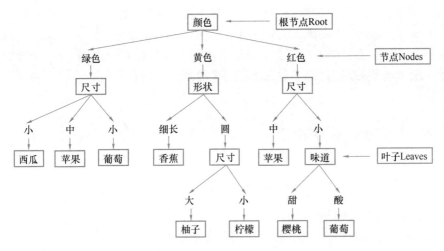

图 12-1　决策树分类实例

1. 特征选择

特征选择在于选取对训练数据具有分类能力的特征，这样可以提高决策树学习的效率。如果利用一个特征进行分类的结果与随机分类的结果没有很大差别，则称这个特征是没有分类能力的。经验上剔除这样的特征对决策树学习的精度影响不大。通常特征选择的准则是信息增益或信息增益比，为了方便说明，首先给出经验熵和经验条件熵的定义。

在信息论和统计概率中，熵 $H(X)$ 是表示随机变量不确定性的度量。随机变量 X 的熵定义为：

$$H(X) = -\sum_{i=1}^{n} p_i \log p_i \tag{12-4}$$

式中，$p_i = P(X = x_i), i = 1,2,\cdots,n$，为随机变量 x_i 的概率分布。

条件熵 $H(Y \mid X)$ 表示在已知随机变量 X 的条件下随机变量 Y 的不确定性，定义为 X 给定条件下 Y 的条件概率分布的熵对 X 的数学期望。

$$H(Y \mid X) = -\sum_{i=1}^{n} p_i H(Y \mid X = x_i) \tag{12-5}$$

则特征 A 对于训练数据集 D 的信息增益 $g(D,A)$，定义为：

$$g(D,A) = H(D) - H(D \mid A) \tag{12-6}$$

式中，$H(D)$ 表示经验熵；$H(D \mid A)$ 表示经验条件熵。

根据信息增益熵准的特征寻找方法是：对于训练集 D，计算每个特征的信息增益并比较它们的大小，寻找信息增益最大的特征。

2. 决策树的生成

决策树生成时主要采用一种程序递归的方式，从根节点开始分成二棵子树，从子树开始又继续产生根节点和左右子树，每棵子树继续递归生成新的子树，直至到达叶节点为止。由根节点产生左右子树时，需要比较不同属性分裂后结果的优劣，选择最优的属性分裂产生左右子树，这个比较后分裂的过程称为节点分裂。决策树的生成算法很多，不同的比较规则对应不同的决策树生成算法，包括 CLS、ID3、C4.5、CART 等节点分裂算法。下面将对 CART 算法进行介绍。

CART 算法将分裂属性的取值划分为两个子集，然后从这两个子集出发计算由训练集决定的 Gini 指标，然后采用二分递归的方式将当前训练集分成两个子集，从而产生左右两个分枝的子树。假设样本集中有 n 个样本，其中有个属于 c_1 类别 1，c_2 个属于类别 2，依此类推，直到类别 C。通过以下方式计算每个类别的比例：

$$P_i = \frac{c_i}{n} \tag{12-7}$$

当节点发生分裂时，该算法使用 Gini 指标来度量数据划分，其计算过程如下：

（1）计算样本的 Gini 系数

$$\text{Gini}(D) = 1 - \sum_{i=1}^{m} P_i^2 \tag{12-8}$$

（2）计算每个划分的 Gini 系数

如果 D 被分隔成两个子集 D_1 与 D_2，则此次划分的 Gini 系数为：

$$\text{Gini}_{\text{split}}(D) = \frac{|D_1|}{|D|}\text{Gini}(D_1) + \frac{|D_2|}{|D|}\text{Gini}(D_2) \tag{12-9}$$

3. 决策树的剪枝

在决策树学习中将已生成的树进行简化的过程称为剪枝。决策树是充分考虑了所有的数据点而生成的复杂树，它在学习过程中为了尽可能正确地分类训练样本，不停地对节点进行划分，这会导致整棵树的分支过多，造成决策树很庞大。决策树越复杂，拟合的程度越高，但是当决策树过于庞大时，有可能出现过拟合的情况。具体地，剪枝从已生成的树上裁掉一些子树或叶节点，并将其根节点或父节点作为新的叶节点从而简化分类树模型。本节介绍一种简单的决策树学习的剪枝算法。

决策树的剪枝往往通过极小化决策树整体的损失函数来实现。设树 T 的叶节点个数为 $|T|$，t 表示树 T 的第 t 个叶节点，该叶节点有 N_t 个样本点，其中 k 类的样本点有 N_{tk} 个，$k = 1, 2, \cdots, K$，$H_t(T)$ 为叶节点 t 上的经验熵，定义为：

$$H_t(T) = -\sum_k \frac{N_{tk}}{N_t} \log \frac{N_{tk}}{N_t} \tag{12-10}$$

α 为大于等于 0 的参数，则决策树学习的损失函数可以定义为：

$$C_\alpha(T) = \sum_{t=1}^{|T|} N_t H_t(T) + \alpha |T| \tag{12-11}$$

剪枝，就是当 α 确定时，选择损失函数最小的模型，即损失函数最小的子树。当 α 值确定时，子树越大，往往与训练数据的拟合越好，但是模型的复杂度就越高；相反，子树越小，模型的复杂度就越低，但是往往与训练数据的拟合不好。损失函数正好表示了对两者的平衡。

图 12-2 是决策树剪枝过程示意图。对生成算法产生的整个树 T，在给定参数 α

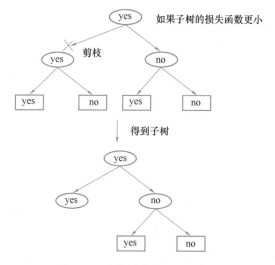

图 12-2　决策树剪枝过程示意图

的情况下，依次计算每个节点的经验熵，随后递归地从树的叶节点向上回缩。设一组叶节点回缩到其父节点之前与之后的整体数分别为 T_B 和 T_A，其对应的损失函数分别是 $C_\alpha(T_B)$ 和 $C_\alpha(T_A)$，如果：

$$C_\alpha(T_A) \leqslant C_\alpha(T_B) \tag{12-12}$$

则进行剪枝，即将父节点变为新的叶节点。

12.2.2 随机森林

随机森林，顾名思义是用随机的方式建立一个森林，森林里面有很多的决策树组成，随机森林的每一棵决策树之间是没有关联的。在得到森林之后，当有一个新的输入样本进入时，就让森林中的每一棵决策树分别进行以下判断：看看这个样本应该属于哪一类（对于分类算法），然后看看哪一类被选择最多，就预测这个样本为那一类。随机森林既可以处理属性为离散值的量，也可以处理属性为连续值的量。另外，随机森林还可以用来进行无监督学习聚类和异常点检测。构建随机森林主要包括以下三个步骤：

1. 为每棵决策树抽样产生训练集

每一棵决策树都对应一个训练集，要构建 N 棵决策树，那就需要产生对应数量的训练集，从原始训练集中产生 N 个训练子集涉及统计抽样技术。现有的统计抽样技术有很多，主要包括不放回抽样和有放回抽样两种。

2. 构建每棵决策树

随机森林算法为每一个训练子集分别建立一棵决策树，生成 N 棵决策树从而形成"森林"，每棵决策树任其生长，不需要剪枝处理。随机特征变量是指随机森林算法在生成的过程中，参与节点分裂属性比较的属性个数。由于随机森林在进行节点分裂时不是所有的属性都参与属性指标的计算，而是随机地选择某几个属性参与比较，参与的属性个数就称为随机特征变量。随机特征变量是为了使每棵决策树之间的相关性减少，同时提升每棵决策树的分类精度，从而提升整个森林的性能而引入的。其基本思想是，在进行节点分裂时，让所有的属性按照某种概率分布随机选择其中某几个属性参与节点的分裂过程。

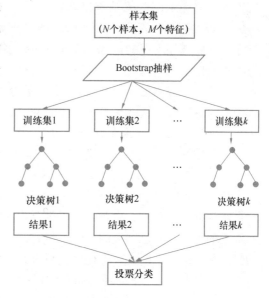

3. 森林的形成及结果预测

重复上述两个步骤建立大量的决策树就生成了随机森林。算法最终的输出结果采取大多数投票法实现。根据随机构建的 N 棵决策子树对某测试样本进行分类，将每棵子树的结果汇总，所得票数最多的分类结果将作为算法最终的输出结果。图 12-3 为随机森林算法示意图。

图 12-3　随机森林算法示意图

随机森林算法具有多个优点，包括高准确性、可处理大量数据、可处理非线性关系、可处理缺失值和可估算特征重要性等。但同时也存在模型可解释性较差和过拟合的问题。

在结构健康监测方面，随机森林算法可以应用于故障诊断、损伤识别、寿命预测等方面，以传感器数据、振动信号等监测信号作为输入，通过训练模型来识别结构的状态。

12.3 支持向量机

支持向量机（Support Vector Machine，SVM）是一类按监督学习方式对数据进行二元分类的广义线性分类器，其决策边界是对学习样本求解的最大边距超平面，可以将问题化为一个求解凸二次规划的问题。与逻辑回归和神经网络相比，支持向量机在学习复杂的非线性方程时提供了一种更为清晰、更加强大的方式。在结构健康监测领域，支持向量机被广泛应用于故障诊断和结构损伤检测。通过利用支持向量机对结构监测传感器数据进行分析，可以识别潜在的结构缺陷或损伤。

12.3.1 线性可分支持向量机与间隔最大化

考虑一个线性可分的问题，假定在特征空间中具有一个线性可分的样本集合 $T = \{(x_1,y_1),(x_2,y_2),\cdots,(x_n,y_n)\}$ 其中 $x_i \in R^d$ 为空间中第 i 个已知类别的样本，$y_i \in \{-1,1\}$，$i=1,2,\cdots,n$ 是 x_i 的类别属性，当 $y_i=1$ 时，称 x_i 为正样本，当 $y_i=-1$ 时，称 x_i 为负样本。

支持向量机的目标是在特征空间中寻找一个分类超平面，能够将所有样本正确分类。分类超平面可以用方程 $w^\mathrm{T}x+b=0$ 表示，它由法向量 w 和截距 b 决定，可以用 (w,b) 表示，如图 12-4 所示。

一般来说，一个点距离分类超平面的远近可以表示分类预测的确信程度。在超平面 $w^\mathrm{T}x+b=0$ 确定的情况下，$|w^\mathrm{T}x+b|$ 能够相对地表示点 x 距离超平面的远近。而 $w^\mathrm{T}x+b$ 的符号与类别属性 y 的符号的一致能够表示分类是准确的。所以可以用量 $y(w^\mathrm{T}x+b)$ 来表示分类的正确性和确信度，这就是函数间隔的概念。

对于线性可分的训练数据集而言，线性可分的分类超平面有无数个，但是间隔最大化的分类超平面是唯一的。对训练数据集找到间隔最大化的分类超平面意味着以充分大的确信度

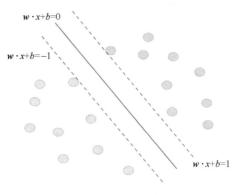

图 12-4　支持向量机分类原理

对训练数据进行分类。也就是，不仅要将正负样本分开，而且对最难分的样本点（离超平面最近的点）也有足够大的确信度将它们分开。这样的分类超平面对未知的新样本有很好的分类预测能力。因此，支持向量机可归结为求一个间隔最大的分类超平面。

对于符合 $|w^\mathrm{T}x+b|=1$ 条件的样本点，它们与其他样本点相比距离这个理想中的平面更近，则样本与超平面的间隔为 $\dfrac{2}{\|w\|}$，如图 12-4 所示。为了找到这样一个理想中的平面进行分类，就要使得样本与该平面的间隔达到最大，即 $\dfrac{2}{\|w\|}$ 最大，可等价表示为求

$\frac{1}{2} \parallel w \parallel^2$ 最小。由此，对于最优分类超平面的求解可以表达成以下形式：

$$\min \quad \frac{1}{2} \parallel w \parallel^2$$
$$\text{s. t.} \quad y_i(w^{\mathrm{T}}x_i + b) \geqslant 1, \quad i = 1, 2, \cdots, n \tag{12-13}$$

上式就是一个凸优化中计算极值的问题，可以通过拉格朗日乘子法来处理，使用该方法则上式的函数可以表示为：

$$L(w, b, \alpha) = \frac{1}{2} \parallel w \parallel^2 - \sum_{i=1}^{n} \alpha_i [y_i(w^{\mathrm{T}}x_i + b) - 1] \tag{12-14}$$

其中，$\alpha_i > 0$ 称为拉格朗日乘子，要进一步求解该问题，首先对 w、b 分别求偏导数并令其等于 0，可以得到：

$$\begin{cases} w = \sum_{i=1}^{n} \alpha_i y_i x_i \\ \sum_{i=1}^{n} \alpha_i y_i = 0 \end{cases} \tag{12-15}$$

将公式（12-15）代入公式（12-14），得到：

$$Q(\alpha) = \sum_{i=1}^{n} \alpha_i - \frac{1}{2} \sum_{i,j=1}^{n} y_i y_j \alpha_i \alpha_j (x_i^{\mathrm{T}} x_j) \tag{12-16}$$

对于原凸二次优化问题，在使用拉格朗日方法以后，通过优化其对偶问题，问题的形式变为：

$$\max_{\alpha} \quad Q(\alpha) = \sum_{i=1}^{n} \alpha_i - \frac{1}{2} \sum_{i,j=1}^{n} y_i y_j \alpha_i \alpha_j (x_i^{\mathrm{T}} x_j),$$
$$\text{s. t.} \quad \alpha_i \geqslant 0, i = 1, 2, \cdots, n, \tag{12-17}$$
$$\sum_{i=1}^{n} \alpha_i y_i = 0$$

求解上式可以得到优化问题的最优解，同时若 α_i^* 为最优解，根据卡罗需-库恩-塔克条件（Karush-Kuhn-Tucker Conditions，KKT 条件），有：

$$\alpha_i^* [y_i(w^{\mathrm{T}}x_i + b) - 1] = 0 \tag{12-18}$$

只有当 x_i 满足 $y_i(w^{\mathrm{T}}x_i + b) - 1 = 0$ 时，有 $\alpha_i^* \neq 0$，对应的 x_i 落在最优边界，称为支持向量。

最优超平面的权重系数 w^* 和偏移项 b^* 可以通过下面两个式子得到：

$$\begin{cases} w^* = \sum_{i=1}^{n} \alpha_i^* x_i y_i \\ b^* = -\frac{1}{2} w^* (x_r + x_s) \end{cases} \tag{12-19}$$

其中，x_r 和 x_s 是两类中的任意两个样本，但是重要的是它们处于分类间隔面上，也属于支持向量。通常在样本集中，只有极少部分样本的 α_i^* 取值不是零，绝大多数样本的 α_i^* 都为零。因此，最佳的预测分类面是由 $\alpha_i^* \neq 0$ 的样本所决定的，这些样本就是支持向量。

最终的最优分类函数是：

$$f(x) = \text{sign}(w^* x + b^*) = \text{sign} \sum_{i=1}^{n} [\alpha_i^* y_i (x_i \cdot x) + b^*] \tag{12-20}$$

12.3.2　非线性可分支持向量机与核函数

上面解决的问题是样本在特征空间中能够完全或者近似地分开，但这只是理想的情况，我们在现实中遇到的很多问题都是无法将样本分离开的，即样本在特征空间中分布非常复杂。为了能够很好地解决非线性问题，可以通过核函数寻找某种映射，将非线性问题通过映射变成一个线性可分问题，从而在映射空间上找到分类超平面。核函数实质上是某种由低维到高维的映射过程。当在线性不可分的情形下将样本通过核函数映射到更高维空间时，也有机会变成线性可分的，如图 12-5 所示。

核函数实现了对样本数据集由低维到高维的映射过程，并在未经过任何变换的低维空间中通过计算函数值，就能够得到样本在映射后的复杂空间中的内积。

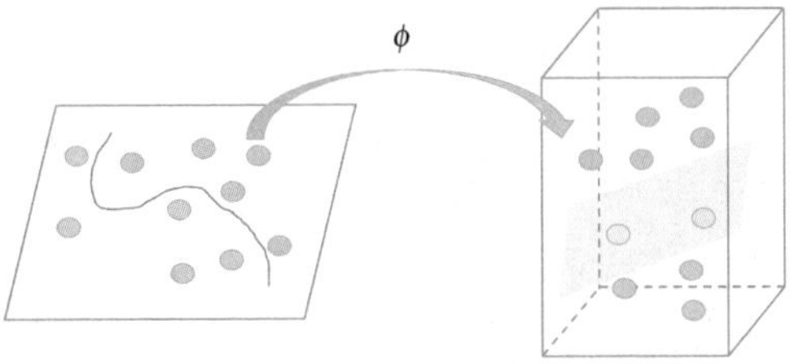

在新的特征空间中，考虑如下分类超平面：

$$f(x) = \boldsymbol{w}^{\mathrm{T}}\boldsymbol{\phi}(x) + b \qquad (12\text{-}21)$$

图 12-5　核函数的映射过程

其中，$\phi(x)$ 是通过非线性映射后，表示样本 x 在新的空间中的特征向量。此时，在新的空间中寻找最佳分类超平面，用优化问题表示如下：

$$\begin{aligned} \min \quad & \varphi(\boldsymbol{w}) = \frac{1}{2} \parallel \boldsymbol{w} \parallel^2 \\ \mathrm{s.t.} \quad & y_i[\boldsymbol{w}^{\mathrm{T}}\boldsymbol{\phi}(x_i) + b] \geqslant 1, i = 1,2,\cdots,n \end{aligned} \qquad (12\text{-}22)$$

它的对偶问题是如下形式：

$$\begin{aligned} \max_{\alpha} \quad & Q(\alpha) = \sum_{i=1}^{n}\alpha_i - \frac{1}{2}\sum_{i,j=1}^{n}\alpha_i\alpha_j y_i y_j \phi(x_i)^{\mathrm{T}}\phi(x_j) \\ \mathrm{s.t.} \quad & \alpha_i \geqslant 0, i = 1,2,\cdots,n \\ & \sum_{i=1}^{n}\alpha_i y_i = 0 \end{aligned} \qquad (12\text{-}23)$$

令 $\phi(x_i)^{\mathrm{T}}\phi(x_j)$ 为样本 x_i 和 x_j 在新的空间中的内积，引入核函数求解：

$$K(x_i, x_j) = \phi(x_i)^{\mathrm{T}}\phi(x_j) \qquad (12\text{-}24)$$

通过在未经过映射的低维空间当中计算 $K(x_i,x_j)$ 的值，就能够得到映射之后 x_i 和 x_j 在高维空间的内积。这样上述对偶问题就可以写成如下形式：

$$\begin{aligned} \max_{\alpha} \quad & Q(\alpha) = \sum_{i=1}^{n}\alpha_i - \frac{1}{2}\sum_{i,j=1}^{n}\alpha_i\alpha_j y_i y_j K(x_i,x_j) \\ \mathrm{s.t.} \quad & \alpha_i \geqslant 0, i = 1,2,\cdots,n \\ & \sum_{i=1}^{n}\alpha_i y_i = 0 \end{aligned} \qquad (12\text{-}25)$$

最终的最优分类函数为：

$$f(x) = \mathrm{sgn}(w^*x + b^*) = \mathrm{sgn}\sum_{i=1}^{n}[\alpha_i^* y_i K(x_i \cdot x) + b^*] \qquad (12\text{-}26)$$

12.4　神经网络

人工神经网络理论是在 20 世纪 80 年代开始迅速发展起来的前沿科学理论，是一种模仿生物神经网络（动物的中枢神经系统，特别是大脑）结构和功能的数学模型，用于对函数进行估计或近似。神经网络是由平行的有机连接的神经元形成的计算组织。在神经网络中，信息处理是通过神经元之间的相互作用来实现的；知识与信息的存储由网络元件相互间分布式的物理联系决定；学习与识别是由各神经元的连接权函数来决定的。由于神经网络具有良好的容错性和较强的非线性，所以这种方法现已被广泛应用于控制、优化及损伤识别等领域。图 12-6 为典型的神经网络结构，包含一个输入层和输出层，以及多个隐藏层。以下将对神经网络的主要原理进行介绍。

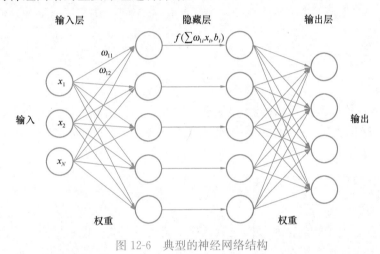

图 12-6　典型的神经网络结构

12.4.1　神经元

在生物神经网络中，每个神经元的树突接受来自之前多个神经元输出的电信号，将其组合成更强的信号。如果组合后的信号足够强，超过阀值，这个神经元就会被激活并且也会发射信号。信号则会沿着轴突到达这个神经元的终端，再传递给接下来更多的神经元树突。

对于神经网络中的单个神经元而言，人工神经元的前半端接收多个神经元输出的信号并进行组合；人工神经元的后半端为输出端，用来输出信号给接下来更多的神经元；人工神经元中的激活函数相当于生物神经元的阀值函数，用来判断输入的组合信号是否达到阀值。如果达到阀值则该神经元激活，向输出端输出信号，否则抑制信号，不进行输出。

典型人工神经元的结构如图 12-7 所示。

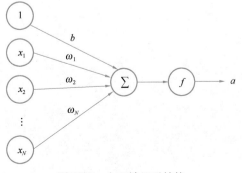

图 12-7　人工神经元结构

$x_i(i=1,2,\cdots,N)$ 表示当前神经元输入，$\omega_i(i=1,2,\cdots,N)$ 表示网络中不同层的神经元之间的权值，函数 f 代表网络的激活函数，b 为神经元的偏置，则该处神经元的输出可表示为：

$$y_i = f(\sum_{i=1}^{N}\omega_i x_i + b) \tag{12-27}$$

12.4.2 激活函数

激活函数就是在人工神经网络的神经元上运行的函数，负责将神经元的输入映射到输出端。激活函数的引入使得神经网络具有拟合非线性函数的能力，并使其具有强大的表达能力。接下来将对常见的激活函数进行介绍。

1. Sigmoid 函数

Sigmoid 函数也称作 Logistic 函数，为常见的 S 型激活函数之一。Sigmoid 函数可以将隐含层的一个实数输入映射到 $(0,1)$ 范围内，常用于解决二分类问题。函数表达式为：$f(x) = \dfrac{1}{1+e^{-x}}$，其图形如图 12-8 所示。

2. Tanh 函数

Tanh 函数也称作双曲正切函数。Tanh 函数是 S 型激活函数之一，与 Sigmoid 函数相比，在输入数据偏大或偏小时函数的输出均比较平滑，这种情况不利于权值的更新。Tanh 函数取值在（-1，1）之间，收敛速度更快。Tanh 函数的公式为：$f(x) = \dfrac{e^x - e^{-x}}{e^x + e^{-x}}$，其图形如图 12-9 所示。

3. ReLU 函数

ReLU 函数是大多数前馈神经网络默认使用的激活函数，也是现代神经网络中最常用的激活函数。ReLU 函数的公式为：$f(x) = \max(0,x)$。该激活函数能使网络更快速地收敛，并缓解梯度消失问题。由于使用了简单的阈值化（Thresholding），ReLU 函数计算效率很高，其图形如图 12-10 所示。

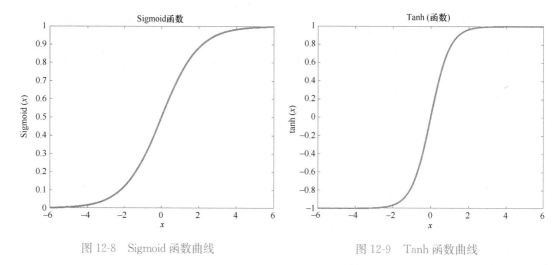

图 12-8　Sigmoid 函数曲线　　　　　　　图 12-9　Tanh 函数曲线

12.4.3　正向传播

正向传播也称前向传播，是指对神经网络沿着输入层到输出层的顺序，依次计算并存储模型的中间变量。正向传播的作用是获得输入数据在网络前向过程中每个单元的输出值及损失函数的值。输入信号从第一层（也就是输入层）进入神经网络后，无论自输入层以后有多少层，都可以使用以下两步来计算经过各层后的输出信号：一是利用连接权重来调节从前一层中各神经元输入的信号并进行组合；二是对组合之后的信号应用激活函数，生成该层的输出信号。

12.4.4　反向传播

反向传播算法的原理是利用链式求导法则计算实际输出结果与理想结果之间的损失函数对每个权重参数或偏置项的偏导数，然后根据优化算法逐层反向地更新权重或偏置项。神经网络就是采用了正向—反向传播的训练方式，通过不断调整模型中的参数，使损失函数达到收敛，从而构建准确的模型结构。

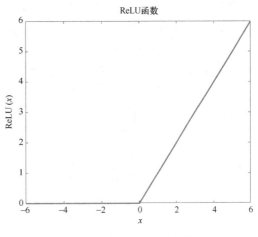

图 12-10　ReLU 函数曲线

若神经网络有 n 个训练样本，对于每一个训练样本都有输入值 $x_i(i=1,2,\cdots,n)$ 和对应的理想值 $y_i(i=1,2,\cdots,n)$，y_i 也叫标记值。每一个输入值 x_i 经过正向传播得到的最终输出结果为预测值。

为了评估一个模型，通常定义一个损失函数（也可称为目标函数）来评估模型的损失，即预测值与理想值之间的差距，以训练样本的标记值与预测值的误差平方和为例，网络的损失函数为：

$$J(\omega,b) = \frac{1}{2}\sum_{i=1}^{n}\left[y_i - h_{\omega,b}(x_i)\right]^2 \tag{12-28}$$

其中，y_i 是输入样本的标签值；$h_{\omega,b}$ 是输入值 x_i 经过正向传播的输出，包含权重 ω 和偏置项 b 两个参数。

对于一个网络模型，预测值与标记值的误差越小，说明网络越好。因此，网络的训练过程可以看作是损失函数 J 的最小化过程，即求解 $J(\omega,b)$ 的极值。

最常使用的权重更新算法是梯度下降算法。梯度是指函数值下降最快的方向，因此通过不断迭代修改参数可以使函数收敛至阈值区间内。利用梯度下降算法更新第 l 层节点 i 到第 $l-1$ 层节点 j 的权重 ω_{ij} 和第 l 层节点的偏置项 b，公式见式（12-29）和式（12-30）。η 表示学习速率，每次权重更新和偏置更新时可以调整。

$$\omega_{ij}^{(l)} \leftarrow \omega_{ij}^{(l)} - \eta\frac{\partial J(\omega,b)}{\partial \omega_{ij}^{(l)}} \tag{12-29}$$

$$b_i^{(l)} \leftarrow b_i^{(l)} - \eta\frac{\partial J(\omega,b)}{\partial b_i^{(l)}} \tag{12-30}$$

【例 12-2】下面以一个三层神经网络为例，介绍神经网络的正向传播和反向传播过程。

如图 12-11 所示，该神经网络有一个输入层（3 个输入神经元）和一个输出层（1 个输出神经元），以及一个包含 3 个神经元的隐藏层。使用以下符号来表示不同层的变量和参数：

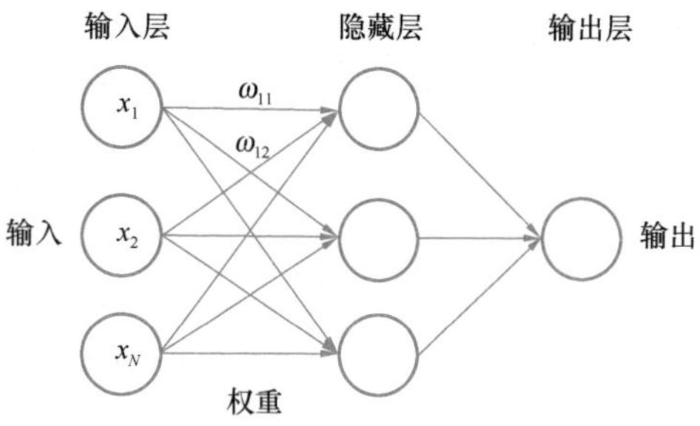

输入层：$x_1 = 0.5$，$x_2 = 0.7$，$x_3 = 0.9$（输入特征）

图 12-11　三层神经网络

隐藏层：h_1，h_2，h_3（隐藏层神经元输出）

输出层：y（网络的输出）

真实输出：$y_{\text{true}} = 0.8$

输入层神经元 i 到隐藏层神经元 j 的权重记为 $\omega_{ij}(i, j = 1, 2, 3)$，初始权重为：

$\omega_{11} = 0.2, \omega_{21} = 0.3, \omega_{31} = 0.5$

$\omega_{12} = 0.1, \omega_{22} = 0.4, \omega_{22} = 0.6$

$\omega_{13} = 0.3, \omega_{23} = 0.5, \omega_{33} = 0.7$

输入层到隐藏层的偏置：$b_{\text{h}} = 0.1$

隐藏层神经元 i 到输出层的权重记为 $\omega_{jo}(j = 1, 2, 3)$，初始权重为：

$$\omega_{1o} = 0.4, \omega_{2o} = 0.5, \omega_{3o} = 0.2$$

输入层到隐藏层的偏置：$b_{\text{o}} = 0.2$

【解】首先计算隐藏层的输出 h_1、h_2、h_3，通过激活函数（Sigmoid 函数）将输入加权求和并添加偏置：

$$h_1 = \sigma\left(\sum_{i=1}^{3} \omega_{i1} \cdot x_i + b_{\text{h}}\right) = \sigma(0.2 \times 0.5 + 0.3 \times 0.7 + 0.5 \times 0.9 + 0.1) \approx 0.703$$

$$h_2 = \sigma\left(\sum_{i=1}^{3} \omega_{i2} \cdot x_i + b_{\text{h}}\right) = \sigma(0.1 \times 0.5 + 0.4 \times 0.7 + 0.6 \times 0.9 + 0.1) \approx 0.725$$

$$h_1 = \sigma\left(\sum_{i=1}^{3} \omega_{i2} \cdot x_i + b_{\text{h}}\right) = \sigma(0.3 \times 0.5 + 0.5 \times 0.7 + 0.7 \times 0.9 + 0.1) \approx 0.774$$

接下来，计算输出层的预测 y，通过激活函数（Sigmoid 函数）将隐藏层输出加权求和并添加偏置：

$$y = \sigma\left(\sum_{i=1}^{3} w_{io} \cdot h_j + b_{\text{o}}\right) = \sigma(0.4 \times 0.703 + 0.5 \times 0.725 + 0.2 \times 0.774 + 0.2) \approx$$

0.731

然后，定义损失函数，使用均方误差（Mean Squared Error，MSE）计算损失：

$$L = \frac{1}{2}(y - y_{\text{true}})^2 = \frac{1}{2}(0.731 - 0.8)^2 \approx 0.0024$$

随后，进行反向传播来更新权重和偏置，以最小化损失函数：

$$\omega_{jo} \leftarrow \omega_{jo} - \eta \frac{\partial L}{\partial \omega_{jo}} = \omega_{jo} - \eta \frac{\partial L}{\partial y} \cdot \frac{\partial y}{\partial z_{\text{o}}} \cdot \frac{\partial z_{\text{o}}}{\partial \omega_{jo}} = \omega_{jo} - \eta \cdot (y - y_{\text{true}}) \cdot$$

$$\sigma(z_{\text{o}}) \cdot [1 - \sigma(z_{\text{o}})] \cdot h_j$$

$$= 0.4 - 0.1 \times (0.731 - 0.8) \times 0.731 \times (1 - 0.731) \times 0.703 \approx 0.401$$

$$b_\mathrm{o} \leftarrow b_\mathrm{o} - \eta \frac{\partial L}{\partial b_\mathrm{o}} = b_\mathrm{o} - \eta \frac{\partial L}{\partial y} \cdot \frac{\partial y}{\partial z_\mathrm{o}} \cdot \frac{\partial z_\mathrm{o}}{\partial b_\mathrm{o}} = \omega_{jo} - \eta \cdot (y - y_{\mathrm{true}}) \cdot \sigma(z_\mathrm{o}) \cdot$$

$$[1 - \sigma(z_\mathrm{o})] = 0.2 - 0.1 \times (0.731 - 0.8) \times 0.731 \times (1 - 0.731) \approx 0.201$$

其中，z_o 为输出层的输入加权和，η 为学习率。

其他权重和偏置的更新类似，通过多次迭代上述计算和更新步骤，可以逐步优化网络的性能，使预测值逼近真实输出值。

12.5　深度学习

深度学习是一种基于人工神经网络的机器学习技术，它通过多层次的神经网络模拟人脑神经元的工作方式，实现对数据的高度抽象和特征学习。深度学习相对于传统机器学习方法的优势在于能够自动学习特征、处理复杂的非线性问题、对大规模数据具有较强的处理能力等。

深度学习在结构健康监测领域的应用主要包括：结构损伤识别、结构响应预测、结构损伤检测、结构损伤诊断、结构健康状态评估等。结构健康监测数据通常规模较大，传统方法需要手动提取特征，深度学习通过深层次的神经网络，能够对监测数据的特征自动提取，并能快速地识别结构状态和损伤、预测结构响应和性能、评估结构健康状态和安全性等。下面对一些常见的深度学习网络进行简要介绍。

12.5.1　卷积神经网络

卷积神经网络（Convolutional Neural Networks，CNN）是一类包含卷积计算且具有深度结构的前馈神经网络，是深度学习的代表算法之一。与其他深度学习结构相比，卷积神经网路在图像和语音识别方面能够给出更好的结果。这一模型也可以使用反向传播算法进行训练。相比较其他深度、前馈神经网路，卷积神经网路通过权值共享的方式降低了网络参数，使得高维度输入数据的特征学习成为可能。在结构健康监测中，卷积神经网络常用作特征提取和学习多通道监测数据的复杂特征，并用于后续执行具体的损伤识别、荷载识别等任务。图 12-12 为卷积神经网络的典型架构，其中包括卷积神经网络的常用层，如卷积层、池化层、全连接层。有些还包括其他层，如正则化层、高级层等。接下来就各层的结构、原理等进行详细说明。

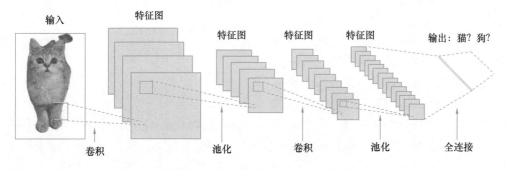

图 12-12　卷积神经网络的典型架构

1. 卷积层

卷积层是构建卷积神经网络的核心层。在卷积层中，卷积核通常由一组可学习的参数组成，这些参数决定了卷积核的形状和卷积操作的方式。如图 12-13 所示，在进行卷积操作时，卷积核会在输入数据上滑动，每次取一个局部区域与卷积核进行卷积操作，得到一个输出值。通过在整个输入数据上滑动卷积核并对每个局部区域进行卷积操作，就可以得到一个特征图。

卷积层通常包含多个卷积核，每个卷积核都可以提取出不同的特征。因此，卷积层可以输出多个特征图，每个特征图都对应一个卷积核提取出的不同特征。这些特征图可以作为下一层网络的输入，继续进行特征提取和分类等任务。

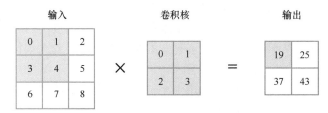

图 12-13   卷积操作

2. 池化层

通常在连续的卷积层之间会周期性地插入一个池化层。它的作用是逐渐降低数据体的空间尺寸，这样就能减少网络中参数的数量，使得计算资源耗费变少，也能有效控制过拟合。池化层的常见操作包含以下几种：最大值池化、均值池化、随机池化、中值池化、组合池化等。

最大值池化是最常见、也是用得最多的池化操作。最大值池化对输入数据体的每一个深度切片独立进行操作，改变它的空间尺寸。图 12-14 展示了最大值池化的操作。该池化层使用尺寸 2×2 的滤波器，以步长为 2 来对每个深度切片进行降采样，将其中 75％ 的激活信息都丢掉。每个 MAX 操作是从 4 个数字中取最大值（也就是在深度切片中某个 2×2 的区域），深度保持不变。

3. 全连接层

全连接层（Fully Connected Layer）通常出现在卷积神经网络的末尾。其作用是将卷积层和池化层中提取的特征进行整合和分类。全连接层与卷积层不同，其每个神经元与前一层的所有神经元相连接，形成全连接的关系。这种结构使得全连接层能够学习不同输入特征之间的复杂关

图 12-14   最大值池化操作

系，并输出最终的分类结果或回归值。全连接层在网络的最后几层通常起到输出层的作用，将前面层次中提取的高级特征映射到具体的类别或数值。

12.5.2 循环神经网络

循环神经网络（Recurrent Neural Network，RNN）是深度学习的一类，它对时间序列数据具有很好的学习能力，能够提取、记忆和遗忘沿时间方向的信息。循环神经网络通过引入循环结构来处理序列数据，每个时间步都有一个隐藏状态，用于存储之前时间步的信息。将上一个时间步的隐藏状态和当前时间步的输入进行计算，可输出当前时间步的隐藏状态，这个隐藏状态可以用于下一个时间步的计算，如此形成了一种状态传递的循环结构。循环神经网络结构如图 12-15 所示。

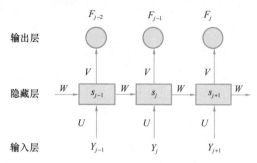

图 12-15 循环神经网络结构图

应用循环神经网络可以通过结构加速度响应预测结构荷载。网络的输入层为结构的加速度响应 Y，输出层为结构荷载 F。与传统神经网络不同，循环神经网络增加了隐藏层中神经元之间的连接，输入隐藏层的数据不仅包括原始数据，还包括上一时刻隐藏神经元的状态。如图 12-15 所示，隐藏层第 j 个神经元的输出 s_j 可以写成：

$$s_j = f(UY_j + Ws_{j-1}) \tag{12-31}$$

其中，f 是激活函数，U 和 W 是对应隐藏层的权重系数。第 j 个输出层神经元的输出 F_{j-1} 可表示成：

$$F_{j-1} = g(Vs_j) \tag{12-32}$$

其中，g 为另一个激活函数，V 为权重系数。

12.5.3 长短记忆神经网络

在土木工程中的振动测试中，由于采样频率大，振动数据一般都是长时间序列。而传统循环神经网络在计算长时间序列权重系数时会出现梯度弥散的问题，导致预测结果失真。

长短时记忆网络（Long Short-Term Memory Network，LSTM）是循环神经网络的变体，通过引入"门控单元"来控制信息的流动和保留，从而允许网络有效地学习长期依赖关系。LSTM 与 RNN 在训练算法上是类似的，主要区别在循环神经元的结构上。RNN 在 t 时刻只有一个状态 h_{t-1}，导致了其对于短期的输入非常敏感。LSTM 在 RNN 的基础上增加了一个单元状态 C 来保存长期状态，并引入了三个门控循环单元。其中，遗忘门决定上一时刻的单元状态 C_{t-1} 有多少保留到当前时刻的单元状态 C_t；输入门决定当前时刻网络的输入 x_t 有多少保留到当前时刻的单元状态 C_t；输出门决定当前时刻网络的单元状态 C_t 有多少保留到当前时刻的输出 h_t。LSTM 网络结构如图 12-16 所示。

下面对 LSTM 的前向计算进行详细介绍：

（1）遗忘门

LSTM 中的第一步是决定 t 时刻之前历史信息的丢弃或保留。该步骤通过遗忘门实现，如公式（12-33）所示，其中 $\boldsymbol{W}_f$ 和 $\boldsymbol{b}_f$ 分别为遗忘门的权重矩阵和偏置向量。遗忘门会

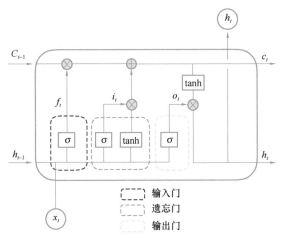

图 12-16 LSTM 网络结构

读取 $t-1$ 时刻的输出 h_{t-1} 和 t 时刻的输入 x_t，然后在 Sigmoid 激活函数的作用下输出遗忘门的门控状态 f_t。f_t 值介于 $0\sim1$ 之间，这个值会传给单元状态，0 表示传递的数据被完全丢失，1 则表示完全保留。

$$f_t = \sigma(\boldsymbol{W}_\mathrm{f} \cdot [h_{t-1}, x_t] + \boldsymbol{b}_\mathrm{f})$$

(12-33)

（2）输入门

接下来，LSTM 确定需要 t 时刻输入信息的丢弃或保留。该步骤通过输入门完成。这一步又分为两个步骤。首先，如公式（12-34）所示，其中 $\boldsymbol{W}_\mathrm{i}$ 和 $\boldsymbol{b}_\mathrm{i}$ 分别为输入门的权重矩阵和偏置向量，h_{t-1} 和 x_t 同时输入 Sigmoid 函数中得到输入门的门控状态 i_t。i_t 值在 $0\sim1$ 之间，0 表示丢弃全部输入信息，1 表示保留全部输入信息。随后，如公式（12-35）所示，$\boldsymbol{W}_\mathrm{c}$ 和 $\boldsymbol{b}_\mathrm{c}$ 为计算候选状态的权重矩阵和偏置向量，h_{t-1} 和 x_t 同时输入 tanh 函数中得到输入门的门控状态 $\tilde{C}_t$。$\tilde{C}_t$ 之中所包含的候选信息有被更新到 t 时刻记忆单元状态中的可能，$\tilde{C}_t$ 值在 $-1\sim1$ 之间。

$$i_t = \sigma(\boldsymbol{W}_\mathrm{i} \cdot [h_{t-1}, x_t] + \boldsymbol{b}_\mathrm{i})$$

(12-34)

$$\tilde{C}_t = \tanh(\boldsymbol{W}_\mathrm{c} \cdot [h_{t-1}, x_t] + \boldsymbol{b}_\mathrm{c})$$

(12-35)

（3）更新单元状态

经过前面两个门的计算，LSTM 已经决定了需要保留和遗忘的信息，接下来就是将新的信息更新到单元状态中。如公式（12-36）所示，首先，通过遗忘门门控状态 f_t 与 $t-1$ 时刻记忆单元状态 C_{t-1} 相乘，得到需要保留的历史信息；然后，通过输入门门控状态 i_t 与 t 时刻记忆单元候选状态 $\tilde{C}_t$ 相乘，得到需要添加的输入信息；最后，两者求和得到 t 时刻记忆单元状态 C_t。

$$C_t = f_t \cdot C_{t-1} + i_t \cdot \tilde{C}_t$$

(12-36)

（4）输出门

更新完细胞状态后需要判断输出记忆单元的状态特征。如公式（12-37）、公式（12-38）所示，$\boldsymbol{W}_\mathrm{o}$ 和 $\boldsymbol{b}_\mathrm{o}$ 分别为输出门的权重矩阵和偏置向量。h_{t-1} 和 x_t 同时输入 Sigmoid 函数中得到输出门的门控状态 o_t。o_t 值在 $0\sim1$ 之间，0 表示丢弃全部输出信息，1 表示保留全部输出信息。然后，将记忆单元状态 C_t 输入 tanh 函数中，并与 o_t 相乘，得到 t 时刻记忆单元输出状态 h_t。

$$o_t = \sigma(\boldsymbol{W}_\mathrm{o}[h_{t-1}, x_t] + \boldsymbol{b}_\mathrm{o})$$

(12-37)

$$h_t = o_t \cdot \tanh(C_t)$$

(12-38)

本章小结

　　本章详细介绍了结构健康监测中常用机器学习算法的基本原理，内容包括聚类方法、树模型、支持向量机、神经网络及深度学习。聚类方法是无监督学习的核心，本章结合例题介绍了层次聚类和 k-Means 聚类两种主要的聚类算法。树模型部分介绍了决策树和随机森林，讨论了如何通过构建树状结构开展分类或回归分析。支持向量机部分讨论了线性可分和非线性可分的支持向量机，以及核函数的使用。神经网络部分介绍了神经元、激活函数、正向传播和反向传播等基本概念。深度学习部分介绍了卷积神经网络（CNN）、循环神经网络（RNN）和长短记忆神经网络（LSTM）。

思考与练习题

思考与练习题
参考答案

　　1. 无监督学习和有监督学习是机器学习的两类主要方法。请比较这两类方法在结构健康监测中的适用场景和优缺点。

　　2. 如何评估机器学习算法在结构健康监测中的表现？常用的评估指标有哪些？

　　3. 在实际工程中，如何选择合适的机器学习算法和模型？请说明模型选择的关键因素。

　　4. 在人工智能和机器学习不断发展的背景下，机器学习在结构健康监测中可能会面临哪些新的机遇和挑战？

结构模态参数识别

知识图谱

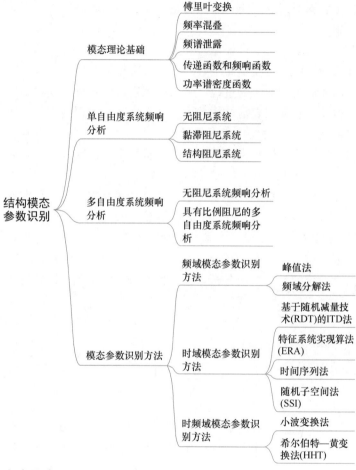

本章要点

　　知识点 1：单自由度系统的频响函数分析。

　　知识点 2：多自由度系统的频响函数分析。

学习目标

　　（1）了解模态参数识别方法的类型。

　　（2）掌握单自由度系统频响函数分析的方法，掌握伯德图、实频图和虚频图的使用，了解奈奎斯特图。

　　（3）掌握多自由度系统频响函数分析方法。

　　（4）了解常见的模态参数识别方法。

土木工程结构在长期服役过程中会受到周围环境的影响（如温度、湿度）及风、交通荷载和地震等外界激励的作用而产生振动，不同激励或环境下结构的振动特性存在差异。结构静态特征信息并不能包含结构所有的健康状况信息。结构模态参数是描述结构振动特性的动力指纹，包括自然频率、阻尼比以及振型形态等。通过对结构模态参数进行识别和监测，可以获取有关结构动力特性的关键信息，从而揭示结构的健康状况以及潜在的损伤风险。

模态参数可从输入数据和响应数据中获取。输入表示激励，如锤击、激振器激励、风荷载、车辆荷载、地震激励等，输出表示结构的响应。输入、结构、输出是有因果关系的，即需已知三者中的任意两者，来求第三者。已知输入和结构求输出，该过程为结构响应计算，现有大多数有限元软件所做工作就是模拟激励（输入）和有限元建模（结构）来求响应（输出）的过程；已知结构和输出求输入的过程，为力的识别；已知输入和输出求结构的过程，为模态参数识别，由模态参数来表征结构动力特性。模态参数识别方法按照是否需要输入信息分为试验模态识别（已知输入）和运营模态识别（未知输入），通常也称为试验模态分析（Experimental Modal Analysis，EMA）和运营模态分析（Operational Modal Analysis，OMA）。

模态分析关注系统的固有特性，模态分析的一个有力手段就是频率响应函数，早期的模态参数识别方法主要是基于频率响应函数（以下简称频响函数，Frequency Function，FRF），因此频率响应分析是模态参数识别的基础。本章首先将介绍模态理论基础，包括傅里叶变换、频率混叠、频谱泄漏、传递函数和频响函数、功率谱密度函数等相关概念；然后介绍单自由度系统和多自由度系统的频响函数分析，这是模态分析的基础；最后分类介绍常见的模态参数识别方法。

13.1 模态理论基础

13.1.1 傅里叶变换

傅里叶变换（Fourier Transform，FT）是法国学者傅里叶提出的一种线性变换，目的是实现信号从时域到频域的转化。适用于傅里叶变换的函数为整周期函数，傅里叶变换公式如下：

$$Y(\omega) = \int_{-T/2}^{T/2} y(t) e^{-j\omega t} \mathrm{d}t \tag{13-1}$$

$$y(t) = \frac{1}{2\pi} \int_{-T/2}^{T/2} Y(\omega) e^{j\omega t} \mathrm{d}\omega \tag{13-2}$$

式中，$Y(\omega)$ 是信号 $y(t)$ 的傅里叶变换。逆变换可以用三角函数代替复杂的指数函数来表示：

$$f(t) = \frac{1}{2\pi} \int_{-\infty}^{\infty} F(\omega)(\cos\omega t + i\sin\omega t) \mathrm{d}\omega \tag{13-3}$$

从上式可以看到一个信号的傅里叶变换 $Y(\omega)$ 实际是描述了正弦信号和余弦信号在构成原信号 $y(t)$ 中的贡献系数。因此，一个时域信号可以分解为多个不同频率的正弦和余弦信号，如图 13-1 所示。

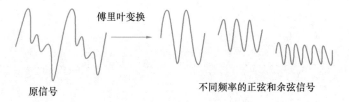

傅里叶变换

原信号   不同频率的正弦和余弦信号

图 13-1　信号傅里叶变换的分解

傅里叶变换是一种数学的精妙描述，它定义了"频率"的概念，提供了对信号全局能量谱分布的一种描述方法，建立了信号从时域到频域的变换桥梁，其实质是将信号分解为一组复指数函数的加权组合，它的每一组基函数都是覆盖整个时域不同频率的简谐波。

13.1.2　频率混叠

在时频转换后，频率信息也将受到一定的影响，表现在：频率混叠和频谱泄漏。频率混叠是因离散采样不满足采样定理时引起的一种高、低频成分发生混淆的现象。抽样时（采样时）频率不够高，抽样出来的点既代表中低频信号样本值，同时也代表高频信号样本值。在信号重建的时候，高频信号被低频信号代替，两种波形完全重叠在一起，会产生假频率、假信号，使信号严重失真。根据奈奎斯特采样定理，采样频率小于信号中所要分析的最高分量的频率的 2 倍，即：$f_s \leqslant 2f_0$，就会发生频率混叠。以正弦信号为例：

$$x(t) = a\sin(2\pi f_0 t) \tag{13-4}$$

上式对应的正弦信号的时域表达和频域表达分别如图 13-2（a）、（b）所示。

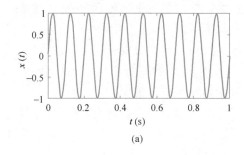
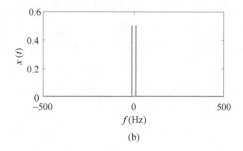

(a)　　　　　　　　　　　　　　(b)

图 13-2　正弦信号的时域表达和频域表达

（a）时域表达；（b）频域表达

对图 13-2（a）中的时域信号进行等间隔离散采样，若采样频率与信号频率不满足奈奎斯特采样定理，则采样后的离散时间信号不能恢复原连续时间信号。

如图 13-3 所示，当混叠现象出现时，原始信号的频率 f_0 被混叠为一个较低的频率（$f_s - f_0$）。当 $f_s/2 < f_0 < f_s$ 时，随着 f_0 的增加，离散采样后信号频率（$f_s - f_0$）下降；当 $f_s = f_0$ 时，离散采样后信号为一常数。

消除频率混叠现象主要从两个方面考虑：其一是提高采样频率 f_s。然而实际的信号处理系统通过采样频率避免混叠是有限制的，对于全频带的振动信号，采样频率不可能达到无穷大。其二是离散采样前进行抗混叠滤波。在采样频率 f_s 一定的前提下，通过低通滤波器滤掉高于 $f_s/2$ 的频率成分，通过低通滤波器的信号则可避免出现频率混叠。

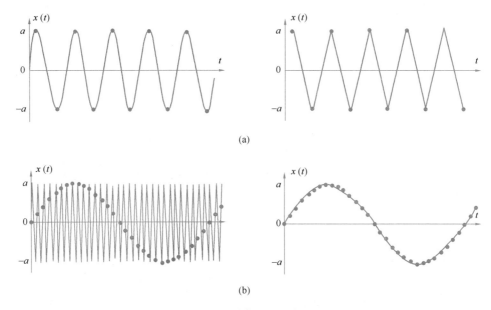

(a)

(b)

图 13-3   离散信号的频率混叠

（a）当 $f_s = 2f_0$ 时，正弦信号等间隔采样后得到三角波信号；

（b）当 $f_s < 2f_0$ 时，正弦信号等间隔采样后得到更低频正弦信号

13.1.3   频谱泄露

频谱泄漏是指信号频谱中各谱线之间相互影响，使测量结果偏离真实值，同时在信号频率 $\omega_0 = 2\pi f_0$ 谱线两侧其他频率点上出现一些幅值较小的假谱。傅里叶变换要求信号为周期信号或无限长非周期信号，而在实际中只能通过截断得到有限长信号。若截断的信号不是整周期信号，将导致频谱泄漏，泄漏后的信号频率 ω_0 谱线处幅值变小，幅值减小的部分分布到整个频带的其他谱线上，即在整个频带内发生拖尾现象。

对于无限长离散时间序列 $x(k)$，在分析前需将其截断为一个有限长离散时间序列。截断过程在时域内相当于将无限长离散时间序列 $x(k)$ 乘以窗函数 $w(k)$；反映在频域中，相当于两时间序列离散傅里叶变换 $X(\omega)$ 和 $W(\omega)$ 的卷积。当利用长度为无穷的常数窗函数（频域为 Dirac 函数）与无限长离散时间序列相乘，其频域卷积后的结果与原无限长离散时间序列自身的频谱表达一致，这在应用时相当于直接利用无限长离散时间序列，显然是不可能的。而有限长矩形窗（Rectangle）的频谱为 Sa 函数（如图 13-4 所示），具有明显的旁瓣，卷积后使原无限长离散时间序列的频谱失真。基于矩形窗的频谱泄漏现象如图 13-5 所示。

因此，窗函数的频谱越接近 Dirac 函数（主瓣越窄，旁瓣越小），原无限长离散时间序列截断后的频谱越接近其真实频谱，

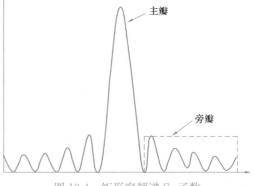

图 13-4   矩形窗频谱 Sa 函数

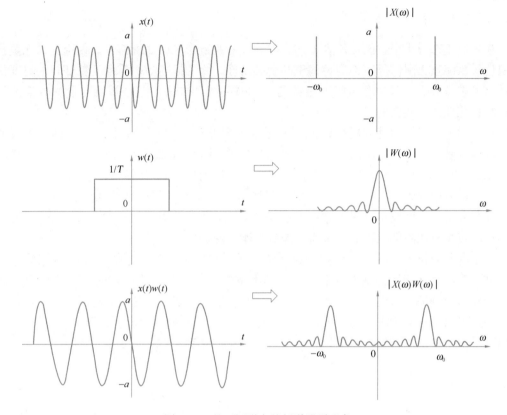

图 13-5　基于矩形窗的频谱泄露现象

为此出现了 Hanning、Hamming、Gaussian 等窗函数以降低旁瓣，但这种基于降低旁瓣的方法远不如增加窗长以减少频谱泄漏的效果明显。

13.1.4　传递函数和频响函数

在试验模态分析中，需要建立已知的输入输出之间的关系。频响函数和传递函数分别在基于傅里叶变换和拉普拉斯变换的条件下描述系统的输入输出关系。

对于一个多自由度、有阻尼、线性时不变动力系统，其振动微分方程为：

$$\boldsymbol{M}\ddot{\boldsymbol{x}}(t) + \boldsymbol{C}\dot{\boldsymbol{x}}(t) + \boldsymbol{K}\boldsymbol{x}(t) = \boldsymbol{f}(t) \tag{13-5}$$

对上式进行拉普拉斯变换：

$$(s^2\boldsymbol{M} + s\boldsymbol{C} + \boldsymbol{K})\boldsymbol{X}(s) = \boldsymbol{F}(s) \tag{13-6}$$

其传递函数 $\boldsymbol{H}(s)$ 为：

$$\boldsymbol{H}(s) = \frac{\boldsymbol{X}(s)}{\boldsymbol{F}(s)} = (s^2\boldsymbol{M} + s\boldsymbol{C} + \boldsymbol{K})^{-1} \tag{13-7}$$

当 $s = j\omega$ 时，得频响函数矩阵 $\boldsymbol{H}(\omega)$：

$$\boldsymbol{H}(\omega) = (\boldsymbol{K} - \omega^2\boldsymbol{M} + j\omega\boldsymbol{C})^{-1} \tag{13-8}$$

所以，频响函数相当于传递函数在 $s = \sigma + j\omega (\sigma = 0)$ 时的特例。

13.1.5   功率谱密度函数

在环境模态分析中，虽然输入未知，但一般可假定为平稳随机信号。理论上，无限长随机信号是能量无限信号，不满足傅里叶变换条件。为了描述随机信号的特征，一般要从统计出发进行分析。自功率谱密度函数是一种概率统计方法，是对随机变量均方值的量度，与自相关函数互为傅里叶变换对。

功率谱密度函数估计方法可分为直接法和间接法。直接法是通过对 N 个样本进行傅里叶变换得到频谱，在频域内求频谱与其共轭的乘积。间接法是在时域内计算 N 个样本的自相关函数，然后对自相关函数进行傅里叶变换得到功率谱密度函数。

由于信号中包含测量噪声，一般要通过频域平均技术进行处理使功率谱曲线趋于平滑，即取多个等长度样本分别计算功率谱密度函数，然后进行叠加平均。值得注意的是，这种平均技术只能降低噪声的方差而不能减少噪声的均值。

常用的平均技术有顺序平均和叠盖平均两种。顺序平均是通过依次截取时域信号的 N 个样本，然后变换到频域进行平均，样本不重叠。在叠盖平均中，前后两次截取的时域信号样本中有部分重叠。与顺序平均相比，叠盖平均可获得更光滑的功率谱曲线，这是因为叠盖平均中各样本之间的相关程度比顺序平均大。特别是在加窗的情况下，叠盖平均可以减小由于加窗造成的数据损失。

13.2   单自由度系统频响分析

虽然很少有实际的结构可以用单自由度（Single Degree of Freedom，SDOF）系统来真实地建模，但这种系统的性质是非常重要的，因为更复杂的多自由度（Multi Degree of Freedom，MDOF）系统的性质总是可以表示为多个 SDOF 特征的线性叠加。

在本节中，将描述三类系统模型：

（1）无阻尼系统。

（2）黏滞阻尼系统（Viscously-Damped）。

（3）结构阻尼系统，也称迟滞阻尼系统［Hysteretically（or Structurally）-Damped］。

SDOF 系统基本模型如图 13-6 所示。其中 $f(t)$ 和 $x(t)$ 分别表示力和位移响应。空间模型由质量块(m)和弹簧(k)加上黏滞阻尼器（c）或迟滞阻尼器（d）组成。

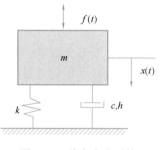

图 13-6   单自由度系统

13.2.1   无阻尼系统

无阻尼系统的空间模型由 m 和 k 组成。

对于模态模型，我们考虑无外力时系统的性质，即 $f(t)=0$，此时运动方程为：

$$m\ddot{x} + kx = 0 \tag{13-9}$$

试解 $x(t) = Xe^{i\omega t}$ 可得：

$$(k - \omega^2 m) = 0 \tag{13-10}$$

因此，模态模型由单一解（振动模态）组成，固有频率 ω_0 由 $\sqrt{k/m}$ 给出。

接下来进行频响分析，我们考虑如下形式的激励：

$$f(t) = Fe^{i\omega t} \tag{13-11}$$

假设解的形式为：

$$x(t) = Xe^{i\omega t} \tag{13-12}$$

其中，X 和 F 包含振幅和相位信息。现在运动方程为：

$$(k - \omega^2 m)Xe^{i\omega t} = Fe^{i\omega t} \tag{13-13}$$

从中提取需要的响应模型，以频率响应函数的形式表示：

$$H(\omega) = \frac{X}{F} = \frac{1}{(k - \omega^2 m)} \tag{13-14}$$

这种特殊形式的频响函数，其响应参数是位移（而不是速度或加速度），称为动柔度。

13.2.2 黏滞阻尼系统

如果在系统中加入黏性阻尼器，自由振动的运动方程变为：

$$m\ddot{x} + c\dot{x} + kx = 0 \tag{13-15}$$

其解的形式：

$$x(t) = Xe^{st} \tag{13-16}$$

由此我们得到解存在所必须满足的条件：

$$(ms^2 + cs + k) = 0 \tag{13-17}$$

使得：

$$
\begin{aligned}
s_{1,2} &= -\frac{c}{2m} \pm \frac{\sqrt{c^2 - 4km}}{2m} \\
&= -\omega_0 \zeta \pm i\omega_0 \sqrt{1 - \zeta^2}
\end{aligned}
\tag{13-18}
$$

其中，$\omega_0^2 = (k/m)$；$\zeta = c/c_0 = (c/2\sqrt{km})$。

这意味着一种形式的模态解：

$$x(t) = Xe^{-\omega_0 \zeta t} e^{i(\omega_0 \sqrt{1-\zeta^2})t} = Xe^{-at} e^{i\omega_0' t} \tag{13-19}$$

它是一种具有复杂固有频率的单模态振动，由两部分组成：虚部或振荡的部分，频率为 $\omega_0' = \omega_0 \sqrt{1 - \zeta^2}$；实部或衰减的部分，$a = \zeta\omega_0$。

这两部分模态模型的物理意义在典型的自由响应图中得到说明，如图 13-7 所示。

最后，考虑 $f(t) = Fe^{i\omega t}$ 时的强迫振动，同样假设 $x(t) = Xe^{i\omega t}$。这里，运动方程为：

$$(-\omega^2 m + i\omega c + k)Xe^{i\omega t} = Fe^{i\omega t} \tag{13-20}$$

对应的频响函数为：

$$H(\omega) = \alpha(\omega) = \frac{1}{(k - \omega^2 m) + i(\omega c)} \tag{13-21}$$

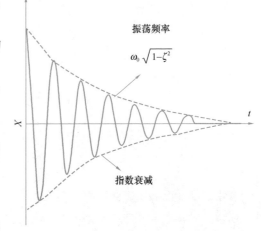

振荡频率
$\omega_0 \sqrt{1-\zeta^2}$

指数衰减

图 13-7　单自由度阻尼系统的自由振动特性

13.2.3 结构阻尼系统

在黏滞阻尼中，每个周期内的耗散能量与激振频率有关。但大量试验表明，结构的能量耗散与激振频率无关。此时可以用结构阻尼来表示这种能量耗散机制，即在变形过程中由于材料的内摩擦引起的阻尼称为结构阻尼。在结构阻尼模型中，假设阻尼力与结构振动位移的大小成正比，方向与速度相反，即：

$$f_{\mathrm{d}} = \eta x e^{j\frac{\pi}{2}} = \eta x \left(\cos \frac{\pi}{2} + j \sin \frac{\pi}{2} \right) = \eta j x \tag{13-22}$$

式中，η 为结构阻尼系数，其具有与刚度相同的量纲。定义无量纲的结构阻尼比为：

$$d = \frac{\eta}{k} \tag{13-23}$$

考虑结构阻尼，单自由度结构运动方程表示为：

$$(-\omega^2 m + k + id) X e^{i\omega t} = F e^{i\omega t} \tag{13-24}$$

有：

$$\frac{X}{F} = \alpha(\omega) = \frac{1}{(k - \omega^2 m) + i} \tag{13-25}$$

或：

$$H(\omega) = \frac{1/k}{1 - (\omega/\omega_0)^2 + i\eta} \tag{13-26}$$

13.2.4 单自由度系统频响函数特性

到目前为止，我们已经将频响函数 $H(\omega)$ 定义为谐波位移响应与谐波力之间的比值。这种以位移作为"输出"量的频响函数称为位移响应函数。这个比值是复杂的，因为两个正弦波之间既有幅度比 $|H(\omega)|$ 还有相位角 θ_α。

同样可以选择响应速度 $v(t)$ 作为"输出"量，则可以得到速度频响函数：

$$Y(\omega) = \frac{V e^{i\omega t}}{F e^{i\omega t}} = \frac{V}{F} \tag{13-27}$$

式中，$Y(\omega)$ 表示速度频响函数；V 为结构振动的速度幅值。速度频响函数的倒数也被称为阻抗。

当考虑正弦振动时，位移和速度之间有一个简单的关系：

$$x(t) = X e^{i\omega t}; v(t) = \dot{x}(t) = V e^{i\omega t} = i\omega X e^{i\omega t} \tag{13-28}$$

故：

$$Y(\omega) = \frac{V}{F} = i\omega \frac{X}{F} = i\omega H(\omega) \tag{13-29}$$

因此：

$$|Y(\omega)| = \omega |H(\omega)| \tag{13-30}$$

$$\theta_{\mathrm{Y}} = \theta_{\mathrm{H}} + 90° \tag{13-31}$$

其中，θ_{Y} 和 θ_{H} 分别表示速度和位移频响函数的相位角。

所以，速度频响函数与位移频响函数密切相关。类似的，我们可以使用加速度作为响应参数（因为通常在测试中测量加速度），我们可以定义加速度频响函数—惯性或导纳：

$$A(\omega) = \frac{A}{F} = -\omega^2 H(\omega) \tag{13-32}$$

式中，$A(\omega)$ 表示加速度频响函数；A 为结构振动的加速度幅值。

这些代表了频响函数的主要格式，当然这些形式的倒数也存在一定的物理意义，如位移频响函数又称为动柔度，其倒数 $\dfrac{F}{X}$ 称为动刚度，表达式如下：

$$\frac{F}{X} = (k - \omega^2 m) + (i\omega c) \ \text{或}(id) \tag{13-33}$$

相应地，速度频响函数的倒数 $\dfrac{F}{V}$ 称为机械阻抗，加速度频响函数的倒数 $\dfrac{F}{A}$ 称为动质量。各参数计算的频响函数定义见表 13-1。

频响函数定义　　　　　　　　　　　　　　表 13-1

参数	频响函数	频响函数倒数
位移	动柔度 (Dynamic Compliance)	动刚度 (Dynamic Compliance)
速度	机动性 (Mobility)	机械阻抗 (Mechanical Impedance)
加速度	惯性或导纳 (Inertance or Receptance)	动质量 (Dynamic Mass)

绘制频响数据分布图是一件复杂的事情，因为涉及三个量——频率、复函数的实部和虚部，它们不能在标准的 $x-y$ 坐标上完全显示出来。

频响数据最常见的三种表达方式是：

（1）频响函数幅值与频率之间的关系曲线，称为幅频曲线或幅频图；相位与频率之间的关系曲线，称为相频曲线或相频图。这两个图组成的图称为伯德图。

（2）频响函数实部、虚部与频率之间的关系曲线分别称为实频图和虚频图。

（3）频响函数实部与虚部之间的关系曲线，即在实部与虚部构成的复平面上的频响函数矢量端点的轨迹图，称为矢端轨迹图或奈奎斯特图。

图 13-8 为典型的无阻尼单自由度系统的幅频图和相频图。

对于黏性阻尼系统，频响函数可以写成复数形式：

$$\begin{aligned}
H(\omega) &= \frac{-\omega^2 m + k}{(-\omega^2 m + k)^2 + (\omega c)^2} + j\,\frac{-\omega c}{(-\omega^2 m + k)^2 + (\omega c)^2} \\
&= \frac{1}{k}\left[\frac{1 - \overline{\omega}^2}{(1 - \overline{\omega}^2)^2 + (2\zeta\,\overline{\omega})^2} + j\,\frac{-2\zeta\overline{\omega}}{(1 - \overline{\omega}^2)^2 + (2\zeta\,\overline{\omega})^2}\right]
\end{aligned} \tag{13-34}$$

其中，$\overline{\omega} = \omega/\omega_0$ 为频率比。

其实部 $H^R(\omega)$ 和虚部 $H^I(\omega)$ 分别为

$$\begin{aligned}
H^R(\omega) &= \frac{1}{k}\,\frac{1 - \overline{\omega}^2}{(1 - \overline{\omega}^2)^2 + (2\zeta\overline{\omega})^2} \\
H^I(\omega) &= \frac{1}{k}\,\frac{-2\zeta\overline{\omega}}{(1 - \overline{\omega}^2)^2 + (2\zeta\overline{\omega})^2}
\end{aligned} \tag{13-35}$$

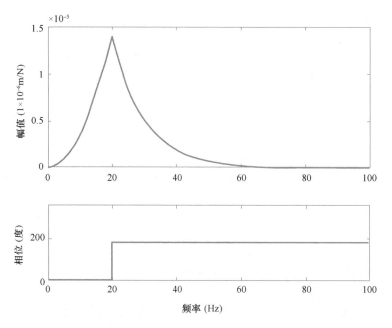

图 13-8　无阻尼单自由度系统伯德图

可以得到频响函数的幅值和相位分别为：$|H(\omega)| = \dfrac{1}{k\sqrt{(1-\overline{\omega}^2)^2 + (2\zeta\overline{\omega})^2}}$ 和 $\theta_{\mathrm{H}} = \arctan\left[\dfrac{-2\zeta\overline{\omega}}{(1-\overline{\omega}^2)}\right]$。

画出单自由度结构黏性阻尼系统频响函数的幅频图如图 13-9 所示。下面分析图中曲线的特征点：

（1）M 点对应结构的无阻尼自振频率点（即 $\omega_{\mathrm{M}} = \omega_0$），该点的频响函数幅值为 $|H(\omega_0)| = \dfrac{1}{2\zeta k}$。当结构为小阻尼系统时，$M$ 点可近似认为是峰值点。

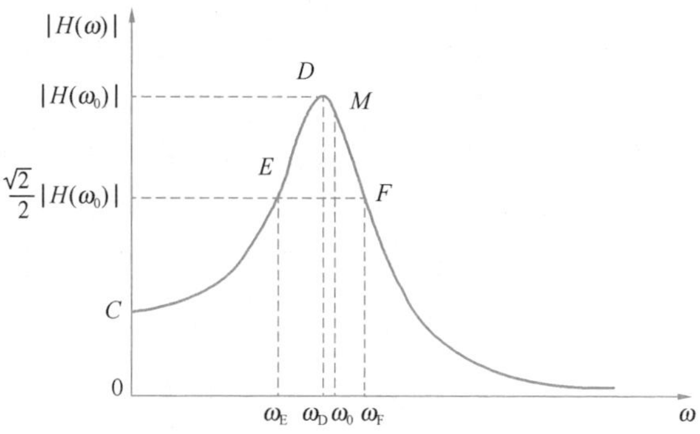

（2）D 点对应结构的共振点，此时频响函数幅值达到极大值 $|H(\omega_{\mathrm{D}})| = \dfrac{1}{2\zeta k} \cdot \dfrac{1}{\sqrt{1-\zeta^2}}$，利用微积分求极值点的方法可以解出 D 点对应

图 13-9　单自由度结构黏性阻尼系统频响函数幅频图

的频率为 $\omega_{\mathrm{D}} = \omega_0\sqrt{1-2\zeta^2}$。当系统的阻尼很小时，有近似关系 $\omega_{\mathrm{D}} \approx \omega_{\mathrm{M}} = \omega_0$。

（3）E 点和 F 点频响函数幅值为 M 点频响函数幅值的 $\sqrt{2}/2$，即：

$$|H(\omega_{\mathrm{E}})| = |H(\omega_{\mathrm{F}})| = \frac{\sqrt{2}}{2}|H(\omega_{\mathrm{D}})| = \frac{\sqrt{2}}{2} \cdot \frac{1}{2\zeta k} \cdot \frac{1}{\sqrt{1-\zeta^2}} \tag{13-36}$$

因而，将 E 和 F 点称为半功率点，二者对应的频率分别为：

$$\omega_{\mathrm{E}} \approx \omega_0 \sqrt{1-2\zeta}, \omega_{\mathrm{F}} \approx \omega_0 \sqrt{1+2\zeta} \tag{13-37}$$

因为 $\sqrt{1\mp2\zeta} \approx 1\mp\zeta$，所以黏滞阻尼比 $\zeta = \dfrac{1}{2}\dfrac{\Delta\omega}{\omega_0}$，其中 $\Delta\omega = \omega_{\mathrm{F}} - \omega_{\mathrm{E}}$，称为半功率带宽。

（4）C 点对应外界输入荷载频率为 0 的情况，此时系统频响函数幅值为 $|H(\omega_{\mathrm{C}})| = |H(0)| = \dfrac{1}{k}$，对应结构的静变形。

频响函数 $H(\omega)$ 实部 $H^R(\omega)$ 和虚部 $H^I(\omega)$ 关于频率的变化曲线分别为实频图和虚频图。图 13-10 所示为单自由度结构黏滞阻尼系统频响函数的实频图和虚频图。分析图 13-10 可得：

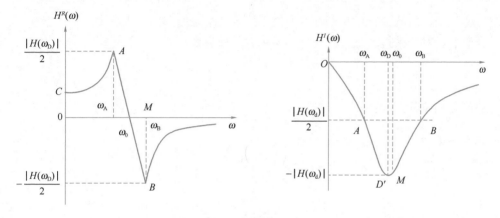

图 13-10　单自由度结构黏滞阻尼系统频响函数实频图与虚频图

（1）A、B 两点分别为实频曲线的正极值点和负极值点。极值点对应的频率 ω_{A} 和 ω_{B} 可以通过微积分中求极值的方法求解得到。对公式（13-34）所示的频响函数实部 $H^R(\omega)$ 关于频率比的平方 $\bar{\omega}^2$ 求导数，得到：

$$\frac{\mathrm{d}H^R(\omega)}{\mathrm{d}\bar{\omega}^2} = \frac{1}{k} \frac{(1-\bar{\omega}^2)^2 - 4\zeta^2}{\left[(1-\bar{\omega}^2)^2 + (2\zeta\bar{\omega})^2\right]^2} \tag{13-38}$$

令 $\dfrac{\mathrm{d}H^R(\omega)}{\mathrm{d}\bar{\omega}^2} = 0$，解得 $\bar{\omega}_{\mathrm{A}}^2 = 1-2\zeta, \bar{\omega}_{\mathrm{B}}^2 = 1+2\zeta$。注意 $\bar{\omega} = \dfrac{\omega}{\omega_0}$，那么就可以解出极值点频率 ω_{A} 和 ω_{B} 分别满足：

$$\omega_{\mathrm{A}}^2 = \omega_0^2(1-2\zeta), \omega_{\mathrm{B}}^2 = \omega_0^2(1+2\zeta) \tag{13-39}$$

最后，将 $\bar{\omega}_{\mathrm{A}}^2 = 1-2\zeta, \bar{\omega}_{\mathrm{B}}^2 = 1+2\zeta$ 分别代入频响函数的实部 $H^R(\omega)$，可得到两个极值点处的实频曲线幅值分别为：

$$H^R(\omega_{\mathrm{A}}) = \frac{1}{4\zeta k(1-\zeta)}, H^R(\omega_{\mathrm{B}}) = \frac{1}{4\zeta k(1+\zeta)} \tag{13-40}$$

（2）实频曲线在 C 点取值为零，此时对应结构无阻尼自振频率，即 $\omega_{\mathrm{C}} = \omega_0$。

（3）虚频曲线为单峰函数。

（4）对于 A、B 两点，前面已经解出这两点的频率比 $\bar{\omega}$ 分别为 $\bar{\omega}_{\mathrm{A}}^2 = 1-2\zeta$ 和 $\bar{\omega}_{\mathrm{B}}^2 = 1+2\zeta$，将二者分别代入频响函数虚部 $H^I(\omega)$ 得到：

$$H^I(\omega) = \cfrac{-2\zeta\sqrt{1-2\zeta}}{k\left\{\left[1-(1-2\zeta)\right]^2 + (2\zeta\sqrt{1-2\zeta})^2\right\}}$$

$$= \cfrac{-\sqrt{1-2\zeta}}{4k\zeta(1-\zeta)} \tag{13-41}$$

对于小阻尼情况，忽略高阶项 ζ^2 后得到：

$$H^I(\omega_A) \approx -\frac{1}{4k\zeta}, \ H^I(\omega_B) \approx -\frac{1}{4k\zeta} \tag{13-42}$$

可见在小阻尼情况下，A、B 两点的虚频曲线幅值约为曲线峰值 $H^I(\omega_C) \approx -\frac{1}{2k\zeta}$（小阻尼）的一半，因此 A、B 两点也称为虚频曲线的半峰值点。

类似的，对于结构阻尼系统，将频响函数写成复数形式为：

$$H(\omega) = \frac{1}{k}\left[\frac{1-\overline{\omega}^2}{(1-\overline{\omega}^2)^2 + d^2} + j\,\frac{-d}{(1-\overline{\omega}^2)^2 + d^2}\right] \tag{13-43}$$

幅值和相位分别为：$|H(\omega)| = \cfrac{1}{k\sqrt{(1-\overline{\omega}^2)^2 + g^2}}$ 和 $\theta_H = \arctan[-g/(1-\overline{\omega}^2)]$。

其实部 $H^R(\omega)$ 和虚部 $H^I(\omega)$ 分别为：

$$H^R(\omega) = \frac{1}{k}\,\frac{1-\overline{\omega}^2}{(1-\overline{\omega}^2)^2 + d^2}$$

$$H^I(\omega) = \frac{1}{k}\,\frac{-d}{(1-\overline{\omega}^2)^2 + d^2} \tag{13-44}$$

可画出单自由度结构阻尼系统频响函数的幅频图如图 13-11 所示，实频图与虚频图如图 13-12 所示。分析图中曲线可得：

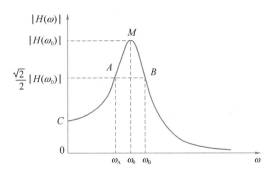

图 13-11　单自由度结构阻尼系统频响函数幅频图

（1）当 $\omega = \omega_0$（即 $\overline{\omega} = 1$ 时）。由频响函数的相位表达式可知，ω_0 是 $|H(\omega)|$ 的极值点，因而幅值曲线在 ω_0 点处达到峰值。将 $\omega = \omega_0$ 代入相位角表达式，可计算出此刻相位角为：

$$\theta_H = \arctan(-\infty) = -\frac{\pi}{2} \tag{13-45}$$

将 $\overline{\omega} = 1$ 代入频响函数实部 $H^R(\omega)$ 得到其函数值为 0，因此实频曲线在 $\omega = \omega_0$ 处与横坐标轴相交。分析频响函数的虚部 $H^I(\omega)$，显然 ω_0 为 $H^I(\omega)$ 的极值点，因此虚频曲线在 $\omega = \omega_0$ 处达到峰值 $H^I(\omega) = -\frac{1}{dk}$。

（2）A、B 点分别为实频曲线的正负极值点。利用微积分求极值的方法可以求出 A、B 两点对应的频率。对式（13-40）的实部 $H^R(\omega)$ 关于 $\overline{\omega}^2$ 求导数得到：

$$\frac{\mathrm{d}H^R(\omega)}{\mathrm{d}\overline{\omega}^2} = \frac{(1-\overline{\omega}^2)^2 - d^2}{k\left[(1-\overline{\omega}^2)^2 + d^2\right]^2} \tag{13-46}$$

令 $\frac{\mathrm{d}H^R(\omega)}{\mathrm{d}\overline{\omega}^2} = 0$，得：

$$\bar{\omega} = \sqrt{1 \pm d} \qquad (13\text{-}47)$$

注意到 $\bar{\omega} = \dfrac{\omega}{\omega_0}$，可求得 A、B 两点对应的频率分别为：

$$\omega_A = \omega_0 \sqrt{1-d}, \quad \omega_B = \omega_0 \sqrt{1+d} \qquad (13\text{-}48)$$

将 ω_A 和 ω_B 分别代入 $H^R(\omega)$、$H^I(\omega)$、$|H(\omega)|$ 和 θ_H 得到：

$$H^R(\omega_A) = \frac{1}{2dk}, H^R(\omega_B) = -\frac{1}{2dk}$$

$$H^I(\omega_A) = H^I(\omega_B) = -\frac{1}{2dk}$$

$$\qquad (13\text{-}49)$$

$$|H(\omega_A)| = |H(\omega_B)| = \frac{1}{\sqrt{2}dk}$$

$$\theta_H(\omega_A) = \arctan(-1) = -\frac{\pi}{4}, \theta_H(\omega_B) = \arctan(-1) = -\frac{3\pi}{4}$$

因为虚频曲线的峰值为 $H^I(\omega_0) = -\dfrac{1}{dk}$，那么 A、B 两点为虚频曲线的半峰值点。在

幅频曲线上，A、B 两点则为半功率点。结构阻尼比 $d = \dfrac{\omega_B - \omega_A}{\omega_0} = \dfrac{\Delta\omega}{\omega_0}$。

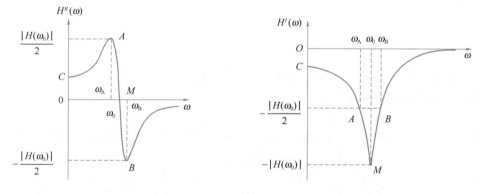

图 13-12　单自由度结构阻尼系统频响函数实频图与虚频图

　　奈奎斯特图是详细显示重要共振区域的一种非常有效的方法。奈奎斯特图中每一点都表示特定频率下的复数振幅，它描述的是特定点响应的幅值和相位是如何随频率变化的。

　　图 13-13 给出了单自由度黏滞阻尼系统和结构阻尼系统的奈奎斯特图。奈奎斯特图上每一个圆表征一阶模态，而圆的大小对应幅值图中频响函数峰值的幅值。

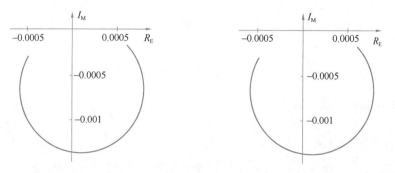

图 13-13　单自由度黏滞阻尼系统和结构阻尼系统的奈奎斯特图

13.3   多自由度系统频响分析

13.3.1   无阻尼系统频响分析

对于 N 个自由度的无阻尼多自由度系统，其运动控制方程可以写成矩阵形式：

$$[M]\{\ddot{x}(t)\} + [K]\{x(t)\} = \{f(t)\} \tag{13-50}$$

其中，$[M]$ 和 $[K]$ 分别为 $N \times N$ 的质量和刚度矩阵；$\{x(t)\}$ 和 $\{f(t)\}$ 分别为 $N \times 1$ 的时变位移和外力向量。

首先考虑自由振动解，此时 $\{f(t)\} = \{0\}$。

这种情况下，假定解的形式：

$$\{x(t)\} = \{X\}e^{i\omega t} \tag{13-51}$$

其中，$\{X\}$ 是一个 $N \times 1$ 的与时间无关的振幅向量。这里假设整个系统能够以单一频率 ω 做简谐振动，可以得到加速度 $\{\ddot{x}(t)\} = -\omega \{X\}e^{i\omega t}$。

可得：

$$([K] - \omega^2[M])\{X\}e^{i\omega t} = \{0\} \tag{13-52}$$

解满足：

$$\det |[K] - \omega^2[M]| = 0 \tag{13-53}$$

可以求出无阻尼系统固有频率 ω^2 的 N 个值。将这些值中的任何一个回代公式（13-52）可以得到 $\{X\}$ 的相应解，即与该固有频率对应的模态振型。

则完整的解可以用两个 $N \times N$ 的矩阵表示为：

$$\begin{bmatrix} O \\ & \overline{\omega}_r^2 \\ & & O \end{bmatrix}, [\Psi] \quad \{\Psi\} = \{\Psi\}_1, \cdots, \{\Psi\}_r, \cdots, \{\Psi\}_N \tag{13-54}$$

其中，$\overline{\omega}_r^2$ 为第 r 个特征值或固有频率的平方，$\{\Psi\}_r$ 为对应的模态振型。

假设结构受到一组正弦激励，这些力具有相同的频率、不同的振幅和相位，则：

$$\{f(t)\} = \{F\}e^{i\omega t} \tag{13-55}$$

和前面一样，假设解的形式为 $\{x(t)\} = \{X\}e^{i\omega t}$，则运动方程变为：

$$([K] - \omega^2[M])\{X\}e^{i\omega t} = \{F\}e^{i\omega t} \tag{13-56}$$

可以写为如下形式：

$$\{X\} = ([K] - \omega^2[M])^{-1}\{F\} = [H(\omega)]\{F\} \tag{13-57}$$

其中，$[H(\omega)]$ 为系统的 $N \times N$ 的频响函数矩阵。频响函数矩阵中的元素 $H_{jk}(\omega)$ 定义如下：

$$H_{jk}(\omega) = \left(\frac{X_j}{F_k}\right) \tag{13-58}$$

公式（13-56）还可以写作：

$$([K] - \omega^2[M]) = [H(\omega)]^{-1} \tag{13-59}$$

等式两边先左乘 $[\Phi]^T$，再右乘 $[\Phi]$ 得到：

$$[\Phi]^T([K] - \omega^2[M])[\Phi] = [\Phi]^T[H(\omega)]^{-1}[\Phi] \tag{13-60}$$

其中，$\boldsymbol{\varPhi}$ 为 $\boldsymbol{\varPsi}$ 关于质量矩阵归一化的模态振型。

使得：

$$[\boldsymbol{H}(\omega)] = [\boldsymbol{\varPhi}][(\overline{\omega}_r^2 - \omega^2)]^{-1}[\boldsymbol{\varPhi}]^{\mathrm{T}} \tag{13-61}$$

从式中可以看出，频响函数矩阵是对称的，满足互易性：

$$\boldsymbol{H}_{jk} = (\boldsymbol{X}_j / \boldsymbol{F}_k) = \boldsymbol{H}_{kj} = (\boldsymbol{X}_k / \boldsymbol{F}_j) \tag{13-62}$$

由公式（13-61）可得：

$$\boldsymbol{H}_{jk}(\omega) = \sum_{r=1}^{N} \frac{(\boldsymbol{\phi}_{jr})(\boldsymbol{\phi}_{kr})}{\overline{\omega}_r^2 - \omega^2} = \sum_{r=1}^{N} \frac{(\boldsymbol{\psi}_{jr})(\boldsymbol{\psi}_{kr})}{m_r(\overline{\omega}_r^2 - \omega^2)} \text{ 或 } \boldsymbol{H}_{jk}(\omega) = \sum_{r=1}^{N} \frac{rA_{jk}}{\overline{\omega}_r^2 - \omega^2} \tag{13-63}$$

其中，rA_{jk} 是模态常数，这里意味着对于连接坐标 j 和 k 的特定模态 r。

无阻尼多自由度系统上述特征是更一般的有阻尼情况下相应数据的基础。接下来将研究添加比例阻尼对这些模型的影响。

13.3.2　具有比例阻尼的多自由度系统频响分析

在多自由系统一般运动方程中加入一个比例阻尼矩阵，可得：

$$[\boldsymbol{M}]\{\ddot{\boldsymbol{x}}(t)\} + [\boldsymbol{C}]\{\dot{\boldsymbol{x}}(t)\} + [\boldsymbol{K}]\{\boldsymbol{x}(t)\} = \{\boldsymbol{f}(t)\} \tag{13-64}$$

这里先研究这个方程在阻尼矩阵与刚度矩阵成正比的情况下的性质，即：

$$[\boldsymbol{C}] = \beta[\boldsymbol{K}] \tag{13-65}$$

这种情况下，将阻尼矩阵与无阻尼系统的特征向量矩阵前后相乘，可以得到：

$$[\boldsymbol{\varPsi}]^{\mathrm{T}}[\boldsymbol{C}][\boldsymbol{\varPsi}] = \beta[k_r] = [c_r] \tag{13-66}$$

其中，对角元素 c_r 表示系统各模态的模态阻尼。这个矩阵的性质意味着无阻尼系统的模态振型也是阻尼系统的模态振型，这是这种阻尼类型的一个特征。

这一性质同样可以通过公式（13-64）的一般运动方程来证明，对于自由振动，将整个方程前后乘特征向量矩阵，可得：

$$[m_r]\{\ddot{p}\} + [c_r]\{\dot{p}\} + [k_r][p] = \{0\};\{p\} = [\boldsymbol{\varPsi}]^{-1}\{x\} \tag{13-67}$$

其中第 r 个方程为：

$$m_r\ddot{p}_r + c_r\dot{p}_r + k_rp_r = 0 \tag{13-68}$$

这显然是一个单自由度系统，或者说是系统的单模态。该模态具有复固有频率，其中虚部为：

$$\omega_r' = \overline{\omega}_r\sqrt{1 - \zeta_r^2}; \overline{\omega}_r^2 = \frac{k_r}{m_r}; \zeta_r = \frac{c_r}{2\sqrt{k_rm_r}} = \frac{1}{2}\beta\overline{\omega}_r \tag{13-69}$$

实部为：

$$a_r = \zeta_r\overline{\omega}_r = \beta/2 \tag{13-70}$$

这些特征延续到强迫振动响应分析中，可以得到一般频响函数的定义为：

$$[\boldsymbol{H}(\omega)] = [\boldsymbol{K} + i\omega\boldsymbol{C} - \omega^2\boldsymbol{M}]^{-1} \text{ 或 } \boldsymbol{H}_{jk}(\omega) = \sum_{r=1}^{N} \frac{(\boldsymbol{\psi}_{jr})(\boldsymbol{\psi}_{kr})}{(k_r - \omega^2 m_r) + i(\omega c_r)} \tag{13-71}$$

这与无阻尼系统的形式非常相似。

实际上，比例阻尼的通常形式为：

$$[\boldsymbol{C}] = \beta[\boldsymbol{K}] + \gamma[\boldsymbol{M}] \tag{13-72}$$

阻尼系统的模态振型与无阻尼系统的模态振型相同，并且特征值采用复数形式：

$$\lambda_r^2 = \overline{\omega}_r^2(1 + i\eta_r) \, ; \overline{\omega}_r^2 = k_r/m_r \, ; \eta_r = \beta + \gamma/\overline{\omega}_r^2 \tag{13-73}$$

同样的，频响函数一般形式为：

$$\boldsymbol{H}_{jk}(\omega) = \sum_{r=1}^{N} \frac{(\boldsymbol{\psi}_{jr})(\boldsymbol{\psi}_{kr})}{(k_r - \omega^2 m_r) + i\eta_r k_r} \tag{13-74}$$

在之前的分析中，我们不仅遇到了复特征值——其实部和虚部可以被解释为代表固有频率中的衰减和振荡分量，而且还遇到了复特征向量。这些复特征向量表明模态振型是复杂的。

实际上，复模态表征了结构的每个部分不仅有自己的振动幅值，而且有自己的相位。因此，以复杂模态振动的结构，每个部分将在振动周期中的不同时刻达到自己的最大挠度，而相邻的振动周期都具有不同的相位。

实模态是相位角都为 $0°$ 或 $180°$ 的模态，因此结构的所有部分都在振动周期的同一时刻达到各自的最大值。同样，在实模态下，结构的所有部分在同一瞬间通过它们的零挠度位置，因此在每个振动周期中存在两个结构完全不变形的时刻。这不是复模态的特性，因为同样的道理，导致最大值在不同的时间达到，零点位置也在不同的时间达到。

因此，实模态表现为驻波，而复模态则表现为行波。

【例 13-1】如图 13-14 为一两自由度系统，对应的质量和刚度为：$m_1 = 1\text{kg} \, ; m_2 = 1\text{kg} \, ;$ $k_1 = k_3 = 4 \times 10^{-4}\text{MN/m} \, ; k_2 = 8 \times 10^{-4}\text{N/m}$。试计算结构的频率和振型。

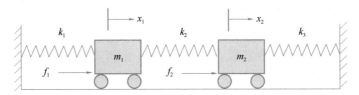

图 13-14 两自由度系统

易得振动方程为：

$$\begin{bmatrix} m_1 & 0 \\ 0 & m_2 \end{bmatrix} \begin{Bmatrix} \ddot{x}_1 \\ \ddot{x}_2 \end{Bmatrix} + \begin{bmatrix} (k_1 + k_2) & (-k_2) \\ (-k_2) & (k_2 + k_3) \end{bmatrix} \begin{Bmatrix} x_1 \\ x_2 \end{Bmatrix} = \begin{bmatrix} f_1 \\ f_2 \end{bmatrix} \tag{13-75}$$

质量和刚度矩阵为：

$$[\boldsymbol{M}] = \begin{bmatrix} 1 & 0 \\ 0 & 1 \end{bmatrix}(\text{kg}) \, ; [\boldsymbol{K}] = \begin{bmatrix} 1.2 & -0.8 \\ -0.8 & 1.2 \end{bmatrix}(\times 10^{-3}\text{N/m}) \tag{13-76}$$

有：

$$\det \begin{vmatrix} (k_1 + k_2 - \omega^2 m_1) & (-k_2) \\ (-k_2) & (k_2 + k_3 - \omega^2 m_2) \end{vmatrix} = 0 \tag{13-77}$$

把数据代入方程，得：

$$\omega^4 - \omega^2(2.4 \times 10^6) + (0.8 \times 10^{12}) = 0 \tag{13-78}$$

解得：$\overline{\omega}_1^2 = 4 \times 10^5 \, (\text{rad/s})^2 \, ; \overline{\omega}_2^2 = 2 \times 10^6 \, (\text{rad/s})^2$。

将值代入运动方程，可得：

$$(k_1 + k_2 - \overline{\omega}_r^2 m_1)_r \boldsymbol{X}_1 = (k_2)_r \boldsymbol{X}_2 \tag{13-79}$$

可得到解：

$$[\overline{\omega_r^2}] = \begin{bmatrix} 4 \times 10^5 & 0 \\ 0 & 2 \times 10^6 \end{bmatrix}; [\boldsymbol{\Psi}] = \begin{bmatrix} 1 & 1 \\ 1 & -1 \end{bmatrix} \tag{13-80}$$

可以得到广义质量和刚度：

$$[m_r] = \begin{bmatrix} 1 & 1 \\ 1 & -1 \end{bmatrix} \begin{bmatrix} 1 & 0 \\ 0 & 1 \end{bmatrix} \begin{bmatrix} 1 & 1 \\ 1 & -1 \end{bmatrix} = \begin{bmatrix} 2 & 0 \\ 0 & 2 \end{bmatrix} \tag{13-81}$$

$$[k_r] = \begin{bmatrix} 1 & 1 \\ 1 & -1 \end{bmatrix} \begin{bmatrix} 1.2 & -0.8 \\ -0.8 & 1.2 \end{bmatrix} \begin{bmatrix} 1 & 1 \\ 1 & -1 \end{bmatrix} \times 10^6 = \begin{bmatrix} 0.8 & 0 \\ 0 & 4 \end{bmatrix} \times 10^6$$

$$[\omega_r^2] = [m_r]^{-1}[k_r] = \begin{bmatrix} 0.4 & 0 \\ 0 & 2 \end{bmatrix} \times 10^6 \tag{13-82}$$

将振型进行质量归一化：

$$[\boldsymbol{\Phi}] = \begin{bmatrix} 1 & 1 \\ 1 & -1 \end{bmatrix} [m_r]^{-1/2} = \begin{bmatrix} 0.707 & 0.707 \\ 0.707 & 0.707 \end{bmatrix} \tag{13-83}$$

13.4 模态参数识别方法

在本章13.1节和13.2节系统地介绍了结构模态分析的基础理论知识，包括单自由度体系和多自由度体系的频响函数分析。频响函数分析是模态参数识别的有力手段，在20世纪70年代至20世纪80年代早期，模态参数识别的方法主要是基于频响函数，并成功应用于机械、航天、土木等领域。至今，模态参数识别已经取得长足发展，本节将简要介绍一些常见的模态参数识别方法。

模态参数识别方法可以分为频域识别法、时域识别法等。频域识别法对噪声干扰有良好的抑制效果。它利用频域平均技术，可以最大限度地抑制噪声，使得模态定阶问题容易解决。然而，该方法也存在不少缺点：①存在能量泄漏、频率混叠现象；②由于需要激振信号，因此需要复杂的激振设备。对大型结构，如大型海洋平台、大型桥梁、高层建筑等，往往只能得到自然环境作用力或工作动力激振下的振动响应信号；③需要FFT转换装置，试验设备比较复杂，试验周期较长，不适合在线分析；④对大阻尼系统，当信号记录时间比较短时，识别精度差；⑤对非线性参数识别，需要采用迭代过程，分析时间长。

时域识别法直接利用结构振动响应的时间历程，如随机振动响应、自由振动信号或单位脉冲响应等，进行模态参数识别。其主要优点如下：①不需要激振信息，便于结构在现场运行条件下进行在线分析，适用于动态监控和故障诊断；②适用于任意阻尼系统，不受模态耦合程度的限制。缺点如下：①由于不使用平均技术，分析信号中包含噪声干扰，识别的模态中除了真实模态外，还可能包含噪声模态，如何剔除噪声模态一直是时域识别法研究的重要内容；②在没有输入数据的情况下，一般不易求得完整的模态参数；③数据处理工作量大。

13.4.1 频域模态参数识别方法

频域模态参数识别方法一般基于结构系统的传递函数或频响函数的模态表达式，在频域内识别得到结构的固有频率、阻尼比和振型等模态参数。频域模态参数识别方法主要有峰值法、频域分解法等。

峰值法是一种最简单且常用的频域内模态识别方法，该算法依据结构的频响函数在固有频率处出现峰值的原理来识别模态。由于在环境激励下仅能采集响应数据而无法计算出频响函数，此时可采用随机响应的功率谱代替频响函数进行识别。但对于空间模态相近的结构，频率峰值会出现重叠现象，难以正确、完整地识别出结构的模态，且噪声对模态识别的影响较大，该方法主要适用于数据受噪声污染小的稀疏模态结构。

频域分解法是对峰值法的改进，是一种基于奇异值分解的峰值法。它的核心思想是通过对结构的响应功率谱进行奇异值分解，得到一组单自由度系统功率谱，对每组功率谱使用峰值法得到对应的一个单独的模态。频域分解法稳定性好且计算精度高，即便信号被强噪声污染，该算法也可以准确识别出密集临近的模态。但频域分解法适用的激励荷载主要为白噪声，并且是结构阻尼较小的系统。

13.4.2　时域模态参数识别方法

目前时域模态参数识别方法主要有两类。第一类方法需要先从随机振动响应信号中提取系统的自由衰减信号或脉冲响应信号，然后再进行模态参数识别。该类方法主要有基于随机减量技术（RDT）的 ITD 法、利用自然激励技术（NExT）的特征系统实现算法（ERA）等。第二类为直接利用结构系统的随机振动响应进行的模态参数识别，典型的识别方法包括时间序列模型法和随机子空间法（SSI）等。

ITD 法由 Ibrahim 在 1973 年首次提出，并于 1973—1977 年间得到不断改进。该算法通过对实测响应数据延迟采样，建立起结构的特征方程进行求解，根据求解得到的特征值及特征向量推导出结构的模态参数、阻尼比等。该算法仅需采集位移、速度、加速度中的任何一种数据便可实现模态参数识别，ITD 法在频率的识别上精度较大，但易受噪声的影响，在振型的识别上精度较低，且难以剔除虚假模态，主要适用于监测点数量较少的情况。

特征系统实现算法（ERA 法）源于控制理论中的最小实现理论。该算法将多输入输出的系统脉冲响应数据或自由响应数据作为基本输入来构建 Hankel 矩阵，基于奇异值分解从 Hankel 矩阵中提取秩最小的系统矩阵，完成系统矩阵从原空间到模态空间的转换，进而在模态空间中识别模态参数。ERA 法在密频、重频及低频信号上具有较强的识别能力，被广泛应用到航空航天和土木工程等领域。但该方法受 Hankel 矩阵行数影响较大，当无法判断系统阶次时，结果误差较大，且会得到虚假模态。

时间序列法源于统计数学，并逐渐应用到结构的参数识别中。该算法基于离散自回归模型，将环境激励视为白噪声激励、将结构的数学模型设定为 ARMA 模型，通过采集结构的响应数据拟合 ARMA 模型，进而将获取的自回归系数构建自回归矩阵，借助非线性数值方法求解特征方程，从而识别出系统的模态参数。时间序列法适用于结构在白噪声激励下的线性、非线性模态参数识别，识别结果具有良好的精度及分辨率，但由于实际结构的模型阶次未知，该方法在识别参数时难以确定系统阶次。

随机子空间法由 Overschee 在 1991 年首次提出。该算法基于线性系统离散状态空间方程，利用测试响应信号构造出 Hankel 矩阵，通过奇异值分解、QR 分解、卡尔曼滤波等对矩阵进行变换，最终完成环境激励下的模态参数识别。随机子空间法具有一定的抗噪性，对于结构的模态频率、振型及阻尼比均有良好的识别效果。

13.4.3　时频域模态参数识别方法

环境激励下的模态参数识别一般假定激励为白噪声或者平稳随机激励，对激励的数学特性进行了简化。而真实的环境激励一般不满足假定要求，因此人们开始研究适用于非平稳激励且鲁棒性强的参数识别方法。结构的响应数据除了可在时域、频域内表达外，也可在由频率、时间构成的二维平面内表达，此时数据的时频特性更易于了解。时频域内的模态分析是指在时频平面内对信号进行模态参数识别，目前主要包括小波变换法与希尔伯特—黄变换法（Hilbert-Huang Transform，HHT）这两种算法。

小波变换理论在 20 世纪 80 年代由 Morlet 提出的，其基础是伸缩下的不变性。小波变换的原理是通过创建母小波函数，对这个母小波函数进行伸缩与平移得到一系列子小波，进而基于这些不同尺寸的子小波函数对原始信号进行分解；该方法适用于非平稳信号的分解。小波变换具有多分辨率的特征，信号高频率处的时间分辨率高，信号低频率处的频率分辨率高。在通过小波变换识别模态的过程中，核心在于利用其良好的分辨率及带通滤波特性来解耦系统，从而获得解耦后的信号来识别模态。目前，小波变换已经用于处理线性非平稳信号，具有很好的分辨能力。但是小波基函数由于长度有限，存在能量泄露的问题，且必须选择合适的小波基函数。当小波基函数选择不相同时，模态参数的识别结果可能不同。

经验模态分解方法由黄鄂在 1998 年提出，该方法与希尔伯特变换结合在一起被统称为希尔伯特—黄变换法（HHT），HHT 法的本质是对非平稳信号进行平稳化分解。在该算法的模态识别过程中，首先基于经验模态分解法对信号进行分解，得到多个模态分量函数及一个剩余分量；再通过希尔伯特变换获取模态分量函数对应的瞬时频率及瞬时幅值；最后对变换后的数据进行处理可得到对应模态函数的模态信息。HHT 法具有很高的时频分辨率，但模态识别理论尚有待发展，且易受噪声等的影响，会产生边界效应、模态混叠等问题。

本章小结

本章介绍了结构模态参数识别的基础知识，内容包括简单的模态理论基础、频响函数分析方法和常见的模态参数识别方法。模态理论基础部分介绍了傅里叶变换、频率混叠、频谱泄漏、传递函数和频响函数、功率谱密度函数等相关概念。频响函数分析方法部分分别讲解了单自由度体系和多自由度体系的频响函数分析方法。模态参数识别方法部分介绍了频域、时域、时频域模态参数识别方法。

思考与练习题

1. 如何理解模态？
2. 模态参数识别方法有哪些类型？

思考与练习题
参考答案

3. 什么是频率混叠？为什么会发生频率混叠？什么是频谱泄漏？如何减少频谱泄露？

4. 如何理解实模态和复模态？两者的区别是什么？

5. 如图 13-14 是一个简单的两自由度结构，对应的质量和刚度为：$m_1 = 1\text{kg}$；$m_2 = 1\text{kg}$；$k_1 = k_3 = 4 \times 10^{-4}\,\text{N/m}$；$k_2 = 6 \times 10^{-4}\,\text{N/m}$。试计算结构的频率和振型。

结构有限元模型修正

知识图谱

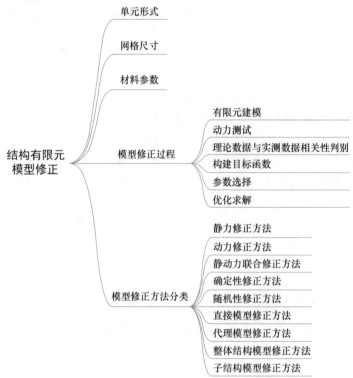

本章要点

知识点1：有限元模型修正的基础理论。

知识点2：有限元模型修正方法的分类。

知识点3：基于频域灵敏度分析的模型修正方法。

知识点4：基于时域动力响应灵敏度的模型修正方法。

学习目标

（1）了解有限元模型修正方法分类及其对应的优缺点。

（2）熟悉有限元模型修正的流程和原理，掌握实测数据与有限元计算数据的相关性分析，能构建有限元模型修正的目标函数。

（3）了解特征解灵敏度分析的概念和目的。

（4）熟悉基于频域、时域灵敏度分析的有限元模型修正方法、过程及各自的优缺点。

对土木工程结构进行运营期健康监测、损伤识别以及状态评估是确保结构在设计使用年限内安全运营的重要手段。基于有限元模型修正的损伤识别方法通过运营期内结构静动力响应变化，识别得到结构现阶段的物理参数。模型修正结果的物理含义明确，能够用于结构健康监测，因此在实际工程中得到了广泛应用。

目前为止，大量研究工作的开展形成了不同种类的有限元模型修正方法。基于测量信息是属于频域或时域，有限元模型修正方法可以被划分为基于频域信息的有限元模型修正方法和基于时域动力响应的有限元模型修正方法。本章将重点对这两种模型修正方法作详细介绍。

14.1 有限元模型修正基础理论

随着有限单元法的发展，使用有限元模型可以计算各种载荷、各种边界条件下的动力响应，分析速度快、结构设计周期短，与结构动力试验比较效率高且费用低，还可以广泛应用于结构健康监测。基于有限元模型的结构健康监测技术使用安装在结构上的传感器采集到的数据，结合一定的损伤识别和评估方法，实现结构安全及可靠性评估。在此结构健康监测技术中，应该使建立的有限元模型能够全面、正确地反映结构的真实状况。然而，因为有限元模型与真实结构不可避免地存在差异，基于有限单元法的结构分析并不能精确地预测真实结构的动力特性。通常这种建模误差来源于不完全准确的边界条件、不够精确的材料模型参数设置、不精细的网格划分和结构静动力测试结果误差等。有限元模型修正方法是通过结构健康监测的测试数据，如频率、振型、频响函数、应变、位移等，来修正模型的刚度、质量、边界约束、几何尺寸等参数，进而使有限元模型计算获得的静动力特性尽可能地接近真实结构的测量值。经过修正后的有限元模型可以再次进行结构静动力响应分析、结构损伤识别、结构健康监测和安全评估、结构优化设计和模型修改等。

14.1.1 有限元建模及动力测试

有限元建模的理论基础是有限单元法。有限单元法是将连续的结构分割为离散的面和体，即所谓的单元。每个有限单元具有与其各自几何外形密切相关而与结构整体形状无关的数学表达式。节点通过一个用多项式表示的曲线或曲面相互连接，即确定了单元的边界。通过形函数插值建立节点位移与单元内部位移的关联。质量和刚度矩阵是按照具有各自形状的简单形式的有限单元对质量和刚度的贡献组装而成的。大型通用有限元软件，如ANSYS，提供了多种用于建模的单元类型。有限元模型对真实结构，特别是大型结构的静动力行为进行模拟和预测存在一定的误差，这些误差主要来源于以下几个方面：建模时采用的单元形式和网格尺寸引起的离散误差；对局部进行简化引起的形状误差；由于几何参数、材料参数、边界条件等不确定因素引起的参数误差。

目前最常用的动力测试技术是试验模态测试与分析。在模态测试中，首先要对结构进行激励，其次通过传感器拾取结构响应，最后用模态识别技术识别出结构的动力特性。结构动力特性一般用频率、振型和阻尼比表示。结构振动测试有强迫振动测试、自由振动测试和环境振动测试。强迫振动测试一般用于小型结构，需要对结构进行人工激励。对于大型土木工程结构，要为其提供较高激励水平并且可以控制的激励，需要很大的设备，因此会给测试造成极大的困难，费用比较高。自由振动测试可以通过突然放松连接在结构上的重物来实现。无论是强迫振动还是自由振动都需要人工激励，而且需要排除其他干扰。环境振动测试被证明是一种较好的模态测试方法。环境振动测试利用结构或结构附近的自然环境激励（自然风、随机人行和车辆等），不需要专门的激励装置。但是环境振动测试的信号比较微弱，受噪声干扰大。对振动试验测得的数据进行分析有很多种方法，基本可以归纳为时域和频域两大类。目前，环境振动系统参数识别用得最多的是随机子空间法。测试系统及环境噪声所导致的结构动静力响应测量以及动力特性识别的误差，也是有限元模型修正的误差重要来源。

有限元分析和模态测试各有所长，有限元模型可以提供结构动力特性的近似估计，而模态测试与分析来自于真实结构。一般认为模态测试的结果尽管存在误差，但更具有可信度。通常假定试验数据是正确的，是有限元模型修正的基本依据。

14.1.2 相关性判断准则

有限元模型修正时，应该比较试验和数值分析数据，以评估修正的准确性。相关性判定准则通常是采用某个值来衡量有限元模型和试验模型之间的差异或者关联程度。模态模型的相关性准则是模态分析理论中较为成熟的部分，下文重点介绍频率相关性和振型相关性。

1. 频率相关性

测试频率 ω^E 与计算频率 ω^A 之间的相关性表示为：

$$E_\omega = \frac{\omega^E - \omega^A}{\omega^E} \tag{14-1}$$

一般要求测试频率 ω^E 与计算频率 ω^A 的误差不超过 $\pm 5\%$。

2. 振型相关性

模态置信准则（Modal Assurance Criteria，MAC）是广泛用于评价模态振型向量之间相似程度的方法。MAC 方法经常用于对有限元模型计算所得的分析模态振型向量和试验实测模态振型向量进行配对，试验振型向量 ϕ^E 与分析振型向量 ϕ^A 之间的 MAC 定义为：

$$MAC = \frac{|(\phi^E)^T \phi^A|^2}{[(\phi^E)^T \phi^E][(\phi^A)^T \phi^A]} \tag{14-2}$$

MAC 的值介于 0 和 1 之间，值为 0 意味着振型向量完全不相关，值为 1 意味着两个振型向量是倍数关系，相似程度最高。

14.1.3 有限元模型修正过程

1. 目标函数

有限元模型修正利用实测数据进行迭代修正的目标是提高试验测量数据与有限元模型计算结果的相关性。在频域内，两者的相关性通常使用频率值以及模态振型的试验测量值与其对应有限元模型计算值之间差异的平方和确定，称为模型修正的目标函数。目标函数的有效选取关系到有限元模型修正成功与否。目前，按照目标函数的数目，有限元模型修正的方法分为两种：一是单目标函数的优化方法，二是多目标函数的优化方法。在基于多目标优化函数的土木工程结构有限元模型修正方法中，不存在不同残差目标函数组合的权重问题，因为不同残差的目标函数不需要被组合成一个目标函数，而是作为独立的目标进行有限元模型修正。比较常用的是单目标函数的有限元模型修正。

用于有限元模型修正的静力参数一般为位移和应变，可以用于构造目标函数的动力参数通常有：频率、振型、模态柔度、模态应变能、功率谱等。通常，静力修正是以有限元模型的节点位移或应变作为修正目标。基于静力测量信息的有限元模型修正，位移静力数据受噪声的影响较小，所以将其运用到有限元模型修正中会提高模型修正结构的可靠程度。在基于动力测量信息的有限元模型修正中，频率是结构的基本动力特性且对结构的刚度变化敏感。所以在有限元模型修正中，频率残差是一个最基本且非常重要的目标函数。用模态振型构建目标函数不仅可以得到结构的空间信息，而且可以提供结构的局部信息。模态柔度包括固有频率和振型的影响。模态柔度在损伤识别上比单独使用频率和振型更为敏感，所以在结构的模型修正中得到了很好的应用。

具体来说，如果目标函数选取动力参数，如频率和振型，则可以定义为：

$$\boldsymbol{J}(r) = \varepsilon^{\mathrm{T}}(r)\boldsymbol{W}\varepsilon(r) \tag{14-3}$$

$$\varepsilon(r) = \boldsymbol{\Upsilon}^A(r) - \boldsymbol{\Upsilon}^E \tag{14-4}$$

$$\boldsymbol{\Upsilon}^A(r) = [\lambda_1^A, \cdots, \lambda_i^A, \cdots, \lambda_n^A, \phi_1^A, \cdots, \phi_i^A, \cdots, \phi_n^A]^{\mathrm{T}} \tag{14-5}$$

$$\boldsymbol{\Upsilon}^E = [\lambda_1^E, \cdots, \lambda_i^E, \cdots, \lambda_n^E, \phi_1^E, \cdots, \phi_i^E, \cdots, \phi_n^E]^{\mathrm{T}} \tag{14-6}$$

其中，$\varepsilon(r)$ 是有限元模态参数与真实结构测量模态参数的差值，λ_i^A 为有限元模型的第 i 阶特征值，为结构圆频率的平方 $\lambda_i^A = (\omega_i^A)^2 = (2\pi f_i^A)^2$；$\phi_i^A$ 是有限元模型的第 i 阶特征向量。λ_i^A 和 ϕ_i^A 是关于设计参数 $\{r\}$ 的函数，λ_i^E 和 ϕ_i^E 分别表示结构试验模态特征值和模态振型。$\boldsymbol{W}$ 是正定的加权矩阵，对结构每阶试验频率和振型施加了不同的权重系数。振型数据的测量误差要大于固有频率，高阶固有频率也无法如低阶频率那样可以精确地测量。权重系数的引入可以在模型修正中考虑测试数据的不同可靠度。此目标函数是一个多目标函数，同时使有限元模型固有频率和振型接近实测频率和振型。结构固有频率是最容易精确测量的数据，体现了结构的整体动力特性。结构振型虽然测量误差相对高，但其体现了结构的局部特性。建立在多目标函数上的模型修正能够得到更加接近真实结构的基准有限元模型。利用优化搜索技术不断调整结构设计参数 $\{r\}$ 可以最小化目标函数。

目标函数也可以选取时域上的结构响应，时域结构动力响应可以从结构动力运动方程计算得出。结构动力运动方程可以表示为：

$$\boldsymbol{M}\ddot{\boldsymbol{x}}(t) + \boldsymbol{C}\dot{\boldsymbol{x}}(t) + \boldsymbol{K}\boldsymbol{x}(t) = \boldsymbol{B}\boldsymbol{F}(t) \tag{14-7}$$

式中，$\boldsymbol{M}$、$\boldsymbol{C}$、$\boldsymbol{K}$ 分别是结构质量，阻尼与刚度矩阵；$\ddot{\boldsymbol{x}}(t)$，$\dot{\boldsymbol{x}}(t)$，$\boldsymbol{x}(t)$ 分别是结构节点加速度、速度和位移动力响应；$\boldsymbol{F}(t)$ 是施加在结构相应自由度 $\boldsymbol{B}$ 上的外荷载。结构假设为瑞利阻尼 $\boldsymbol{C} = a_1\boldsymbol{M} + a_2\boldsymbol{K}$，$a_1$ 和 a_2 是瑞利阻尼系数，可根据结构模态信息计算获得。结构动力响应可以通过逐步积分法，如纽马克-β 法求解。

2. 参数选择

参数选择是有限元模型修正中最重要的工作，所选的修正参数必须是那些对结构系统没有充分模拟的部分进行描述的参数。不仅需要对不确定区域进行参数化建模，而且要求特征值（或其他模型输出）对所选择的参数灵敏。若选择不灵敏的参数，则无法起到修正模型误差的目的；若选择的参数过多，则模型修正的计算量大、效率低，而且容易导致修正过程出现病态、不收敛情况。目前主要有两种方式来选取修正参数：经验法和灵敏度分析法。经验法依赖于工程师利用经验判断模型误差来源。通常他们选择的修正参数是对计算分析影响较大的参数，如结构几何参数、杨氏模量、质量密度、泊松比等。灵敏度分析法是量化各参数变化对结构动力响应的影响。对结构动力响应影响大的参数灵敏度高，可以作为修正参数，提高模型修正的效率。

3. 修正流程

有限元模型修正流程如图 14-1 所示，首先建立参数化的有限元模型，用有限元分析理论计算初始有限元模型的模态参数。然后，将现场实测模态参数同有限元分析模态参数进行相关性分析。其中，将匹配好的试验模态数据和分析模态数据的残差作为目标方程，基于最优化算法不断调整结构参数，使目标函数收敛，最终得到识别的结构参数。修正后的有限元模型被认为是精确的，能够预测真实结构的动力响应。

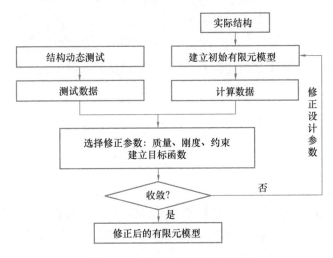

图 14-1 有限元模型修正流程图

4. 优化算法

模型修正的过程也就是寻找使目标函数最小化的一组结构参数的过程，这是一个数学优化问题，即：

$$\min \boldsymbol{J}(r) = \varepsilon^{\mathrm{T}}(r) \boldsymbol{W} \varepsilon(r) \tag{14-8}$$

本节将重点讲述常用的最优化算法，即基于灵敏度的信赖域法。信赖域法的思想是，在当前参数估计值 $r^{(j)}$ 处，构造一个近似于原问题的逼近模型。由于该模型主要是基于原问题在 $r^{(j)}$ 的信息，故有理由认为此模型仅在 $r^{(j)}$ 附近可以很好地描述原问题，所以人们仅在 $r^{(j)}$ 附近的某一邻域内相信该模型。信赖域方法的子问题就是在当前 $r^{(j)}$ 附近的某一邻域内求逼近模型的最优点，该邻域被称为信赖域。它通常是以 $r^{(j)}$ 为中心的广义球，信赖域的大小通过迭代逐步调节。一般来说，如果当前模型较好地逼近原问题，则信赖域可扩大，否则信赖域应缩小。信赖域方法要在满足信赖域区间的条件下，求出公式（14-8）的解，即寻找到当前迭代步的步长 $\{\Delta r\}^{(k)}$，并判断当前步长是否能够使目标函数下降。若当前步长不能使目标函数下降，则缩小信赖域，重新求解公式（14-8）；若当前步长能够使目标函数下降，则更新待修正参数的估计值。经过多次迭代，当目标函数满足收敛条件时迭代停止，此时得到的估计值 r 即为待修正参数的识别值。

当目标函数由结构特征解构成时,灵敏度矩阵为:

$$S(r^{(j)}) = \frac{\partial \boldsymbol{\Upsilon}_A(r^{(j)})}{\partial r} = \begin{bmatrix} \dfrac{\partial \lambda_1^A}{\partial r_1} & \cdots & \dfrac{\partial \lambda_1^A}{\partial r_l} \\ \vdots & \vdots & \vdots \\ \dfrac{\partial \lambda_n^A}{\partial r_1} & \cdots & \dfrac{\partial \lambda_n^A}{\partial r_l} \\ \dfrac{\partial \phi_1^A}{\partial r_1} & \cdots & \dfrac{\partial \phi_1^A}{\partial r_l} \\ \vdots & \vdots & \vdots \\ \dfrac{\partial \phi_n^A}{\partial r_1} & \cdots & \dfrac{\partial \phi_n^A}{\partial r_l} \end{bmatrix} \tag{14-9}$$

当目标函数由结构时域动力响应(如加速度)构成时,灵敏度矩阵为:

$$S(r^{(j)}) = \frac{\partial \boldsymbol{\Upsilon}_A(r^{(j)})}{\partial r} = \begin{bmatrix} \dfrac{\partial \ddot{\boldsymbol{x}}_1^A(t)}{\partial r_1} & \dfrac{\partial \ddot{\boldsymbol{x}}_1^A(t)}{\partial r_l} \\ \vdots & \vdots \\ \dfrac{\partial \ddot{\boldsymbol{x}}_n^A(t)}{\partial r_1} & \dfrac{\partial \ddot{\boldsymbol{x}}_n^A(t)}{\partial r_l} \end{bmatrix} \tag{14-10}$$

假设结构质量损伤前后不变,并且与所选参数不相关,系统参数与结构刚度相关,如弹性模量。因为结构位移、速度和加速度 $\boldsymbol{x}(t)$、$\dot{\boldsymbol{x}}(t)$、$\ddot{\boldsymbol{x}}(t)$ 可以通过公式(14-7)获得,动态响应灵敏度,包括加速度灵敏度、速度灵敏度和位移灵敏度 $\partial \ddot{\boldsymbol{x}}(t)/\partial r$、$\partial \dot{\boldsymbol{x}}(t)/\partial r$、$\partial \boldsymbol{x}(t)/\partial r$ 可以通过使用纽马克-β法解下式获得:

$$\boldsymbol{M}\frac{\partial \ddot{\boldsymbol{x}}(t)}{\partial r} + \boldsymbol{C}\frac{\partial \dot{\boldsymbol{x}}(t)}{\partial r} + \boldsymbol{K}\frac{\partial \boldsymbol{x}(t)}{\partial r} = -\frac{\partial \boldsymbol{K}}{\partial r}\boldsymbol{x}(t) - a_2\frac{\partial \boldsymbol{K}}{\partial r}\dot{\boldsymbol{x}}(t) \tag{14-11}$$

14.1.4 案例

图 14-2 为一悬臂梁模型,共 10 个单元,11 个节点。材料密度为 7800kg/m^3,弹性模量为 200Gpa,每个单元长 0.1m、宽 0.02m、高 0.02m。假设将悬臂梁单元 2 刚度折减 10% 计算得到的结构前 10 阶频率作为实测数据。基于有限元模型修正方法进行单元刚度折减系数的识别。

图 14-2 悬臂梁模型

单元刚度折减系数识别结果如图 14-3 所示,单元 2 的刚度折减系数为 10%,而其余 9 个单元的刚度没有变化,与预设值完全吻合。悬臂梁有限元模型修正前后的前 10 阶频率值见表 14-1。可以看出，修正后的频率与试验频率完全相同，表明修正后的有限元模型能够预测真实结构的特性。

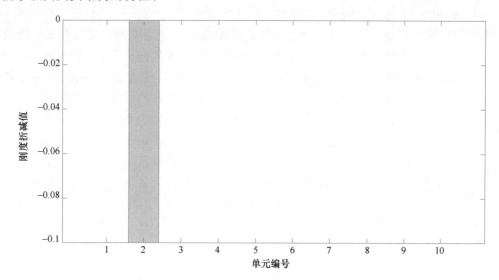

图 14-3　单元刚度折减系数识别结果

模态阶数	悬臂梁有限元模型修正前后的前 10 阶频率值		表 14-1
模态阶数	试验频率（Hz）	修正前频率（Hz）	修正后频率（Hz）
1	16.04	16.26	16.04
2	100.56	100.79	100.56
3	279.13	279.39	279.13
4	539.63	541.78	539.63
5	879.97	885.61	879.97
6	1251.51	1264.62	1251.51
7	1297.34	1305.05	1297.34
8	1778.01	1786.27	1778.01
9	2282.25	2295.62	2282.25
10	2744.06	2765.59	2744.06

14.2　有限元模型修正方法

有限元模型修正方法包含有限元建模、模态测试与分析、静动力响应计算分析、灵敏度分析和优化算法等多方面内容。本节主要介绍不同种类有限元模型修正方法的概念和原理。

14.2.1　修正方法分类

有限元模型修正方法众多，根据修正对象不同，可分为矩阵型修正方法和参数型修正方法；根据测量信息不同，可分为静力修正方法、动力修正方法或者静动力联合修正方法；根据是否为确定性分析，可分为确定性修正方法和随机性修正方法；根据有限元模型类型，可分为直接模型修正方法和代理模型修正方法；根据是否为整体分析或局部分析，可分为整体结构模型修正方法和子结构模型修正方法。

相比较于矩阵型修正方法，参数型有限元模型修正方法能够保留结构参数的物理意义，因此受到广泛关注和普遍应用。静力响应测量信息通常数据量有限，因此基于动力测量信息的有限元模型修正方法是该领域的主流。但如有必要，荷载试验下的静力测量信息可作为有利的补充，进行联合静动力的有限元模型修正。受环境因素和测试噪声影响，测试获得的结构动力特性或者响应时程信息会有所不同，确定性的有限元模型修正结果难以准确代表各不同环境及测试条件下的结构动力性能。因此，不确定性的有限元模型修正方法是重要的发展方向，形成有限元模型确认技术。整体结构有限元模型修正效率低。子结构方法是将整体结构分成若干个小的子结构进行分析，然后将各个子结构组集起来得到整体特性的方法。子结构方法被引入来减少有限元模型修正的计算负担。图 14-4 给出了有限元模型修正方法的典型分类。应注意到有些方法可划分到不同分类里面，本节介绍一些常用的确定性及不确定性有限元模型修正方法。

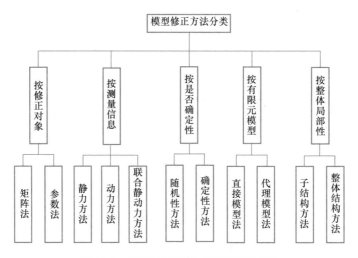

图 14-4 有限元模型修正方法典型分类

14.2.2 确定性模型修正方法

1. 矩阵型有限元模型修正法

矩阵型有限元模型修正方法直接修正有限元模型的刚度、质量、阻尼等系统矩阵，使得修正后的系统矩阵计算的响应与实测响应吻合。矩阵型有限元模型修正的基本思想为：一般先将已知的质量矩阵和刚度矩阵进行摄动，即：

$$\boldsymbol{M} = \boldsymbol{M}^A + \Delta \boldsymbol{M}, \quad \boldsymbol{K} = \boldsymbol{K}^A + \Delta \boldsymbol{K} \tag{14-12}$$

式中，$\boldsymbol{M}^A$、$\boldsymbol{K}^A$ 分别为通过结构的分析计算得到的质量和刚度矩阵的近似值；$\Delta \boldsymbol{M}$、$\Delta \boldsymbol{K}$ 分别为质量矩阵和刚度矩阵的修正量；$\boldsymbol{M}$、$\boldsymbol{K}$ 分别为修正后系统的质量矩阵和刚度矩阵。然后通过一定的数学运算求出摄动量 $\Delta \boldsymbol{M}$、$\Delta \boldsymbol{K}$。根据所满足的不同条件或要求，有很多种具体的矩阵型模型修正方法。如先在质量矩阵正则化条件 $(\boldsymbol{\phi}^E)^{\mathrm{T}} \boldsymbol{M} \boldsymbol{\phi}^E = \boldsymbol{I}$ 下，最小化矩阵

各元素的相对误差范数求得修正的质量矩阵 M，在此基础上得到修正的刚度矩阵 K。也可以考虑质量矩阵和刚度矩阵的相关性，用正交性条件修正质量矩阵、用特征方程修正刚度矩阵；还要考虑质量和刚度矩阵的对称性及其他约束条件，通过总误差的极小化同时求得修正的质量和刚度矩阵。

矩阵型有限元模型修正方法具有修正结果准确和计算量小的优势，修正后的模型能够精确"复制"试验测试数据。但是矩阵型模型修正破坏了质量和刚度矩阵原有的带状和稀疏特征，从而导致修正后的质量和刚度矩阵可能失去普遍的物理意义。修正后的模型只在数学结果上与测试数据对应，而不具备实际物理参数意义和工程实际应用可能，因此对此类方法的研究已经较少，并已逐渐被参数型修正方法取代。

2. 参数型有限元模型修正法

参数型有限元模型修正方法基于结构动力特性或者静动力响应来定义目标函数，将有限元模型修正问题转化为优化问题，通过反复迭代求解，改变选取的待修正有限元模型物理参数，如弹性模量、密度和边界条件等，使得目标函数值最小化，从而达到有限元模型修正的目的。基于灵敏度分析的有限元模型修正方法是这类方法的最典型代表，有大量研究成果和理论发展。其目标函数可以利用频域内测试信息，如频率、振型、柔度、模态应变能和频响函数等，也可以利用时域内测试信息，如动力时程响应和时频域特性等，也可以是利用多种测试信息的多目标函数的组合。

在参数型有限元模型修正方法中，参数的有效选择非常重要，而这取决于结构响应对结构不同物理参数的灵敏性。因此，在进行有限元模型修正之前，进行有限元模型的物理参数灵敏度分析是必要的。如果将灵敏度低的物理参数也纳入待修正参数变量，那么可能使有限元模型修正的效率和精度受到显著影响，同时也增加了待修正的参数数目，增加了计算量和迭代次数。

参数型有限元模型修正方法可优化结构物理参数，物理意义明确，对实际工程损伤评估具有指导意义。灵敏度分析为参数优化提供快速搜索方向，是一种被广泛应用于实际工程的有限元模型修正方法。该类方法的进步在一定程度上得益于优化算法、灵敏度计算等数学方法的发展，以及硬件设备计算能力的提高，未来将在大型土木工程损伤评估中发挥越来越重要的作用。

3. 基于响应面的有限元模型修正法

响应面方法在变量的设计空间内，选择合适的试验设计方法生成样本点，利用回归分析对样本点处的初始有限元模型计算响应值进行拟合，得到模拟真实状态曲面的响应面，用来替代有限元模型。这类方法不需要构建实际结构的真实有限元模型，因此能够降低计算负担，而且不需要计算结构动力特性或响应对物理参数的灵敏度，也体现出了实际应用的优势。

基于响应面的有限元模型修正方法，结合统计理论和模型修正技术，在试验设计的有限次有限元计算结果的基础上，拟合得到结构响应和参数之间的显示函数关系式，也可以称之为响应面模型，用来代替有限元模型，实现结构有限元模型物理参数的修正。基于响应面的有限元模型修正方法可用于大型土木工程结构的有限元模型修正，但方法参数选取较为依赖研究人员经验，且需要大量样本数据量，提高拟合获得响应面的精确度，从而得到较为准确的有限元模型修正结果。

14.2.3 随机性模型修正方法

在有限元模型修正过程中，由于模型误差和测量误差的存在，导致有限元模型的参数和分析结果具有一定的不确定性。为了量化模型参数的不确定性，近年来，基于贝叶斯方法的随机有限元模型修正技术得到了广泛应用。该方法是基于统计学中的贝叶斯原理，将确定性的结构模型嵌入一组可能的概率模型中，使得修正后的有限元模型能够可靠地预测结构响应，并量化由于模型的不确定性引起的观测不确定性。基于贝叶斯方法的随机有限元模型修正的基本思路可以概括为：首先根据工程师经验（先验信息）对结构模型进行初步估计；然后通过相关测试获取结构的样本信息（模态频率、振型等），依据贝叶斯公式对结构的模型参数进行估计，实现有限元模型修正。模型的不确定性由模型参数的后验概率分布定量描述。

基于贝叶斯方法的有限元模型修正技术与其他经典的统计推断方法的最大不同之处在于充分利用了有关结构模型和预测响应的先验信息，实质上就是通过对结构响应的观测，把模型参数的先验概率分布密度函数转化为模型参数的后验概率密度函数。同时，利用模型参数的后验概率密度函数和已知的观测信息，获得可靠的结构响应预测。

然而，由于土木工程结构有限元模型修正问题的复杂性，当模型参数的个数较多时，计算的复杂性和效率是贝叶斯随机有限元模型修正方法面临的一个难题。此外，基于贝叶斯理论的随机有限元模型修正方法是将模型的预测误差假定为高斯白噪声的过程，而这种假定在实际中并不总是成立的，从而导致计算不确定性的欠估计，这是该方法面临的另一个难题。

14.3 基于频域灵敏度分析的有限元模型修正

模型修正过程的本质是一个优化问题，公式（14-3）所表示的目标函数最值问题可用基于灵敏度的信赖域法求解，该方法需要循环求解雅可比矩阵（也称灵敏度矩阵）S 以确定优化方向，因此本节将介绍灵敏度矩阵的求解。并且，本节将结合实例介绍基于频域灵敏度分析的有限元模型修正过程。

14.3.1 灵敏度矩阵简介

灵敏度即是目标方程关于修正参数的偏导数，其一方面可以用于选取最优的修正参数，另一方面可给优化目标方程提供快速的搜索方向，加快优化过程收敛。以特征值和特征向量等频域指标构建目标函数时，特征值和特征向量对于参数 r 的灵敏度矩阵可以表示为：

$$S(r) = \begin{bmatrix} \dfrac{\partial \boldsymbol{\lambda}}{\partial r} \\[2mm] \dfrac{\partial \boldsymbol{\phi}}{\partial r} \end{bmatrix} = \begin{bmatrix} \dfrac{\partial \lambda_1^A}{\partial r_1} & \cdots & \dfrac{\partial \lambda_1^A}{\partial r_n} \\[1mm] \vdots & \vdots & \vdots \\[1mm] \dfrac{\partial \lambda_m^A}{\partial r_1} & \cdots & \dfrac{\partial \lambda_m^A}{\partial r_n} \\[1mm] \dfrac{\partial \phi_1^A}{\partial r_1} & \cdots & \dfrac{\partial \phi_1^A}{\partial r_n} \\[1mm] \vdots & \vdots & \vdots \\[1mm] \dfrac{\partial \phi_m^A}{\partial r_1} & \cdots & \dfrac{\partial \phi_m^A}{\partial r_n} \end{bmatrix} \tag{14-13}$$

其中，$\dfrac{\partial \lambda}{\partial r}$ 和 $\dfrac{\partial \phi}{\partial r}$ 分别表示特征值灵敏度和特征向量灵敏度，m、n 分别表示模态阶数和待修正参数个数，上标 A 表示计算值。

计算特征值和特征向量灵敏度主要有三类方法：

（1）有限差分法：估计特征解灵敏度为设计点特征解与其附近有限步长点的特征解关于步长的斜率，该方法的误差与步长的选取有关。

（2）模态法：将特征向量灵敏度表达为所有特征向量的线性组合，该方法需要计算所有特征向量，大型结构通常采用模态截断的方法取部分模态，会影响计算精度。

（3）Nelson 法：将特征向量灵敏度表达为一个齐次项和非齐次项之和，精度和效率较高。

在这三种方法的基础上还发展出其他的计算方法，包括几何法、Lanczos 法、迭代法、奇异分解法、摄动法、子结构法、模型缩聚法等。

将结构振动方程两边对待修正参数 r 求偏导，结合质量矩阵归一化条件，得出频率关于待修正参数 r 的灵敏度为：

$$\frac{\partial \lambda_i}{\partial r} = \{\phi_i\}^{\mathrm{T}} \frac{\partial \boldsymbol{K}}{\partial r} \{\phi_i\} \tag{14-14}$$

采用 Nelson 法求解模型特征向量偏导。这种方法首先把特征向量偏导写成一个不包含 ϕ_i 的量与 ϕ_i 的齐次项之和的形式：

$$\left\{\frac{\partial \phi_i}{\partial r}\right\} = \{v_i\} + \{c_i\}\{\phi_i\} \tag{14-15}$$

将公式（14-15）代入振动方程求偏导后的式中求出 $\{v_i\}$ 和 $\{c_i\}$。

14.3.2 案例

本案例对一个两跨数值模型进行分析。该模型长度为 $(7.5+7.5)\mathrm{m}$，宽 $3\mathrm{m}$，高 $(3+3)\mathrm{m}$，截面尺寸为 $(0.3\times0.3)\mathrm{m}^2$。模型共有 18 个节点，由 26 个梁单元组成，总自由度数为 72。模型材料为钢材，物理参数为：杨氏模量 $E=2.1\times10^{11}$ Pa，密度 $\rho=7670$ $\mathrm{kg/m}^3$，泊松比为 0.3。模型如图 14-5 所示。

将初始结构作为待修正有限元模型，计算得到前 5 阶频率和振型作为模型的计算值。本文通过折减杨氏模量模拟实际结构单元刚度降低的情况。

为验证模型修正算法的有效性，设置如表 14-2 所示的单元刚度折减工况。工况 1 考虑灵敏度较大、容易刚度降低的柱单元 1、2 的刚度折减值为 30%。工况 2 除了柱单元发生刚度降低，还考虑灵敏度较低、不容易发生刚度降低的梁单元 22 的刚度折减 10%。工况 3 和工况 4 在工况 1 和工况 2 的基础上考虑了 1% 的频率及振型测量噪声。噪声表达式见公式（14-16）：

$$\begin{cases} \widetilde{\lambda}^E = \lambda^E(1+a\%\times\theta) \\ \widetilde{\phi}^E = \phi^E(1+a\%\times\theta) \end{cases} \tag{14-16}$$

式中，a 为噪声等级；θ 为标准正态随机变量；λ^E 和 ϕ^E 分别为未添加噪声的频率和振型测量值；$\widetilde{\lambda}^E$ 和 $\widetilde{\phi}^E$ 分别为添加噪声后的频率和振型测量值。

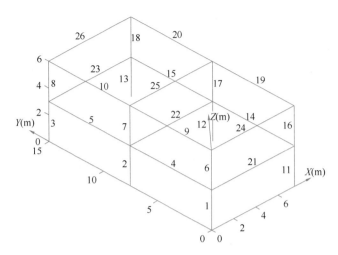

图 14-5　两跨数值模型

两跨数值模型损伤工况 表 14-2

工况	1	2	3	4
损伤工况	1、2（−30%）	1、2（−30%）、22（−10%）	1、2（−30%）	1、2（−30%）、22（−10%）
噪声条件	0	0	1%	1%

以工况 1 为例，刚度折减前后结构的频率变化见表 14-3。

两跨数值模型损伤前后频率变化 表 14-3

模态阶数	第 1 阶	第 2 阶	第 3 阶	第 4 阶	第 5 阶
损伤前（Hz）	2.046	4.749	6.333	7.265	10.438
损伤后（Hz）	2.005	4.639	6.083	7.069	10.312
变化率（%）	−2.01	−2.31	−3.94	−2.70	−1.21

由公式（14-2）计算得到前 5 阶振型及刚度折减前后 MAC 值如图 14-6 所示。由图 14-6 可知，前 5 阶振型均为整体振型，避免了局部振型用于模型修正带来的病态问题。MAC 图中主对角元素接近 1，其余元素接近 0，表明计算振型与实测振型相关程度高，可以用实测振型修正模型刚度。

计算得到刚度折减后结构的前 5 阶频率和振型作为实际测量值。考虑到频率和振型量级差距较大，为避免矩阵出现病态，将振型各项乘以 1000 作为权重系数，代入公式（14-3）得到加权后的目标函数。频率和振型关于修正参数的灵敏度矩阵分别可以由公式（14-14）及公式（14-15）求得，如图 14-7 所示。结构频率和振型灵敏度最大单元的编号为 1、3、11、13，均为底层柱单元。这些单元的识别结果具有较高的可信度。框架结构的前 5 阶振型均为横向振型，边柱 2 和 12 为单偏心受压，角柱 1、3、11、13 为双偏心受压，在横向荷载作用下角柱更容易发生刚度降低。因此，对于同一层柱，边柱灵敏度相对角柱灵敏度较小。灵敏度较低的单元为 4、5、9、10、14、15、19、20，对应的是梁单元，这些单元的识别结果可信度较低。

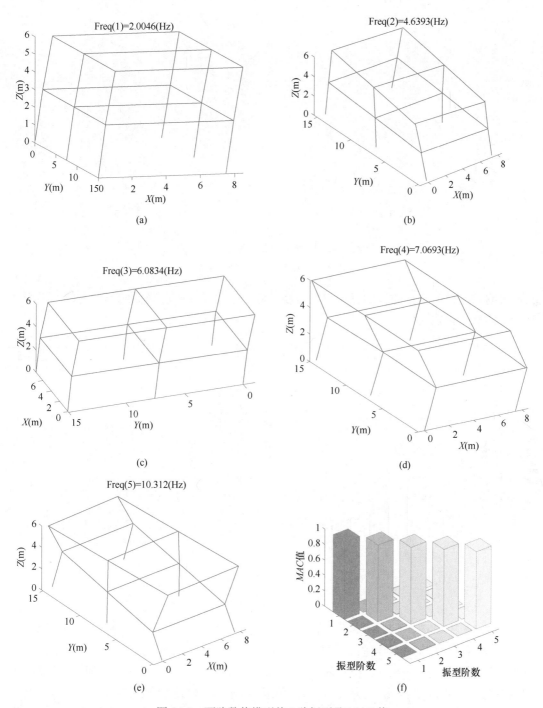

图 14-6 两跨数值模型前 5 阶振型及 *MAC* 值

（a）第 1 阶振型；（b）第 2 阶振型；（c）第 3 阶振型；（d）第 4 阶振型；（e）第 5 阶振型；（f）前 5 阶振型 *MAC* 值

　　无噪声条件下单元刚度折减值识别结果如图 14-8 所示。工况 1 条件下，单元 1 和单元 2 的识别结果与预设损伤工况一致，表明基于模型修正的识别算法能够有效识别框架易损单元的刚度降低情况。工况 2 条件下，单元 1、2、22 损伤程度均与预设刚度折减值一

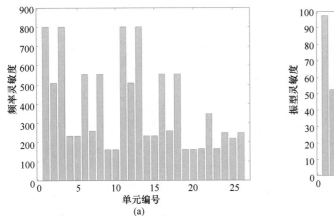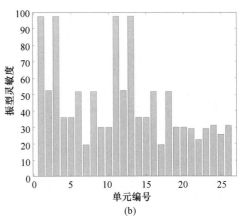

图 14-7 两跨数值模型模态灵敏度

(a) 频率灵敏度；(b) 振型灵敏度

致，表明基于模型修正的识别算法对灵敏度较低、不易发生刚度降低的单元局部微小刚度降低也能准确识别。

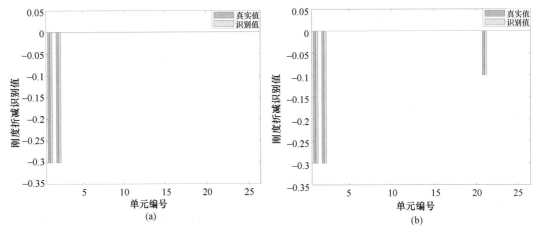

图 14-8 无噪声条件下两跨数值模型损伤识别结果

(a) 工况 1；(b) 工况 2

图 14-9 显示了 1% 测量噪声条件下（工况 3）基于有限元模型修正的识别结果。工况 3 条件下，单元 1 刚度折减识别结果为 0.3024，相对误差为 0.8%；单元 2 刚度折减值识别结果为 0.2892，相对误差为 3.6%。工况 4 条件下，单元 1 刚度折减值识别结果为 0.2929，相对误差为 2.37%；单元 2 刚度折减值识别结果为 0.3203，相对误差为 6.77%；单元 22 刚度折减值识别结果为 0.0771，相对误差为 28.90%。灵敏度较大的单元识别误差较小，为提高模型修正的计算精度，应优先修正灵敏度大的单元刚度参数。

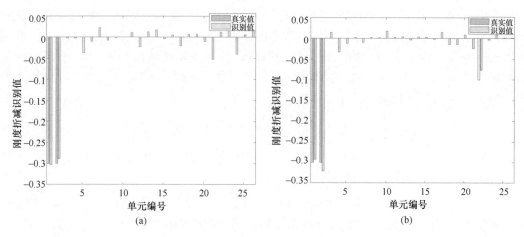

图 14-9　噪声条件下两跨数值模型损伤识别结果

(a) 工况 3；(b) 工况 4

14.4　基于时域动力响应灵敏度的有限元模型修正

本节主要介绍基于时域动力响应灵敏度的有限元模型修正方法及其应用。基于动力响应灵敏度的推导及其计算已在 14.1.3 节中介绍，因此本节主要介绍基于时域动力响应灵敏度的有限元模型修正的方法及原理，反问题求解及有限元模型修正过程，并结合实例进行说明。

14.4.1　基于动力响应灵敏度的反问题及其求解

在正问题的分析中，结构动力响应及其对结构系统参数的灵敏度可以分别通过公式（14-7）及公式（14-13）计算获得。在反问题的分析中，结构系统参数需要通过实测动力响应进行有限元模型修正获得。与基于频域信息的有限元模型修正方法一样，时域动力响应灵敏度的方法也可以用于结构损伤识别，但本节只讲述有限元模型修正方法及其应用。基于灵敏度的有限元模型修正方法是通过优化算法来获得最优的一组结构系统参数解，从而使得构建的目标函数值最小。物理意义上的表述则是从有限元模型计算得到的理论动力响应尽可能地接近从实际模型测试所得的测量动力响应。基于时域动力响应的目标函数可以构建为：

$$\boldsymbol{J}(r) = \parallel \ddot{x}^A(r) - \ddot{x}^E \parallel_2 \tag{14-17}$$

式中，$\ddot{x}^E$ 和 $\ddot{x}^A$ 分别是实测和从有限元模型计算所得的动力响应；r 为结构系统参数向量；$\parallel \cdot \parallel_2$ 代表 2 范数。

通过优化以上目标函数获得最优的一组结构系统参数解，来最小化实测动力响应与有限元模型计算所得的理论动力响应之间的差别，从而实现有限元模型修正。忽略第二阶及以上高阶项，使用一阶泰勒展开式来展开公式（14-17），可以获得基于一阶灵敏度的模型修正公式，如下：

$$\boldsymbol{S}(r)\{\Delta r\} = \{\Delta \ddot{x}\} = \ddot{x}^A(r) - \ddot{x}^E \tag{14-18}$$

式中，$\{\Delta r\}$ 代表系统参数的变化量；$S(r)$ 是结构动力响应对系统参数的灵敏度。假如 m 和 n 分别代表动力响应中的时间步数和测量响应的数目，那么识别方程数 $m \times n$ 必须大于或至少等于待识别的结构系统参数的数目，以保证公式（14-18）是一个超定的反问题。

公式（14-18）可以通过最小二乘法求解：

$$\{\Delta r\} = \left[(S(r))^\mathrm{T} (S(r))^{-1} \right] (S(r))^\mathrm{T} \{\Delta \ddot{x}\} \tag{14-19}$$

然而，由于公式（14-18）是一个不适当的反问题，Tikhonov 正则化方法可用于通过改变优化目标函数来获得一个相对稳定的解：

$$J(\Delta r, \lambda) = \| S(r)\{\Delta r\} - \{\Delta \ddot{x}\} \|_2 + \lambda \| \{\Delta \ddot{x}\} \|_2 \tag{14-20}$$

式中，λ 为非负的正则化参数，用来控制正则化约束项的贡献。L-curve 方法常用来选择优化的正则化参数。

应用 Tikhonov 正则化方法，公式（14-20）可以求解为：

$$\{\Delta r\} = \left[(S(r))^\mathrm{T} (S(r)) + \lambda I \right]^{-1} (S(r))^\mathrm{T} \{\Delta \ddot{x}\} \tag{14-21}$$

式中，I 是单位矩阵。奇异值分解可用于计算公式（14-21）里面的伪逆。

14.4.2 基于时域动力响应灵敏度的有限元模型修正过程

可运用实测结构动力响应，如加速度，来修正初始有限元模型。结构系统参数的初始值可以根据设计信息或材料特性测试取得。须注意，结构激励荷载假设为已知，如果结构荷载未知，则需要将荷载与结构系统参数同时修正。基于时域动力响应灵敏度的有限元模型修正是一个迭代过程，具体步骤如下：

（1）基于结构初始有限元模型和激励荷载，根据公式（14-7）计算结构动力响应，x^A、$\dot{x}^A$ 和 $\ddot{x}^A$。以动力响应理论值和实测值残差 $\{\Delta \ddot{x}\}$ 作为有限元模型修正的目标函数；

（2）根据公式（14-11）及初始有限元模型计算时域动力响应对结构系统参数的灵敏度，构建有限元模型修正的灵敏度矩阵；

（3）应用 Tikhonov 正则化方法，根据公式（14-21）求解结构系统参数变量 $\{\Delta r\}$；

（4）修正结构有限元参数 $r^{(j+1)} = r^{(j)} + \{\Delta r\}^{(j)}$，进行下一次循环迭代。重复以上步骤（1）～（3），直至以下收敛条件得到满足：

$$\frac{\| r^{(j+1)} - r^{(j)} \|_2}{\| r^{(j)} \|_2} \leqslant \text{Tolerance} \tag{14-22}$$

其中，i 代表第 i 次循环。Tolerance 阈值一般设置为一个较小的数值，如 0.0001。

14.4.3 案例

某实验室用建造的 7 层钢框架结构来验证基于时域动力响应灵敏度的有限元模型修正方法，此框架结构尺寸如图 14-10 所示。框架结构高 2.1m，每层高 0.3m，梁长 0.5m。框架柱和梁的截面尺寸分别测得为 49.98mm×4.85mm 和 49.89mm×8.92mm。测得钢框架柱和梁的密度分别为 785kg/m³ 和 77342kg/m³。初始钢材弹性模量设为 210GPa。柱和梁之间焊接连接。每层在梁四分之一及四分之三位置安装一对质量块，重 4kg，用来模拟梁上面的楼层质量。试验钢框架如图 14-11 所示。梁的上下两侧分别安装一个重 2kg 的质量块，以确保截面形心不显著变化。质量块通过螺栓固定，并且与梁通过垫片隔开，以确保梁的刚度不会发生改变。钢框架底部焊接在一块厚实钢板上，并且将钢板固定在地面上。

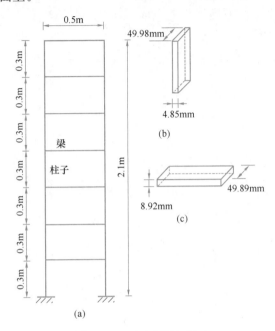

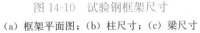

图 14-10 试验钢框架尺寸

（a）框架平面图；（b）柱尺寸；（c）梁尺寸

图 14-11 试验钢框架

图 14-12 展示了试验钢框架结构的有限元模型，包括 65 个节点和 70 个平面框架单元。每层的质量块模拟为集中质量施加在相应节点上。每个节点包括 3 个自由度，其中包含两个平动自由度 x、y 和一个旋转自由度 θ。结构有限元模型总共包括 195 个自由度。框架底端节点 1 和节点 65 的支座位移和转角约束强度分别用较大的刚度值 $3 \times 10^9 \, \text{N/m}$ 和 $3 \times 10^9 \, \text{N} \cdot \text{m/rad}$ 来代表。

有限元模型修正用来最小化数值模型与实验室模型之间的差别。在这个算例里面，对钢框架进行两阶段有限元模型修正。第一阶段模型修正选择单元的弹性模量及两个支座处的约束条件作为需要修正的参数。钢框架尺寸及密度由现场实测获得，所以不纳入需要识别的参数范围。模态测试当中用到了 8 个传感器，其中一个固定位置不变作为参考点，其他传感器布置在框架结构每层的左右两侧进行重复性测试。利用测得的加速度响应来进行模态分析，以得到结构的自振频率与振型。很多方法如频率分解法、随机子空间法等都可以用来进行模态分析。本算例中，自振频率通过峰值拾取法获得，模态通过比较频谱中自振频率处峰值与参考点处的比值获得。

本算例中，通过模态分析获得了前 7 阶的自振频率与振型。第一阶段的模型修正主要是优化频域信息，如降低数值模型计算所得自振频率和振型与测试所得自振频率和振型之间的差异。在第一阶段的有限元模型修正中，优化算法采用基于模态信息灵敏度的非线性最小二乘法。7 个自振频率与 7×14 个模态值用来修正 70 个单元杨氏模量与 6 个支座刚度值。总计有 105 个已知信息，用来识别 76 个未知信息。

完成第一阶段的基于频率和振型的有限元模型修正后，第二阶段使用基于时域动力响应灵敏度的有限元模型修正方法进一步优化该有限元模型，目标是使数值模型计算的动力响应与实测动力响应尽可能吻合。力锤激励作用在右侧柱的第7层，表14-4中7个传感器前两秒的时域动力响应应用来进行第二阶段的有限元模型修正。

第二阶段模型修正传感器位置　　表 14-4

传感器号码	传感器位置
1	节点 19 (x)
2	节点 16 (x)
3	节点 13 (x)
4	节点 10 (x)
5	节点 7 (x)
6	节点 4 (x)
7	节点 59 (x)

图 14-13 展示了节点 13 沿 x 方向测得的时域与频域的动力响应。从图中可以看出时域响应经过近 50s 才衰减至零，表明结构阻尼非常小。因此，本算例可以采用瑞利阻尼模型。前两阶模态的阻尼系数通过半功率谱法计算获得，分别为 0.0017 和 0.0012。另外从频谱中可以看出，结构主要激励起来的响应在 30Hz 内。因此，使用截止频率为 36Hz 的低通滤波器来过滤实测动力响应中的高频噪声。将每个单元的杨氏模量选为待修正的参数。

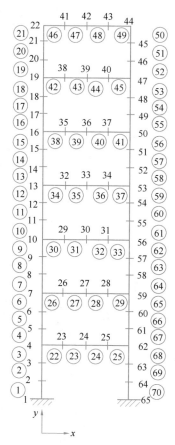

注:1代表节点号; ① 代表单元号。

图 14-12　钢框架有限元模型

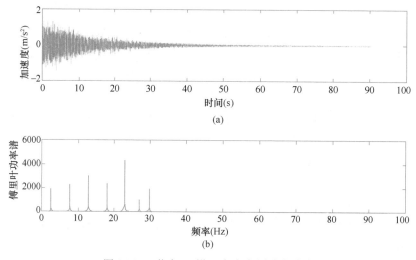

图 14-13　节点 13 沿 x 方向实测动力响应

(a) 时域响应；(b) 频域响应

　　表14-5列出了实测自振频率与有限元模型修正前后的计算自振频率。表14-6列出了有限元模型修正前后的模态置信准则值。模型修正后的前7阶结构自振频率非常接近实测值，最大误差只有0.31%。模态置信准则值非常接近1，最差的模态相似度也有0.9991。

测量和模型修正前后的频率　　　　　　　　　表 14-5

模态	测量值（Hz）	修正前		第一阶段 模型修正后		第二阶段 模型修正后	
		计算值（Hz）	误差（%）	计算值（Hz）	误差（%）	计算值（Hz）	误差（%）
1	2.5406	2.5198	0.82	2.5433	0.11	2.5438	0.13
2	7.6599	7.5829	1.01	7.6651	0.07	7.6546	0.07
3	12.8632	12.6614	1.57	12.8987	0.28	12.8714	0.06
4	18.0283	17.6255	2.23	18.0290	0.004	18.0349	0.03
5	22.9645	22.2655	3.04	22.9141	0.22	22.9835	0.08
6	26.9852	26.1468	3.11	26.9849	0.001	27.0449	0.22
7	29.9072	28.7959	3.72	29.9192	0.04	30.0000	0.31

模型修正前后模态置信准则值　　　　　　　　　表 14-6

模态阶数	模型修正前	第一阶段 模型修正后	第二阶段 模型修正后
1	0.9998	0.9999	0.9999
2	0.9998	0.9997	0.9997
3	0.9997	0.9998	0.9998
4	0.9991	0.9988	0.9991
5	0.9998	0.9999	0.9998
6	0.9995	0.9998	0.9996
7	0.9995	0.9998	0.9996

本章小结

　　本章介绍了结构有限元模型修正的基本理论，内容包括有限元模型修正的基础理论知识、有限元模型修正方法分类、基于频域灵敏度分析的模型修正方法和基于时域动力响应灵敏度有限元模型修正方法。有限元模型修正的基础理论知识包括有限元建模及动力测试、模态相关性判别准则、目标函数确定、修正参数选择、优化算法和模型修正流程。有限元模型修正方法部分介绍了五种分类方法，并举例介绍了确定性模型的修正方法和随机性模型的修正方法。基于频域灵敏度分析的模型修正方法部分，结合案例讲解了灵敏度矩阵的求解方法。基于时域动力响应灵敏度的有限元模型修正方法部分，结合案例介绍了有限元模型修正方法的原理、反问题求解及有限元模型修正过程。

思考与练习题

思考与练习题
参考答案

1. 比较基于频域数据的有限元模型修正方法和基于时域数据的有限元模型修正的优缺点。

2. 讨论荷载因素对结构动力测试、模态分析及有限元模型修正的影响。

3. 思考讨论环境因素、传感器位置和测试噪声等对有限元模型修正精度的影响。

4. 思考讨论有限元模型修正技术在结构健康监测中的重要应用。

5. 图 14-14 为一悬臂梁模型，共 10 个单元、11 个结节点。材料密度为 7800kg/m³，弹性模量为 200GPa，每个单元长 1m、宽 0.024m、高 0.021m。假设将悬臂梁单元 2 刚度折减 20％计算得到的结构时域响应作为实测的数据。用 Matlab 软件编程实现基于有限元模型修正方法的单元刚度参数识别。

图 14-14　悬臂梁模型

结构损伤识别

知识图谱

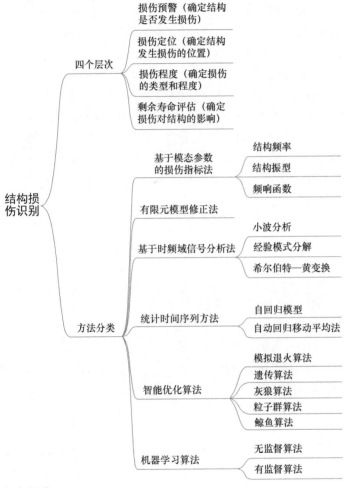

本章要点

知识点 1. 常见的损伤识别方法。

知识点 2. 基于模型的损伤识别方法。

知识点 3. 基于数据的损伤识别方法。

学习目标

（1）掌握基于有限元模型修正的损伤识别方法基本流程。

（2）理解基于统计时间序列的损伤识别方法基本流程。

结构损伤识别是结构健康监测领域具有挑战性的研究课题。结构损伤识别的概念首先来自机械设备的故障诊断，它是在 20 世纪 60 年代初期随着航天和军工的需要而发展起来，随后又逐步扩展到其他领域。结构损伤识别即对结构进行检测与评估，以确定结构是否有损伤存在，进而判别损伤的位置和程度，以及结构当前的状况、使用功能和结构损伤的变化趋势等。

传统的结构损伤识别方法主要包括外观检查、无破损或微破损检测、现场荷载试验以及在特殊情况下进行抽样破坏性试验等。但对于大型土木结构而言，这类方法存在明显的不足之处：①人工检测主观性强，往往需要凭检测人员的经验来判断；②整体性差，一般只能作局部检查，设备不宜到达处的结构损伤不能被外观检查所发现；③实时性差，不能及时进行损伤预警；④影响正常交通，并且缺乏科学的历史数据积累。

近几十年来，基于健康监测的结构损伤识别已成为土木工程学科十分活跃的研究领域，它具有很强的工程背景和重要的实用价值，以深厚的理论为基础，是一门适应工程实际需要而形成的多学科交叉的综合应用技术。损伤识别通常分为四个层次：①损伤预警（确定结构是否发生损伤）；②损伤定位（确定结构发生损伤的位置）；③损伤程度（确定损伤的类型和程度）；④剩余寿命评估（确定损伤对结构的影响）。相对其他三个层次，层次①的进展最大。

15.1　损伤识别方法分类

损伤识别方法并没有统一的分类标准，按照不同的条件可以分为不同的类型。基于使用数据的类型可以分为频域方法、时域方法和时频域方法，但该分类方法只是简单地以使用数据进行分类，导致有些损伤识别方法既可以应用于频域方法，也可应用于时域方法，存在一定的局限性。本文将以算法的特点进行分类，分为基于模态参数的损伤指标法、有限元模型修正法、基于时频域信号分析的损伤识别法、统计时间序列法、智能优化算法和机器学习算法进行概述。其中，有限元模型修正法、统计时间序列法、智能优化算法这三种损伤识别方法将在接下来的三节进行详细论述。

（1）基于模态参数的损伤指标法

结构振动特性与结构的自身特性密切相关，当结构出现损伤时，结构的固有特性（频率、振型和阻尼）会随之发生改变。通过测量结构振动数据，分析结构损伤前后结构固有特性可以识别结构的损伤状态。结构频率是一种容易获取的模态参数，只需少量传感器就能获得较为精确的结构频率。损伤识别的发展也是从识别频率的变化开始的。由于结构频率反映的是结构的整体特征，无法表征结构局部信息，仅使用频率特征只能判断结构是否发生损伤，而无法对损伤进行定位或者对损伤程度进行定量判断。结构振型能很好地对结构局部信息进行有效补充，因而结合频率和振型参数能识别损伤程度和位置。

对损伤敏感的高阶模态参数测量易受噪声的影响，导致测量精度降低，进而影响损伤识别的精度，因此有研究者直接使用测量的频响函数进行损伤识别。相较于模态参数，频响函数是在整个频率范围内计算，可以提供更多的损伤信息。基于频响函数损伤识别方法的主要问题在于最佳频率范围的选择较为困难。此外，频响函数要求同时测量激振力和结构响应，限制了该方法的大范围应用。

（2）有限元模型修正法

这类方法使用结构的力学测试数据（如模态参数或加速度时程）、基本运动方程和有限元模型构造约束优化问题，通过不断修正结构模型的质量、刚度与阻尼分布（通常为刚度矩阵），使其响应尽可能地接近由测试得到的结构动态响应。对比修正模型与基准模型，实现对结构损伤的识别，其中使用频率和振型等频域参数作为基准的为频域方法，使用加速度时程等时域特征的方法即为时域方法。

对于有限元模型修正法，常见的有：优化矩阵修正法、基于灵敏度的修正法、特征结构分配修正法、混合矩阵修正法等。基于灵敏度分析的有限元模型修正法是近年来最成功的损伤识别方法之一，通过有限元模型修正技术得到与实际工程测量得到的模态或时域数据最吻合的理论模型。该方法首先需要构建目标函数，通常为实测数据与有限元理论数据的残差。推导损伤参数的灵敏度方程得到参数的灵敏度矩阵，利用灵敏度矩阵将目标函数进行一阶泰勒展开，同时忽略高阶项可以得到一个线性优化方程。通过优化算法最小化优化方程即可得到理论的损伤参数值。

（3）基于时频域信号分析的损伤识别法

许多时频域变换的信号处理技术作为分析工具被用来研究振动信号并进一步提取特征来表征信号，比如小波分析、经验模式分解和希尔伯特—黄变换（简称希黄变换）。这些方法具有较强的通用性，对结构形式的依赖性较低。小波分析的主要思路是将结构响应的动态信号分解为一系列称为小波的局部基函数，从而利用小波的缩放和变换特性检测结构的特殊性。基于经验模式分解和希黄变换的方法旨在从测量数据中提取由于结构刚度突变而产生的损伤峰值，从而识别出损伤发生的时间段和位置，并确定损伤前后结构的固有频率和阻尼比。

（4）统计时间序列法

统计时间序列法通常不依赖有限元模型，只针对测量数据建立时间序列模型。首先使用时间序列建模技术从原始信号中提取对损伤敏感的特征，然后用分类器或离群检测器对提取的特征进行处理，以评估当前结构的健康状况。常见的时间序列模型包括自回归模型、自动回归移动平均法等，这些方法在识别损伤的存在和位置方面是成功的，但它们难以识别到结构的损伤程度。

（5）智能优化算法

随着智能算法的发展，越来越多的收敛性好、迭代速度快的优化算法被用来优化测量时域数据与有限元模型数据的偏差。常用的智能优化算法包括遗传算法、粒子群算法、灰狼算法、鲸鱼算法模拟退火算法等。遗传算法发展最早，在 1990 年就被提出用于损伤识别。遗传算法存在一个关键的问题是由于搜索空间的高维度而导致计算量过大。之后一些改进的智能算法极大地提高了损伤识别的效率和精度。随着算法的迭代发展，损伤识别的应用范围也随之扩大，智能算法在搜索空间中寻找最优值不可避免地会面临随着结构复杂、未知参数增加导致的计算负担加重的问题，限制了修正参数的数量和模型尺寸的大小。

（6）机器学习算法

随着近十年来新兴计算能力和传感技术的发展，机器学习特别是深度学习算法在结构损伤识别中具有广泛的应用。机器学习算法一般可分为无监督算法和有监督算法。监督算法需要一个带标签的数据组成的数据集进行训练。所以，监督学习的主要目的是发现从输入到目标输出的最佳映射。所以，监督算法需要人类"监督者"在运行训练前为每个数据样本分配一个正确的标签或目标。另一方面，无监督学习算法只需要输入数据，没有任何标签。无监督学习方法通过结构损伤前后数据模型的变化识别结构损伤，无需损伤标签，简化了数据模型，但通常只能定性识别损伤或简单工况下的损伤定位。有监督和无监督的机器学习算法需要提前进行特征提取。为了在复杂的机器学习应用中避免人工提取特征，深度学习通过深层神经网络可以从监测数据中自动提取特征，可以对结构实现高精度的损伤识别，相比于浅层机器学习模型更具高效性。然而，深度学习网络的训练需要大量标记样本完成。实际条件下，训练样本的获取及标注需要耗费大量的人力、物力。

15.2 基于有限元模型修正的损伤识别

15.2.1 损伤参数的定义

结构动力学基本方程如下：

$$\boldsymbol{K}\boldsymbol{\phi}_i = \omega_i^2 \boldsymbol{M}\boldsymbol{\phi}_i \tag{15-1}$$

式中，$\boldsymbol{K}$ 为结构刚度矩阵；$\boldsymbol{M}$ 为结构质量矩阵；$\boldsymbol{\phi}_i$ 为第 i 阶模态振型；ω_i 为第 i 阶模态的特征值。当结构发生损伤时，一般可以假定为损伤单元的刚度发生了一定程度的折减，定义刚度折减系数 α_j 为单元 j 的单元折减系数。

$$\boldsymbol{K} = \sum_{j=1}^{n}(1-\alpha_j)\boldsymbol{K}^j \tag{15-2}$$

由于损伤只会出现在少数单元中，大多数单元的刚度折减系数为 0，这表明 α_j 在空间上具有稀疏性。

15.2.2 目标函数构建

当刚度折减系数被用来定义结构损伤时，就可以通过识别刚度折减系数来进行结构的损伤识别。当一个结构发生损伤时，损伤的位置和程度均为未知，意味着折减系数 $\boldsymbol{\alpha}$ 的每一个参数均为未知。可以运用结构特征信息、静力特征信息、联合动静力特征信息构建有限元模型修正的目标函数。限于篇幅，本节仅介绍以角频率构建目标函数。在实际工程中，结构的动力响应可以通过传感器测得，通过分析传感器的数据可以得到结构的频率。因此，损伤识别问题转化为已知结构频率信息反推结构参数信息的问题。

结构角频率 $\boldsymbol{\omega}(\boldsymbol{\alpha})$ 与损伤参数 $\boldsymbol{\alpha}$ 的函数关系是结构的固有属性，与结构未损时的刚度和质量相关。当通过理论公式计算求得的角频率与实际测得的角频率相等或者非常接近时，可以认为此时的刚度折减系数就是结构真实的刚度折减系数。定义目标函数 J 为理论角频率与实际角频率之间的偏差：

$$J = \| \boldsymbol{\omega}(\boldsymbol{\alpha}) - \boldsymbol{\omega}^d \|^2 \tag{15-3}$$

式中，$\boldsymbol{\omega}(\boldsymbol{\alpha})$ 表示通过理论公式计算求得的角频率；$\boldsymbol{\omega}^d$ 表示实际测得的角频率。当目标函数 J 取最小值时，可以认为此时的损伤参数 $\boldsymbol{\alpha}$ 为真实的结构参数。因此，损伤识别问题可以被认为是一个最小化频率理论值与实测值的优化问题。

15.2.3　优化方法求解目标函数

目标函数 J 是一个二次型的非线性函数，求解该类函数最小值常见的算法是最小二乘法。本节将介绍最小二乘法的推导过程和计算流程。

由于 $\omega(\boldsymbol{\alpha})$ 是一个非线性函数，因此上述目标函数并没有一个严格精确的解析解，一般采用迭代的方法选定初始值，然后不断迭代逼近真实解：

$$\boldsymbol{\alpha}^{k+1} = \boldsymbol{\alpha}^k + \Delta\boldsymbol{\alpha} \tag{15-4}$$

式中，上标 k 值表示迭代的次数，$\Delta\boldsymbol{\alpha}$ 为此处迭代的增量。在每次迭代中，函数 $\omega(\boldsymbol{\alpha})$ 可以通过一阶泰勒级数展开的方式进行线性化近似：

$$\omega(\boldsymbol{\alpha}^{k+1}) = \omega(\boldsymbol{\alpha}^k) + \sum_j \frac{\partial\omega(\boldsymbol{\alpha})}{\partial\alpha_j}(\alpha_j - \alpha_j^k) = \omega(\boldsymbol{\alpha}^k) + \boldsymbol{G}\Delta\boldsymbol{\alpha} \tag{15-5}$$

式中，$\boldsymbol{G}$ 为结构角频率关于损伤参数的一阶导数，也被称为结构响应灵敏度。通过公式（15-5）可以计算到 $k+1$ 次迭代的值，此时计算迭代值与真实值的残差为：

$$\boldsymbol{r} = \boldsymbol{\omega}^d - \omega(\boldsymbol{\alpha}^k) - \boldsymbol{G}\Delta\boldsymbol{\alpha} \tag{15-6}$$

最小化目标函数 $J = \boldsymbol{r}^2 = \boldsymbol{r}^{\mathrm{T}}\boldsymbol{r}$，对目标函数求关于 $\Delta\boldsymbol{\alpha}$ 的偏导，并令其等于 0，可以求得目标函数最小时的 $\Delta\boldsymbol{\alpha}$ 值。

$$-2\boldsymbol{G}[\boldsymbol{\omega}^d - \omega(\boldsymbol{\alpha}^k) - \boldsymbol{G}\Delta\boldsymbol{\alpha}] = 0 \tag{15-7}$$

$$\Delta\boldsymbol{\alpha} = (\boldsymbol{G}^{\mathrm{T}}\boldsymbol{G})^{-1}\boldsymbol{G}^{\mathrm{T}}[\boldsymbol{\omega}^d - \omega(\boldsymbol{\alpha}^k)] \tag{15-8}$$

通过公式（15-4）便可以迭代求出结构的损伤参数 $\boldsymbol{\alpha}$。上述两个公式中，需要计算灵敏度矩阵 $\boldsymbol{G}$。通常有两种方法来求解灵敏度矩阵，其一是利用差分的方法来求解：

$$\boldsymbol{G} = \lim_{h\to 0} \frac{\omega(\boldsymbol{\alpha}+\boldsymbol{h}) - \omega(\boldsymbol{\alpha})}{h} \tag{15-9}$$

第二种方法是直接微分法，通过对公式（15-14）求偏导求解得到灵敏度矩阵。差分法不需要进行公式推导，计算简单，但当参数量大时，计算效率会变得很低。直接微分法需要进行公式推导，有些复杂问题并不一定能够推导出解析解，但计算效率高。下面将推导结构角频率关于损伤参数的灵敏度。

对公式（15-1）关于损伤参数求偏导，可以得到：

$$(\boldsymbol{K} - \omega_i^2\boldsymbol{M})\frac{\partial\boldsymbol{\phi}_i}{\partial\alpha_j} + \left(\frac{\partial\omega_i^2}{\partial\alpha_j}\boldsymbol{M} - \omega_i^2\frac{\partial\boldsymbol{M}}{\partial\alpha_j} + \frac{\partial\boldsymbol{K}}{\partial\alpha_j}\right)\boldsymbol{\phi}_i = 0 \tag{15-10}$$

方程两边左乘 $\boldsymbol{\phi}_i^{\mathrm{T}}$，则 $\boldsymbol{\phi}_i^{\mathrm{T}}(\boldsymbol{K} - \omega_i^2\boldsymbol{M}) = 0$。一般认为结构的质量矩阵与损伤参数无关，因此方程（15-10）可整理为：

$$\frac{\partial\omega_i^2}{\partial\alpha_j} = \boldsymbol{\phi}_i^{\mathrm{T}}\frac{\partial\boldsymbol{K}}{\partial\alpha_j}\boldsymbol{\phi}_i \tag{15-11}$$

根据复合函数链式求导法则可得：

$$\frac{\partial\omega_i}{\partial\alpha_j} = \frac{1}{2\omega_i}\frac{\partial\omega_i^2}{\partial\alpha_j} = \frac{1}{2\omega_i}\boldsymbol{\phi}_i^{\mathrm{T}}\frac{\partial\boldsymbol{K}}{\partial\alpha_j}\boldsymbol{\phi}_i \tag{15-12}$$

上述公式即为结构角频率关于损伤参数的灵敏度。以上损伤识别的理论过程已推导完毕，整个过程可以总结为以下五点：

（1）通过实际测量结构的响应，分析得到损伤结构的模态信息；

（2）设定结构的初始状态为未损，计算结构此时的模态参数和模态参数灵敏度；

（3）根据公式（15-4）可以计算下一步迭代的损伤参数；

（4）更新损伤参数并重新计算结构的模态参数，直到两次损伤参数的变化小于设定的收敛值；

（5）迭代过程结束，最后一次迭代的损伤参数值就是实际结构的损伤状态。

基于有限元模型修正的损伤识别方法物理意义明确，能更好地反应结构损伤的变化过程。本节将以一简化的有限元模型为例，利用有限元模型修正方法对该模型进行损伤识别。

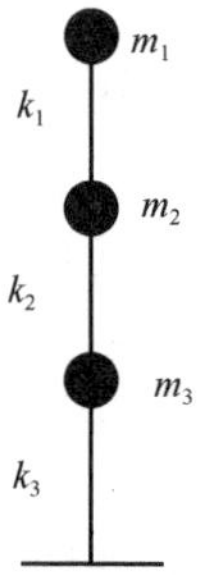

【例 15-1】以图 15-1 模型为例，三个节点只能沿着水平方向振动。模型质量和刚度参数为 $k_1 = 1000\mathrm{N/m}$，$k_2 = 1000\mathrm{N/m}$，$k_3 = 1000\mathrm{N/m}$ 和 $m_1 = m_2 = m_3 = 10\mathrm{kg}$。当 k_3 发生 20％的损伤时，利用有限元模型修正方法识别结构发生损伤的位置和程度。

【解】整体结构的刚度矩阵和质量矩阵可以写为：

$$\boldsymbol{K} = \begin{bmatrix} k_1 & -k_1 & 0 \\ -k_1 & k_1+k_2 & -k_2 \\ 0 & -k_2 & k_2+k_3 \end{bmatrix}, \boldsymbol{M} = \begin{bmatrix} m_1 & 0 & 0 \\ 0 & m_2 & 0 \\ 0 & 0 & m_3 \end{bmatrix}$$

图 15-1　三自由度简化模型

根据结构动力学原理，可以通过刚度矩阵和质量矩阵求得结构的频率，计算公式如下：

$$\boldsymbol{K}\boldsymbol{\phi}_i = \omega_i^2 \boldsymbol{M}\boldsymbol{\phi}_i \Rightarrow |\boldsymbol{K} - \omega_i^2 \boldsymbol{M}| = 0$$

式中，ω 为结构的自振角频率，$\boldsymbol{\phi}_i$ 为第 i 阶频率对应的振型。代入刚度和质量数据，可以计算得出结构的 3 阶自振角频率为 $\omega_1 = 4.45\mathrm{Hz}$，$\omega_2 = 12.47\mathrm{Hz}$，$\omega_3 = 18.02\mathrm{Hz}$，对应的结构振型为 $\boldsymbol{\phi}_1 = [-0.23, -0.19, -0.10]^\mathrm{T}$，$\boldsymbol{\phi}_2 = [-0.19, 0.10, 0.23]^\mathrm{T}$，$\boldsymbol{\phi}_3 = [0.10, -0.23, 0.19]^\mathrm{T}$。在实际工程中，更多会利用结构自振频率 f 来表征结构的模态特征，结构频率与角频率的换算关系如下式：

$$f = \frac{\omega}{2\pi}$$

当结构发生损伤时，一般可以假定为损伤单元的刚度发生了一定程度的折减，定义刚度折减系数 α_j 为单元 j 的单元折减系数，则结构损伤之后的单元刚度 $\boldsymbol{K}^d$ 可以重新写为：

$$\boldsymbol{K}^d = (1-\boldsymbol{\alpha})\boldsymbol{K} = \begin{bmatrix} (1-\alpha_1)k_1 & -(1-\alpha_1)k_1 & 0 \\ -(1-\alpha_1)k_1 & (1-\alpha_1)k_1+(1-\alpha_2)k_2 & -(1-\alpha_2)k_2 \\ 0 & -(1-\alpha_2)k_2 & (1-\alpha_2)k_2+(1-\alpha_3)k_3 \end{bmatrix}$$

k_3 发生损伤，刚度折减了 20％，其余单元未发生损伤，即 $k_1 = 1000\mathrm{N/m}$，$k_2 = 1000\mathrm{N/m}$，$k_3 = (1-0.2)k_3 = 800\mathrm{N/m}$。同样的，可以再次求得结构损伤后的角频率 $\omega_1^d = 4.04\mathrm{Hz}$，$\omega_2^d = 11.83\mathrm{Hz}$ 和 $\omega_3^d = 17.77\mathrm{Hz}$。这里将损伤后计算得到的角频率认为是实际工程中通过测量得到的数据。

目标函数 $\boldsymbol{J}$ 为理论角频率与实际角频率之间的偏差：

$$\boldsymbol{J} = \|\boldsymbol{\omega}(\boldsymbol{\alpha}) - \boldsymbol{\omega}^d\|^2$$

结构损伤时的角频率 $\omega_1^d = 4.04\mathrm{Hz}$，$\omega_2^d = 11.83\mathrm{Hz}$ 和 $\omega_3^d = 17.77\mathrm{Hz}$，损伤参数初始值 $\alpha_1 = 0$，$\alpha_2 = 0$，$\alpha_3 = 0$，此时对应的角频率为 $\omega_1 = 4.45\mathrm{Hz}$，$\omega_2 = 12.47\mathrm{Hz}$，$\omega_3 = 18.02\mathrm{Hz}$，

对应的结构振型为 $\boldsymbol{\phi}_1 = [-0.23, -0.19, -0.10]^T$，$\boldsymbol{\phi}_2 = [-0.19, 0.10, 0.23]^T$，$\boldsymbol{\phi}_3 = [0.10, -0.23, 0.19]^T$。根据单元刚度矩阵，可以计算此时的 $\dfrac{\partial \boldsymbol{K}}{\partial \alpha_j}$：

$$\frac{\partial \boldsymbol{K}}{\partial \alpha_1} = \begin{bmatrix} -k_1 & k_1 & 0 \\ k_1 & -k_1 & 0 \\ 0 & 0 & 0 \end{bmatrix} = \begin{bmatrix} -1000 & 1000 & 0 \\ 1000 & -1000 & 0 \\ 0 & 0 & 0 \end{bmatrix}$$

$$\frac{\partial \boldsymbol{K}}{\partial \alpha_2} = \begin{bmatrix} 0 & 0 & 0 \\ 0 & -k_2 & k_2 \\ 0 & k_2 & -k_2 \end{bmatrix} = \begin{bmatrix} 0 & 0 & 0 \\ 0 & -1000 & 1000 \\ 0 & 1000 & -1000 \end{bmatrix}$$

$$\frac{\partial \boldsymbol{K}}{\partial \alpha_3} = \begin{bmatrix} 0 & 0 & 0 \\ 0 & 0 & 0 \\ 0 & 0 & -k_3 \end{bmatrix} = \begin{bmatrix} 0 & 0 & 0 \\ 0 & 0 & 0 \\ 0 & 0 & -1000 \end{bmatrix}$$

由公式（15-12）计算可得：

$$\frac{\partial \omega_1}{\partial \alpha_1} = \frac{1}{2\omega_1} \boldsymbol{\phi}_1^T \frac{\partial \boldsymbol{K}}{\partial \alpha_1} \boldsymbol{\phi}_1 = -0.24$$

同理可求得：

$$\boldsymbol{G} = \begin{bmatrix} \dfrac{\partial \omega_1}{\partial \alpha_1} & \dfrac{\partial \omega_1}{\partial \alpha_2} & \dfrac{\partial \omega_1}{\partial \alpha_3} \\ \dfrac{\partial \omega_2}{\partial \alpha_1} & \dfrac{\partial \omega_2}{\partial \alpha_2} & \dfrac{\partial \omega_2}{\partial \alpha_3} \\ \dfrac{\partial \omega_3}{\partial \alpha_1} & \dfrac{\partial \omega_3}{\partial \alpha_2} & \dfrac{\partial \omega_3}{\partial \alpha_3} \end{bmatrix} = \begin{bmatrix} -0.24 & -0.78 & -1.21 \\ -3.39 & -0.67 & -2.18 \\ -3.15 & -4.89 & -0.97 \end{bmatrix}$$

由公式（15-8）可以求出第一次迭代的损伤参数增量值：

$$\Delta \boldsymbol{\alpha} = (\boldsymbol{G}^T \boldsymbol{G})^{-1} \boldsymbol{G}^T [\boldsymbol{\omega}^d - \boldsymbol{\omega}(\boldsymbol{\alpha}^k)] = [-0.016, 0.001, 0.232]^T$$

此时的损伤参数为：

$$\boldsymbol{\alpha}^1 = \boldsymbol{\alpha}^0 + \Delta \boldsymbol{\alpha} = [-0.016, 0.001, 0.232]^T$$

重新计算角频率 $\omega_1 = 4.12\text{Hz}$，$\omega_2 = 11.99\text{Hz}$，$\omega_3 = 18.02\text{Hz}$，对应的结构振型为 $\boldsymbol{\phi}_1 = [-0.23, -0.19, -0.12]^T$，$\boldsymbol{\phi}_2 = [-0.19, 0.08, 0.24]^T$，$\boldsymbol{\phi}_3 = [0.11, -0.24, 0.17]^T$，计算此时的灵敏度矩阵：

$$\boldsymbol{G} = \begin{bmatrix} \dfrac{\partial \omega_1}{\partial \alpha_1} & \dfrac{\partial \omega_1}{\partial \alpha_2} & \dfrac{\partial \omega_1}{\partial \alpha_3} \\ \dfrac{\partial \omega_2}{\partial \alpha_1} & \dfrac{\partial \omega_2}{\partial \alpha_2} & \dfrac{\partial \omega_2}{\partial \alpha_3} \\ \dfrac{\partial \omega_3}{\partial \alpha_1} & \dfrac{\partial \omega_3}{\partial \alpha_2} & \dfrac{\partial \omega_3}{\partial \alpha_3} \end{bmatrix} = \begin{bmatrix} -0.17 & -0.60 & -1.67 \\ -3.034 & -1.07 & -2.39 \\ -3.52 & -4.74 & -0.81 \end{bmatrix}$$

$$\Delta \boldsymbol{\alpha} = (\boldsymbol{G}^T \boldsymbol{G})^{-1} \boldsymbol{G}^T [\boldsymbol{\omega}^d - \boldsymbol{\omega}(\boldsymbol{\alpha}^k)] = [0.016, -0.001, -0.031]^T$$

$$\boldsymbol{\alpha}^2 = \boldsymbol{\alpha}^1 + \Delta \boldsymbol{\alpha} = [0, 0, 0.201]^T$$

可以看出经过两步迭代，损伤参数的识别值为 $[0, 0, 0.201]^T$，即 k_3 发生 20.1% 的损伤，k_1 和 k_2 未发生损伤，这与预设的损伤相吻合，损伤位置准确识别，损伤程度相对误差仅为 0.5%。为了节省计算时间，只进行了两次迭代，若进行多次迭代，可以得到更精准的损伤识别结果。

优化算法很大程度上决定了损伤识别结果的效率和精度，这也是损伤识别的研究热点之一。当结构变得复杂，灵敏度矩阵也会变得更复杂，对其求矩阵的逆会出现很大的误差。

15.3　基于统计时间序列的损伤识别方法

基于模型的方法依赖于精确的有限元模型，而实际工程结构约束复杂，且由于材料在使用过程中会发生刚度退化等原因，导致精确的有限元模型获取难度大，限制了该方法的进一步应用。基于统计时间序列的损伤识别方法不依赖于有限元模型，针对测量得到的数据进行分析。本章将介绍统计时间序列法中的自动回归移动平均法的（Auto-Regressive Moving Average Model，ARMA）损伤识别过程。

15.3.1　结构振动响应的时间序列模型

时间序列定义为一组按时间顺序排列的数据。时间序列分析是指采用参数模型对所观测到的有序数据进行分析和处理的一种数据处理方法。时间序列分析最初主要应用于市场经济领域，随着对时间序列分析的深入研究，又逐渐应用于自然科学、工程技术和社会经济领域。土木工程结构的振动响应信号就是一组按时间顺序排列的数据，它既能反映信号自身的特性，也能反映结构本身的固有特性。因此，可以使用时间序列分析方法构建与土木工程结构相对应的参数模型，进而利用时间序列模型进行结构损伤识别分析。

对时间序列 $\{x_t\}$ 拟合一个随机差分方程，表示为：

$$x_t - \varphi_1 x_{t-1} - \varphi_2 x_{t-2} -,\cdots,- \varphi_p x_{t-p} = a_t - \theta_1 a_{t-1} - \theta_2 a_{t-2} -,\cdots,- \theta_q a_{t-q} \quad (15\text{-}13)$$

其中，x_t 表示时间序列 $\{x_t\}$ 在时刻 t 的值；$\varphi_i\,(i=1,2,\cdots,p)$ 表示第 i 阶自回归系数；$\theta_j\,(j=1,2,\cdots,q)$ 表示第 j 阶滑动平均系数；a_t 表示残差项。公式（15-13）称为 p 阶自回归 q 阶滑动平均模型，记为 ARMA（p，q）模型。

引入延时因子 z^{-1}，即 $z^{-k}x_t = x_{t-k}$，则公式（15-13）可以改写为：

$$(1 - \sum_{i=1}^{p} \varphi_i z^{-i})x_t = (1 - \sum_{j=1}^{q} \theta_j z^{-j})a_t \quad (15\text{-}14)$$

记 $\varphi(z^{-1}) = (1 - \sum_{i=1}^{p} \varphi_i z^{-i})$，$\theta(z^{-1}) = (1 - \sum_{j=1}^{q} \theta_j z^{-j})$，则公式（15-14）可以简记为：

$$\varphi(z^{-1})x_t = \theta(z^{-1})a_t \quad (15\text{-}15)$$

对公式（15-15）移项，可以得到：

$$x_t = \frac{\theta(z^{-1})}{\varphi(z^{-1})}a_t \quad (15\text{-}16)$$

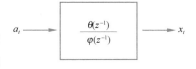

从系统分析的角度理解，将 x_t 视为某一系统的输出，将 a_t 视为输入，则 ARMA 模型描述了一个传递函数为 $\theta(z^{-1})/\varphi(z^{-1})$ 的系统，如图 15-2 所示。其中传递

图 15-2　ARMA 模型的方框图

函数的分母 $\varphi(z^{-1})$ 表征系统的固有特性，且 ARMA 模型的自回归系数 φ 与系统的固有频率和阻尼直接相关。因此，可以使用 ARMA 模型的 AR 系数作为损伤敏感特征。

时间序列模型的阶数对时间序列分析的结果有重要影响，模型阶数过小会造成模型不能充分反映时间序列的统计特征，模型阶数过大会增大计算量。常用的模型阶数确定方法有 Akaike 信息准则中的 FPE（Final Prediction Error）准则和 AIC（Akaike Information Criterion）准则。

FPE 准则也叫作最终预测误差准则，由赤池弘治于 1969 年提出，使用模型的预测误差来判断模型阶数是否合适。FPE 准则函数的定义为：

$$\text{FPE}(n) = \frac{N+n}{N-n}\sigma_a^2 \tag{15-17}$$

式中，N 表示时间序列的长度；n 表示模型的阶数，对于 p 阶 AR 模型，$n=p$；σ_a^2 表示模型残差的方差。FPE (n) 是模型阶数 n 的函数，当 n 增大时，模型残差的方差降低，但是 $N+n/N-n$ 增大。因此，取 FPE (n) 值最小时的模型阶数为适用阶数。

AIC 准则也叫作赤池信息量准则，由赤池弘治于 1973 年提出，该准则的出发点为提取出观测时间序列中最大的信息量。AIC 准则函数的定义为：

$$\text{AIC}(n) = N\ln\sigma_a^2 + 2n \tag{15-18}$$

式中，n 表示模型的阶数，对于 ARMA (p, q) 模型，$n=p+q$；对于 AR (p) 模型，$n=p$；等式右边第一项反映模型拟合时间序列的偏差，当 n 增大时，偏差降低，但是第二项 $2n$ 增大。类似于 FPE 准则，取 AIC (n) 值最小时的模型阶数为适用阶数。

对时间序列模型的参数进行估计是时间序列分析中的关键环节，常用的 ARMA 模型参数估计方法有：矩估计法、最小二乘法和极大似然法等。

（1）矩估计法

假设 ARMA 模型的阶数 p 和 q 已知，用 ρ_k 表示时间序列 $\{x_t\}$ 的自相关函数，则模型的自相关函数与自回归系数之间满足方程：

$$\begin{bmatrix} 1 & \rho_1 & \cdots & \rho_{p-1} \\ \rho_1 & 1 & \cdots & \rho_{p-2} \\ M & M & O & M \\ \rho_{p-1} & \rho_{p-2} & \cdots & 1 \end{bmatrix} \begin{bmatrix} \varphi_1 \\ \varphi_2 \\ M \\ \varphi_p \end{bmatrix} = \begin{bmatrix} \rho_1 \\ \rho_2 \\ M \\ \rho_p \end{bmatrix} \tag{15-19}$$

用样本自相关函数 $\hat{\rho}_k$ 代替式（15-19）中的 ρ_k，则可以得到自回归系数 φ 的矩估计 $\hat{\varphi}$：

$$\begin{bmatrix} \hat{\varphi}_1 \\ \hat{\varphi}_2 \\ M \\ \hat{\varphi}_p \end{bmatrix} = \begin{bmatrix} 1 & \hat{\rho}_1 & \cdots & \hat{\rho}_{p-1} \\ \hat{\rho}_1 & 1 & \cdots & \hat{\rho}_{p-2} \\ M & M & O & M \\ \hat{\rho}_{p-1} & \hat{\rho}_{p-2} & \cdots & 1 \end{bmatrix}^{-1} \begin{bmatrix} \hat{\rho}_1 \\ \hat{\rho}_2 \\ M \\ \hat{\rho}_p \end{bmatrix} \tag{15-20}$$

令 $\varepsilon_t = x_t - \varphi_1 x_{t-1} - \varphi_2 x_{t-2} -, \cdots, - \varphi_p x_{t-p}$，则时间序列 $\{\varepsilon_t\}$ 的自相关函数可以表示为：

$$\rho_{\varepsilon, k} = \sum_{i, j=0}^{p} \varphi_i \varphi_j \rho_{k+i-j} \tag{15-21}$$

将自回归系数 φ 的矩估计 $\hat{\varphi}$ 和样本自相关函数 $\hat{\rho}_k$ 代入公式（15-21），可以得到 $\rho_{\varepsilon,k}$ 的矩估计 $\hat{\rho}_{\varepsilon,k}$。另外，由公式（15-13）可以看出，$\varepsilon_t = a_t - \theta_1 a_{t-1} - \theta_2 a_{t-2} -, \cdots, - \theta_q a_{t-q}$，则有：

$$\rho_{\varepsilon, k} = \sigma_a^2(-\theta_k + \theta_1\theta_k +, \cdots, + \theta_{q-k}\theta_q), \quad 1 \leqslant k \leqslant q \tag{15-22}$$

将 $\rho_{\varepsilon,k}$ 的矩估计 $\hat{\rho}_{\varepsilon,k}$ 代入公式（15-22），得到关于 $\theta_1,\theta_2,\cdots,\theta_q$ 的非线性方程组，对该非线性方程组进行求解，可以得到滑动平均系数 $\theta_1,\theta_2,\cdots,\theta_q$ 的估计值。

（2）最小二乘法

将参数 $\varphi_1,\varphi_2,\cdots,\varphi_p,\theta_1,\theta_2,\cdots,\theta_q$ 的估计表示为 $\hat{\varphi}_1,\hat{\varphi}_2,\cdots,\hat{\varphi}_p,\hat{\theta}_1,\hat{\theta}_2,\cdots,\hat{\theta}_q$，则残差 a_t 的估计可以表示为：

$$\hat{a}_t = x_t - \hat{\varphi}_1 x_{t-1} - \hat{\varphi}_2 x_{t-2} - ,\cdots, - \hat{\varphi}_p x_{t-p} + \hat{\theta}_1 a_{t-1} + \hat{\theta}_2 a_{t-2} + \cdots + \hat{\theta}_q a_{t-q} \tag{15-23}$$

残差的平方和可以表示为：

$$\Gamma(\hat{\varphi}_1,\hat{\varphi}_2,\cdots,\hat{\varphi}_p,\hat{\theta}_1,\hat{\theta}_2,\cdots,\hat{\theta}_q)$$
$$= \sum_{t=1}^{N} (x_t - \hat{\varphi}_1 x_{t-1} - \hat{\varphi}_2 x_{t-2} - ,\cdots, - \hat{\varphi}_p x_{t-p} + \hat{\theta}_1 a_{t-1} + \hat{\theta}_2 a_{t-2} + ,\cdots, + \hat{\theta}_q a_{t-q})^2$$

$$\tag{15-24}$$

式中，N 表示时间序列的长度。合适的参数估计值应使残差的平方和最小，定义使残差平方和 $\Gamma(\hat{\varphi}_1,\hat{\varphi}_2,\cdots,\hat{\varphi}_p,\hat{\theta}_1,\hat{\theta}_2,\cdots,\hat{\theta}_q)$ 最小的点 $\hat{\varphi}_1,\hat{\varphi}_2,\cdots,\hat{\varphi}_p,\hat{\theta}_1,\hat{\theta}_2,\cdots,\hat{\theta}_q$ 为 ARMA 模型参数的最小二乘估计。

（3）极大似然法

极大似然法首先构造一个联系未知参数与观测数据的函数，即似然函数。然后通过极大化这个似然函数，得到模型的参数估计值。

设 $\{x_t\}$ 是 ARMA（p，q）序列，服从正态分布，且均值为零。从 $\{x_t\}$ 中抽取样本 $x_1,x_2,\cdots,x_N$，则 $x_1,x_2,\cdots,x_N$ 的联合密度函数可以表示为：

$$f(x_1,x_2,\cdots,x_N \mid \chi,\sigma_a^2) = \frac{|V_N|^{1/2}}{(2\pi\sigma_a^2)^{N/2}}\exp\left(-\frac{(x_1,x_2,\cdots,x_N)^T V_N(x_1,x_2,\cdots,x_N)}{2\sigma_a^2}\right)$$

$$\tag{15-25}$$

式中，$V_N = \sigma_a^2 [E((x_1,x_2,\cdots,x_N)(x_1,x_2,\cdots,x_N)^T)]^{-1}$；$\sigma_a^2$ 表示模型残差的方差；χ 是 ARMA 模型的参数，即 $\chi = (\varphi_1,\varphi_2,\cdots,\varphi_p,\theta_1,\theta_2,\cdots,\theta_q)^T$。于是，对于样本 $x_1,x_2,\cdots,x_N$ 来说，使 $f(x_1,x_2,\cdots,x_N \mid \chi,\sigma_a^2)$ 最大的 χ 是 ARMA 模型参数的极大似然估计。

在结构动力测试中，一般会在结构的不同位置布置多个传感器，获取的结构响应通常为多维时间序列。由于 ARMA 模型为一维时间序列模型，因此需要对获取的多维时间序列进行降维处理。主成分分析是一种统计方法，通过正交变换将一组可能存在相关性的变量转换为一组线性不相关的变量，转换后的这组变量叫作主成分。使用主成分分析法对多个测点处的加速度响应时间序列进行分析，将多维加速度响应时间序列转换为一维时间序列。

结构加速度响应在结构损伤检测中有广泛的应用，因为它们包含结构固有的动力特性信息。设 $x_i(t_j)(i = 1, 2, \cdots, n_p; j = 1, 2, \cdots, N)$ 为测点 i 处的结构加速度响应在时刻 t_j 的值，其中 n_p 表示测点个数，N 表示加速度响应时间序列的长度。时刻 t_j 处 n_p 个测点的加速度响应向量可以表示为：

$$y(t_j) = \left[x_1(t_j), x_2(t_j), \cdots, x_{n_p}(t_j) \right]^{\mathrm{T}} \tag{15-26}$$

各测点加速度响应的协方差矩阵 Σ_x 可以表示为：

$$\Sigma_x = \sum_{j=1}^{N} y(t_j) y(t_j)^{\mathrm{T}} \tag{15-27}$$

协方差矩阵的特征值 λ_k 和特征向量 ψ_k 满足如下公式：

$$\Sigma_x \psi_k = \lambda_k \psi_k \tag{15-28}$$

式中，向量 ψ_k 也称为主成分。为了将 n_p 维向量 $y(t)$ 降为 n_a（$n_a < n_p$）维向量 $x_{\psi}^{n_a}(t)$，将 $y(t)$ 投影到与前 n_a 阶最大特征值相对应的特征向量上，可以表示为：

$$x_{\psi}^{n_a}(t) = [\psi_1, \psi_2, \cdots, \psi_{n_a}]^{\mathrm{T}} y(t) \tag{15-29}$$

将多维加速度响应时间序列转换为一维时间序列，即 $n_a = 1$。转换后的一维时间序列可以表示为：

$$x_{\psi}^1(t) = \psi_1^{\mathrm{T}} y(t) \tag{15-30}$$

损伤特征提取是指从测得的结构振动响应中提取对损伤敏感的特征，用于区分损伤结构和未损伤结构。可以使用由随机减量法得到的结构自由振动响应拟合 ARMA 模型，并选取 ARMA 模型的自回归系数作为损伤敏感特征。

在拟合 ARMA 模型之前，首先要对时间序列进行标准化处理：

$$\tilde{x}_t = \frac{\hat{x_t} - \mu_x}{\sigma_x} \tag{15-31}$$

式中，$\hat{x_t}$ 表示由随机减量法得到的结构自由振动响应；μ_x 和 σ_x 分别表示 $\hat{x_t}$ 的均值和标准差。使用 ARMA（p，q）模型拟合标准化处理之后的结构响应 $\tilde{x}_t$，得到的 ARMA 模型可以表示为：

$$\tilde{x}_t - \varphi_1 \tilde{x}_{t-1} - \varphi_2 \tilde{x}_{t-2} - \cdots - \varphi_p \tilde{x}_{t-p} = a_t - \theta_1 a_{t-1} - \theta_2 a_{t-2} -, \cdots, -\theta_q a_{t-q} \tag{15-32}$$

由公式（15-32）可以得到一个 p 维的 AR 系数向量，直接对多维数据进行观察较为困难，因此本章将多维的 AR 系数向量投影到一维子空间中，并使用一维变量建立下文的统计模型。

假设存在 A、B 两组不同的 AR 系数向量 φ_A 和 φ_B，则 A 和 B 两组 AR 系数向量的线性投影矩阵 W 可以表示为：

$$W = 2 (\Sigma_A + \Sigma_B)^{-1} (\mu_A - \mu_B) \tag{15-33}$$

式中，Σ_A 和 Σ_B 分别为 A 组和 B 组 AR 系数向量的协方差矩阵；μ_A 和 μ_B 分别为 A 组和 B 组 AR 系数向量的均值。

利用投影矩阵 W 可以将多维 AR 系数向量压缩为一维变量，可以表示为：

$$\tilde{\varphi}_A = W^{\mathrm{T}} \varphi_A, \tilde{\varphi}_B = W^{\mathrm{T}} \varphi_B \tag{15-34}$$

式中，$\tilde{\varphi}_A$ 和 $\tilde{\varphi}_B$ 分别表示由 A 组和 B 组 AR 系数向量压缩得到的一维变量。压缩后的 $\tilde{\varphi}_A$ 和 $\tilde{\varphi}_B$ 使 A 组和 B 组两组 AR 系数样本的均值尽可能相差较大，同时各自的方差尽可能最小。

15.3.2　基于统计过程控制的结构损伤判定

模式识别是指根据研究对象的特征或属性，利用一定的分析算法认定对象的类别，是信息科学和人工智能的重要组成部分。一方面，结构损伤识别本质上是一个模式识别的过程，也就是将结构的损伤模式与健康模式区分开来。另一方面，实测结构振动信号往往会受到噪声和测量误差等随机因素的影响，因此使用统计分析方法对结构健康状况进行评价更符合工程实际情况。

控制图是一种将显著性统计原理应用于控制生产过程的图形方法，它给出表征生产过程当前状态的样本序列信息，并将这些信息与考虑过程固有变异后所建立的控制限进行对比，该方法由休哈特于 1924 年首先提出。

常规控制图要求在生产过程中近似等间隔地抽取数据，这样抽取的数据在过程控制中被称为子组。从每个子组可以得到一个或多个子组特性，如子组平均值、子组极差和标准差。常规控制图就是给定的子组特性值与子组编号对应的一种图形，它包含一条中心线（CL），作为所绘制子组特性的基准值。控制图中还包含由统计方法确定的两条控制限，分别位于中心线的两侧，称为上控制限（UCL）和下控制限（LCL），如图 15-3 所示。如果所绘制的子组特性点落在上下控制限之间，则生产过程处于受控状态；如果所绘制的子组特性点落在上下控制限之外，则表明生产过程偏离受控状态，需要采取措施对可能原因进行识别、消除或减轻。

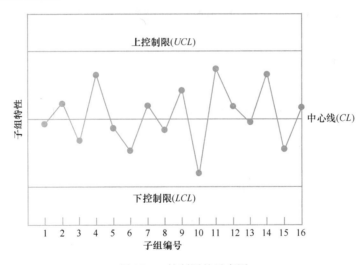

图 15-3　控制图的示意图

在质量控制领域，控制图经常被用于检测选择的特征指标是否偏出正常值。控制图分析作为一种常用的统计过程控制方法，也非常适合于对结构的健康状况进行监测和预警。可以使用健康状态的损伤特征建立控制界限，并将控制图用于判定结构中是否存在损伤。

为了监测损伤特征均值的变化情况，将投影后的转换特征 $\widetilde{\varphi}$（$\widetilde{\varphi}_A$ 或 $\widetilde{\varphi}_B$）划分为大小为 n_s 的子组。定义 $\widetilde{\varphi}_{ij}$ 为第 i 个子组中的第 j 个元素，子组的大小通常取 4 或 5。计算每个子组的平均值和标准差：

$$\overline{X}_{s,i} = \mathrm{mean}(\widetilde{\varphi}_{ij}); \quad \sigma_{s,i} = \mathrm{std}(\widetilde{\varphi}_{ij}) \tag{15-35}$$

式中，$\overline{X}_{s,i}$ 和 $\sigma_{s,i}$ 分别表示第 i 个子组的平均值和标准差。

根据中心极限定理，子组的平均值总会趋向于正态分布，因此中心线和两条控制界限可以定义为：

$$UCL, LCL = CL \pm Z_{\alpha/2} \frac{\sigma_s}{\sqrt{n_s}}; \quad CL = \text{mean}(\overline{X}_{s,i})$$

(15-36)

其中，$Z_{\alpha/2}$ 表示标准正态分布的分位点，即 $P[z \geqslant Z_{\alpha/2}] = \alpha/2$，并且公式（15-36）中的控制界限对应 $100(1-\alpha)\%$ 的置信水平；方差 σ_s^2 为所有子组样本方差的均值，即 $\sigma_s^2 = \text{mean}(\sigma_{s,i}^2)$。将由待检测状态数据提取的损伤特征样本和控制界限画在一起，得到用于监测结构状态的控制图。如果系统发生损伤，则会有样本点超出控制图的界限，称之为异常点。由于使用子组的平均值 $\overline{X}$ 作为损伤特征样本，这类控制图又称作 X-bar 控制图。

基于时间序列模型和统计过程控制的结构损伤判定流程如图 15-4 所示。首先，使用时间序列

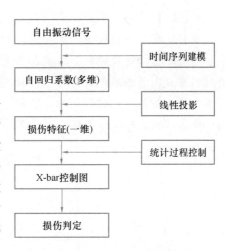

图 15-4　基于时间序列模型和统计过程控制的结构损伤判定流程

ARMA 模型拟合标准化处理之后的结构自由振动响应信号，提取模型的自回归系数作为损伤敏感特征；然后，使用线性投影方法将多维自回归系数向量投影到一维子空间中；最后，利用统计过程控制方法中常用的 X-bar 控制图判定结构中是否存在损伤。

【例 15-2】以图 15-1 模型为例，当结构的 k_3 发生 20% 的损伤时，利用监测数据基于统计分析和控制图进行结构损伤判断。

【解】利用监测数据基于统计分析和控制图进行结构损伤判断需要无损状态下的结构自由振动响应作为基准，通过对比待确定样本响应与无损状态下响应的差异，判断待确定样本是否发生损伤，图 15-5 是无损情况下框架结构自由振动响应与待判断的样本对应的响应。

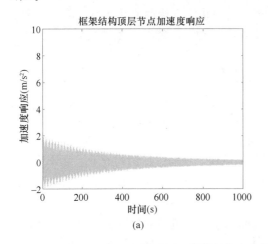
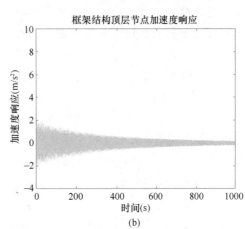

图 15-5　框架结构自由振动状态下顶层节点加速度
(a) 无损状态；(b) 损伤状态（k_3 发生 20% 的损伤）

为了减少振动幅值对损伤判断的影响，首先对上述获得的自由振动加速度响应按公式（15-31）进行 Z-score 归一化，之后采取宽度为 4 个时间点的窗口对归一化的加速度进行

分段处理，计算每一个时间窗口内的均方根加速度来反映结构一段时间内的振动响应特征，此时完成了响应数据的第一次特征提取，获取的均方根加速度响应如图 15-6 所示。

对均方根加速度进行第二次加窗处理，宽度为 50 个时间点，使用 AR 模型拟合每一个时间窗口内的响应，获得每一段时间序列 AR 模型对应的前 10 个自回归系数作为该段样本的代表特征，此时原始的无损状态一维时间序列和待判断状态的一维时间序列均转化为 AR 系数构成的二维矩阵，完成了响应数据的第二次特征提取。

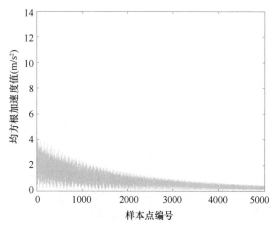

图 15-6 第一次特征提取后获取的均方根加速度   图 15-7 损伤识别控制图

为了对获取的二维 AR 系数矩阵进行进一步压缩，将无损状态、待判断状态的系数矩阵进行投影，获取两个矩阵在同一个空间内一维坐标的表达，此时完成了原始响应数据的第三次特征提取。之后计算获得的无损状态下响应特征向量的均值和标准差，构建控制图的上下限，如图 15-7 所示。将从待评价的样本中获取的响应特征向量进行分组，计算每个分组的均值，判断均值是否在控制图的上下限中。超出上下限的点表示响应异常，即表示可能发生了结构损伤，且异常点出现的比例越高，确定损伤发生的置信度越高。

15.4 基于智能优化算法的损伤识别

最小二乘算法是基于灵敏度或者梯度的算法，该类算法需要计算结构参数的灵敏度矩阵。对于复杂问题，灵敏度的计算复杂且耗时。因此，基于智能优化算法的结构损伤识别得到越来越多的关注。智能优化算法只需要计算结构的响应，无需进行结构的灵敏度计算。本章主要介绍工程上常用的三种智能优化算法：遗传算法、粒子群算法和模拟退火算法。

1. 遗传算法

遗传算法是模拟达尔文生物进化论的自然选择和遗传学机理的生物进化过程的计算模型，是一种通过模拟自然进化过程搜索最优解的方法。遗传算法是从代表问题可能潜在的解集的一个种群开始的，而一个种群则由经过基因编码的一定数目的个体组成。每个个体实际上是染色体带有特征的实体。染色体作为遗传物质的主要载体，即多个基因的集合，其内部表现（即基因型）是某种基因组合，它决定了个体的外部表现，如黑头发的特征是由染色体中控制这一特征的某种基因组合决定的。因此，在一开始需要实现从表现型到基因型的映射，即编码工作。由于仿照基因编码的工作很复杂，我们往往进行简化，如二进制编码。初代种群产生之后，按照适者生存和优胜劣汰的原理，逐代演化产生越来越好的近似解，在每一代根据问题域中个体的适应度大小选择个体，并借助于自然遗传学的遗传算子进行组合交叉和变异，产生出代表新的解集的种群。这个过程将导致种群像自然进化一样，后生代种群比前代更加适应环境，末代种群中的最优个体经过解码，可以作为问题近似最优解。

2. 粒子群优化算法

粒子群优化算法（Particle Swarm Optimization，PSO）是一种进化计算技术，由Eberhart 和 Kennedy 于 1995 年提出，源于对鸟群捕食的行为研究。粒子群优化算法的基本思想是通过群体中个体之间的协作和信息共享来寻找最优解。PSO 的优势在于简单、容易实现，并且没有许多参数的调节过程。目前该算法已被广泛应用于函数优化、神经网络训练、模糊系统控制等领域。

3. 模拟退火算法

模拟退火算法最早是由 N. Metropolis 等人于 1953 年提出的。1983 年，S. Kirkpatrick 等成功地将退火思想引入组合优化领域。它是基于 Monte-Carlo 迭代求解策略的一种随机寻优算法，其出发点是基于物理中固体物质的退火过程与一般组合优化问题之间的相似性。模拟退火算法从某一较高初温出发，伴随温度参数的不断下降，结合概率突跳特性在解空间中随机寻找目标函数的全局最优解。模拟退火算法是一种通用的优化算法，理论上算法具有概率的全局优化性能，目前已在工程中得到广泛应用，诸如生产调度、控制工程、机器学习、神经网络、信号处理等领域。

智能优化算法在损伤识别中的应用在于最小化目标函数，以上三类智能优化算法经过多年的发展，被证明具有全局优化性能、通用性强且适用于并行处理的优点。

本章小结

本章深入探讨了结构损伤识别的多种方法和技术，内容包括基于有限元模型修正的损伤识别、基于统计时间序列的损伤识别方法和基于智能优化算法的损伤识别。在基于有限元模型修正的损伤识别部分，详细介绍了损伤参数的定义、目标函数的构建以及优化方法求解目标函数的过程。在基于统计时间序列的损伤识别方法部分，介绍了结构振动响应的时间序列模型和基于统计过程控制的结构损伤判定。在基于智能优化算法的损伤识别部分，介绍了遗传算法、粒子群优化算法、模拟退火算法等现代智能算法。

思考与练习题

1. Matlab 优化工具箱中内嵌了遗传算法，将［例 15-1］用遗传算法重新求解，并附上 Matlab 代码。

2. 损伤发生时，结构的刚度一般会下降，表明损伤参数 α 是一个大于等于 0 且小于等于 1 的数，将该约束条件应用在遗传算法中，与思考与练习题 1 中的结果进行比较。

思考与练习题
参考答案

桥梁结构状态评估和预警

知识图谱

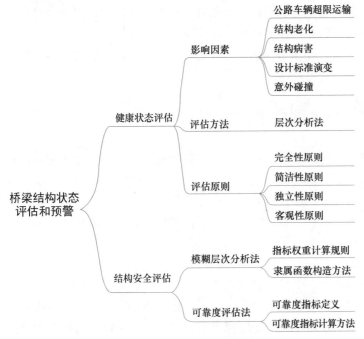

本章要点

知识点1：桥梁结构状态评估方法和预警技术。

知识点2：桥梁结构状态评估的常用方法及实用算法。

学习目标

（1）理解桥梁结构状态评估和安全预警的基本概念。

（2）熟悉桥梁结构状态评估的常用方法。

（3）熟悉桥梁结构预警指标和预警等级的划分方法。

在复杂服役环境下，桥梁结构的材料性能逐渐劣化、病害日趋严重，实际荷载的不断增长会进一步加速桥梁结构的损伤过程。桥梁结构健康监测系统通过在桥梁结构上布设传感设备，感知环境荷载与结构响应信息，为桥梁结构状态评估提供了反映其当前工作状态的监测信息。

桥梁结构状态评估和预警系统是桥梁结构健康监测系统的重要核心和枢纽之一。在桥梁结构评估阶段，通过独立构件损伤识别以修正物理模型，根据健康监测数据进行参数识别，并确定损伤位置和程度，在此基础上运用状态评估理论对桥梁结构的运营状况进行评估。在安全预警阶段，对健康监测数据流中的环境和结构响应指标进行计算，以报警阈值指标体系为依据，对桥梁结构运营状况作出合理、客观的评价，及时检出异常，提出相应的技术报警和处理建议。

16.1 桥梁结构状态评估基本概念

所谓桥梁结构状态评估就是"利用特定的数据信息，分析既有结构的工作状态并作出工程决策的过程"。根据评估过程来分，桥梁结构状态评估大致可分为三部分：数据信息采集、分析评价和决策。数据信息采集通常由常规或特殊检查所积累的信息、设计施工文件、桥梁结构维修加固资料、各类试验资料及健康监测数据等组成，能全面描述和记录桥梁结构基本特征和当前技术状况，此为桥梁结构状态评估最基本的部分。分析评价是根据所搜集到的信息，选择适当的分析方法，对桥梁结构的工作状态进行综合评价。决策是根据分析评价的结果来决定桥梁的养护、维修、加固改造或替换。根据评估内容来分，可分为安全性评估、适用性评估和耐久性评估这三个方面，安全性评估主要指对桥梁结构承载力的评估；适用性评估是对桥梁结构正常使用极限状态的评估；耐久性评估则侧重于对桥梁结构损伤及材料物理特性的影响。三者相互关联且各有重点，可统一为桥梁结构工作状态的综合评估。

从桥梁结构使用及管理的角度来讲，要求桥梁结构在整个设计基准期内均保持安全可靠。我国规范规定：桥梁的设计基准期为 100 年，也就是桥梁在 100 年内的可靠指标均应达到或超过设计目标可靠指标。但设计基准期与桥梁结构的使用寿命并不能等同对待。许多大型桥梁处于交通运输的枢纽位置，特别是对于某些有纪念意义的桥梁，至设计基准期结束即终止其使用进行重建是不现实的，也是不经济的。一般情况下，桥梁结构损坏后是可以修复的，也就是可以通过维修加固、限载运输来提高桥梁结构的可靠性、延长桥梁结构的使用寿命。因此，设计基准期的终止并不表示必须结束使用。

桥梁结构健康状态评估的范围很大，以公路桥梁结构健康状态评估为例进行讨论，影响桥梁健康状态的主要原因可分为四类：公路车辆的超限运输、桥梁结构的老化与病害、设计标准的演变和意外碰撞。在发展公路超限运输、提高公路货运车辆经济效益的同时，存在大量提高公路运输车辆轴载重量、总质量以及外形尺寸限值标准的现象，即超载运输，给处于道路咽喉的桥梁增加了额外的载重负担，对桥梁的安全性构成巨大威胁。由于桥梁结构所处外界环境的影响而产生的老化与病害，在此主要指因混凝土碳化和裂缝开展引起的钢筋锈蚀，从而造成的钢筋力学性能改变、混凝土的强度随时间改变，以及由此引起的混凝土与钢筋间的黏结能力降低等。老化和病害使桥梁结构的承载能力降低，安全性下降。究其原因，除了自然老化外，更主要是由于施工质量差、材料强度下降及长年失修、恶劣的运营条件。在我国，许多建于 20 世纪 60 年代的桥梁目前仍在正常运营，这意味着依据旧规范设计的桥梁承担着新规范规定的增大的设计荷载，超载现象是客观存在的。在设计方法的发展和设计标准的不断细化过程中，虽然能保证前后规范在安全性方面的合理衔接，但其中存在些许差异也是难免的。1974 年以前我国尚无高速公路，也不存在汽车专用公路与一般公路的区别，但随着公路网的重新划分，必然造成部分公路等级的提高，从而造成桥梁承担的荷载等级也会相应提高，并因此影响到桥梁结构的安全性。这是进行桥梁评估最主要的原因。结构在使用过程中，由于意外碰撞引起的桥梁结构构件断裂、失稳或变形过大而没有及时修复或更换，常常会影响相邻构件的承载能力。构件裂缝的开展会导致构件的抗力下降。这种情况下构件承载力的评估需通过现场检测，然后根据测量结果验算确定。

　　桥梁结构健康评估是整个桥梁结构健康管理体系中最为关键的一环，其任务是对桥梁结构状态（包括现在及将来的环境作用、荷载效应及桥梁结构抗力等）进行评估和预测，这直接影响后续的加固维修决策。同时，桥梁结构健康评估可大致分成两类：一类是基于可靠度理论的评估方法，它着重于探索"桥梁结构状态与一系列变量之间的关系"的逻辑与事实，试图通过严格的理论推导或充分的试验证据，主动地选取合适的可靠度指标，这在一定程度上是对设计理念的延续；另一类是基于历史测量数据的评估方法，如层次分析法和模糊层次分析法，它承认"桥梁结构状态与一系列变量之间的关系"的不确定性，并借助其他手段（如人工智能）来达到评估和预测的目的。虽然可靠度评估法和历史数据评估法被分成两类方法分开讲解，但二者并非是割裂甚至对立的，只有综合运用这些方法，充分发挥二者的优点，并在不同条件下各有侧重，才能够实现对桥梁结构健康状态的科学评估和预测。

16.2　层次分析法

　　层次分析法（Analytic Hierarchy Process，AHP）是美国运筹学家匹茨堡大学教授萨蒂于 20 世纪 70 年代初，在为美国国防部研究"根据各个工业部门对国家福利的贡献大小而进行电力分配"课题时，应用网络系统理论和多目标综合评价方法，提出的一种层次权重决策分析方法。它是将与决策有关的元素分解成目标、准则、方案等层次，在此基础之上进行定性和定量分析的决策方法；是在对复杂的决策问题的本质、影响因素及其内在关系等进行深入分析的基础上，利用较少的定量信息使决策的思维过程数学化，从而为多目标、多准则或无结构特性的复杂决策问题提供简便的决策方法。该方法将定量分析与定性分析结合起来，用决策者的经验判断各衡量目标能否实现的标准之间的相对重要程度，并合理地给出每个决策方案每个标准的权数，利用权数求出各方案的优劣次序，比较有效地应用于那些难以用定量方法解决的课题，是对难以完全定量的复杂系统作出决策的模型和方法。

　　运用层次分析法解决大跨度桥梁评估问题主要分为三步：①建立层次结构模型；②构造判断（成对比较）矩阵；③排序及其一致性检验。以下将逐步讲解层次分析法的分析步骤。

1. 建立层次结构模型

在运用层次分析法之前，要弄清研究对象的范围、目的等原始信息，对于大跨度桥梁评估系统，需要管理者提供详细的桥梁数据，掌握桥梁主要特点。此外，要明确评估对象的评估内容和目标，搜集评估信息，整理桥梁结构健康监测系统的数据、周期检测分析数据、目视检测数据、专家评估意见等相关文件。明确待解决的问题后，找出涉及问题的相关因素。由于影响桥梁安全性能的因素很多，在搜集过程中要注意主次因素，在不遗漏主要因素的同时，控制次要因素的数量，避免造成主要因素湮灭导致决策出现偏颇。建立递阶层次结构是 AHP 所有步骤中的关键，首先将问题分解为多个指标，按照他们属性的不同来划分层次，每一层的指标在支配下一层指标的同时还受到上层指标的制约，这种层层约束的关系就形成了递阶层次结构。在桥梁评估分析中，评估层次分为最高层、中间层、底层，如图 16-1 所示。最高层只有一个因素，它是拟分析问题的预订目标，也叫目标层，在桥梁技术评估中就是桥梁结构的技术状况评估；中间层可由若干层次组成，有准则和子准则之分，也称为准则层，层次中包括为实现目标涉及的中间环节以及所需要考虑的准则；最底层包括为实现目标可供选择的各种措施和决策方案，也叫方案层。在递阶层次结构中，上层元素可能支配下一层的部分或者所有元素，每层的元素不能超过 9 个。层次数目不受限制，它只与问题的复杂程度和分析的详尽程度有关。需要注意的是，层次结构划分是否合理将直接影响评判结果，在建立评估指标体系时必须要遵守四个原则：完全性原则（指标应整体反映桥梁安全性与耐久性）、简洁性原则（应尽可能减少指标数量，指标应能够量化、便于操作）、独立性原则（各指标之间应相互独立）、客观性原则（评估指标在不同桥梁之间具有可比性及通用性）。

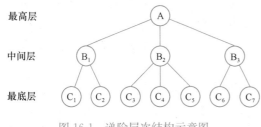

图 16-1 递阶层次结构示意图

2. 构造判断矩阵

对同一层次的各指标可以按其对上一层指标的重要程度划分为若干等级，赋以量化值，这种量化值称为标度。标度是判断矩阵中指标两两之间相对重要程度的定量化表达。学者们研究了多种表示标度的方法，目前应用最广泛的是萨蒂提出的 1~9 标度法，该方法能够尽可能真实地反映专家对于相对重要性的判断。如表 16-1 所示，1~9 标度法以数字 1~9 表示重要程度，数字越大则重要性越高。数字 1、3、5、7、9 是用于区分重要性的"心理刻度"，分别表示"同等重要""稍微重要""明显重要""强烈重要""极端重要"，数字 2、4、6、8 分别表示介于数字 1、3、5、7、9 之间的相对重要程度。由于大多数人在比较两个事物时，会用相同重要、较重要、重要、很重要和绝对重要这 5 种判断强度来表示，而人们能区别差异的极限为 7±2，正好可用 9 个数字表示。因此，1~9 标度方法反映了大多数人的判断能力，是具有科学依据的。

根据判断矩阵，可将下层的多个标度汇总起来，形成上层的结果。用 a_{ij} 表示指标的重要程度（即标度），a_{ij} 的赋值由决策者直接提供。假定某一层指标 A，它所支配的下层指标为 $a_1, a_2, \cdots, a_n$，将下层指标与 A 相互比较，按照 1~9 标度方法得到判断矩阵如公式（16-1）所示：

判断矩阵标度及其含义   表 16-1

标度	标度含义
1	两个元素同等重要
3	两个元素相比，前者比后者稍微重要
5	两个元素相比，前者比后者明显重要
7	两个元素相比，前者比后者强烈重要
9	两个元素相比，前者比后者极端重要
2、4、6、8	两个指标的相对重要程度介于上述数字之间

$$\boldsymbol{A} = (a_{ij})_{n \times n} = \begin{bmatrix} a_{11} & a_{12} & \cdots & a_{1n} \\ a_{21} & a_{22} & \cdots & a_{2n} \\ \vdots & \vdots & \ddots & \vdots \\ a_{n1} & a_{n2} & \cdots & a_{nn} \end{bmatrix} \tag{16-1}$$

式中，a_{ij} 为指标 a_i 和指标 a_j 相对重要程度的标度（$i,j=1,2,\cdots,n$）。判断矩阵要符合完全性一致条件，即：标度 a_{ij} 均为正数（$a_{ij}>0$），相同的两个指标相互比较标度互为倒数（$a_{ij}=1/a_{ji}$），同一指标与自身相比较重要性为 1（$a_{ii}=1$）。由于桥梁工作状态的复杂性和人们主观认识上的多样性，很难达到完全的一致性，所以可以先遵循前两个条件，再对判断矩阵右上角的 $n(n-1)/2$ 项进行赋值。这样就便于检验和修改，在一定程度上减少主观随意性和片面性。

为了计算指标权重，要根据判断矩阵求出最大特征值及其对应的特征向量，如公式（16-2）所示。

$$\boldsymbol{A}w^* = \lambda_{\max} w^* \tag{16-2}$$

式中，$\lambda_{\max}$ 为 $\boldsymbol{A}$ 的最大特征值；w^* 为 $\lambda_{\max}$ 对应的特征向量，w^* 经归一化处理后即为各指标的权重 w。

3. 排序及一致性检验

上述判断矩阵可以很好地将各因素定性比较转化成确定各因素定量的权重，然而这在很大程度上取决于决策者对因素之间的重要性对比。当涉及的因素较多时，可能会出现一种逻辑判断错误，比如 $a_{12}=3$，$a_{23}=3$，$a_{31}=3$，表示为因素 2 比因素 1 重要，因素 3 比因素 2 重要，因素 1 比因素 3 重要，显然上述逻辑是错误的。当判断矩阵中出现类似上诉的逻辑错误时，便无法计算出符合实际情况的权重，因此还需要检验判断矩阵中的逻辑是否正确，当判断矩阵中的逻辑一致性符合时即可通过检验。

检验过程中首先通过一致性指标对判断矩阵进行判断，一致性指标 CI 计算公式如下：

$$CI = \frac{\lambda_{\max} - n}{n - 1} \tag{16-3}$$

式中，n 为判断矩阵的阶数，大小由相关因素数量决定。

一致性指标 CI 值反映了构造矩阵的逻辑一致性，CI 值越大代表构造矩阵的一致性越小，反之 CI 值越小代表构造矩阵的一致性越好，当 CI 等于零时则可以认为所构造的判断矩阵具有完全一致性。

对于较高阶数的判断矩阵单从 CI 的值也很难准确判断出是否满足一致性，因此引入了平均随机一致性指标 RI 对判断矩阵进行一致性检验，其中 RI 的取值与判断矩阵的阶数有关，具体见表 16-2。

随机一致性 RI 取值表 表 16-2

n	1	2	3	4	5	6	7	8	9
RI	0.00	0.00	0.58	0.90	1.12	1.24	1.32	1.41	1.45

引入平均随机一致性指标 RI 并结合一致性指标 CI 判断矩阵是否满足一致性检验，其中 CR 的计算公式为：

$$CR = \frac{CI}{RI} \tag{16-4}$$

当上式求得的一致性比例 $CR < 0.1$ 时，即可认为判断矩阵满足一致性检验，通过判断矩阵计算出的各因素权重值也满足要求；$CR \geq 0.1$ 时，则表示判断矩阵不满足一致性检验，此时则需要对判断矩阵中的各标度值进行修改，直至一致性比例满足要求为止。

【例 16-1】某大型桥梁 2011 年动工，2016 年通车运营。该大型桥梁健康监测系统于 2020 年 10 月投入运行，系统重点监测主梁和吊索，兼顾主塔，桥梁结构响应监测包括加劲梁挠度监测、吊索索力监测、主梁应力监测和梁端位移监测。各监测指标递阶层次和评分见表 16-3，请用层次分析法评估桥梁状态。

监测指标递阶层次和评分情况表 表 16-3

桥梁结构层	桥梁部件层	监测项目层	评分
上部结构	吊索系统	吊索索力	94.90
	主梁系统	主梁挠度	100
		梁端位移	97.36
		主梁应力	90.69

【解】根据层次分析法，自下而上依次计算桥梁各层评分。首先计算指标权重。由于吊索系统仅包含吊索索力这一项指标，因此指标权重为 1。对于主梁系统，需要使用判断矩阵比较监测指标的相对重要性，从而确定指标权重。构造某大型桥梁监测指标判断矩阵见表 16-4。在判断矩阵中，数字 1、3、5、7、9 分别表示"同等重要""稍微重要""明显重要""强烈重要""极端重要"，而数字 2、4、6、8 表示重要性介于上述程度之间。表 16-4 中，表格左列为比较项，表格上方为被比较项，例如：第三列第一行表示，和主梁应力相比，主梁挠度重要性稍微高；第三列第二行表示，和主梁应力相比，梁端位移重要性介于"同等重要"和"稍微重要"之间。同一项目与自身相比，标度为 1，即同等重要。

某大型桥梁主梁监测项目判断矩阵 表 16-4

	主梁挠度	梁端位移	主梁应力
主梁挠度	1	1	3
梁端位移	1	1	2
主梁应力	1/3	1/2	1

桥梁监测系统部件评分计算表 表 16-5

桥梁结构	桥梁部件	监测项目层	初始权重	评分	修正权重	部件评分	结构评分
上部结构	吊索系统	吊索索力	1	94.90	1	94.90	95.94
		主梁挠度	0.443	100	0.433		
	主梁系统	梁端位移	0.387	97.36	0.387	97.36	
		主梁应力	0.170	90.69	0.180		

从表中可知，在主梁的三个监测指标中，主梁应力的重要性低于主梁挠度和梁端位移。其中，当主梁挠度和梁端位移直接比较时，两个指标的重要性相同，而当主梁挠度和梁端位移分别与主梁应力相比时，主梁挠度的重要性略高。这表明，在桥梁评估工作中，指标间的重要性趋势一致，但并非严格符合传递规律。根据公式（16-2）层次分析法权重计算公式，计算上述判断矩阵的最大特征值，提取最大特征值对应的特征向量，对其归一化计算出指标的初始权重，指标初始权重计算结果见表 16-5。表中计算结果显示，主梁挠度的权重为 0.443，为主梁系统中重要性最高的指标，梁端位移权重稍低，主梁应力权重最低。权重的分布规律与前文所述的指标相对重要性一致，说明权重能够反映出指标的重要性程度。初始权重反映了指标的相对重要性。而当桥梁结构局部发生损伤时，原本并非关键区域部位有可能变成关键区域，因此需要结合指标的技术状况评分，根据变权原理修正权重，找出桥梁发生损伤后各指标的相对重要性关系，即修正权重，见表 16-5。从表 16-5 可以看出，由于主梁挠度、梁端位移、主梁应力三个指标的评分相差不大，权重修正前后的变化不大，主梁挠度评分为 100 分，未发生损伤；梁端位移评分为 97.36，与总体评分接近，因此变权前后权重未发生改变；主梁应力评分为 90.69 分，发生了轻微损伤，因此权重有所提高，从 0.170 提高为 0.180。计算结果表明，吊索系统和主梁系统的评分均在 90 分以上，其中主梁系统状态接近完好，吊索系统损伤稍多，但都在良好范围内，桥梁结构总体评分为 95.94 分，说明未发生影响桥梁结构功能的损伤，桥梁结构状态良好。对比初始权重和修正权重的变化可知，变权原理具有较高的灵敏度，对于评分相近的指标，可以根据评分情况对指标权重作出细微调整，以便合理分配指标权重。

16.3 模糊层次分析法

模糊层次分析法是将层次分析法与模糊数学理论相结合的一种评价方法，它的基本思想与层次分析法相同，二者均是将复杂问题分解为若干有序层次，然后根据一定的标准为每个层次的各个指标赋予权重，逐级作出定量评价，最后得出整体评价结果。模糊层次分析法与层次分析法最直观的区别在于判断矩阵的构造方法。层次分析法构造判断矩阵的方法是指，将指标两两配对，判断相对重要性，写出相对重要性标度，组成判断矩阵。模糊层次分析法构造判断矩阵时，使用模糊数来替代层次分析法中的标度，给出的判断值不是具体数值，而是一个包含最大可能值与最小可能值的取值区间。模糊层次分析法认为，用标度描述相对重要性时只能取固定的 1~9 标度，这种方法不够精确，也不符合人们的心理认知。通常情况下，人们评价重要性时习惯用"重要性在 3~5 之间"这种形式来表述，这一表述中的"3~5"就是模糊数。模糊层次分析法的计算步骤如图 16-2 所示，①建立

分析对象：首先明确决策的目标、准则以及备选方案，确立需要进行决策的对象；②构造
递阶层次：将决策问题分解成若干层次，包括目标层、准则层和方案层，确保各层次之间
的递阶关系和结构清晰明确；③建立模糊判断矩阵：对于每一层次，形成模糊判断矩阵，
即各个元素以模糊数值表示的两两比较矩阵，反映了不同层次之间的相对重要性或影响程
度，专家或决策者可以通过主观判断或者历史数据来填充这些矩阵；④计算模糊权重：使
用模糊数学中的模糊最大特征值法等方法计算每个层次的模糊权重，这一步骤将模糊判断
矩阵转化为权重向量，描述了每个准则或方案的相对重要性；⑤构造隶属函数：确定各个
评价因素的隶属函数，即将确定的值映射到模糊数值的函数，这些隶属函数可以根据实际
情况或专家意见确定；⑥计算隶属度：使用确定的隶属函数将每个评价因素的实际值转化
为模糊数值，以计算其隶属度。这一步骤可以将实际数据转化为模糊集合，以便后续的模
糊计算；⑦得出评估结果：基于计算得到的模糊权重和隶属度，对备选方案进行评估，得
出最终的评估结果。这一步骤可能包括对不同方案的模糊加权求和以及对评估结果的解释
和决策。以上就是模糊层次分析法的核心步骤，通过这些步骤可以进行多准则决策，并得
出模糊性考虑下的最佳方案。接下来我们将重点讲解指标权重计算规则和隶属函数构造方
法，这两个关键步骤对于模糊层次分析法的有效实施至关重要。

图 16-2 模糊层次分析法计算流程图

1. 指标权重计算规则

模糊层次分析法用 $a = (a_1, a_m, a_u)$ 形式表示模糊数，当重要性是确定值 a_m 时，记
为 $a = (a_m, a_m, a_m)$；当重要性是区间时，记为 $a = (a_1, a_m, a_u)$。其中 a_1 称为下界，表示
相对重要性的最小可能值；a_u 称为上界，表示相对重要性的最大可能值；a_m 称为中值，表
示相对重要性的最可能取值。下界 a_1 和上界 a_u 表示区间数的模糊程度，二者差值越大，
模糊程度越高，当差值为 0 时，$a_1 = a_m = a_u$，模糊数不再模糊，成为具体数值。模糊数用
0.1～0.9 表示相对重要程度，数值越大重要性越高，0.1 表示 "极端次要"，0.5 表示
"同等重要"，0.9 表示 "极端重要"，见表 16-6。

模糊数标度级别与含义 表 16-6

标度级别	标度定义	词语描述
0.1	绝对次要	前者最大幅度地弱于后者
0.2	很次要	前者弱于后者的幅度很大
0.3	次要	前者明显弱于后者
0.4	稍次要	前者比后者作用稍弱
0.5	同等重要	两个元素作用相同
0.6	稍重要	前者比后者作用稍强
0.7	重要	前者明显强于后者
0.8	很重要	前者强于后者的幅度很大
0.9	绝对重要	前者最大幅度地强于后者

　　类似于层次分析法，模糊层次分析法也是根据判断矩阵计算指标权重。但是，模糊层次分析法的判断矩阵由模糊数构成，需要特殊的计算方法。设有模糊数 $\boldsymbol{a} = (a_1, a_m, a_u)$，$\boldsymbol{b} = (b_1, b_m, b_u)$，模糊数计算规则见表 16-7。对于模糊数加法，模糊数相加等于上界 a_u、中值 a_m、下界 a_1 分别相加；对于模糊数乘法，模糊数相乘等于上界 a_u、中值 a_m、下界 a_1 分别相乘；对于模糊数的倒数运算，需要对调上界 a_u 和下界 a_1 的位置，分别对上界 a_u、中值 a_m、下界 a_1 取倒数。

模糊数计算规则　　　　　　　　　　表 16-7

计算规则名称	计算的数学表示	计算方法
模糊数加法	$\boldsymbol{a} \oplus \boldsymbol{b}$	$(a_1+b_1, a_m+b_m, a_u+b_u)$
模糊数乘法	$\boldsymbol{a} \odot \boldsymbol{b}$	$(a_1 \cdot b_1, a_m \cdot b_m, a_u \cdot b_u)$
模糊数倒数	$\boldsymbol{a}^{-1}$	$\boldsymbol{a} = (a_1^{-1}, a_m^{-1}, a_u^{-1})$

　　依据层次分析法原理，可以根据判断矩阵提取特征向量，计算指标权重。由于模糊层次分析法判断矩阵由模糊数构成，因此需要根据模糊数计算规则调整层次分析法特征向量的计算公式。设共有 n 个指标进行两两比较，则判断矩阵为 $\boldsymbol{A} = (a_{ij})_{n \times n}$，对判断矩阵按行归一化，利用公式 (16-5) 进行计算。式中，i，j 分别表示判断矩阵第 i 行和第 j 列；w_i 表示特征向量的第 i 个元素，由于特征向量是根据判断矩阵按行计算所得，所以特征向量的序号与判断矩阵行序号相对应；a_{1ij}，a_{mij}，a_{uij} 分别表示判断矩阵第 i 行第 j 列模糊数的下界、中值、上界。

$$w_i = (\sum_{i=1}^{n} a_{1ij}, \sum_{i=1}^{n} a_{mij}, \sum_{i=1}^{n} a_{uij}) \odot \left[\frac{1}{\sum_{i=1}^{n}\sum_{j=1}^{n} a_{uij}}, \frac{1}{\sum_{i=1}^{n}\sum_{j=1}^{n} a_{mij}}, \frac{1}{\sum_{i=1}^{n}\sum_{j=1}^{n} a_{1ij}} \right] \quad (16-5)$$

　　根据判断矩阵计算权重，实际上是按照指标重要性为指标分配权重的过程，因此需要比较相对重要性的大小。特征向量仍是包含下界、中值、上界的模糊数，由于模糊数本质上是取值区间，无法简单地比较大小，因此采用"可能度"的概念来衡量两个模糊数的大小关系。可能度表示命题" $\boldsymbol{a} \geqslant \boldsymbol{b}$ "是否可能发生，以及发生的概率多大。可能度的计算公式如式 (16-6) 所示，根据工程经验，在桥梁结构状态评估中取 $K = 0.5$ 可满足计算要求。对可能度矩阵按行求和并归一化，就可以得到各指标最后的权重向量 $\boldsymbol{W}$。

$$p(\boldsymbol{a} \geqslant \boldsymbol{b}) = K\max\left\{1 - \max\left\{\frac{b_m - a_1}{a_m - a_1 + b_m - b_1}, 0\right\}, 0\right\} +$$

$$(1-K)\max\left\{1 - \max\left\{\frac{b_u - a_m}{a_u - a_m + b_u - b_m}, 0\right\}, 0\right\} \quad (16-6)$$

2. 隶属函数构造方法

　　模糊层次分析法包括分配指标权重和对指标作出评价两个环节。隶属函数就是对指标作出评价的工具。数学中对于隶属函数和隶属度的定义为：设讨论对象的集合为论域 U，U 的模糊子集 M 是指 U 到 $[0, 1]$ 的一个映射 $r_M: U \rightarrow [0, 1]$ 所确定的序对集为：

$$M = \{(u, r_M(u)) \mid u \in U\} \quad (16-7)$$

　　其中，映射 r_M 称为 M 的隶属函数，$\forall u \in U$，$\mu_M(u)$ 称为 u 对于 M 的隶属度。在桥梁结构状态评估工作中，可以这样理解隶属函数与隶属度：设桥梁结构整个服役时间内的全部监测数据为论域 U，待评估的数据 u 组成集合，由于桥梁结构健康与损伤状态下的监测数据不同，因此可根据监测数据将桥梁结构状态分为良好 $M_{良好}$、较好 $M_{较好}$、较差 $M_{较差}$、危险 $M_{危险}$ 等模糊子集，则数据 u 对于四个模糊子集的贴近程度就是隶属度，计算隶属度的函数称为隶属函数。

常用的隶属函数构造方法包括模糊统计法、德尔菲法（专家打分法）、对比排序法、模糊分布法（指派方法）等。在研究和解决工程问题时，如果对于精度要求不高，常使用模糊分布法构造隶属函数。模糊分布法又称为指派方法，是根据问题的性质套用经典的模糊分布形式，根据测量数据确定相应的分布参数。该方法主观性较强，对评价者的工程经验具有一定的要求。常用的函数形式有正态分布型、对数分布型、矩形分布型、梯形分布型、三角分布型等。在桥梁结构状态评估中，常建立梯形分布等级隶属函数，函数图像如图 16-3 所示，函数表达式如公式（16-8）～公式（16-11）所示。

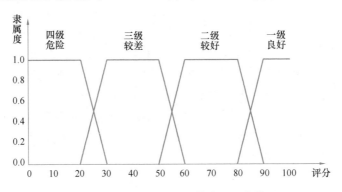

图 16-3　桥梁结构状态评估隶属函数模型

$$r_1(u) = \begin{cases} 1, & u \in (90,100] \\ (u-80)/(90-80), & u \in [80,90] \end{cases} \tag{16-8}$$

$$r_2(u) = \begin{cases} (u-90)/(80-90), & u \in [80,90] \\ 1, & u \in [60,80] \\ (u-50)/(60-50), & u \in [50,60] \end{cases} \tag{16-9}$$

$$r_3(u) = \begin{cases} (u-60)/(50-60), & u \in [50,60] \\ 1, & u \in [30,50] \\ (u-20)/(30-20), & u \in [20,30] \end{cases} \tag{16-10}$$

$$r_4(u) = \begin{cases} (u-30)/(20-30), & u \in [20,30] \\ 1, & u \in (0,20] \end{cases} \tag{16-11}$$

本方法评估桥梁结构状态时，首先按照评分高低将桥梁结构状态分为良好、较好、较差、危险四个等级，然后对桥梁结构或构件的实际损伤状态进行评分，最后根据评分按照公式（16-8）～公式（16-11）计算桥梁结构或构件对四个状态的隶属度。式中，u 表示桥梁结构或构件的评分，$r_1(u)$、$r_2(u)$、$r_3(u)$、$r_4(u)$ 分别表示桥梁结构或构件对四个状态的隶属度，例如若桥梁结构的某一构件评分为 52 分，根据公式（16-8）～公式（16-11）计算该构件的隶属度向量为（0，0.2，0.8，0），即该构件对于"良好"状态的贴近程度为 0，对于"较好"状态的贴近程度为 0.2，对于"较差"状态的贴近程度为 0.8，对于"危险"状态的贴近程度为 0。结合图 16-3 可以看出，当构件评分介于"较好"和"较差"两个相邻等级之间时，模糊层次分析法没有直接判断构件等级，而是用数字定量描述构件对于两个等级的贴近程度，这体现了模糊层次分析法"亦此亦彼"的模糊性。

【例16-2】用模糊层次分析法评估［例16-1］中的工程案例。

【解】下面我们将结合【例16-1】中的工程案例详细介绍模糊层次分析法的计算流程。

（1）建立分析对象与构造递阶层次

分析对象与递阶层次见表16-3。

（2）建立模糊判断矩阵与计算模糊权重

主梁系统包括加劲梁挠度、梁端位移、主梁应力三项指标，需要根据判断矩阵计算权重。构造主梁系统判断矩阵见表16-8。判断矩阵展示了主梁系统中加劲梁挠度、梁端位移、主梁应力三项指标的相对重要性。在表16-8中，表格左列为比较项，表格上方为被比较项，例如：对角线上的元素表示三项指标分别与自身相比的相对重要性，显然相对重要性相等，取0.5标度，由于是确定值，模糊数的上界、中值、下界相同，所以其模糊数形式为（0.5，0.5，0.5）；表格第三行第一列表示，和加劲梁挠度相比，主梁应力重要性略低，其相对重要性在0.3～0.5区间，用模糊数形式表示为（0.3，0.4，0.5）。

模糊层次分析法与层次分析法类似，在构造判断矩阵后需要提取特征向量用于计算权重。由于模糊层次分析法判断矩阵由模糊数构成，因此需要根据公式（16-6）对判断矩阵按行归一化计算判断矩阵特征向量，计算结果中每个元素都是模糊数，计算结果见表16-9。在特征向量计算结果的基础上，根据公式（16-6）计算可能度矩阵。可能度矩阵本质上是利用概率计算将模糊数转化为用于定量计算的数值，对可能度矩阵按行求和并归一化，得到指标的权重计算结果。

主梁系统判断矩阵 表16-8

	加劲梁挠度	梁端位移	主梁应力
加劲梁挠度	（0.4，0.5，0.6）	（0.4，0.5，0.6）	（0.5，0.6，0.7）
梁端位移	（0.4，0.5，0.6）	（0.4，0.5，0.6）	（0.15，0.25，0.35）
主梁应力	（0.3，0.4，0.5）	（0.65，0.75，0.85）	（0.4，0.5，0.6）

主梁系统判断矩阵特征向量 表16-9

特征向量元素项	特征向量元素值
w_1*	（0.241，0.356，0.528）
w_2*	（0.175，0.278，0.431）
w_3*	（0.250，0.367，0.542）

监测指标评分和隶属度向量汇总 表16-10

监测指标	指标评分	隶属度向量
加劲梁挠度	98.3	（1，0，0，0）
梁端位移	89.4	（0.93，0.07，0，0）
主梁应力	97.9	（1，0，0，0）

（3）构造隶属函数与计算隶属度

经典模型以桥梁结构或构件的评分为依据，根据评分高低将桥梁结构状态分为"良好""较好""较差""危险"四个等级。因此，使用经典模型构造隶属函数，需要对桥梁结构或构件的健康状态进行评分。根据平均值分析理论，桥梁结构响应的平均值反映了桥梁结构在采样时间内的总体损伤积累状况，当响应平均值超过限值时，桥梁结构损伤累积。本文根据监测数据评估桥梁结构健康状态，因此以桥梁结构单个传感器在一段时间内监测数据的极值（如1个索力传感器1年内的最大/最小值）为评估依据，对桥梁结构损伤状况进行评价。计算加劲梁挠度、梁端位移、主梁应力的隶属度向量，见表16-10。表16-10显示，加劲梁挠度和主梁应力两项监测指标健康状态良好，评分接近满分，其隶属度向量均为（1，0，0，0），表示监测指标完全符合"良好"状态；梁端位移监测指标评分低于90分，存在轻微损伤，指标的隶属度向量为（0.93，0.07，0，0），说明梁端位移两项监测指标不完全符合"良好"状态。

（4）给出评估结果

表16-11显示，主梁系统对于良好状态的隶属度是0.99，对于较好状态的隶属度是0.01，对于较差和危险状态的隶属度为0，因此认为某大型桥梁主要处于"良好"状态，桥梁结构在预警指标方面表现良好，未出现影响桥梁结构安全的损伤。

监测指标隶属度向量汇总表　　　　　　　　　　表 16-11

系统层指标	监测指标	权重	监测指标隶属度向量	系统层隶属度向量
主梁系统	加劲梁挠度	0.391	（1，0，0，0）	（0.99，0.01，0，0）
	梁端位移	0.191	（0.93，0.07，0，0）	
	主梁应力	0.418	（1，0，0，0）	

16.4　可靠度评估法

桥梁结构运营期状态受多种随机因素的影响，如温度变化导致的刚度不确定性、外荷载的不确定性等。在不确定性因素的作用下，任何结构都有失效的风险。我们将桥梁结构的安全性、舒适性及耐久性统称为桥梁结构的可靠性。桥梁结构可靠性反映了桥梁结构在设计使用年限内，在正常施工和运营条件下，实现预计功能的能力。可靠度是桥梁结构可靠性的定量表达，反映了随机场作用下，桥梁结构满足各种预定功能的概率大小，是制定桥梁结构运营维护策略的重要参考。桥梁结构可靠度评估方法将桥梁结构的安全状态定义为一个以模型和荷载随机变量为自变量的极限状态方程，通过极限状态方程计算得到桥梁结构的可靠度指标和失效概率，在实际工程中得到了广泛的应用。

1. 可靠度指标的定义

在桥梁结构可靠度分析时，将影响桥梁结构响应 y（如应力、位移等）的基本随机变量（如杨氏模量、面积、荷载等）用一个向量表示，即：

$$\boldsymbol{\theta} = \left[\theta_1, \theta_2, \cdots, \theta_i, \cdots, \theta_s\right]^\mathrm{T} \tag{16-12}$$

式中，θ_i 表示第 i 个基本随机变量；s 表示基本随机变量个数。则桥梁结构响应 y 可表示为基本随机变量的函数：

$$y = y(\theta) \tag{16-13}$$

桥梁结构的某一项功能 g 通常由荷载响应 y 所定义，如以位移构建的功能函数 g 可表示为荷载作用下某点的位移与最大位移限值 $y_{\lim}$ 的差值：

$$g = y_{\lim} - y(\theta) \tag{16-14}$$

由此可见，功能函数 g 也是基本随机变量 θ 的函数。如果对功能函数进行一次抽样，可能出现三种情况：当 $g>0$ 时，桥梁结构处于可靠状态；当 $g=0$ 时，桥梁结构达到极限状态；当 $g<0$ 时，桥梁结构处于失效状态。通常，我们把方程 $g(\theta)=0$ 称为桥梁结构极限状态方程，它将基本随机变量 θ 所定义的状态域分割成两个子域，即可靠域和失效域。可靠域的积分大小表示桥梁结构能够完成设计功能的概率，用 P_r 表示。相应地，失效域的积分大小表示桥梁结构无法完成设计功能的概率，即桥梁结构的失效概率，用 P_f 表示。桥梁结构的状态只能是可靠和失效中的一种，因此 $P_r+P_f=1$。因此，桥梁结构在随机变量 θ 影响下未能完成某一功能函数 g 的概率（即失效概率 P_f）为：

$$P_f = \int \cdots \int_{g(\theta) \leqslant 0} f_{\theta_1, \theta_2, \cdots, \theta_s}(\theta_1, \theta_2, \cdots, \theta_s) \mathrm{d}\theta_1 \mathrm{d}\theta_2 \cdots \mathrm{d}\theta_s \tag{16-15}$$

其中，$f_{\theta_1, \theta_2, \cdots, \theta_s}(\theta_1, \theta_2, \cdots, \theta_s)$ 为基本随机变量的联合概率密度函数。与桥梁结构的失效概率相对应，桥梁结构的安全状态可用可靠指标 β 衡量，即：

$$\beta = \Phi^{-1}(1 - P_f) = -\Phi(P_f) \tag{16-16}$$

其中，Φ^{-1} 表示标准正态累积概率密度函数的逆函数。由桥梁结构失效概率 P_f 可唯一确定可靠指标 β，β 与 P_f 或 P_r 具有一一对应的数量关系，可靠指标越大，则失效概率 P_f 越小，可靠度 P_r 越大，反之亦然。因此，可靠指标 β 是失效概率的度量，可以表示桥梁结构的可靠程度。

2. 基于动态寻优的可靠度指标计算方法

尽管可靠度指标形式简单、含义明确，但对于大多数桥梁结构功能函数，利用数值积分法求解失效概率仍十分困难。因此，需要用近似方法求解桥梁结构的失效概率。改进 Hasofer Lind-Ranckwitz Fiessler 方法是求解桥梁结构可靠度的有效方法，该方法将随机变量空间内的积分问题转化为求解极限状态平面上距离原点最近点（验算点）的优化问题，用验算点附近的超平面代替实际的功能函数曲面，计算得到桥梁结构可靠度指标和近似失效概率。

结构可靠度的近似解法主要步骤有：随机变量当量正态化；设计验算点求解；近似失效概率求解。本节将详细介绍上述步骤的实现。

（1）随机变量当量正态化

可靠度指标求解的难题主要体现在两个方面：一方面，基本随机变量 θ 分布类型不同，联合概率密度函数无法确定；另一方面，在不同类型随机变量组成的多维随机变量空间内，失效域内的多重积分求解困难。为了解决随机变量分布类型不同的问题，首先需要对基本随机变量当量正态化。

定义基本随机变量 θ 与标准正态随机变量 u 的变换函数为：

$$u = T(\theta) \tag{16-17}$$

式中，空间变换函数 T 的具体形式取决于基本随机变量 θ 的联合概率分布。

当基本随机变量为正态随机向量，假设其均值为 μ_θ，方差矩阵为 $\boldsymbol{\Sigma}_{\theta\theta}$，可得：

$$\theta = \boldsymbol{L} \cdot u + \mu_\theta \tag{16-18}$$

其中，L 由 $\boldsymbol{\Sigma}_{\theta\theta}$ 进行 Cholesky 分解得到，即：

$$\boldsymbol{\Sigma}_{\theta\theta} = \boldsymbol{L} \cdot \boldsymbol{L}^{\mathrm{T}} \tag{16-19}$$

可得正态随机变量的概率变换函数及雅可比矩阵为：

$$u = T(\theta) = \boldsymbol{L}^{-1} \cdot (\theta - \mu_\theta) \tag{16-20}$$

$$\boldsymbol{J}_{\mathrm{u},\theta} = \boldsymbol{L}^{-1} \tag{16-21}$$

当基本随机变量为相互独立的非正态随机变量，假设第 i 个随机变量的概率密度函数为 $f_i(x_i)$，累积概率密度函数为 $F_i(x_i)$，由当量正态化思想，概率变换函数及雅可比矩阵为：

$$u_i = T(\theta_i) = \boldsymbol{\Phi}^{-1}[F_i(x_i)], i = 1, \cdots, s \tag{16-22}$$

$$\boldsymbol{J}_{\mathrm{u},\theta} = \mathrm{diag}\left(\frac{f(\theta_i)}{\varphi(u_i)}\right) \tag{16-23}$$

其中，φ 和 $\boldsymbol{\Phi}$ 分别为标准正态随机变量的概率密度函数和累积概率密度函数。

当基本随机变量为不相互独立的非正态随机变量时，其联合概率分布通常未知，只能得到各变量的边缘概率分布以及相关矩阵 $\boldsymbol{R}$。相关矩阵的系数为：

$$\boldsymbol{R}_{ij} = \frac{Cov[\theta_i, \theta_j]}{\sigma_i \sigma_j} \tag{16-24}$$

其中，$Cov[\theta_i, \theta_j]$ 为两个随机变量的互相关函数值，σ_i 和 σ_j 为两随机变量的标准差。假定 $\boldsymbol{Z}$ 为含有未知相关矩阵 $\boldsymbol{R}_0$ 的标准正态随机变量 $\boldsymbol{Z}_i$ 所组成的向量，其中：

$$\boldsymbol{Z}_i = \boldsymbol{\Phi}^{-1}[F_i(\theta_i)] \tag{16-25}$$

对公式（16-25）求逆，得到基本随机变量 θ 的联合概率密度分布函数，可表示为：

$$f_\theta(\theta) = f_1(\theta_1) \cdots f_s(\theta_s) \frac{\varphi_s(\boldsymbol{Z}, \boldsymbol{R}_0)}{\varphi(\boldsymbol{Z}_1) \cdots \varphi(\boldsymbol{Z}_s)} \tag{16-26}$$

其中，$\varphi_s(\boldsymbol{Z}, \boldsymbol{R}_0)$ 为向量 $\boldsymbol{Z}$ 的联合概率密度分布函数。

$$f_{\boldsymbol{Z}}(z) = \frac{1}{(2\pi)^{n/2} \sqrt{\det \boldsymbol{R}_0}} \exp\left(-\frac{1}{2} \boldsymbol{Z}^{\mathrm{T}} \cdot \boldsymbol{R}_0^{-1} \cdot \boldsymbol{Z}\right) \tag{16-27}$$

向量 $\boldsymbol{Z}$ 的相关矩阵 $\boldsymbol{R}_0$ 中的元素 $\boldsymbol{R}_{0ij}$ 由下式得到：

$$\boldsymbol{R}_{ij} = \int_{-\infty}^{\infty} \int_{-\infty}^{\infty} \left(\frac{\theta_i - \mu_i}{\sigma_i}\right) \left(\frac{\theta_i - \mu_i}{\sigma_i}\right) \varphi_2(\boldsymbol{Z}_i, \boldsymbol{Z}_j, \boldsymbol{R}_{0ij}) \mathrm{d}z_i \mathrm{d}z_j \tag{16-28}$$

不相互独立的非正态随机变量的概率变换函数及雅可比矩阵为：

$$u = T(\theta) = \boldsymbol{L}_0^{-1} \cdot \{\boldsymbol{\Phi}^{-1}[F_1(\theta_1)], \cdots, \boldsymbol{\Phi}^{-1}[F_s(\theta_s)]\}^{\mathrm{T}} \tag{16-29}$$

$$\boldsymbol{J}_{\mathrm{u},\theta} = \boldsymbol{L}_0^{-1} \cdot \mathrm{diag}\left(\frac{f(\theta_i)}{\varphi(u_i)}\right) \tag{16-30}$$

（2）设计验算点求解

标准正态随机变量空间 u 内，变量的概率密度函数关于原点对称，随着离原点距离增大，呈指数下降，公式（16-15）的概率密度积分大小主要与极限状态曲面上距离原点最近点 u^*（设计验算点）的位置有关。解决公式（16-15）多重积分求解困难的问题，可以用近似方法将原来整个失效域内的多重积分问题近似为求解设计验算点附近点的积分问题，因此近似解法的关键是找到设计验算点。设计验算点的位置可以用一个约束优化问题表示，即：

$$\begin{cases} u^* = \min\{ \| u \| \} \\ g(u) = 0 \end{cases} \tag{16-31}$$

公式（16-31）可以通过如下迭代方法求解：

$$u_{i+1} = u_i + \lambda_i d_i \tag{16-32}$$

$$d_i = \frac{\nabla g\ (u_i)^{\mathrm{T}} \cdot u_i - g(u_i)}{\| \nabla g(u_i) \|} \frac{\nabla g(u_i)}{\| \nabla g(u_i) \|} - u_i \tag{16-33}$$

式中，u_i、u_{i+1}分别为第i步和第$i+1$步的验算点值；λ_i和d_i分别为第i步的步长和搜索方向向量。公式（16-14）中极限状态方程 $g = y_{\lim} - y\ (\theta)$ 定义在基本随机变量空间中，根据链式求导法则，标准正态随机变量空间中极限状态方程的偏导可表示为：

$$\nabla_u g(u) = \nabla_\theta g(\theta) \boldsymbol{J}_{\theta, u} \tag{16-34}$$

利用优化方法求解设计验算点的具体步骤如下：①设定基本随机变量空间内的迭代起始点 $\theta^{(1)}$（通常取随机变量均值点），将迭代步 i 置为 1；②分别求解基本随机变量空间内第 i 步的迭代点 $\theta^{(i)}$ 处的极限状态方程 $g\ (\theta^{(i)})$、偏导 $\nabla g(\theta^{(i)})$ 以及概率变换雅可比矩阵 $\boldsymbol{J}_{\theta, u}$；③使用公式（16-20）、公式（16-22）或公式（16-29）进行当量正态化，得到 $u^{(i)}$，通过公式（16-34）计算极限状态方程偏导 $\nabla g(\theta^{(i)})$，利用公式（16-32）确定下一迭代点 $u^{(i+1)}$；④检验是否满足收敛条件，若满足，则停止迭代；若不满足，则将第 $i+1$ 步迭代点 $u^{(i+1)}$ 映射到 $\theta^{(i+1)}$，程序返回步骤②继续运行。

（3）近似失效概率求解

对于显式极限状态方程，$g(\theta^{(i)})$ 以及 $\nabla g(\theta^{(i)})$ 的计算十分简单。但实际结构的极限状态方程通常是基本随机变量的隐式函数，只能通过有限元方法求解。实际结构的极限状态方程通常由结构响应所定义，如框架结构的顶部位移响应不得超过位移限值。因此，为了求解桥梁结构的失效概率，首先需要求解桥梁结构响应及响应灵敏度。桥梁结构在静力荷载作用下的平衡方程可表示为：

$$\boldsymbol{K}(\boldsymbol{\theta}) y(\boldsymbol{\theta}) = \boldsymbol{P}(\boldsymbol{\theta}) \tag{16-35}$$

式中，$\boldsymbol{\theta}$ 为基本随机变量所组成的向量；$\boldsymbol{K}$ 为桥梁结构整体刚度矩阵；$\boldsymbol{P}$ 为等效外荷载向量。公式（16-35）两边分别对第 i 个基本随机变量 θ_i 求偏导，得到桥梁结构响应灵敏度：

$$\frac{\partial y}{\partial \theta_i} = \boldsymbol{K}^{-1} \left(\frac{\partial \boldsymbol{P}}{\partial \theta_i} - \frac{\partial \boldsymbol{K}}{\partial \theta_i} y \right) \tag{16-36}$$

当 θ_i 表示单元刚度相关的随机变量时，等效荷载 $\boldsymbol{P}$ 对 θ_i 的偏导为 0；反之，当 θ_i 表示荷载相关的随机变量时，整体刚度 $\boldsymbol{K}$ 对 θ_i 的偏导不存在。公式（16-33）需要计算极限状态方程 $g\ (\theta_i)$ 关于基本随机变量 θ_i 的灵敏度，由链式求导法则得：

$$\nabla g(\theta_i) = \frac{\partial g}{\partial y} \cdot \frac{\partial y}{\partial \theta_i} \tag{16-37}$$

将公式（16-36）代入得：

$$\nabla g(\theta_i) = \frac{\partial g}{\partial y} \cdot \boldsymbol{K}^{-1} \cdot \left(\frac{\partial \boldsymbol{P}}{\partial \theta_i} - \frac{\partial \boldsymbol{K}}{\partial \theta_i} y \right) \tag{16-38}$$

为确定公式（16-33）中第 i 步的步长，需要引入罚函数：

$$m(u) = \frac{1}{2} \parallel u \parallel^2 + c \mid g(u) \mid \qquad (16\text{-}39)$$

式中，c 为控制搜索方向的常数，需满足：

$$c > \frac{\parallel u \parallel}{\parallel \nabla g(u) \parallel} \qquad (16\text{-}40)$$

搜索步长 λ_i 应使罚函数取得最小值，即：

$$\lambda_i = \mathrm{argmin}\{m(u_i + \lambda d_i)\} \qquad (16\text{-}41)$$

公式（16-41）可通过 Armijo 法则求解得到。

公式（16-15）中积分值的大小主要由设计验算点附近的积分决定，对于较为平缓的极限状态曲面，可用验算点附近的超平面代替曲面，得到近似的失效概率。将极限状态曲面在验算点附近一阶泰勒展开得：

$$g(u) = g(u^*) + \nabla g(u^*)(u - u^*) \qquad (16\text{-}42)$$

失效概率的一阶近似 p_{f1} 等于超平面所定义的失效域内的积分面积：

$$p_f \approx p_{f1} = \int_{\nabla g(u^*)(u-u^*) \leqslant 0} \phi(u)\mathrm{d}u = \boldsymbol{\Phi}(-\boldsymbol{\beta}) \qquad (16\text{-}43)$$

其中，$\boldsymbol{\beta}$ 称为一阶可靠度指标，计算公式如下：

$$\boldsymbol{\beta} = \boldsymbol{\alpha}^{\mathrm{T}} \cdot u^* = -\frac{\nabla g(u^*)}{\parallel \nabla g(u^*) \parallel_2} u^* \qquad (16\text{-}44)$$

式中，$\boldsymbol{\alpha}$ 为极限状态平面在设计验算点处的梯度向量，方向指向失效域。

【例 16-3】某桥跨度 22m，行车道宽 7m，人行道宽每边 1m，主梁由 6 片 T 梁组成，每片梁高 1.25m，梁宽 1.48m，如图 16-4 所示。主梁之间由横向 T 梁连接，横梁间距为 2.25m，梁高 0.85m，宽 0.13m。

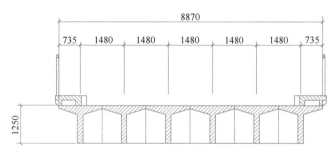

图 16-4　某桥主梁横截面

根据《公路钢筋混凝土及预应力混凝土桥涵设计规范》JTG 3362—2018，该桥车道均布荷载均值为 10.5kN/m，车道集中荷载均值为 304kN。在短期荷载效应组合作用下，主梁最大挠度处不应超过计算跨径的 1/600，因此本次可靠度计算的极限状态方程为 $g = l/600 - y(\theta)$，其中 θ 为可靠度分析中考虑的随机变量。如表 16-12 所示，该桥可靠度分析中每个单元的杨氏模量 E、主惯性矩 I_{yy}、副惯性矩 I_{zz}、截面面积 A 均为独立的随机变量。

某桥随机变量及其分布　　　　　　　　　　　　　　　表 16-12

随机变量	偏差系数	变异系数	分布类型
车道均布荷载 force1	1.0	0.1	对数正态
车道集中荷载 force2	1.0	0.1	对数正态
杨氏模量 E	1.0	std/mean	正态
惯性矩 I_{yy}	1.0	0.1	正态
惯性矩 I_{zz}	1.0	0.1	正态
面积 A	1.0	0.1	正态

【解】根据摄动法和蒙特卡洛法计算得到单元杨氏模量概率分布特征及某桥未损状态和损伤状态随机有限元模型。模型 1 和模型 2 表征了该桥设计和刚投入运营时的随机状态，是运营期间状态评估的基础，模型 3 和模型 4 模拟了某桥运营一段时间后使用模型修正方法得到的桥梁运营期状态，反映了桥梁现阶段的健康状况。

使用线性有限元可靠度分析方法，近似计算得到模型 1～模型 4 的可靠度指标和失效概率，见表 16-13。模型 1 计算得到的可靠度指标为 8.4383，与模型 2 的相对误差为 0.083%，表明在未损状态下，摄动法可代替蒙特卡洛法进行不确定性分析，极大地减少了运算时间。模型 3 计算得到的可靠度指标为 8.0455，与模型 4 的相对误差为 0.16%，表明在损伤状态下，摄动法也可代替蒙特卡洛法进行不确定性分析。对比模型 1 和模型 3，某桥单元损伤前后，可靠度指标由 8.4383 变为 8.0455，下降幅度为 4.65%，桥梁结构可靠度指标能够有效反映桥梁结构损伤前后的状态变化，是桥梁结构状态评估的重要指标。

某桥结构可靠度　　　　　　　　　　　　　　　表 16-13

指标	摄动法未损模型（模型 1）	MC 法未损模型（模型 2）	摄动法损伤模型（模型 3）	MC 法损伤模型（模型 4）
可靠度指标 β	8.438	8.445	8.046	8.044
失效概率 P_f	0	0	4.441×10^{-16}	4.441×10^{-16}

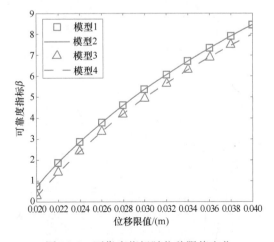

图 16-5　可靠度指标随位移限值变化

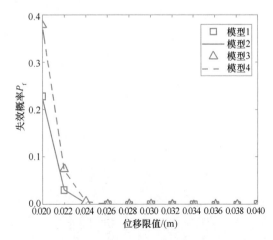

图 16-6　失效概率随位移限值变化

为进一步分析位移限值对某桥可靠度指标的影响，设定位移限值从 0.02m 变化到 0.04m，计算得到可靠度指标和失效概率随位移限值的变化分别如图 16-5 和图 16-6 所示。由图 16-5 可知，在不同位移限值下，模型 1 和模型 2 可靠性计算结果基本一致，模型 1 可代替模型 2 进行未损结构可靠度计算，类似地，模型 3 可代替模型 4 进行损伤结构可靠度计算。对比模型 1 和模型 3，在不同的位移限值下结构损伤前后可靠度下降明显，可靠度指标可以作为桥梁结构状态评估的依据。对比图 16-5 和图 16-6，失效概率随位移限值的变化呈高度非线性，在较高的位移限值时，未损结构和损伤结构的失效概率差距较小，不适合进行桥梁结构状态评估。结构可靠度指标基本呈线性变化，桥梁损伤前后可靠度指标下降明显，通过可靠度指标能够动态评估桥梁安全状态。

本章小结

本章介绍了桥梁结构状态评估和预警的关键技术和方法，内容主要包括层次分析法、模糊层次分析法和可靠度评估法。层次分析法（AHP）部分结合例题介绍了分析模型和计算步骤。模糊层次分析法部分重点介绍了指标权重的计算规则和隶属函数的构造方法。可靠度评估法部分介绍了可靠度指标定义，并介绍了基于动态寻优的可靠度指标计算方法。

思考与练习题
参考答案

思考与练习题

1. 桥梁结构状态评估的主要目的是什么？什么是桥梁结构安全预警？它的目标和目的是什么？

2. 桥梁结构状态评估常用的方法有哪些？请简述其主要特点和计算流程。

3. 层次分析法有哪些步骤？1~9 标度法中标度的含义是什么？

4. 如何计算可靠指标？请简述桥梁结构可靠度近似解法的主要步骤。

5. 模糊数计算规则有哪些？如何根据隶属度向量评价桥梁结构状态？

参考文献

[1] The American Society of Civil Engineers(ASCE)[R]. 2021 report card for America's infrastructure. 2021.

[2] 住房和城乡建设部 . "十四五"全国城市基础设施建设规划[R]. 2022.

[3] 蒙彦宇 . 压电智能骨料力学模型与试验研究[D]. 大连：大连理工大学，2013.

[4] 陈建元 . 传感器技术[M]. 北京：机械工业出版社，2008.

[5] 胡向东，刘京诚，等 . 传感技术[M]. 重庆：重庆大学出版社，2006.

[6] 余成波，聂春燕，张佳薇 . 传感器原理与应用[M]. 武汉：华中科技大学出版社，2010.

[7] 周传德 . 传感器与测试技术[M]. 重庆：重庆大学出版社，2009.

[8] Giurgiutiu, V. Structural health monitoring：With piezoelectric wafer active sensors[M]. San Diego：Elsevier Science & Technology, 2007.

[9] Erturk A, Inman D J. Piezoelectric energy harvesting[M]. Hoboken：John Wiley & Sons, 2011.

[10] 汪培庄 . 模糊集合论及其应用[M]. 上海：上海科学技术出版社，1983.

[11] He J, Fu Z-F. Modal analysis[M]. Boston：Butterworth-Heinemann, 2001.

[12] 鲍跃全，陈智成 . 结构模态分析[M]. 哈尔滨：哈尔滨工业大学出版社，2022.

[13] 王树青，田晓洁 . 结构振动测试与模态识别[M]. 青岛：中国海洋大学出版社，2020.

[14] 伊廷华 . 结构健康监测教程[M]. 北京：高等教育出版社，2021.

[15] Ibrahim S R, Asmussen J C. Modal parameter identification from respones of general unknoes random inputs[C]. In：Michigan：Proceedings of the 14th Internation Modal Analysis Conference, 1996：446-452.

[16] Juang J N, Suzuki H. An eigensystem realization algorithm in frequency domain for modal parameter dentification[J]. Journal of Vibration & Acoustics, 2013, 110(1)：24-29.

[17] Luscher D, Sohn H, Farrar C. Modal Parameter Extraction of Z24 Bridge Data[C]. In：International Modal Analysis Conference. 2001.

[18] Overschee P V. Subspace algorithms for the stochastic identification problem[J]. Automatica, 2002, 29：1321-1326.

[19] Burgess, John C. Engineering applications of correlation and spectral analysis[J]. Journal of the Acoustical Society of America, 1998, 70(1)：262-263.

[20] Huang N E, Shen Z, Long S R, et al. The empirical mode decomposition and the hilbert spectrum for nonlinear and non-stationary time series analysis[J]. Proceedings Mathematical Physical & Engineering Sciences, 1998, 454(1971)：903-995.

[21] 宗周红，任伟新 . 桥梁有限元模型修正和模型确认[M]. 北京：人民交通出版社，2012.

[22] Friswell M I, Mottershead J E. Finite Element Model Updating in Structural Dynamics [M]. New York：Springer, 1995.

[23] Nocedal J, Wright J. Numerical Optimization [M]. New York：Springer, 1999.

[24] Sehmi N S. Large Order Structural Eigenanalysis Techniques Algorithms for Finite Element Systems [M]. Chichester, England：Ellis Horwood Limited, 1989.

[25] Bathe K J, Wilson E L. Numerical Methods in Finite Element Analysis [M]. New Jersey：Wiley, 1989.

[26] Weng S, Zhu H P, Gao R X, et al. Identification of free - free flexibility for model updating and

damage detection of structures [J]. Journal of Aerospace Engineering, 2018, 31(3): 04018017-1.

[27] Lu Z R, Law S S. Features of dynamic response sensitivity and its application in damage detection [J]. Journal of Sound and Vibration, 2007, 303(1-2): 305-329.

[28] Hansen P C. Analysis of discrete ill-posed problems by means of the L-curve [J]. SIAM Review, 1992, 34(4): 561-580.

[29] Li J, Law S S, Ding Y. Substructure damage identification based on response reconstruction in frequency domain and model updating [J]. Engineering Structures, 2012, 41: 270-284.

[30] Yi T H, Li H N, Gu M. A new method for optimal selection of sensor location on a high-rise building using simplified finite element model [J]. Structural Engineering and Mechanics an International Journal, 2011, 37(6): 671-684.